岩土工程常用计算程序

王长科论文选集（三）

王长科　主编

中国建筑工业出版社

图书在版编目（CIP）数据

岩土工程常用计算程序：王长科论文选集. 三/王长科主编. —北京：中国建筑工业出版社，2022.12
ISBN 978-7-112-28227-2

Ⅰ.①岩… Ⅱ.①王… Ⅲ.①岩土工程-工程计算程序-文集 Ⅳ.①TU4-53

中国版本图书馆CIP数据核字（2022）第233055号

本书共分5篇，包括基础资料和计算、岩土工程勘察、地基与基础、边坡及基坑支护、岩土地震工程等，选编了王长科先生多年积累开发的计算机岩土工程常用计算程序60个，涉及数理统计、插值与拟合、Boussinesq与Mindlin解答、建筑地基勘察深度、现场描述记录、物理指标换算、压缩模量插值计算、地基承载力、沉降计算、复合地基、土压力、边坡稳定、基坑支护、等效波速、液化指数计算等主题，基本涵盖并方便了岩土工程师的日常技术工作。源于工程实践，基于技术标准，结合自身独到见解和科研成果，具有较高的工程实用和学术探索价值。

本书可供从事工程勘察及岩土工程专业的科研、生产、教学及软件开发等科技人员使用，也可供土木工程专业技术人员和勘察技术与工程、岩土、结构等专业高校师生参考使用。

配套资源（源程序）下载方法：

中国建筑工业出版社 https：//www.cabp.com.cn→输入书名查询或高级搜索输入书号查询→点选图书→点击配套资源即可下载。

责任编辑：杨 允
责任校对：芦欣甜

岩土工程常用计算程序 王长科论文选集（三）
王长科 主编

*

中国建筑工业出版社出版、发行（北京海淀三里河路9号）
各地新华书店、建筑书店经销
北京科地亚盟排版公司制版
北京盛通印刷股份有限公司印刷

*

开本：787毫米×1092毫米 1/16 印张：33 字数：819千字
2023年2月第一版 2023年2月第一次印刷
定价：**118.00**元
ISBN 978-7-112-28227-2
（40195）

编委会名单

王长科简介

王长科，男，汉族，1964年10月出生，河北邯郸永年人，工学硕士，注册土木工程师（岩土），正高级工程师，河北省工程勘察设计大师。就职于中国兵器工业北方勘察设计研究院有限公司，兼任河北省地下空间工程岩土技术创新中心主任。

教育经历：1980年毕业于河北永年第二中学；1984年本科毕业于河北农业大学水利系，农田水利工程专业、岩土工程方向，本科毕业论文：土的非线性应力应变关系试验研究，指导教师：骆筱菊教授，获工学学士学位；应届考取华北水利水电学院北京研究生部硕士研究生，岩土工程专业、土力学方向，师从我国著名土力学家王正宏教授，硕士研究生毕业论文：对旁压试验中几个问题的分析和试验研究，1987年硕士研究生毕业，获得中国科学院水利电力部水利水电科学研究院工学硕士学位。

工作经历：先后在河北省水利水电第二勘测设计研究院、石家庄市勘察测绘设计研究院和中国兵器工业北方勘察设计研究院有限公司从事岩土工程技术和管理工作。

社会兼职：全国注册岩土工程师执业资格考试专家组成员，全国注册土木工程师（岩土）继续教育工作专家委员会委员，住房和城乡建设部工程勘察与测量标准化技术委员会委员、地基基础标准化技术委员会委员，中国勘察设计协会岩土工程与工程测量分会副会长，中国土木工程学会土力学及岩土工程分会岩土工程施工技术与装备专业委员会委员，中国建筑学会工程勘察分会常务理事、地基基础分会理事，中国土工合成材料工程协会理事，河北省土木建筑学会地基基础学术委员会副主任，河北省地理信息产业协会第四届副会长，河北省建筑信息模型（BIM）学会理事长，河北省建筑业协会岩土力学与工程分会会长、河北省工程建设标准化协会副会长等。石家庄铁道大学、河北大学、河北农业大学、河北地质大学、河北科技大学、防灾科技学院、河北工业大学等高校兼职教授。

技术成绩：完成多项兵器工业与民用工程项目，多次荣获省部级优秀勘察设计奖，结合工作和工程实践开展研究，取得如下科技成果。

在工程勘察方面，延伸了旁压试验基本理论，提出了三个塑性区理论和孔壁剪应力通解，应用上提出了用旁压仪测定地基原位水平应力、土的抗剪强度指标、弹性模量、固结系数、基床系数、地基承载力的新理论新方法；推演了动力触探及标贯试验的碰撞通用理论；编制快速法载荷试验最终沉降量推算程序；提出了用抗剪强度指标直接计算地基承载力特征值的新途径；在地基承载力特征值的综合确定方面进行了探索并获得心得；研究了压缩模量特性，建议了沉降计算中的压缩模量计算方法；给出了石家庄地区地基承载力特征值经验表；提出了固结试验基床系数换算为地基基础设计基床系数的计算方法；分析了深井载荷试验的应力解答，建议了其变形模量计算方法；提出了粗粒土压缩模量的确定方法；探讨了非饱和土基质吸力的本质，就工程应用提出建议；对非饱和土三轴剪切试验进行分析并提出建议；研讨了勘察结论的编写要求；对岩土工程勘察抽样的代表性、最小样本容量要求和参数标准值的本质进行了探讨。提出岩土参数应进行加权统计值进行分析。

在地基基础方面，提出地基承载力设防新理念；研究了地基承载力基本理论，提出了地基第一拐点承载力理论公式；研究了散体桩、实体桩、实散组合桩、夯实水泥土桩等的临界桩长、单桩承载力和沉降计算新理论；分析研究了人工挖孔扩底桩，给出了石家庄地区经验表；研究了地基沉降计算方法，编制了地基沉降计算程序；提出了复合地基承载力深宽修正方法；提出了基础-垫层-复合地基共同作用原理；给出了复合地基褥垫层厚度设计计算公式；提出了湿陷性黄土挤密桩设计新思路；建议了复合地基变形计算深度确定方法；建议了复合地基复合土层压缩模量的确定方法；提出了复合地基承载力设计新思维，给出了复合地基载荷沉降曲线的推演方法；给出了桩竖向静载荷沉降曲线的推演方法；猜想了既有地基承载力的增长原理并提出计算建议；对赵州桥进行了工程分析，得出有益启示；分析并提出了 Mindlin 解答的工程应用注意事项。

在基坑及地下空间工程方面，研究土钉支护技术，改进了土压力分布模型、滑裂面模型，提出了“石家庄土钉法”、基坑边坡临界坡角计算公式、基坑边坡直立高度计算公式；提出了护坡桩抗剪承载力的公式；开发并编制了基坑支护桩的横向受力变形反分析方法与计算机软件；给出了基坑 m 值的室内试验测定方法；提出了基坑外侧为有限空间情况的土压力计算办法；针对坡顶复合地基超载的土压力计算提出建议；提出了基坑支护设计新思维；给出了支护桩（墙）弹性法挠度曲线方程的通用表达式。

在岩土地震工程方面，分析并提出了液化判别深度、场地类别划分深度的建议。

在软件方面，编制了系列岩土工程专业计算机软件和手机软件，方便并推动了计算机辅助设计计算。

在嫦娥三号登月研究中，成功研制出第一代低重力模拟月壤，为成功登月做出了贡献。

出版有《工程建设中的土力学及岩土工程问题——王长科论文选集》、《岩土工程热点问题解析——王长科论文选集（二）》。喜欢马克思主义哲学、中国传统文化和太极拳，著有《老子道德经新解》、《孔子论语新解》和《杨氏太极拳入门》等。

前　言

岩土工程是人类活动中涉及地表及地下的工程成果。从中国传统文化角度看，岩土工程是天地万物的一个组成，因此，岩土工程应该像天地一样，既运行精密，又大道至简。众所周知，岩土的不均匀性、随遇而变性，导致岩土工程至今仍难于精细化把握，还是一门半理论、半经验的学科，宏观、微观相结合，定性、定量相结合，经验、探索相结合。但所有这些，都是以计算为基础的。比如，宏观把握基于宏观计算（粗算），微观控制落实在微观计算（细算）。天地万物，大道寓其中。大道，其大无外，其小无内，天地万物无是不太极。无论宏观、微观，做到了大道至简，化繁为简，就抓住了主要矛盾，提炼出符合工程实际的计算模型和参数，粗算、细算才能把握其实际、实质。由此，岩土计算非常重要，是所有岩土工程专业工作者必须掌握的基本技能。

王长科先生 1984 年从河北农业大学水利系本科毕业，应届考入华北水利水电学院北京研究生部岩土工程专业攻读硕士学位，师从我国著名土力学家王正宏教授，1987 年研究生毕业并获得中国科学院水利电力部水利水电科学研究院工学硕士学位；参加工作后，一直从事岩土工程专业技术工作，期间跟随过林宗元大师工作学习，并受到张苏民、高大钊、李广信、龚晓南、钱力航等人指点。王长科先生结合工作需要，一直同时、及时致力于计算机岩土工程计算软件的编制和开发。其中，1987 年到 1999 年期间，运用 FORTRAN、BASIC 编制了 DOS 系统平台上的土坝计算、快速法载荷试验、地基承载力、扩底桩、护坡桩等多项软件；1999 年之后，开始针对 Windows 平台，运用 VB、VB.net 等语言开发编制计算机岩土工程计算软件，尤其是在 2005 年至 2011 年期间开发手机软件，对应急解决岩土工程问题发挥了作用。至今，王长科先生累计开发完成岩土工程计算软件 108 个。这些软件一直是王长科先生及其团队、同行朋友的岩土工程技术帮手，在一定范围应用显示很准确、方便、实用。

本书共分 5 篇，包括基础资料和计算、岩土工程勘察、地基与基础、边坡及基坑支护、岩土地震工程等，选编了王长科先生多年积累开发的计算机岩土工程常用计算程序 60 个，涉及数理统计、插值与拟合、Boussinesq 与 Mindlin 解答、建筑地基勘察深度、现场描述记录、物理指标换算、压缩横量插盾计算、地基承载力、沉降计算、复合地基、土压力、边坡稳定、基坑支护、等效波速、液化指数计算等主题，基本涵盖了岩土工程师的日常技术工作。程序源于工程实践，基于技术标准，结合作者独到见解和科研成果，具有较高的工程实用和学术探索价值。相信本书的公开出版，对助推岩土工程行业科技发展具有重要意义。

本书在编纂出版过程中，得到了中国兵器工业北方勘察设计研究院有限公司吴浩总经理等领导和专家的大力支持，尤其是于亚东主任给予了计算机开发技术上的帮助，在此一并表示衷心感谢！

目　录

第1篇　基础资料和计算

第2篇　岩土工程勘察

第3篇　地基与基础

第 4 篇　边坡及基坑支护

第 5 篇　岩土地震工程

第1篇
基础资料和计算

地 层 代 码

1. 功能

查阅地层代码。

2. 界面

开发平台：Microsoft Visual Studio 2019。编程语言：VB. net。软件界面如下。

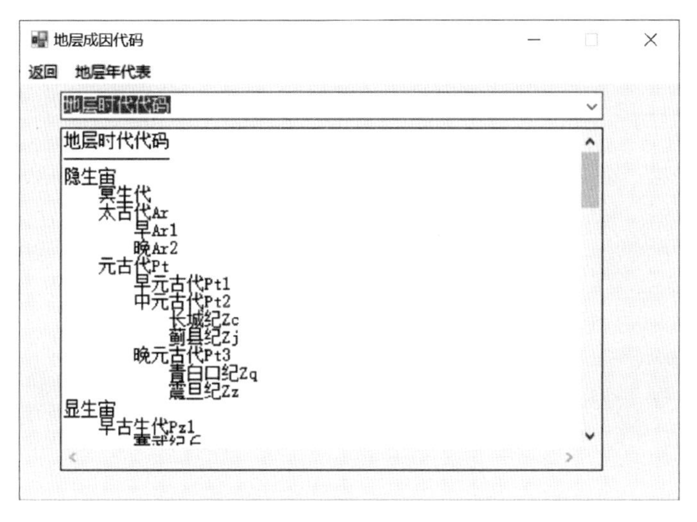

3. 计算原理

参见中国工程建设标准化协会标准《岩土工程勘察报告编制标准》CECS 99：98。后台录入地层代码，方便查阅。

4. 主要控件

ComboBox1：代码类型，地层时代代码、第四纪成因代码。
TextBox1：显示地层代码。

5. 源程序

```
Public Class Form49
```

```
    Private Sub Form49_Load(ByVal sender As System.Object,ByVal e As System.EventArgs)Handles MyBase.Load
        Me.MaximizeBox = False
        ComboBox1.Text = "地层时代代码"
    End Sub
    Private Sub MenuItem2_Click(ByVal sender As System.Object,ByVal e As System.EventArgs)Handles Menu-
Item2.Click
        Me.Hide()
    End Sub
    Private Sub ComboBox1_SelectedIndexChanged(ByVal sender As System.Object,ByVal e As System.EventArgs)
Handles ComboBox1.SelectedIndexChanged
        On Error Resume Next
        If ComboBox1.Text = "地层时代代码" Then
            TextBox1.Text = "地层时代代码" & vbCrLf
            TextBox1.Text += "----------" & vbCrLf
            TextBox1.Text += "隐生宙" & vbCrLf
            TextBox1.Text += "    冥生代" & vbCrLf
            TextBox1.Text += "    太古代 Ar" & vbCrLf
            TextBox1.Text += "        早 Ar1" & vbCrLf
            TextBox1.Text += "        晚 Ar2" & vbCrLf
            TextBox1.Text += "    元古代 Pt" & vbCrLf
            TextBox1.Text += "        早元古代 Pt1" & vbCrLf
            TextBox1.Text += "        中元古代 Pt2" & vbCrLf
            TextBox1.Text += "            长城纪 Zc" & vbCrLf
            TextBox1.Text += "            蓟县纪 Zj" & vbCrLf
            TextBox1.Text += "        晚元古代 Pt3" & vbCrLf
            TextBox1.Text += "            青白口纪 Zq" & vbCrLf
            TextBox1.Text += "            震旦纪 Zz" & vbCrLf
            TextBox1.Text += "显生宙" & vbCrLf
            TextBox1.Text += "    早古生代 Pz1" & vbCrLf
            TextBox1.Text += "        寒武纪∈" & vbCrLf
            TextBox1.Text += "            早寒武纪∈1" & vbCrLf
            TextBox1.Text += "            中寒武纪∈2" & vbCrLf
            TextBox1.Text += "            晚寒武纪∈3" & vbCrLf
            TextBox1.Text += "        奥陶纪 O" & vbCrLf
            TextBox1.Text += "            早奥陶纪 O1" & vbCrLf
            TextBox1.Text += "            中奥陶纪 O2" & vbCrLf
            TextBox1.Text += "            晚奥陶纪 O3" & vbCrLf
            TextBox1.Text += "        志留纪 S" & vbCrLf
            TextBox1.Text += "            早志留纪 S1" & vbCrLf
            TextBox1.Text += "            中志留纪 S2" & vbCrLf
            TextBox1.Text += "            晚志留纪 S3" & vbCrLf
            TextBox1.Text += "    晚古生代 Pz2" & vbCrLf
            TextBox1.Text += "        泥盆纪 D" & vbCrLf
            TextBox1.Text += "            早泥盆纪 D1" & vbCrLf
            TextBox1.Text += "            中泥盆纪 D2" & vbCrLf
            TextBox1.Text += "            晚泥盆纪 D3" & vbCrLf
```

```
TextBox1.Text += "        石炭纪 C" & vbCrLf
TextBox1.Text += "            早石炭纪 C1" & vbCrLf
TextBox1.Text += "            中石炭纪 C2" & vbCrLf
TextBox1.Text += "            晚石炭纪 C3" & vbCrLf
TextBox1.Text += "        二叠纪 P" & vbCrLf
TextBox1.Text += "            早二叠纪 P1" & vbCrLf
TextBox1.Text += "            晚二叠纪 P2" & vbCrLf
TextBox1.Text += "    中生代 Mz" & vbCrLf
TextBox1.Text += "        三叠纪 T" & vbCrLf
TextBox1.Text += "            早三叠纪 T1" & vbCrLf
TextBox1.Text += "            中三叠纪 T2" & vbCrLf
TextBox1.Text += "            晚三叠纪 T3" & vbCrLf
TextBox1.Text += "        侏罗纪 J" & vbCrLf
TextBox1.Text += "            早侏罗纪 J1" & vbCrLf
TextBox1.Text += "            中侏罗纪 J2" & vbCrLf
TextBox1.Text += "            晚侏罗纪 J3" & vbCrLf
TextBox1.Text += "        白垩纪 K" & vbCrLf
TextBox1.Text += "            早白垩纪 K1" & vbCrLf
TextBox1.Text += "            晚白垩纪 K2" & vbCrLf
TextBox1.Text += "    新生代 Kz" & vbCrLf
TextBox1.Text += "        第三纪 R" & vbCrLf
TextBox1.Text += "            早第三纪 E" & vbCrLf
TextBox1.Text += "                古新世 E1" & vbCrLf
TextBox1.Text += "                始新世 E2" & vbCrLf
TextBox1.Text += "                渐新世 E3" & vbCrLf
TextBox1.Text += "            晚第三纪 N" & vbCrLf
TextBox1.Text += "                中新世 N1" & vbCrLf
TextBox1.Text += "                上新世 N2" & vbCrLf
TextBox1.Text += "        第四纪 Q" & vbCrLf
TextBox1.Text += "                早更新世 Q1" & vbCrLf
TextBox1.Text += "                    早 Q11--------旧石器时代早期" & vbCrLf
TextBox1.Text += "                    早 Q12--------旧石器时代早期" & vbCrLf
TextBox1.Text += "                    早 Q13--------旧石器时代早期" & vbCrLf
TextBox1.Text += "                    早 Q14--------旧石器时代早期" & vbCrLf
TextBox1.Text += "                中更新世 Q2" & vbCrLf
TextBox1.Text += "                    中 Q21--------旧石器时代早期" & vbCrLf
TextBox1.Text += "                    中 Q22--------旧石器时代早期" & vbCrLf
TextBox1.Text += "                    中 Q23--------旧石器时代早期" & vbCrLf
TextBox1.Text += "                    中 Q24--------旧石器时代中期" & vbCrLf
TextBox1.Text += "                晚更新世 Q3" & vbCrLf
TextBox1.Text += "                    晚 Q31--------旧石器时代晚期" & vbCrLf
TextBox1.Text += "                    晚 Q32--------旧石器时代晚期" & vbCrLf
TextBox1.Text += "                    晚 Q33--------旧石器时代晚期" & vbCrLf
TextBox1.Text += "                全新世 Q4" & vbCrLf
TextBox1.Text += "                    早 Q41--------中、新石器时代" & vbCrLf
TextBox1.Text += "                    中 Q42--------铜器时代" & vbCrLf
```

```
            TextBox1.Text += "                                晚 Q43-------铁器时代" & vbCrLf
            TextBox1.Text += "" & vbCrLf
        ElseIf ComboBox1.Text = "第四纪成因代码" Then
            TextBox1.Text = "人工填土：ml   绘图色标：浅黄" & vbCrLf
            TextBox1.Text += "冲积：al  绘图色标：浅绿" & vbCrLf
            TextBox1.Text += "洪积：pl  绘图色标：浅橄榄绿" & vbCrLf
            TextBox1.Text += "坡积：dl  绘图色标：橘黄" & vbCrLf
            TextBox1.Text += "残积：el  绘图色标：紫" & vbCrLf
            TextBox1.Text += "风积：eol  绘图色标：黄" & vbCrLf
            TextBox1.Text += "湖积：l  绘图色标：绿" & vbCrLf
            TextBox1.Text += "泥石流堆积：sef  绘图色标：紫红" & vbCrLf
            TextBox1.Text += "沼泽沉积：h  绘图色标：灰绿" & vbCrLf
            TextBox1.Text += "海相沉积：m   绘图色标：蓝" & vbCrLf
            TextBox1.Text += "海陆交互沉积：mc  绘图色标：天蓝" & vbCrLf
            TextBox1.Text += "冰积：gl  绘图色标：棕" & vbCrLf
            TextBox1.Text += "冰水沉积：fgl  绘图色标：深绿" & vbCrLf
            TextBox1.Text += "火山沉积：b  绘图色标：暗绿" & vbCrLf
            TextBox1.Text += "滑坡沉积：del  绘图色标：果绿" & vbCrLf
            TextBox1.Text += "生物沉积：o  绘图色标：褐黄" & vbCrLf
            TextBox1.Text += "化学沉积：ch  绘图色标：灰" & vbCrLf
            TextBox1.Text += "成因不明沉积：pr  绘图色标：橙" & vbCrLf
            TextBox1.Text += "" & vbCrLf
            TextBox1.Text  += "-----  引自中国工程建设标准化协会标准《岩土工程勘察报告编制标准》CECS99
98"
        End If
        TextBox1.Focus()
    End Sub
    Private Sub MenuItem1_Click(ByVal sender As System.Object,ByVal e As System.EventArgs)Handles Menu-
Item1.Click
        Form35.Hide()
        Form35.Show()
        Form35.WindowState = FormWindowState.Normal
    End Sub
End Class
```

岩 土 分 类

1. 功能

查阅岩土的几种分类。

2. 界面

开发平台：Microsoft Visual Studio 2019。编程语言：VB. net。软件界面如下。

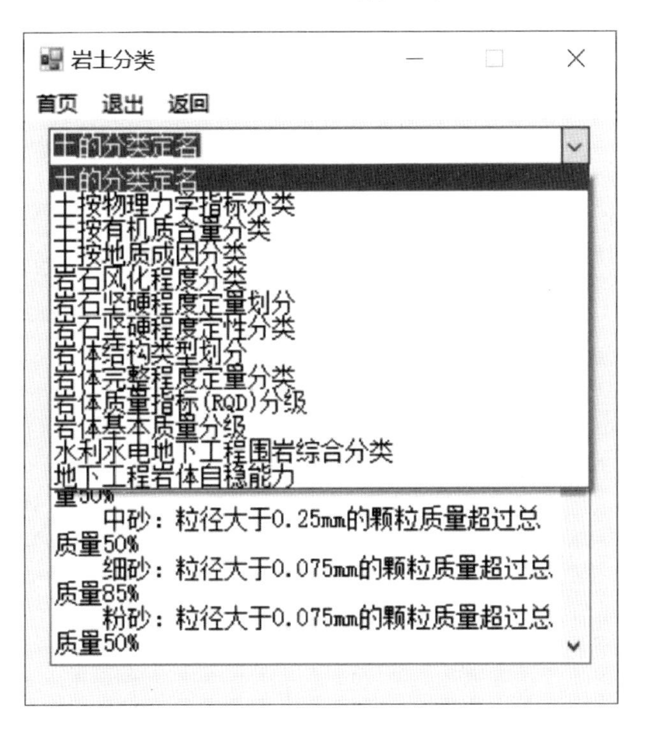

3. 计算原理

依据《岩土工程勘察规范》GB 50021—2001（2009 年版）、《水利水电工程地质勘察规范》GB 50487—2008。

4. 主要控件

ComboBox1：类别选择，土的分类定名、土按物理力学指标分类、土按有机质含量分类、土按地质成因分类、岩石风化程度分类、岩石坚硬程度定量划分、岩石坚硬程度定性分类、岩体结构类型划分、岩体完整程度定量分类、岩体质量指标（RQD）分级、岩体基本质量分级、水利水电地下工程围岩综合分类、地下工程岩体自稳能力。

TextBox1：显示结果。

5. 源程序

```
Public Class Form16
    Private Sub MenuItem1_Click(ByVal sender As System.Object,ByVal e As System.EventArgs)
        门户首页.Hide()
        门户首页.Show()
        门户首页.WindowState = FormWindowState.Maximized
        Me.Hide()
    End Sub
    Private Sub ComboBox1_SelectedIndexChanged(ByVal sender As System.Object,ByVal e As System.EventArgs)
Handles ComboBox1.SelectedIndexChanged
        On Error Resume Next
        If ComboBox1.Text = "岩石风化程度分类"Then
            TextBox1.Text = "岩石风化程度分类" & vbCrLf
            TextBox1.Text += "------------" & vbCrLf
            TextBox1.Text += "    未风化:岩质新鲜,偶见风化痕迹。波速比 Kv = 0.9～1.0,风化系数 Kf = 0.9～
1.0" & vbCrLf
            TextBox1.Text += "    微风化:结构基本未变,仅节理面有渲染或略有变色,有少量风化裂隙。波速
比 Kv = 0.8～0.9,风化系数 Kf = 0.8～0.9" & vbCrLf
            TextBox1.Text += "    中等风化:结构部分破坏,沿节理面有次生矿物,风化裂隙发育,岩体被切割成
岩块。用镐难挖,岩芯钻方可钻进。波速比 Kv = 0.6～0.8,风化系数 Kf = 0.4～0.8" & vbCrLf
            TextBox1.Text += "    强风化:结构大部分破坏,矿物成分显著变化,风化裂隙很发育,岩体破碎,用
镐可挖,干钻不易钻进。波速比 Kv = 0.4～0.6,风化系数 Kf = <0.4" & vbCrLf
            TextBox1.Text += "    全风化:结构基本破坏,但尚可辨认,有残余结构强度,可用镐挖,干钻可钻进。
波速比 Kv = 0.2～0.4" & vbCrLf
            TextBox1.Text += "    残积土:组织结构全部破坏,已风化成土状,锹镐易挖掘,干钻易钻进,具可塑
性。波速比 Kv = <0.2" & vbCrLf
            TextBox1.Text += "    注:1.波速比 Kv 为风化岩石与新鲜岩石压缩波速度之比;2.风化系数 Kf 为风
化岩石与新鲜岩石饱和单轴抗压强度之比;3.岩石风化程度除按表列现场特征划分外,也可根据当地经验划分;4.花岗岩
类岩石,可按标准贯入试验划分,N≥50 为强风化,50>N≥30 为全风化,N≤30 为残积土;5.泥岩和半成岩可不进行风化程
度划分。本表引自国家标准《岩土工程勘察规范》GB 50021—2001。" & vbCrLf
        End If
        If ComboBox1.Text = "岩石坚硬程度定量划分" Then
            TextBox1.Text = "岩石坚硬程度定量划分" & vbCrLf
            TextBox1.Text += "------------" & vbCrLf
```

```
            TextBox1.Text += "     坚硬岩:frk＞60" & vbCrLf
            TextBox1.Text += "     较硬岩:60≥frk＞30" & vbCrLf
            TextBox1.Text += "     较软岩:30≥frk＞15" & vbCrLf
            TextBox1.Text += "     软岩:15≥frk＞5" & vbCrLf
            TextBox1.Text += "     极软岩:frk≤5" & vbCrLf
            TextBox1.Text += "     注 1:饱和单轴抗压强度标准值 frk/MPa" & vbCrLf
            TextBox1.Text += "     注 2:当无法取得饱和单轴抗压强度数值时,可用点载荷试验强度换算,换算方法按现行国家标准《工程岩体分级标准》GB 50218 执行(换算公式为 frk = 22.82Is(50)^0.75,Is(50)表示实测的岩石点载荷强度指数);" & vbCrLf
            TextBox1.Text += "     注 3:当岩体完整程度为极破碎时,可不进行坚硬程度分类。:" & vbCrLf
            TextBox1.Text += "     注 4:本表引自国家标准《岩土工程勘察规范》GB 50021—2001。" & vbCrLf
        End If
        If ComboBox1.Text = "岩石坚硬程度定性分类" Then
            TextBox1.Text = "岩石坚硬程度定性分类" & vbCrLf
            TextBox1.Text += "------------" & vbCrLf
            TextBox1.Text += "     坚硬岩:锤击声清脆,有回弹,震手,难击碎,基本无吸水反应。代表性岩石:未风化—微风化的花岗岩、闪长岩、辉绿岩、玄武岩、安山岩、片麻岩、石英岩、石英砂岩、硅质砾岩、硅质石灰岩等" & vbCrLf
            TextBox1.Text += "     较硬岩:锤击声较清脆,有轻微回弹,稍震手,较难击碎,有轻微吸水反应。代表性岩石:1.微风化的坚硬岩;  2.未风化—微风化的大理岩、板岩、石灰岩、白云岩、钙质砂岩等" & vbCrLf
            TextBox1.Text += "     较软岩:锤击声不清脆,无回弹,较易击碎,浸水后指甲可刻出印痕。代表性岩石: 1.中等风化—强风化的坚硬岩或较硬岩;  2.未风化—微风化的凝灰岩、千枚岩、泥灰岩、砂质泥岩等。" & vbCrLf
            TextBox1.Text += "     软岩:锤击声哑,无回弹,有凹痕,易击碎,浸水后手可掰开。代表性岩石:1.强风化的坚硬岩或较硬岩;2.中等风化—强风化的较软岩;3.未风化—微风化的页岩、泥岩、泥质砂岩等。" & vbCrLf
            TextBox1.Text += "     极软岩:锤击声哑,无回弹,有较深凹痕,手可捏碎,浸水后可捏成团。代表性岩石:1.全风化的各种岩石;  2.各种半成岩。" & vbCrLf
            TextBox1.Text += "     注:本表引自国家标准《岩土工程勘察规范》GB 50021—2001。" & vbCrLf
        End If
        If ComboBox1.Text = "岩体结构类型划分" Then
            TextBox1.Text = "岩体结构类型划分" & vbCrLf
            TextBox1.Text += "------------" & vbCrLf
            TextBox1.Text += "     整体状结构:巨块状岩浆岩和变质岩,巨厚层沉积岩。巨块状。以层面和原生、构造节理为主,多呈闭合型,间距大于 1.5m,一般为 1~2 组,无危险结构。岩体稳定,可视为均质弹性各向同性体。局部滑动或坍塌,深埋洞室的岩爆" & vbCrLf
            TextBox1.Text += "     块状结构:厚层状沉积岩,块状岩浆岩和变质岩。块状,柱状。有少量贯穿性节理裂隙,结构面间距 0.7~1.5m。一般为 2~3 组,有少量分离体,结构面互相牵制,岩体基本稳定,接近弹性各向同性体。" & vbCrLf
            TextBox1.Text += "     层状结构:多韵律薄层、中厚层状沉积岩,副变质岩。层状、板状。有层理、片理、节理,常由层间错动变形和强度受层面控制,可视为各向异性弹塑性体,稳定性较差,可沿结构面滑塌,软岩可产生塑性变形。" & vbCrLf
            TextBox1.Text += "     碎裂状结构:构造影响严重的破碎岩层。碎块状。断层、节理、片理、层理发育,结构面间距 0.25~0.50m,一般 3 组以上,有许多分离体整体强度很低,并受软弱结构面控制,呈弹塑性体,稳定性很差,易发生规模较大的岩体失稳,地下水加剧失稳。" & vbCrLf
            TextBox1.Text += "     散体状结构:断层破碎带,强风化及全风化带。碎屑状。构造和风化裂隙密集,结构面错综复杂,多充填黏性土,形成无序小块和碎屑。完整性遭极大破坏,稳定性极差,接近松散体介质。易发生规模较大的岩体失稳,地下水加剧失稳。" & vbCrLf
            TextBox1.Text += "     注:引自《岩土工程勘察规范》GB 50021—2001" & vbCrLf
```

```
        End If
        If ComboBox1.Text = "岩体完整程度定量分类" Then
            TextBox1.Text = "岩体完整程度定量分类" & vbCrLf
            TextBox1.Text += "------------" & vbCrLf
            TextBox1.Text += "完整:完整性指数 Kv>0.75" & vbCrLf
            TextBox1.Text += "较完整:完整性指数 Kv = 0.75～0.55" & vbCrLf
            TextBox1.Text += "较破碎:完整性指数 Kv = 0.55～0.35" & vbCrLf
            TextBox1.Text += "破碎:完整性指数 Kv = 0.35～0.15" & vbCrLf
            TextBox1.Text += "极破碎:完整性指数 Kv<0.15" & vbCrLf
            TextBox1.Text += "" & vbCrLf
            TextBox1.Text += "注:完整性指数 Kv 指岩体弹性纵波波速与岩石弹性纵波波速之比的平方。" & vbCrLf
            TextBox1.Text += "" & vbCrLf
        End If
        If ComboBox1.Text = "岩体质量指标(RQD)分级" Then
            TextBox1.Text = "岩体质量指标(RQD)分级" & vbCrLf
            TextBox1.Text += "------------" & vbCrLf
            TextBox1.Text += "      RQD = 0 % ～25 % :岩体质量 很差" & vbCrLf
            TextBox1.Text += "      RQD = 25 % ～50 % :岩体质量 差" & vbCrLf
            TextBox1.Text += "      RQD = 50 % ～75 % :岩体质量 较好" & vbCrLf
            TextBox1.Text += "      RQD = 75 % ～90 % :岩体质量 好" & vbCrLf
            TextBox1.Text += "      RQD = 90 % ～100 % :岩体质量 很好" & vbCrLf
            TextBox1.Text += "      引自《水利水电工程地质手册》" & vbCrLf
            TextBox1.Text += "----RQD 定义:Rock Quality Designation(RQD):岩石质量指标,用直径为 75mm 的金刚石钻头和双层岩芯管在岩石中钻进,连续取芯,回次钻进所取岩芯中,长度大于 10cm 的岩芯段长度之和与该回次进尺的比值,以百分比表示。" & vbCrLf
            TextBox1.Text += "      岩石质量指标 RQD(Rock Quality Designation),是迪尔 1964 年提出的概念,是用来表示岩体良好度的一种方法。RQD 是根据修正的岩芯采取率来决定的,所谓修正的岩芯采取率就是将钻孔中直接获取的岩芯总长度,扣除破碎岩芯和软弱夹泥的长度,再与钻孔总长之比。方法规定在计算岩芯长度时,只计算大于 10cm 坚硬的和完整的岩芯。" & vbCrLf
        End If
        If ComboBox1.Text = "岩体基本质量分级" Then
            TextBox1.Text = "岩体基本质量分级" & vbCrLf
            TextBox1.Text += "------------" & vbCrLf
            TextBox1.Text += "      Ⅰ:坚硬岩,岩体完整。岩体基本质量指标(BQ)>550" & vbCrLf
            TextBox1.Text += "      Ⅱ:坚硬岩,岩体较完整;较坚硬岩,岩体完整。岩体基本质量指标(BQ) = 550～450" & vbCrLf
            TextBox1.Text += "      Ⅲ:坚硬岩,岩体较破碎;较坚硬岩或软硬岩互层,岩体较完整;较软岩,岩体完整;岩体基本质量指标(BQ) = 450～351" & vbCrLf
            TextBox1.Text += "      Ⅳ:坚硬岩,岩体破碎;较坚硬岩,岩体较破碎—破碎;较软岩或软硬岩互层,且以软岩为主,岩体较完整—较破碎;软岩,岩体完整—较完整。岩体基本质量指标(BQ) = 350～251" & vbCrLf
            TextBox1.Text += "      Ⅴ:较软岩,岩体破碎;软岩,岩体较破碎—破碎;全部极软岩及全部极破碎岩。岩体基本质量指标(BQ)≤250" & vbCrLf
            TextBox1.Text += "      引自《工程岩体分级标准》GB 50218—94" & vbCrLf
        End If
        If ComboBox1.Text = "地下工程岩体自稳能力" Then
```

```
        TextBox1.Text = "地下工程岩体自稳能力" & vbCrLf
        TextBox1.Text += "-----------" & vbCrLf
        TextBox1.Text += "岩体级别:" & vbCrLf
        TextBox1.Text += "    Ⅰ:跨度≤20m,可长期稳定,偶有掉块,无塌方。" & vbCrLf
        TextBox1.Text += "    Ⅱ:跨度 10～20m,可基本稳定,局部可发生掉块或小塌方;跨度<10m,可长期稳定,偶有掉块。" & vbCrLf
        TextBox1.Text += "    Ⅲ:跨度 10～20m,可稳定数日—1 月,可发生小—中塌方;跨度 5～10m,可稳定数月,可发生局部块体位移及小—中塌方;跨度<5m,可基本稳定。" & vbCrLf
        TextBox1.Text += "    Ⅳ:跨度>5m,一般无自稳能力,数日—数月内可发生松动变形、小塌方,进而发展为中—大塌方。埋深小时,以拱部松动破坏为主,埋深大时,有明显塑性流动变形和挤压破坏;跨度<5m,可稳定数日～1 月。" & vbCrLf
        TextBox1.Text += "    Ⅴ:无自稳能力。" & vbCrLf
        TextBox1.Text += "    引自《工程岩体分级标准》GB 50218—2014" & vbCrLf
    End If
    If ComboBox1.Text = "水利水电地下工程围岩综合分类" Then
        TextBox1.Text = "水利水电地下工程围岩综合分类" & vbCrLf
        TextBox1.Text += "-----------" & vbCrLf
        TextBox1.Text += "岩体级别:" & vbCrLf
        TextBox1.Text += "    Ⅰ:名称:稳定,①岩体状态:岩石新鲜完整、构造影响轻微、节理裂隙不发育或稍发育,闭合且延伸不长,无或很少软弱结构面、断层带宽<0.1m,与洞向近正交、岩体呈整体或块状砌体结构。②结构面组合特征:无不稳定组合。③地下水活动:干燥或轻微潮湿,个别节理微弱渗水。④主洞稳定状况:成形好,无坍塌掉块。⑤山岩压力评价:计算理论:无山岩压力。⑥山岩压力评价坍落高度:0。⑦建议措施:不衬砌、局部岩块加砂浆锚杆、破碎带喷混凝土。" & vbCrLf
        TextBox1.Text += "    Ⅱ:名称:基本稳定,①岩体状态:岩石新鲜或微风化,受构造影响一般。节理裂隙稍发育或发育。有少量软弱结构面、层间结合差。断层破碎带宽<0.5m、与洞向斜交或正交、岩体呈块状砌体或层状砌体结构。②结构面组合特征:结构面组合基本稳定,局部有不稳定组合。③地下水活动:潮湿、沿裂隙面有渗水、滴水。④主洞稳定状况:局部掉块落石、成形差、长期暴露有小坍落。⑤山岩压力评价:计算理论:块体平衡理论、考虑部分落石荷载。⑥山岩压力评价坍落高度:0～0.17B(B 为洞室跨度,下同)。⑦建议措施:喷混凝土结合锚杆为主、个别混凝土衬砌。" & vbCrLf
        TextBox1.Text += "    Ⅲ:名称:稳定性较差,①岩体状态:岩石微风化或弱风化,受地质构造影响裂隙发育、部分张开充泥。软弱结构面分布较多、断层破碎带<1m,与洞线斜交或平行、岩石呈碎石状镶嵌结构。②结构面组合特征:不利的组合体较多。③地下水活动:沿断裂有渗、滴或线状涌水。④主洞稳定状况:成形差、无支撑时产生小规模坍塌、高边墙有局部失稳。⑤山岩压力评价:计算理论:块体平衡或散体理论计算。⑥山岩压力评价坍落高度:(0.17～0.33)B。⑦建议措施:喷锚结构,局部用混凝土衬砌。" & vbCrLf
        TextBox1.Text += "    Ⅳ:名称:稳定性差,①岩体状态:与 III 类同。断裂及软弱结构面较多,断层破碎带<2m,与洞平行,岩体呈碎石状镶嵌结构,局部呈碎石状压碎结构。②结构面组合特征:不利于围岩稳定。③地下水活动:沿断裂有渗、滴或线状涌水。④主洞稳定状况:成形差、顶拱坍落而超挖,无支撑可能坍方较大、边墙有失稳。⑤山岩压力评价:计算理论:散体理论。⑥山岩压力评价坍落高度:(0.33～0.66)B。⑦建议措施:混凝土衬砌、局部喷锚支护。" & vbCrLf
        TextBox1.Text += "    Ⅴ:名称:不稳定,①岩体状态:1.岩体:岩石弱风化、强风化或剧风化,构造影响严重,断裂极发育。断层>2m、与洞向平行,以断层泥糜棱岩、压碎带为主,裂隙充填泥,岩体呈角砾、泥砂、岩屑状散体结构。2.散体:砂层滑坡堆积及碎、卵、砾质土。3.断裂带:挤压强烈的断裂带、裂隙杂乱呈土夹石或石夹土状。②结构面组合特征:零乱状不稳定组合。③地下水活动:位于水下时,有较大涌水,地下水活动引起围岩失稳,不断坍塌。④主洞稳定状况:成形很差,极易坍塌,浅埋时地表下沉或冒顶。⑤山岩压力评价:计算理论:散体理论。⑥山岩压力评价坍落高度:(0.6～1.2)B 或更大。⑦建议措施:混凝土或钢筋混凝土衬砌,开挖时及时支护。" & vbCrLf
        TextBox1.Text += "    引自《水利水电工程地质手册》" & vbCrLf
```

```
        End If
        If ComboBox1.Text = "土按地质成因分类" Then
            TextBox1.Text = "土按地质成因分类" & vbCrLf
            TextBox1.Text += "-----------" & vbCrLf
            TextBox1.Text += "    残积土:岩石经风化作用而残留在原地的碎屑堆积物。碎屑物从地表向深处由细变粗,其成分与母岩相同,一般不具层理,碎块呈棱角状,土质不均,具有大孔隙,厚度在山丘顶部较薄,低洼处较厚。" & vbCrLf
            TextBox1.Text += "    坡积土:风化碎屑物由雨水或融雪水沿斜坡搬运及由本身的重力作用堆积在斜坡上或坡脚处而成。碎屑物从坡上往下逐渐变细,分选性差,层理不明显,厚度变化较大,厚度在斜坡较陡处较薄,坡脚地段较厚。" & vbCrLf
            TextBox1.Text += "    洪积土:由暂时性洪流将山区或高地的大量风化碎屑物携带至沟口或平缓地带堆积而成。颗粒具有一定的分选性,但往往大小混杂,碎屑多呈亚棱角状,洪积扇顶部颗粒较粗,层理紊乱呈交错状,透镜体及夹层较多,边缘处颗粒细,层理清楚。" & vbCrLf
            TextBox1.Text += "    冲积土:由长期的地表水流搬运,在河流阶地冲积平原,三角洲地带堆积而成。颗粒在河流上游较粗,向下游逐渐变细,分选性及磨圆度均好,层理清楚,除牛轭湖及某些河床相沉积外厚度较稳定。" & vbCrLf
            TextBox1.Text += "    淤积土:在静水或缓慢的流水环境中沉积,并伴有生物化学作用而成。颗粒以粉粒、黏粒为主,且含有一定数量的有机质或盐类,一般土质松软,有时为淤泥质黏性土、粉土与粉砂互层,具清晰的薄层理。" & vbCrLf
            TextBox1.Text += "    风积土:在干旱气候条件下,碎屑物被风吹扬,降落堆积而成。颗粒主要由粉粒或砂粒组成,土质均匀,质纯,孔隙大,结构松散。" & vbCrLf
        End If
        If ComboBox1.Text = "土的分类定名" Then
            TextBox1.Text = "土的工程分类" & vbCrLf
            TextBox1.Text += "-----------" & vbCrLf
            TextBox1.Text += "    漂石、块石:粒径大于200mm的颗粒质量超过总质量50%" & vbCrLf
            TextBox1.Text += "    卵石、碎石:粒径大于20mm的颗粒质量超过总质量50%" & vbCrLf
            TextBox1.Text += "    圆砾、角砾:粒径大于2mm的颗粒质量超过总质量50%" & vbCrLf
            TextBox1.Text += "" & vbCrLf
            TextBox1.Text += "    砾砂:粒径大于2mm的颗粒质量占总质量25%~50%" & vbCrLf
            TextBox1.Text += "    粗砂:粒径大于0.5mm的颗粒质量超过总质量50%" & vbCrLf
            TextBox1.Text += "    中砂:粒径大于0.25mm的颗粒质量超过总质量50%" & vbCrLf
            TextBox1.Text += "    细砂:粒径大于0.075mm的颗粒质量超过总质量85%" & vbCrLf
            TextBox1.Text += "    粉砂:粒径大于0.075mm的颗粒质量超过总质量50%" & vbCrLf
            TextBox1.Text += "" & vbCrLf
            TextBox1.Text += "    粉土:粒径大于0.075mm的颗粒质量不超过总质量50%,且Ip等于或小于10的土" & vbCrLf
            TextBox1.Text += "" & vbCrLf
            TextBox1.Text += "    粉质黏土:10<Ip≤17" & vbCrLf
            TextBox1.Text += "    黏土:Ip>17" & vbCrLf
            TextBox1.Text += "    注:引自《岩土工程勘察规范》GB 50021—2001。" & vbCrLf
        End If
        If ComboBox1.Text = "土按物理力学指标分类" Then
            TextBox1.Text = "" & vbCrLf
            TextBox1.Text += "-----------" & vbCrLf
            TextBox1.Text += "砂土密实度分类1" & vbCrLf
```

```
TextBox1.Text += "-----------" & vbCrLf
TextBox1.Text += "N≤10,松散" & vbCrLf
TextBox1.Text += "10<N≤15,稍密" & vbCrLf
TextBox1.Text += "15<N≤30,中密" & vbCrLf
TextBox1.Text += "N>30,密实" & vbCrLf
TextBox1.Text += "注:N 表示标准贯入试验实测锤击数。引自《岩土工程勘察规范》GB 50021—2001。"
& vbCrLf
TextBox1.Text += "" & vbCrLf
TextBox1.Text += "-----------" & vbCrLf
TextBox1.Text += "砂土密实度分类 2" & vbCrLf
TextBox1.Text += "-----------" & vbCrLf
TextBox1.Text += "Dr≤1/3   松散" & vbCrLf
TextBox1.Text += "1/3<Dr≤2/3   中密" & vbCrLf
TextBox1.Text += "2/3<Dr≤1.0   密实" & vbCrLf
TextBox1.Text += "注:Dr 表示相对密实度" & vbCrLf
TextBox1.Text += "" & vbCrLf
TextBox1.Text += "-----------" & vbCrLf
TextBox1.Text += "砂土密实度分类 3" & vbCrLf
TextBox1.Text += "-----------" & vbCrLf
TextBox1.Text += "      ps<4   松散" & vbCrLf
TextBox1.Text += "  4<ps<7   稍密" & vbCrLf
TextBox1.Text += "7  <ps≤14   密实" & vbCrLf
TextBox1.Text += "注:ps(MPa)表示静力触探比贯入阻力。" & vbCrLf
TextBox1.Text += "" & vbCrLf
TextBox1.Text += "-----------" & vbCrLf
TextBox1.Text += "粉土密实度分类" & vbCrLf
TextBox1.Text += "-----------" & vbCrLf
TextBox1.Text += "e<0.75 密实" & vbCrLf
TextBox1.Text += "0.75≤e≤0.90 中密" & vbCrLf
TextBox1.Text += "e>0.90 稍密" & vbCrLf
TextBox1.Text += "注:e 表示孔隙比。引自《岩土工程勘察规范》GB 50021—2001。" & vbCrLf
TextBox1.Text += "" & vbCrLf
TextBox1.Text += "-----------" & vbCrLf
TextBox1.Text += "粉土湿度分类" & vbCrLf
TextBox1.Text += "-----------" & vbCrLf
TextBox1.Text += "w<20%   稍湿" & vbCrLf
TextBox1.Text += "20%≤w≤30%    湿" & vbCrLf
TextBox1.Text += "w>30%   很湿" & vbCrLf
TextBox1.Text += "注:w 表示含水量(%)。引自《岩土工程勘察规范》GB 50021—2001。" & vbCrLf
TextBox1.Text += "" & vbCrLf
TextBox1.Text += "-----------" & vbCrLf
TextBox1.Text += "黏性土分类 1" & vbCrLf
TextBox1.Text += "-----------" & vbCrLf
TextBox1.Text += "静力触探比贯入阻力 ps<1MPa:  软黏性土" & vbCrLf
TextBox1.Text += "1≤ps≤3 MPa:一般黏性土" & vbCrLf
TextBox1.Text += "ps> 3 MPa:老黏性土" & vbCrLf
```

```
            TextBox1.Text += "据林宗元《岩土工程试验监测手册》(第二版)" & vbCrLf
            TextBox1.Text += "" & vbCrLf
            TextBox1.Text += "-----------" & vbCrLf
            TextBox1.Text += "黏性土分类 2" & vbCrLf
            TextBox1.Text += "-----------" & vbCrLf
            TextBox1.Text += "静力触探比贯入阻力 ps:" & vbCrLf
            TextBox1.Text += "      ps≤0.4 MPa:流塑" & vbCrLf
            TextBox1.Text += "0.4 <ps≤0.9 MPa:软塑" & vbCrLf
            TextBox1.Text += "0.9 <ps≤3.0 MPa:可塑" & vbCrLf
            TextBox1.Text += "3.0 <ps≤5.0 MPa:硬塑" & vbCrLf
            TextBox1.Text += "      ps>5.0 MPa:坚硬" & vbCrLf
            TextBox1.Text += "据林宗元《岩土工程试验监测手册》(第二版)" & vbCrLf
        End If
        If ComboBox1.Text = "土按有机质含量分类" Then
            TextBox1.Text = "" & vbCrLf
            TextBox1.Text += "--------------" & vbCrLf
            TextBox1.Text += "土按有机质含量分类" & vbCrLf
            TextBox1.Text += "--------------" & vbCrLf
            TextBox1.Text += "无机土:有机质含量 Wu<5%" & vbCrLf
            TextBox1.Text += "" & vbCrLf
            TextBox1.Text += "有机质土:5%≤Wu≤10%,深灰色,有光泽,味臭,除腐殖质外尚含少量未完全分解
的动植物体,浸水后水面出现气泡,干燥后体积收缩。" & vbCrLf
            TextBox1.Text += "" & vbCrLf
            TextBox1.Text += "泥炭质土:10%<Wu≤60%,深灰或黑色,有腥臭味,能看到未完全分解的植物结
构,浸水体胀,易崩解,有植物残渣浮于水中,干缩现象明显。" & vbCrLf
            TextBox1.Text += "" & vbCrLf
            TextBox1.Text += "泥炭:Wu>60%,除有泥炭质特征外,结构松散,土质很轻,暗无光泽,干缩现象极为
明显。" & vbCrLf
        End If
        ComboBox1.Focus()
    End Sub
    Private Sub Form16_Load(ByVal sender As System.Object,ByVal e As System.EventArgs)Handles MyBase.Load
        Me.MaximizeBox = False
        ComboBox1.Text = "土的分类定名"
    End Sub
    Private Sub MenuItem3_Click(ByVal sender As System.Object,ByVal e As System.EventArgs)Handles Menu-
Item3.Click
        Me.Hide()
    End Sub
    Private Sub MenuItem1_Click_1(ByVal sender As System.Object,ByVal e As System.EventArgs)Handles Menu-
Item1.Click
        门户首页.Hide()
        门户首页.Show()
        门户首页.WindowState = FormWindowState.Maximized
        Me.Hide()
    End Sub
```

```
        Private Sub MenuItem2_Click_1(ByVal sender As System.Object,ByVal e As System.EventArgs)Handles Menu-
Item2.Click
            End
        End Sub
    End Class
```

库 仑 定 律

1. 功能

求解库仑定律中的各参数。

2. 界面

开发平台：Microsoft Visual Studio 2019。编程语言：VB. net。软件界面如下。

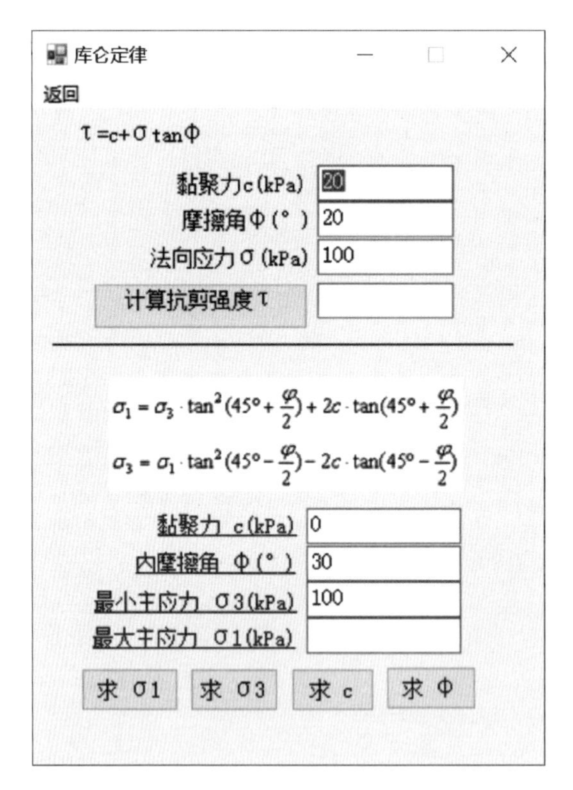

3. 计算原理

库仑定律　$\tau=c+\sigma\cdot\tan\varphi$

莫尔-库仑定律 $\sigma_1=\sigma_3\tan^2\left(45+\frac{\varphi}{2}\right)+2c\cdot\tan\left(45+\frac{\varphi}{2}\right)$，$\sigma_3=\sigma_1\tan^2\left(45-\frac{\varphi}{2}\right)-2c\cdot$

$\tan\left(45-\frac{\varphi}{2}\right)$

4. 主要控件

TextBox5：黏聚力 c（kPa）
TextBox6：摩擦角 φ（°）
TextBox7：法向应力 σ（kPa）
Button5：计算抗剪强度 τ（kPa）
TextBox1：黏聚力 c（kPa）
TextBox2：内摩擦角 φ（°）
TextBox3：最小主应力 σ_3（kPa）
TextBox4：最大主应力 σ_1（kPa）
Button1：求 σ_1
Button2：求 σ_3
Button3：求 c
Button4：求 φ

5. 源程序

```
Public Class Form59
    Private Sub MenuItem2_Click(ByVal sender As System.Object,ByVal e As System.EventArgs)Handles Menu-
Item2.Click
        Me.Hide()
    End Sub
    Private Sub Button1_Click(ByVal sender As System.Object,ByVal e As System.EventArgs)Handles Button1.
Click
        On Error Resume Next
        Dim c,fai,s1,s3,kp As Double
        c = Val(TextBox1.Text)
        fai = Val(TextBox2.Text)/180 * Math.PI
        s3 = Val(TextBox3.Text)
        kp = (Math.Tan(Math.PI/4 + fai/2))^2
        TextBox4.Text = s3 * kp + 2 * c * kp^0.5
        TextBox4.Text = Fix(Val(TextBox4.Text) * 1000)/1000
        TextBox4.Focus()
    End Sub
    Private Sub Button2_Click(ByVal sender As System.Object,ByVal e As System.EventArgs)Handles Button2.
Click
        On Error Resume Next
        Dim c,fai,s1,s3,ka As Double
        c = Val(TextBox1.Text)
        fai = Val(TextBox2.Text)/180 * Math.PI
```

```
            s1 = Val(TextBox4.Text)
            ka = (Math.Tan(Math.PI/4-fai/2))^2
            TextBox3.Text = s1 * ka-2 * c * ka^0.5
            TextBox3.Text = Fix(Val(TextBox3.Text) * 1000)/1000
            TextBox3.Focus()
        End Sub
        Private Sub Button3_Click(ByVal sender As System.Object,ByVal e As System.EventArgs)Handles Button3.
Click
            On Error Resume Next
            Dim c,fai,s1,s3,kp As Double
            s1 = Val(TextBox4.Text)
            fai = Val(TextBox2.Text)/180 * Math.PI
            s3 = Val(TextBox3.Text)
            kp = (Math.Tan(Math.PI/4 + fai/2))^2
            TextBox1.Text = Fix(1000 * (s1-s3 * kp)/2/kp^0.5)/1000
            TextBox1.Focus()
        End Sub
        Private Sub Button4_Click(ByVal sender As System.Object,ByVal e As System.EventArgs)Handles Button4.
Click
            On Error Resume Next
            Dim c,fai,s1,s3,k As Double
            c = Val(TextBox1.Text)
            s1 = Val(TextBox4.Text)
            s3 = Val(TextBox3.Text)
            k = (-2 * c + ((2 * c)^2 + 4 * s3 * s1)^0.5)/2/s3
            fai = (Math.Atan(k)-Math.PI/4) * 2/Math.PI * 180
            TextBox2.Text = Fix(fai * 1000)/1000
            TextBox2.Focus()
        End Sub
        Private Sub Button5_Click(ByVal sender As System.Object,ByVal e As System.EventArgs)Handles Button5.
Click
            On Error Resume Next
            Dim c,fai,sigema,s3,tao As Double
            c = Val(TextBox5.Text)
            fai = Val(TextBox6.Text)/180 * Math.PI
            sigema = Val(TextBox7.Text)
            tao = c + sigema * Math.Tan(fai)
            TextBox8.Text = tao
            TextBox8.Focus()
            TextBox8.SelectAll()
        End Sub
        Private Sub Form59_Load(ByVal sender As System.Object,ByVal e As System.EventArgs)Handles MyBase.Load
            Me.MaximizeBox = False
        End Sub
    End Class
```

标准值和加权平均值

1. 功能

计算随机变量的标准值和加权平均值。

2. 界面

开发平台：Microsoft Visual Studio 2019。编程语言：VB. net。软件界面如下。

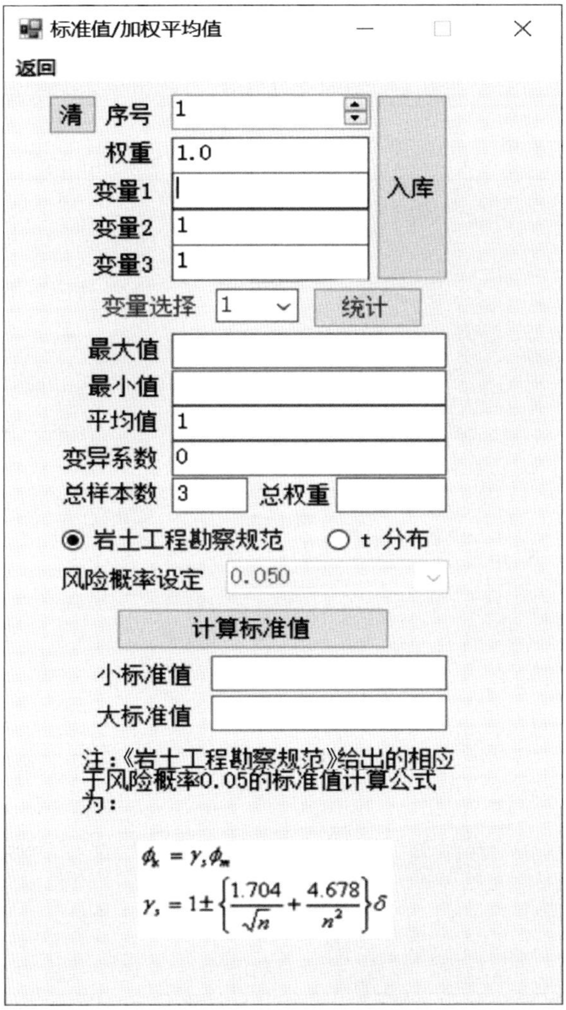

标准值/加权平均值

返回

清 序号 1

权重 1.0

变量1

变量2 1

变量3 1

入库

变量选择 1 统计

最大值

最小值

平均值 1

变异系数 0

总样本数 3 总权重

岩土工程勘察规范 t 分布

风险概率设定 0.050

计算标准值

小标准值

大标准值

注：《岩土工程勘察规范》给出的相应于风险概率0.05的标准值计算公式为：

$$\phi_k = \gamma_s \phi_m$$

$$\gamma_s = 1 \pm \left\{ \frac{1.704}{\sqrt{n}} + \frac{4.678}{n^2} \right\} \delta$$

3. 计算原理

（1）加权平均值

若 n 个数 X_1，X_2，$X_3 \cdots X_n$ 的权分别是 w_1，w_2，…，w_n，那么这 n 个数的加权平均值为：

$$\overline{x}=\frac{x_1w_1+x_2w_2+\cdots+x_nw_n}{w_1+w_2+\cdots+w_n}$$

（2）标准值计算

根据《岩土工程勘察规范》GB 50021—2001（2009 年版），参数标准值计算公式为：

$$\phi_{\mathrm{k}}=\gamma_{\mathrm{s}}\phi_{\mathrm{m}}$$

$$\gamma_{\mathrm{s}}=1\pm\left\{\frac{1.704}{\sqrt{n}}+\frac{4.678}{n^2}\right\}\delta$$

式中　ϕ_{k}——参数标准值。

（3）t 分布分位值

t 分布分位值见下表（引自高大钊《土力学可靠性原理》）。

t 分布分位值

ν	显著性水平						
	0.25	0.10	0.05	0.025	0.01	0.005	0.001
1	1.000	3.078	6.314	12.706	31.821	63.657	318
2	0.816	1.886	2.920	4.303	6.965	9.925	22.3
3	0.765	1.638	2.353	3.182	4.541	5.841	10.2
4	0.741	1.533	2.132	2.776	3.747	4.604	7.173
5	0.727	1.476	2.015	2.571	3.365	4.032	5.893
6	0.718	1.440	1.943	2.447	3.143	3.707	5.208
7	0.711	1.415	1.895	2.365	2.998	3.499	4.785
8	0.706	1.397	1.860	2.306	2.896	3.355	4.501
9	0.703	1.383	1.833	2.262	2.821	3.250	4.297
10	0.700	1.372	1.812	2.228	2.764	3.169	4.144
11	0.697	1.363	1.796	2.201	2.718	3.106	4.025
12	0.695	1.356	1.782	2.179	2.681	3.055	3.930
13	0.694	1.350	1.771	2.160	2.650	3.012	3.852
14	0.692	1.345	1.761	2.145	2.624	2.977	3.787
15	0.691	1.341	1.753	2.131	2.602	2.947	3.733
16	0.690	1.337	1.746	2.120	2.583	2.921	3.686
17	0.689	1.333	1.740	2.110	2.567	2.898	3.646
18	0.688	1.330	1.734	2.101	2.552	2.878	3.610
19	0.688	1.328	1.729	2.093	2.539	2.861	3.579
20	0.687	1.325	1.725	2.086	2.528	2.845	3.552
21	0.686	1.323	1.721	2.080	2.518	2.831	3.527
22	0.686	1.321	1.717	2.074	2.508	2.819	3.505
23	0.685	1.319	1.714	2.069	2.500	2.807	3.485
24	0.685	1.318	1.711	2.064	2.492	2.797	3.467

续表

ν	显著性水平						
	0.25	0.10	0.05	0.025	0.01	0.005	0.001
25	0.684	1.316	1.708	2.060	2.485	2.787	3.450
26	0.684	1.315	1.706	2.056	2.479	2.779	3.435
27	0.684	1.314	1.703	2.052	2.473	2.771	3.421
28	0.683	1.313	1.701	2.048	2.467	2.763	3.408
29	0.683	1.311	1.699	2.045	2.462	2.756	3.396
30	0.683	1.310	1.697	2.042	2.457	2.750	3.385
40	0.681	1.303	1.684	2.021	2.423	2.704	3.307
60	0.679	1.296	1.671	2.000	2.390	2.660	3.232
120	0.677	1.289	1.658	1.980	2.358	2.617	3.160
∞	0.674	1.282	1.645	1.960	2.326	2.576	3.090

注：显著性水平单侧为 a，双侧为 $a/2$。

4. 主要控件

Button4：清零
TextBox8：权重
TextBox6：变量 1
TextBox11：变量 2
TextBox12：变量 3
ComboBox2：变量选择
Button2：入库
Button3：统计
TextBox7：最大值
TextBox9：最小值
TextBox1：平均值
TextBox2：变异系数
TextBox3：总样本数
TextBox10：总权重
ComboBox1：风险概率设定
Button1：计算标准值
TextBox4：小标准值
TextBox5：大标准值

5. 源程序

```
Public Class Form57
    Public Xi(10000),Xi1(10000),Xi2(10000),Xi3(10000)As Double
    Public Yi(10000)As Double
```

```
Public N,N1 As Integer '样品个数
Private Sub Button1_Click(ByVal sender As System.Object,ByVal e As System.EventArgs)Handles Button1.
Click
    On Error Resume Next
    Dim f,v As Double
    f = Val(TextBox1.Text)
    v = Val(TextBox2.Text)
    N = Val(TextBox3.Text)
    If RadioButton1.Checked = True Then
        If N<6 Then
            MsgBox("统计样品数不应小于 6")
            GoTo 100
        End If
        ComboBox1.Text = "0.050"
        TextBox4.Text = f * (1 - (1.704/N^0.5 + 4.678/N^2) * v)
        TextBox5.Text = f * (1 + (1.704/N^0.5 + 4.678/N^2) * v)
        TextBox5.Focus()
        TextBox5.ScrollToCaret()
        TextBox5.Focus()
    End If
    If RadioButton2.Checked = True Then
        Dim ta As Double
        If ComboBox1.Text = "0.25" Then
            If N - 1 = 1 Then
                ta = 1
            End If
            If N - 1 = 2 Then
                ta = 0.816
            End If
            If N - 1 = 3 Then
                ta = 0.765
            End If
            If N - 1 = 4 Then
                ta = 0.741
            End If
            If N - 1 = 5 Then
                ta = 0.727
            End If
            If N - 1 = 6 Then
                ta = 0.718
            End If
            If N - 1 = 7 Then
                ta = 0.711
            End If
            If N - 1 = 8 Then
                ta = 0.706
```

```
End If
If N - 1 = 9 Then
    ta = 0.703
End If
If N - 1 = 10 Then
    ta = 0.7
End If
If N - 1 = 11 Then
    ta = 0.697
End If
If N - 1 = 12 Then
    ta = 0.695
End If
If N - 1 = 13 Then
    ta = 0.694
End If
If N - 1 = 14 Then
    ta = 0.692
End If
If N - 1 = 15 Then
    ta = 0.691
End If
If N - 1 = 16 Then
    ta = 0.69
End If
If N - 1 = 17 Then
    ta = 0.689
End If
If N - 1 = 18 Then
    ta = 0.688
End If
If N - 1 = 19 Then
    ta = 0.688
End If
If N - 1 = 20 Then
    ta = 0.687
End If
If N - 1 = 21 Then
    ta = 0.686
End If
If N - 1 = 22 Then
    ta = 0.686
End If
If N - 1 = 23 Then
    ta = 0.685
End If
```

```
    If N-1 = 24 Then
        ta = 0.685
    End If
    If N-1 = 25 Then
        ta = 0.684
    End If
    If N-1 = 26 Then
        ta = 0.684
    End If
    If N-1 = 27 Then
        ta = 0.684
    End If
    If N-1 = 28 Then
        ta = 0.683
    End If
    If N-1 = 29 Then
        ta = 0.683
    End If
    If N-1 = 30 Then
        ta = 0.683
    End If
    If N-1>30 And N-1<=40 Then
        ta = 0.683 + (N-1-30)/10 * (0.681-0.683)
    End If
    If N-1>40 And N-1<=60 Then
        ta = 0.681 + (N-1-40)/20 * (0.679-0.681)
    End If
    If N-1 = 60 Then
        ta = 0.679
    End If
    If N-1>60 And N-1<=120 Then
        ta = 0.679 + (N-1-60)/60 * (0.677-0.679)
    End If
    If N-1 = 120 Then
        ta = 0.677
    End If
    If N-1>120 Then
        ta = 0.674
    End If
ElseIf ComboBox1.Text = "0.1" Then
    If N-1 = 1 Then
        ta = 3.078
    End If
    If N-1 = 2 Then
        ta = 1.886
    End If
```

```
If N - 1 = 3 Then
    ta = 1.638
End If
If N - 1 = 4 Then
    ta = 1.533
End If
If N - 1 = 5 Then
    ta = 1.476
End If
If N - 1 = 6 Then
    ta = 1.44
End If
If N - 1 = 7 Then
    ta = 1.415
End If
If N - 1 = 8 Then
    ta = 1.397
End If
If N - 1 = 9 Then
    ta = 1.383
End If
If N - 1 = 10 Then
    ta = 1.372
End If
If N - 1 = 11 Then
    ta = 1.363
End If
If N - 1 = 12 Then
    ta = 1.356
End If
If N - 1 = 13 Then
    ta = 1.35
End If
If N - 1 = 14 Then
    ta = 1.345
End If
If N - 1 = 15 Then
    ta = 1.341
End If
If N - 1 = 16 Then
    ta = 1.337
End If
If N - 1 = 17 Then
    ta = 1.333
End If
If N - 1 = 18 Then
```

```
        ta = 1.33
    End If
    If N - 1 = 19 Then
        ta = 1.328
    End If
    If N - 1 = 20 Then
        ta = 1.325
    End If
    If N - 1 = 21 Then
        ta = 1.323
    End If
    If N - 1 = 22 Then
        ta = 1.321
    End If
    If N - 1 = 23 Then
        ta = 1.319
    End If
    If N - 1 = 24 Then
        ta = 1.318
    End If
    If N - 1 = 25 Then
        ta = 1.316
    End If
    If N - 1 = 26 Then
        ta = 1.315
    End If
    If N - 1 = 27 Then
        ta = 1.314
    End If
    If N - 1 = 28 Then
        ta = 1.313
    End If
    If N - 1 = 29 Then
        ta = 1.311
    End If
    If N - 1 = 30 Then
        ta = 1.31
    End If
    If N - 1>30 And N - 1< = 40 Then
        ta = 1.31 + (N - 1 - 30)/10 * (1.303 - 1.31)
    End If
    If N - 1 = 40 Then
        ta = 1.303
    End If
    If N - 1>40 And N - 1< = 60 Then
        ta = 1.303 + (N - 1 - 40)/20 * (1.296 - 1.303)
```

```
        End If
        If N - 1 = 60 Then
            ta = 1.296
        End If
        If N - 1>60 And N - 1< = 120 Then
            ta = 1.296 + (N - 1 - 60)/60 * (1.289 - 1.296)
        End If
        If N - 1 = 120 Then
            ta = 1.289
        End If
        If N - 1>120 Then
            ta = 1.282
        End If
    ElseIf ComboBox1.Text = "0.05" Then
        If N - 1 = 1 Then
            ta = 6.314
        End If
        If N - 1 = 2 Then
            ta = 2.92
        End If
        If N - 1 = 3 Then
            ta = 2.353
        End If
        If N - 1 = 4 Then
            ta = 2.132
        End If
        If N - 1 = 5 Then
            ta = 2.015
        End If
        If N - 1 = 6 Then
            ta = 1.943
        End If
        If N - 1 = 7 Then
            ta = 1.895
        End If
        If N - 1 = 8 Then
            ta = 1.86
        End If
        If N - 1 = 9 Then
            ta = 1.833
        End If
        If N - 1 = 10 Then
            ta = 1.812
        End If
        If N - 1 = 11 Then
            ta = 1.796
```

```
End If
If N - 1 = 12 Then
    ta = 1.782
End If
If N - 1 = 13 Then
    ta = 1.771
End If
If N - 1 = 14 Then
    ta = 1.761
End If
If N - 1 = 15 Then
    ta = 1.753
End If
If N - 1 = 16 Then
    ta = 1.746
End If
If N - 1 = 17 Then
    ta = 1.74
End If
If N - 1 = 18 Then
    ta = 1.734
End If
If N - 1 = 19 Then
    ta = 1.729
End If
If N - 1 = 20 Then
    ta = 1.725
End If
If N - 1 = 21 Then
    ta = 1.721
End If
If N - 1 = 22 Then
    ta = 1.717
End If
If N - 1 = 23 Then
    ta = 1.714
End If
If N - 1 = 24 Then
    ta = 1.711
End If
If N - 1 = 25 Then
    ta = 1.708
End If
If N - 1 = 26 Then
    ta = 1.706
End If
```

```
    If N - 1 = 27 Then
        ta = 1.703
    End If
    If N - 1 = 28 Then
        ta = 1.701
    End If
    If N - 1 = 29 Then
        ta = 1.699
    End If
    If N - 1 = 30 Then
        ta = 1.697
    End If
    If N - 1>30 And N - 1< = 40 Then
        ta = 1.697 + (N - 1 - 30)/10 * (1.684 - 1.697)
    End If
    If N - 1 = 40 Then
        ta = 1.684
    End If
    If N - 1>40 And N - 1< = 60 Then
        ta = 1.684 + (N - 1 - 40)/20 * (1.671 - 1.684)
    End If
    If N - 1 = 60 Then
        ta = 1.671
    End If
    If N - 1>60 And N - 1< = 120 Then
        ta = 1.671 + (N - 1 - 60)/60 * (1.658 - 1.671)
    End If
    If N - 1 = 120 Then
        ta = 1.658
    End If
    If N - 1>120 Then
        ta = 1.645
    End If
ElseIf ComboBox1.Text = "0.025" Then
    If N - 1 = 1 Then
        ta = 12.706
    End If
    If N - 1 = 2 Then
        ta = 4.303
    End If
    If N - 1 = 3 Then
        ta = 3.182
    End If
    If N - 1 = 4 Then
        ta = 2.776
    End If
```

```
If N - 1 = 5 Then
    ta = 2.571
End If
If N - 1 = 6 Then
    ta = 2.447
End If
If N - 1 = 7 Then
    ta = 2.365
End If
If N - 1 = 8 Then
    ta = 2.306
End If
If N - 1 = 9 Then
    ta = 2.262
End If
If N - 1 = 10 Then
    ta = 2.228
End If
If N - 1 = 11 Then
    ta = 2.201
End If
If N - 1 = 12 Then
    ta = 2.179
End If
If N - 1 = 13 Then
    ta = 2.16
End If
If N - 1 = 14 Then
    ta = 2.145
End If
If N - 1 = 15 Then
    ta = 2.131
End If
If N - 1 = 16 Then
    ta = 2.12
End If
If N - 1 = 17 Then
    ta = 2.11
End If
If N - 1 = 18 Then
    ta = 2.101
End If
If N - 1 = 19 Then
    ta = 2.093
End If
If N - 1 = 20 Then
```

```
    ta = 2.086
End If
If N - 1 = 21 Then
    ta = 2.08
End If
If N - 1 = 22 Then
    ta = 2.074
End If
If N - 1 = 23 Then
    ta = 2.069
End If
If N - 1 = 24 Then
    ta = 2.064
End If
If N - 1 = 25 Then
    ta = 2.06
End If
If N - 1 = 26 Then
    ta = 2.056
End If
If N - 1 = 27 Then
    ta = 2.052
End If
If N - 1 = 28 Then
    ta = 2.048
End If
If N - 1 = 29 Then
    ta = 2.045
End If
If N - 1 = 30 Then
    ta = 2.042
End If
If N - 1>30 And N - 1< = 40 Then
    ta = 2.042 + (N - 1 - 30)/10 * (2.021 - 2.042)
End If
If N - 1 = 40 Then
    ta = 2.021
End If
If N - 1>40 And N - 1< = 60 Then
    ta = 2.021 + (N - 1 - 40)/20 * (2 - 2.021)
End If
If N - 1 = 60 Then
    ta = 2
End If
If N - 1>60 And N - 1< = 120 Then
    ta = 2 + (N - 1 - 60)/60 * (1.98 - 2)
```

```
    End If
    If N - 1 = 120 Then
        ta = 1.98
    End If
    If N - 1>120 Then
        ta = 1.96
    End If
ElseIf ComboBox1.Text = "0.01" Then
    If N - 1 = 1 Then
        ta = 31.821
    End If
    If N - 1 = 2 Then
        ta = 6.965
    End If
    If N - 1 = 3 Then
        ta = 4.541
    End If
    If N - 1 = 4 Then
        ta = 3.747
    End If
    If N - 1 = 5 Then
        ta = 3.365
    End If
    If N - 1 = 6 Then
        ta = 3.143
    End If
    If N - 1 = 7 Then
        ta = 2.998
    End If
    If N - 1 = 8 Then
        ta = 2.896
    End If
    If N - 1 = 9 Then
        ta = 2.821
    End If
    If N - 1 = 10 Then
        ta = 2.764
    End If
    If N - 1 = 11 Then
        ta = 2.718
    End If
    If N - 1 = 12 Then
        ta = 2.681
    End If
    If N - 1 = 13 Then
        ta = 2.65
```

```
End If
If N - 1 = 14 Then
    ta = 2.624
End If
If N - 1 = 15 Then
    ta = 2.602
End If
If N - 1 = 16 Then
    ta = 2.583
End If
If N - 1 = 17 Then
    ta = 2.567
End If
If N - 1 = 18 Then
    ta = 2.552
End If
If N - 1 = 19 Then
    ta = 2.539
End If
If N - 1 = 20 Then
    ta = 2.528
End If
If N - 1 = 21 Then
    ta = 2.518
End If
If N - 1 = 22 Then
    ta = 2.508
End If
If N - 1 = 23 Then
    ta = 2.5
End If
If N - 1 = 24 Then
    ta = 2.492
End If
If N - 1 = 25 Then
    ta = 2.485
End If
If N - 1 = 26 Then
    ta = 2.479
End If
If N - 1 = 27 Then
    ta = 2.473
End If
If N - 1 = 28 Then
    ta = 2.467
End If
```

```
    If N - 1 = 29 Then
        ta = 2.462
    End If
    If N - 1 = 30 Then
        ta = 2.457
    End If
    If N - 1>30 And N - 1< = 40 Then
        ta = 2.457 + (N - 1 - 30)/10 * (2.423 - 2.457)
    End If
    If N - 1 = 40 Then
        ta = 2.423
    End If
    If N - 1>40 And N - 1< = 60 Then
        ta = 2.423 + (N - 1 - 40)/20 * (2.39 - 2.423)
    End If
    If N - 1 = 60 Then
        ta = 2.39
    End If
    If N - 1>60 And N - 1< = 120 Then
        ta = 2.39 + (N - 1 - 60)/60 * (2.358 - 2.39)
    End If
    If N - 1 = 120 Then
        ta = 2.358
    End If
    If N - 1> = 120 Then
        ta = 2.326
    End If
ElseIf ComboBox1.Text = "0.005" Then
    If N - 1 = 1 Then
        ta = 63.657
    End If
    If N - 1 = 2 Then
        ta = 9.925
    End If
    If N - 1 = 3 Then
        ta = 5.841
    End If
    If N - 1 = 4 Then
        ta = 4.604
    End If
    If N - 1 = 5 Then
        ta = 4.032
    End If
    If N - 1 = 6 Then
        ta = 3.707
    End If
```

```
If N - 1 = 7 Then
    ta = 3.499
End If
If N - 1 = 8 Then
    ta = 3.355
End If
If N - 1 = 9 Then
    ta = 3.25
End If
If N - 1 = 10 Then
    ta = 3.169
End If
If N - 1 = 11 Then
    ta = 3.106
End If
If N - 1 = 12 Then
    ta = 3.055
End If
If N - 1 = 13 Then
    ta = 3.012
End If
If N - 1 = 14 Then
    ta = 2.977
End If
If N - 1 = 15 Then
    ta = 2.947
End If
If N - 1 = 16 Then
    ta = 2.921
End If
If N - 1 = 17 Then
    ta = 2.898
End If
If N - 1 = 18 Then
    ta = 2.878
End If
If N - 1 = 19 Then
    ta = 2.861
End If
If N - 1 = 20 Then
    ta = 2.845
End If
If N - 1 = 21 Then
    ta = 2.831
End If
If N - 1 = 22 Then
```

```
    ta = 2.819
End If
If N - 1 = 23 Then
    ta = 2.807
End If
If N - 1 = 24 Then
    ta = 2.797
End If
If N - 1 = 25 Then
    ta = 2.787
End If
If N - 1 = 26 Then
    ta = 2.779
End If
If N - 1 = 27 Then
    ta = 2.771
End If
If N - 1 = 28 Then
    ta = 2.763
End If
If N - 1 = 29 Then
    ta = 2.756
End If
If N - 1 = 30 Then
    ta = 2.75
End If
If N - 1>30 And N - 1< = 40 Then
    ta = 2.75 + (N - 1 - 30)/10 * (2.704 - 2.75)
End If
If N - 1 = 40 Then
    ta = 2.704
End If
If N - 1>40 And N - 1< = 60 Then
    ta = 2.704 + (N - 1 -  40)/20 * (2.66 - 2.704)
End If
If N - 1 = 60 Then
    ta = 2.66
End If
If N - 1>60 And N - 1< = 120 Then
    ta = 2.66 + (N - 1 - 60)/60 * (2.617 - 2.66)
End If
If N - 1 = 120 Then
    ta = 2.617
End If
If N - 1>120 Then
    ta = 2.576
```

```
        End If
    ElseIf ComboBox1.Text = "0.001" Then
        If N - 1 = 1 Then
            ta = 318
        End If
        If N - 1 = 2 Then
            ta = 22.3
        End If
        If N - 1 = 3 Then
            ta = 10.2
        End If
        If N - 1 = 4 Then
            ta = 7.173
        End If
        If N - 1 = 5 Then
            ta = 5.893
        End If
        If N - 1 = 6 Then
            ta = 5.208
        End If
        If N - 1 = 7 Then
            ta = 4.785
        End If
        If N - 1 = 8 Then
            ta = 4.501
        End If
        If N - 1 = 9 Then
            ta = 4.297
        End If
        If N - 1 = 10 Then
            ta = 4.144
        End If
        If N - 1 = 11 Then
            ta = 4.025
        End If
        If N - 1 = 12 Then
            ta = 3.93
        End If
        If N - 1 = 13 Then
            ta = 3.852
        End If
        If N - 1 = 14 Then
            ta = 2.787
        End If
        If N - 1 = 15 Then
            ta = 2.733
```

```
End If
If N - 1 = 16 Then
    ta = 2.686
End If
If N - 1 = 17 Then
    ta = 2.646
End If
If N - 1 = 18 Then
    ta = 2.61
End If
If N - 1 = 19 Then
    ta = 2.579
End If
If N - 1 = 20 Then
    ta = 2.552
End If
If N - 1 = 21 Then
    ta = 2.527
End If
If N - 1 = 22 Then
    ta = 2.505
End If
If N - 1 = 23 Then
    ta = 2.485
End If
If N - 1 = 24 Then
    ta = 2.467
End If
If N - 1 = 25 Then
    ta = 2.45
End If
If N - 1 = 26 Then
    ta = 2.435
End If
If N - 1 = 27 Then
    ta = 2.421
End If
If N - 1 = 28 Then
    ta = 2.408
End If
If N - 1 = 29 Then
    ta = 2.396
End If
If N - 1 = 30 Then
    ta = 2.385
End If
```

```
                If N-1>30 And N-1<=40 Then
                    ta=2.385+(N-1-30)/10*(2.307-2.385)
                End If
                'If n-1=40 Then
                'ta=2.307
                'End If
                If N-1>40 And N-1<=60 Then
                    ta=2.307+(N-1-40)/20*(2.232-2.307)
                End If
                If N-1=60 Then
                    ta=2.232
                End If
                If N-1>60 And N-1<=120 Then
                    ta=2.232+(N-1-60)/60*(2.16-2.232)
                End If
                If N-1=120 Then
                    ta=2.16
                End If
                If N-1>120 Then
                    ta=2.09
                End If
            End If
            TextBox4.Text=f*(1-ta/N^0.5*v)
            TextBox5.Text=f*(1+ta/N^0.5*v)
            TextBox5.Focus()
            TextBox5.ScrollToCaret()
            TextBox5.Focus()
        End If
100:
    End Sub
    Private Sub MenuItem2_Click(ByVal sender As System.Object,ByVal e As System.EventArgs)Handles Menu-
Item2.Click
        Me.Hide()
    End Sub
    Private Sub Form57_Load(ByVal sender As System.Object,ByVal e As System.EventArgs)Handles MyBase.Load
        Me.MaximizeBox=False
        ComboBox1.Text="0.050"
        ComboBox2.Text="1"
        N1=0
        NumericUpDown1.Value=1
        TextBox6.Focus()
    End Sub
    Private Sub RadioButton1_CheckedChanged(ByVal sender As System.Object,ByVal e As System.EventArgs)Han-
dles RadioButton1.CheckedChanged
        On Error Resume Next
        If RadioButton1.Checked=True Then
```

```
                ComboBox1.Text = "0.050"
                ComboBox1.Enabled = False
            End If
        End Sub
        Private Sub RadioButton2_CheckedChanged(ByVal sender As System.Object,ByVal e As System.EventArgs)Han-
dles RadioButton2.CheckedChanged
            On Error Resume Next
            If RadioButton2.Checked = True Then
                ComboBox1.Enabled = True
            End If
        End Sub

    Private Sub NumericUpDown1_ValueChanged_1(ByVal sender As System.Object,ByVal e As System.EventArgs)Handles
NumericUpDown1.ValueChanged
            On Error Resume Next
            If N1<>0 Then
                Dim i As Integer
                i = NumericUpDown1.Value
                If i< = N1 Then
                    TextBox6.Text = Xi1(i)
                    TextBox11.Text = Xi2(i)
                    TextBox12.Text = Xi3(i)
                    TextBox8.Text = Yi(i)
                Else
                    NumericUpDown1.Value = N1 + 1
                    TextBox6.Text = ""
                End If
                TextBox6.Focus()
            End If
        End Sub
        Private Sub Button2_Click(ByVal sender As System.Object,ByVal e As System.EventArgs)Handles Button2.
Click
            On Error Resume Next
            Dim i As Integer
            If IsNumeric(TextBox6.Text) = True And IsNumeric(TextBox8.Text) = True And IsNumeric(TextBox11.
Text) = True And IsNumeric(TextBox12.Text) = True Then
                i = NumericUpDown1.Value
                Xi1(i) = TextBox6.Text '变量 1
                Xi2(i) = TextBox11.Text '变量 2
                Xi3(i) = TextBox12.Text '变量 3
                Yi(i) = TextBox8.Text '权重
                If i> = N1 Then
                    N1 = i
                    NumericUpDown1.Value = NumericUpDown1.Value + 1
                    TextBox6.Text = ""
                    TextBox6.Focus()
```

```
                GoTo 100
            Else
                NumericUpDown1.Value = NumericUpDown1.Value + 1
                i = NumericUpDown1.Value
                TextBox6.Text = Xi1(i)
                TextBox11.Text = Xi2(i)
                TextBox12.Text = Xi3(i)
                TextBox8.Text = Yi(i)
                TextBox6.Focus()
            End If
        Else
            MsgBox("变量输入有问题。")
        End If
        TextBox6.Focus()
100:
    End Sub
    Private Sub Button3_Click(ByVal sender As System.Object,ByVal e As System.EventArgs)Handles Button3.
Click
        On Error Resume Next
        Dim SumX,SumY,Ave,SumX2,sig,Min,Max As Double
        SumY = 0
        SumX = 0
        SumY = 0
        Ave = 0
        SumX2 = 0
        sig = 0
        Min = 0
        Max = 0
        Dim i As Integer
        For i = 1 To N1
            SumY = Yi(i) + SumY '总权重
        Next
        For i = 1 To N1 '变量 1
            If ComboBox2.Text = "1" Then
                Xi(i) = Xi1(i)
            ElseIf ComboBox2.Text = "2" Then
                Xi(i) = Xi2(i)
            ElseIf ComboBox2.Text = "3" Then
                Xi(i) = Xi3(i)
            End If
        Next
        For i = 1 To N1
            If i = 1 Then
                Min = Xi(i)
                Max = Xi(i)
                Ave = Xi(i) * Yi(i)/SumY
```

```
                SumX2 = Xi(i)^2
            Else
                If Xi(i)< = Min Then
                    Min = Xi(i) '最小值
                End If
                If Xi(i)> = Max Then
                    Max = Xi(i) '最大值
                End If
                Ave = Xi(i) * Yi(i)/SumY + Ave
                SumX2 = SumX2 + Xi(i)^2
            End If
        Next
        sig = Math.Sqrt((SumX2 - N1 * Ave^2)/(N1 - 1)) '标准差
        TextBox7.Text = Max
        TextBox9.Text = Min
        TextBox1.Text = Ave
        If N1 = SumY Then
            TextBox2.Text = Fix(sig/Ave * 10^5)/10^5
            Button1.Enabled = True
        Else
            TextBox2.Text = "--"
            Button1.Enabled = False
        End If
        TextBox3.Text = N1
        TextBox10.Text = SumY
        TextBox1.Focus()
    End Sub
    Private Sub Button4_Click(ByVal sender As System.Object,ByVal e As System.EventArgs)Handles Button4.
Click
        On Error Resume Next
        TextBox8.Text = "1"
        TextBox6.Text = ""
        N1 = 0
        NumericUpDown1.Value = 1
        TextBox6.Text = ""
        TextBox6.Focus()
    End Sub

    Private Sub TextBox12_TextChanged(ByVal sender As System.Object,ByVal e As System.EventArgs)Handles
TextBox12.TextChanged
    End Sub
End Class
```

数理统计（经验分布和超越概率）

1. 功能

数理统计和超越概率计算。

2. 界面

开发平台：Microsoft Visual Studio 2019。编程语言：VB. net。软件界面如下。

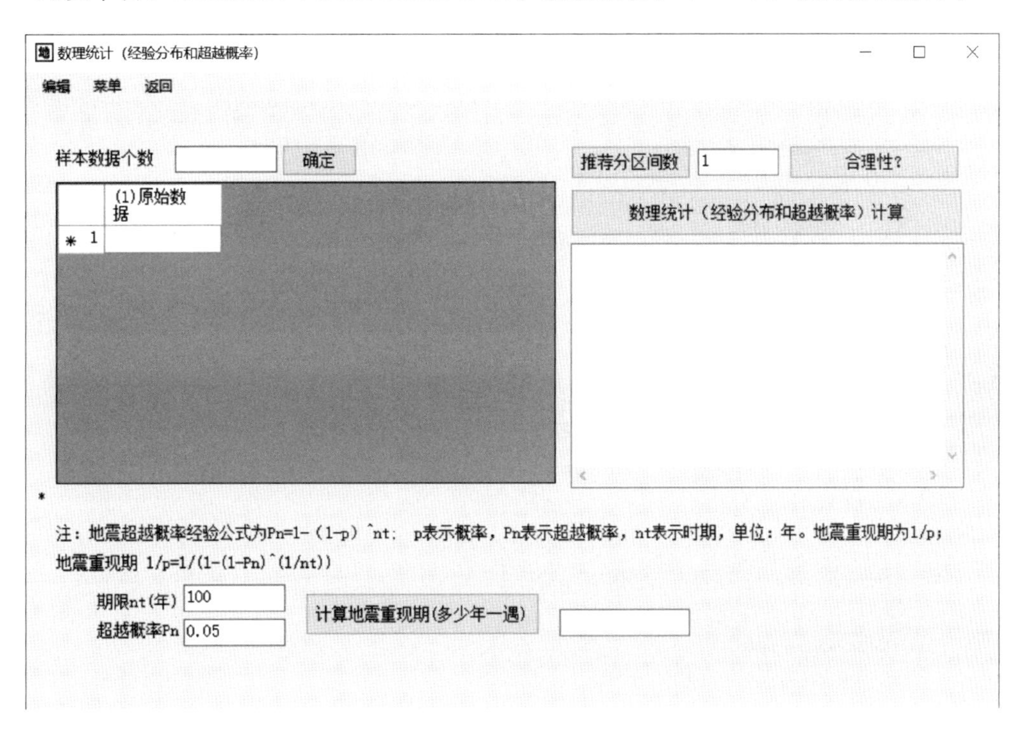

3. 计算原理

对数据进行排序，计算最大值、最小值、算术平均值、标准值和样本超越概率。

计算地震工程时，地震超越概率经验公式为 $P_n=1-(1-p)^{n_t}$，其中，P 表示概率，P_n 表示超越概率，n_t 表示时期，单位：年。地震重现期为 $1/p$，表达式为：

$$\frac{1}{p}=\frac{1}{1-(1-P_n)^{\frac{1}{n_t}}}$$

4. 主要控件

添加控件：MenuStrip1、SaveFileDialog1、ContextMenuStrip1、
TextBox4：样本数据个数
DataGridView1：原始数据
Button6：确定
TextBox2：推荐分区间数
Button5：合理性检验
Button8：数理统计（经验分布和超越概率）计算
TextBox1：期限 n_t（年）
TextBox5：超越概率 P_n
Button1：计算地震重现期（多少年一遇）

5. 源程序

```
Public Class 数理统计
    Private N0 As Integer '计算次数计数,初次计算为 0,开始计算赋值为 N(数据组数)
    Private Sub Form31_Load(ByVal sender As System.Object,ByVal e As System.EventArgs)Handles MyBase.Load
        On Error Resume Next
        TextBox4.Focus()
    End Sub
    Private Sub Button3_Click(ByVal sender As System.Object,ByVal e As System.EventArgs)Handles Button3.
Click
        On Error Resume Next
        N = DataGridView1.RowCount - 1 '数据组数
        TextBox2.Text = Math.Round(1 + 3.3 * Math.Log10(N))
        TextBox2.Focus()
    End Sub
    Private Sub Button5_Click(ByVal sender As System.Object,ByVal e As System.EventArgs)Handles Button5.
Click
        On Error Resume Next
        If DataGridView1.RowCount< = 1 Then
            TextBox4.Focus()
            GoTo 100
        End If
        '数检
        Dim i,j As Integer
        For i = 1 To DataGridView1.RowCount - 1
            For j = 0 To 0 '只数检第 1 列,必须是数字
                If IsNumeric(DataGridView1(j,i - 1).Value) = False Then
                    MsgBox("第" & i - 1 & "行,数检未通过/数据缺失/非数据字符,请检查核对。")
                    GoTo 100
```

```
        End If
    Next
Next
N = DataGridView1.RowCount - 1 '数据组数
If N< = 1 Then
    GoTo 100
End If
If N0 = 0 Then '初次计算
    'N0 = N
    N0 = 1
End If
Dim Xi(N)As Double
For i = 1 To N  '读取表格中的原始数据
    Xi(i) = DataGridView1(0,i - 1).Value '1 表示 0 列,i 表示行索引,深度
    'Yi(i) = DataGridView1(1,i - 1).Value '横向位移
Next
Dim Min,Minx,Max As Integer
For i = 1 To N '求最大值、最小值
    If i = 1 Then
        Min = Xi(i)
        Max = Xi(i)
    Else
        If Xi(i)< = Min Then
            Min = Xi(i) '最小值
        End If
        If Xi(i)> = Max Then
            Max = Xi(i) '最大值
        End If
    End If
Next
If Val(TextBox2.Text) = 1 Then
    GoTo 30
ElseIf Val(TextBox2.Text)< = 0 Then
    MsgBox("分区间数不合理")
    TextBox2.Focus()
    TextBox2.SelectAll()
    GoTo 10
ElseIf Min = Max And Val(TextBox2.Text)<>1 Then
    MsgBox("分区间数不合理")
    TextBox2.Focus()
    TextBox2.SelectAll()
    GoTo 10
End If
Minx = Min
20:
For i = 1 To N
```

```
                If Xi(i) = Minx And Xi(i)<>Min And Xi(i)<>Max Then
                    MsgBox("分区间数不合理")
                    TextBox2.Focus()
                    TextBox2.SelectAll()
                    GoTo 10
                End If
            Next
            If Minx<Max Then
                Minx = Minx + (Max - Min)/Val(TextBox2.Text)
                GoTo 20
            End If
    30:
            MsgBox("分区间数合理")
    10:
    100:
        End Sub
        Private Sub MenuItem18_Click(ByVal sender As System.Object,ByVal e As System.EventArgs)
            Me.Hide()
        End Sub
        Private Sub DataGridView1_CellPainting(sender As Object,e As DataGridViewCellPaintingEventArgs)Handles DataGridView1.CellPainting
            On Error Resume Next
            If e.ColumnIndex<0 And e.RowIndex> = 0 Then '判断条件是:满足行数索引号要大于或等于 0 且列数的索引号小于 0 时
                e.Paint(e.ClipBounds,DataGridViewPaintParts.All)
                Dim indexrect As Drawing.Rectangle = e.CellBounds
                indexrect.Inflate( - 2, - 2) '定义显示的行号的坐标
                '绘画字符串的值
                TextRenderer.DrawText(e.Graphics,(e.RowIndex + 1).ToString(),e.CellStyle.Font,indexrect,e.CellStyle.ForeColor,TextFormatFlags.Right)
                e.Handled = True
            End If
        End Sub
        Private Sub DataGridView1_KeyDown(sender As Object,e As KeyEventArgs)Handles DataGridView1.KeyDown
            'Ctrl + V 快捷键粘贴
            If(e.KeyCode = Keys.V And e.Control)Then
                On Error Resume Next
                If Not DataGridView1.IsCurrentCellInEditMode Then
                    If DataGridView1.Focused Then
                        If DataGridView1.CurrentCell.RowIndex<>DataGridView1.RowCount - 1 Then
                            Dim str()As String = Clipboard.GetDataObject.GetData(DataFormats.Text,True).ToString.Split(Chr(13) & Chr(10))
                            Dim xh As Int16
                            For xh = DataGridView1.CurrentCell.RowIndex To DataGridView1.RowCount - 1
                                If xh - DataGridView1.CurrentCell.RowIndex < str.Length - 1 Then
                                    DataGridView1.Item(DataGridView1.CurrentCell.ColumnIndex,xh).Value =
```

```
str(xh - DataGridView1.CurrentCell.RowIndex).Replace(Chr(13),"").Replace(Chr(10),"")
                                Else
                                    Exit For
                                End If
                            Next
                        End If
                    End If
                Else
                    MsgBox("当前单元格正在编辑,不能进行复制、粘贴操作!")
                End If
            End If
            TextBox4.Text = 1 + Val(TextBox4.Text)
        End Sub
        Private Sub 保存ToolStripMenuItem_Click(sender As Object, e As EventArgs) Handles 保存ToolStripMenu-
Item.Click
            On Error Resume Next
            Dim sw As System.IO.StreamWriter
            SaveFileDialog1.FileName = ""
            SaveFileDialog1.ShowDialog()
            If SaveFileDialog1.ShowDialog() = System.Windows.Forms.DialogResult.OK Then
                sw = New System.IO.StreamWriter(SaveFileDialog1.FileName, False, System.Text.Encoding.GetEn-
coding("GB2312"))
                sw.Write(TextBox3.Text)
                sw.Flush()
                sw.Close()
                MsgBox("文件保存成功!")
            End If
        End Sub
        Private Sub 列粘贴ToolStripMenuItem_Click(sender As Object, e As EventArgs) Handles 列粘贴ToolStrip-
MenuItem.Click
            On Error Resume Next
            If Not DataGridView1.IsCurrentCellInEditMode Then
                If DataGridView1.Focused Then
                    If DataGridView1.CurrentCell.RowIndex <> DataGridView1.RowCount - 1 Then
                        Dim str() As String = Clipboard.GetDataObject.GetData(DataFormats.Text, True).ToS-
tring.Split(Chr(13) & Chr(10))
                        Dim xh As Int16
                        For xh = DataGridView1.CurrentCell.RowIndex To DataGridView1.RowCount - 1
                            If xh - DataGridView1.CurrentCell.RowIndex < str.Length - 1 Then
                                DataGridView1.Item(DataGridView1.CurrentCell.ColumnIndex, xh).Value = str
(xh - DataGridView1.CurrentCell.RowIndex).Replace(Chr(13),"").Replace(Chr(10),"")
                            Else
                                Exit For
                            End If
                        Next
                    End If
```

```
            End If
        Else
            MsgBox("当前单元格正在编辑,不能进行复制、粘贴操作!")
        End If
    End Sub
    Private Sub 删除行 ToolStripMenuItem_Click(sender As Object,e As EventArgs)Handles 删除行 ToolStrip-
MenuItem.Click
        On Error Resume Next
        For Each r As DataGridViewRow In DataGridView1.SelectedRows '选中行进行删除
            If Not r.IsNewRow Then
                DataGridView1.Rows.Remove(r)
            End If
        Next
    End Sub
    Private Sub Button6_Click(sender As Object,e As EventArgs)Handles Button6.Click
        On Error Resume Next
        DataGridView1.RowCount = Val(TextBox4.Text) + 1
        DataGridView1.Focus()
        DataGridView1.CurrentCell = DataGridView1(0,0)
    End Sub
    Private Sub TextBox4_KeyDown(sender As Object,e As KeyEventArgs)Handles TextBox4.KeyDown
        On Error Resume Next
        If e.KeyCode = Keys.Enter Then
            DataGridView1.RowCount = Val(TextBox4.Text) + 1
            DataGridView1.Focus()
            DataGridView1.CurrentCell = DataGridView1(0,0)
        End If
    End Sub
    Private Sub Button8_Click(sender As Object,e As EventArgs)Handles Button8.Click
        If DataGridView1.RowCount< = 1 Then
            TextBox4.Focus()
            GoTo 100
        End If
        If N0<>0 Then
            DataGridView1.ColumnCount = 1
            'DataGridView1.RowCount = N0 + 1 '重新计算,清理,计数,N0 为 0 表示开机初次计算
        End If
        '数检
        Dim i,j As Integer
        For i = 1 To DataGridView1.RowCount - 1
            For j = 0 To 0 '只数检第 1 列,必须是数字
                If IsNumeric(DataGridView1(j,i - 1).Value) = False Then
                    MsgBox("第“ & i - 1 & ”行,数检未通过/数据缺失/非数据字符,请检查核对。")
                    GoTo 100
                End If
            Next
```

```
Next
N = DataGridView1.RowCount - 1 '数据组数
If N<= 1 Then
    GoTo 100
End If
If N0 = 0 Then '初次计算
    'N0 = N
    N0 = 1
End If
Dim Xi(N)As Double
For i = 1 To N  '读取表格中的原始数据
    Xi(i) = DataGridView1(0,i - 1).Value '1 表示 0 列,i 表示行索引,深度
    'Yi(i) = DataGridView1(1,i - 1).Value '横向位移
Next
Dim Xii(N) As Double  '换变量,准备原始数据排序
For i = 1 To N
    Xii(i) = Xi(i)
Next
Dim lx As Double '临时变量
For i = 1 To N '原始数据排序
    For j = i + 1 To N
        If Xii(j)<Xii(i) Then
            lx = Xii(i)
            Xii(i) = Xii(j)
            Xii(j) = lx
        End If
    Next
Next '至此,Xii()中的数据已经是排序后的数据
DataGridView1.ColumnCount = 2
DataGridView1.Columns(1).HeaderText = "(2)排序数据"
For i = 1 To N
    DataGridView1(1,i - 1).Value = Xii(i) '排序后数据
    'DataGridView1(1,i - 1).Style.BackColor = Color.AliceBlue
Next
Dim Xiii(N),Yiii(N) As Double '定义数据频次
Dim k As Integer '扣除重复数据后的排序数据序号
Xiii(1) = Xii(1)
k = 1
For i = 1 To N
    If Xii(i)<>Xiii(k) Then
        k = k + 1
        Xiii(k) = Xii(i) '排序后净数据
    End If
Next
For i = 1 To k
    For j = 1 To N
```

```
            If Xiii(i) = Xi(j) Then
                Yiii(i) = Yiii(i) + 1 '排序后净数据频次
            End If
        Next
    Next
    DataGridView1.ColumnCount = 6
    DataGridView1.Columns(2).HeaderText = "(3)排序净数据"
    DataGridView1.Columns(3).HeaderText = "(4)(排序净数据)频次"
    DataGridView1.Columns(4).HeaderText = "(5)(排序净数据)频率"
    DataGridView1.Columns(5).HeaderText = "(6)(排序净数据)超越概率"
    For i = 1 To k '排序后净数据
        DataGridView1(2,i - 1).Value = Xiii(i) '排序净数据
        DataGridView1(2,i - 1).Style.BackColor = Color.AliceBlue
        DataGridView1(3,i - 1).Value = Yiii(i) '排序净数据频次
        DataGridView1(3,i - 1).Style.BackColor = Color.AliceBlue
        DataGridView1(4,i - 1).Value = Yiii(i)/N '排序净数据频率
        DataGridView1(4,i - 1).Style.BackColor = Color.AliceBlue
    Next
    Dim Yiiic(k)As Double '定义净数据超越概率
    For i = 1 To k
        For j = 1 To i
            Yiiic(i) = Yiiic(i) + Yiii(j)/N '超越概率
        Next
        DataGridView1(5,i - 1).Value = 1 - Yiiic(i) '排序净数据超越概率
        DataGridView1(5,i - 1).Style.BackColor = Color.AliceBlue
    Next
    Dim Sum,Ave,Sum2,sig,Min,Max As Double  '总和、平均值
    For i = 1 To N
        If i = 1 Then
            Min = Xi(i)
            Max = Xi(i)
            Sum = Xi(i)
            Ave = Sum/N
            Sum2 = Xi(i)^2
        Else
            If Xi(i)< = Min Then
                Min = Xi(i) '最小值
            End If
            If Xi(i)> = Max Then
                Max = Xi(i) '最大值
            End If
            Sum = Sum + Xi(i) '总和
            Ave = Sum/N
            Sum2 = Sum2 + Xi(i)^2
        End If
    Next
```

```
        sig = Math.Sqrt((Sum2 - N * Ave^2)/(N - 1)) '标准差
        TextBox3.Text = "---------" & vbCrLf
        TextBox3.Text += "样本个数:" & N & vbCrLf
        TextBox3.Text += "样本数据数值总和:" & Sum & vbCrLf
        TextBox3.Text += "最大值:" & Max & vbCrLf
        TextBox3.Text += "最小值:" & Min & vbCrLf
        TextBox3.Text += "中值:" &(Min + Max)/2 & vbCrLf
        TextBox3.Text += "算术平均值:" & Ave & vbCrLf
        TextBox3.Text += "标准差:" & sig & vbCrLf
        TextBox3.Text += "变异系数:" & sig/Ave & vbCrLf
        TextBox3.Text += "小标准值(风险概率 0.05)【按照《岩土工程勘察规范》】:" & Ave * (1 - (1.704/Math.
Sqrt(N) + 4.678/N^2) * sig/Ave) & vbCrLf
        TextBox3.Text += "大标准值(风险概率 0.05)【按照《岩土工程勘察规范》】:" & Ave * (1 + (1.704/Math.
Sqrt(N) + 4.678/N^2) * sig/Ave) & vbCrLf
        TextBox3.Text += "---------" & vbCrLf
        Dim M As Integer
        M = Fix(Val(TextBox2.Text)) '分区间数量
        If M>1 Then
            Dim Mn(M)As Double '区间样本数据个数
            Dim Msum(M)As Double '区间样本数据总和
            Dim Mave(M) As Double '区间样本数据平均值
            For j = 1 To M '分区间统计
                Mn(j) = 0
                Msum(j) = 0
                For i = 1 To N
                    If M = 1 Then
                        Mn(j) = Mn(j) + 1 '分段数据个数
                        Msum(j) = Msum(j) + Xi(i) '分段数据总和
                        Mave(j) = Msum(j)/Mn(j) '分段数据平均值
                    Else
                        If j = 1 Then '第 1 段
                            If Xi(i)> = Min And Xi(i)< = Min + (Max - Min)/M Then
                                Mn(j) = Mn(j) + 1 '分段数据个数
                                Msum(j) = Msum(j) + Xi(i) '分段数据总和
                            End If
                        ElseIf j = M Then '第 M 段
                            If Xi(i)>Min + (j - 1) * (Max - Min)/M And Xi(i)< = Max Then
                                Mn(j) = Mn(j) + 1 '分段数据个数
                                Msum(j) = Msum(j) + Xi(i) '分段数据总和
                            End If
                        Else '其他内部段
                            If Xi(i)>Min + (j - 1) * (Max - Min)/M And Xi(i)< = Min + j * (Max - Min)/M Then
                                Mn(j) = Mn(j) + 1 '分段数据个数
                                Msum(j) = Msum(j) + Xi(i) '分段数据总和
                            End If
                        End If
```

```
                End If
            Next
            Mave(j) = Msum(j)/Mn(j) '分段数据平均值
        Next
        DataGridView1.ColumnCount = 14
        DataGridView1.Columns(6).HeaderText = "(7)(分" & M & "个区间统计)区间序号"
        DataGridView1.Columns(7).HeaderText = "(8)区间起点坐标数值"
        DataGridView1.Columns(8).HeaderText = "(9)区间中点坐标数值"
        DataGridView1.Columns(9).HeaderText = "(10)区间终点坐标数值"
        DataGridView1.Columns(10).HeaderText = "(11)区间样本数据求和"
        DataGridView1.Columns(11).HeaderText = "(12)(区间样本数据)个数"
        DataGridView1.Columns(12).HeaderText = "(13)(区间样本数据)概率"
        DataGridView1.Columns(13).HeaderText = "(14)(区间样本数据)超越概率"
        Dim MnN As Double
        For i = 1 To M
            DataGridView1(6,i - 1).Value = i '分区间序号
            DataGridView1(7,i - 1).Value = Min + (i - 1) * (Max - Min)/M '区间起点数值
            DataGridView1(8,i - 1).Value = Min + (i - 0.5) * (Max - Min)/M '区间中点数值
            DataGridView1(9,i - 1).Value = Min + i * (Max - Min)/M '区间终点数值
            DataGridView1(10,i - 1).Value = Msum(i) '区间样本数据求和
            DataGridView1(11,i - 1).Value = Mn(i) '区间样本数据个数
            DataGridView1(12,i - 1).Value = Mn(i)/N '区间样本概率
            MnN = MnN + Mn(i)/N '超越概率
            DataGridView1(13,i - 1).Value = 1 - MnN '区间超越概率
            DataGridView1(6,i - 1).Style.BackColor = Color.AliceBlue
            DataGridView1(7,i - 1).Style.BackColor = Color.AliceBlue
            DataGridView1(8,i - 1).Style.BackColor = Color.AliceBlue
            DataGridView1(9,i - 1).Style.BackColor = Color.AliceBlue
            DataGridView1(10,i - 1).Style.BackColor = Color.AliceBlue
            DataGridView1(11,i - 1).Style.BackColor = Color.AliceBlue
            DataGridView1(12,i - 1).Style.BackColor = Color.AliceBlue
            DataGridView1(13,i - 1).Style.BackColor = Color.AliceBlue
        Next
    End If
100:
  End Sub
  Private Sub 返回ToolStripMenuItem_Click(sender As Object,e As EventArgs)Handles 返回ToolStripMenu-
Item.Click
      Me.Hide()
  End Sub
  Private Sub 新建ToolStripMenuItem_Click(sender As Object,e As EventArgs)Handles 新建ToolStripMenu-
Item.Click
      On Error Resume Next
      DataGridView1.ColumnCount = 1
      DataGridView1.RowCount = 1 '行数
      Dim i As Integer
```

```
            For i = 1 To DataGridView1.ColumnCount
                DataGridView1(i - 1,0).Value = "" 'i - 1 表示列的索引,0 表示行的索引
            Next
            TextBox4.Text = 0
            TextBox4.Focus()
        End Sub
        Private Sub 新建 ToolStripMenuItem1_Click(sender As Object,e As EventArgs)Handles 新建 ToolStripMenu-
Item1.Click
            On Error Resume Next
            DataGridView1.ColumnCount = 1
            DataGridView1.RowCount = 1 '行数
            Dim i As Integer
            For i = 1 To DataGridView1.ColumnCount
                DataGridView1(i - 1,0).Value = "" 'i - 1 表示列的索引,0 表示行的索引
            Next
            TextBox4.Text = 0
            TextBox4.Focus()
        End Sub
        Private Sub 列粘贴 ToolStripMenuItem1_Click(sender As Object,e As EventArgs)Handles 列粘贴 ToolStrip-
MenuItem1.Click
            On Error Resume Next
            If Not DataGridView1.IsCurrentCellInEditMode Then
                If DataGridView1.Focused Then
                    If DataGridView1.CurrentCell.RowIndex<>DataGridView1.RowCount - 1 Then
                          Dim str() As String = Clipboard.GetDataObject.GetData(DataFormats.Text,True).ToS-
tring.Split(Chr(13) & Chr(10))
                        Dim xh As Int16
                        For xh = DataGridView1.CurrentCell.RowIndex To DataGridView1.RowCount - 1
                            If xh - DataGridView1.CurrentCell.RowIndex<str.Length - 1 Then
                                   DataGridView1.Item(DataGridView1.CurrentCell.ColumnIndex,xh).Value = str
(xh - DataGridView1.CurrentCell.RowIndex).Replace(Chr(13),"").Replace(Chr(10),"")
                            Else
                                Exit For
                            End If
                        Next
                    End If
                End If
            Else
                MsgBox("当前单元格正在编辑,不能进行复制、粘贴操作!")
            End If
        End Sub
        Private Sub 删除行 ToolStripMenuItem1_Click(sender As Object,e As EventArgs)Handles 删除行 ToolStrip-
MenuItem1.Click
            On Error Resume Next
            For Each r As DataGridViewRow In DataGridView1.SelectedRows '选中行进行删除
                If Not r.IsNewRow Then
```

```
                DataGridView1.Rows.Remove(r)
            End If
        Next
    End Sub
    Private Sub DataGridView1_CellContentClick(sender As Object,e As DataGridViewCellEventArgs)Handles DataGridView1.CellContentClick
        DataGridView1(2,0).Style.BackColor = Color.AliceBlue
    End Sub
    Private Sub 粘贴 ToolStripMenuItem_Click(sender As Object,e As EventArgs)Handles 粘贴 ToolStripMenuItem.Click
        On Error Resume Next
        DataGridView1.SelectedCells(0).Value = Clipboard.GetText()
    End Sub
    Private Sub 粘贴 ToolStripMenuItem1_Click(sender As Object,e As EventArgs)Handles 粘贴 ToolStripMenuItem1.Click
        On Error Resume Next
        DataGridView1.SelectedCells(0).Value = Clipboard.GetText()
    End Sub
    Private Sub 删除 ToolStripMenuItem1_Click(sender As Object,e As EventArgs)Handles 删除 ToolStripMenuItem1.Click
        On Error Resume Next
        DataGridView1.CurrentCell.Value = ""
        Dim i As Integer
        For i = 0 To DataGridView1.RowCount
            For j = 0 To DataGridView1.ColumnCount
                If DataGridView1(j,i).Selected = True Then
                    DataGridView1(j,i).Value = ""
                End If
            Next
        Next
    End Sub
    Private Sub 删除 ToolStripMenuItem_Click(sender As Object,e As EventArgs)Handles 删除 ToolStripMenuItem.Click
        On Error Resume Next
        DataGridView1.CurrentCell.Value = ""
        Dim i As Integer
        For i = 0 To DataGridView1.RowCount
            For j = 0 To DataGridView1.ColumnCount
                If DataGridView1(j,i).Selected = True Then
                    DataGridView1(j,i).Value = ""
                End If
            Next
        Next
    End Sub
    Private Sub 增加行 ToolStripMenuItem_Click(sender As Object,e As EventArgs)Handles 增加行 ToolStripMenuItem.Click
```

```
        On Error Resume Next
        Me.DataGridView1.Rows.Add()
    End Sub
    Private Sub 增加行 ToolStripMenuItem1_Click(sender As Object,e As EventArgs)Handles 增加行 ToolStrip-
MenuItem1.Click
        On Error Resume Next
        Me.DataGridView1.Rows.Add()
    End Sub

    Private Sub Button1_Click(sender As Object,e As EventArgs)Handles Button1.Click
        On Error Resume Next
        Dim Pn,nt As Double
        nt = Val(TextBox1.Text)
        Pn = Val(TextBox5.Text)
        TextBox6.Text = 1/(1 - (1 - Pn)^(1/nt))
        TextBox6.Focus()
    End Sub
End Class
```

插值和拟合

1. 功能

进行折线法、一元三点法、拉格朗日多项式、三次自然样条函数等进行插值和多项式回归拟合法拟合。

2. 界面

开发平台：Microsoft Visual Studio 2019。编程语言：VB. net。软件界面如下。

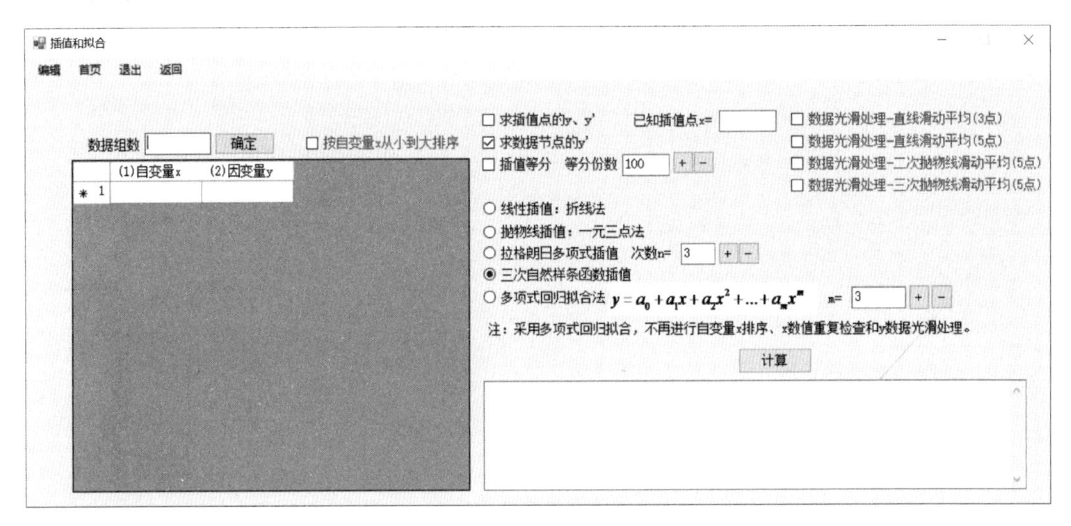

3. 计算原理

参见：《数学手册》编写组. 数学手册［M］. 北京：高等教育出版社，1999。

4. 主要控件

TextBox4：数据组数
Button4：确定
DataGridView1：数据源
CheckBox3：按自变量 x 从小到大排序
CheckBox2：求插值点的 y、y'

CheckBox1：求数据节点的 y'
CheckBox8：插值等分　等分份数
TextBox5：已知插值点 $x=$
CheckBox4：数据光滑处理-直线滑动平均（3 点）
CheckBox5：数据光滑处理-直线滑动平均（5 点）
CheckBox6：数据光滑处理-二次抛物线滑动平均（5 点）
CheckBox7：数据光滑处理-三次抛物线滑动平均（5 点）
RadioButton2：线性插值：折线法
RadioButton1：抛物线插值：一元三点法
RadioButton3：拉格朗日多项式插值
TextBox6：次数 $n=$
RadioButton5：三次自然样条函数插值
RadioButton6：多项式回归拟合法
TextBox7：幂指数 $m=$
Button2：计算
TextBox3：计算结果

5. 源程序

```
Public Class 插值和拟合
    Private N0 As Integer '计算次数计数
    Private Sub Button2_Click(ByVal sender As System.Object, ByVal e As System.EventArgs) Handles Button2.
Click
        On Error Resume Next
        If CheckBox1.Checked = False Then
            If CheckBox2.Checked = False Then
                If CheckBox8.Checked = False Then
                    MsgBox("请选择求插值计算要求选项")
                    GoTo 100
                End If
            End If
        End If
        If N0<>0 Then '重新计算,清理,计数,N0 为 0 表示开机初次计算
            DataGridView1.ColumnCount = 2
            DataGridView1.RowCount = N0 + 1
        End If
        '数检
        Dim i, j As Integer
        For i = 1 To DataGridView1.RowCount - 1
            For j = 0 To 1
                If IsNumeric(DataGridView1(j, i - 1).Value) = False Then
                    MsgBox("数检未通过/数据缺失/非数据字符,请检查核对。")
                    GoTo 100
```

```
            End If
        Next
    Next
    For j = 0 To 1
        If IsNumeric(DataGridView1(j,DataGridView1.RowCount - 1).Value) = True Then '最后一行有字符
            MsgBox("数检未通过/最后一行有字符,请检查核对。")
            GoTo 100
        End If
    Next
    N = DataGridView1.RowCount - 1 '数据组数
    If N0 = 0 Then '计数,初次计算
        N0 = N
    End If
    Dim Xi(N),Yi(N)As Double
    For i = 1 To N  '读取表格中的数据
        Xi(i) = DataGridView1(0,i - 1).Value '1 表示 0 列,i 表示行索引
        Yi(i) = DataGridView1(1,i - 1).Value
    Next
    Dim Xii(N),Yii(N)As Double  '换变量
    For i = 1 To N '换变量,准备排序
        Xii(i) = Xi(i)
        Yii(i) = Yi(i)
    Next
    Dim xchfsh As Integer
    xchfsh = 0
    For i = 1 To N '检查自变量 x 值重复
        For j = i + 1 To N
            If Xi(j) = Xi(i) Then
                'MsgBox("自变量 x 值重复")
                'GoTo 100
                xchfsh = xchfsh + 1 'x 值重复计数
            End If
        Next
    Next
    Dim l,ly As Double '临时变量
    If RadioButton6.Checked = False Then 'm 次多项式拟合 y = A0 + A1 * x^1 + A2 * x^2 + ..... + Am * x^m
        '如果选择 m 次多项式回归拟合,不再进行自变量排序、重复值检查和数据光滑
        If xchfsh>0 Then
            MsgBox("自变量 x 值重复数量" & xchfsh)
            GoTo 100
        End If
        'Dim l,ly As Double '临时变量
        If CheckBox3.Checked = True Then '选中按自变量排序
            For i = 1 To N '数据排序
                For j = i + 1 To N
                    If Xii(j)<Xii(i) Then
```

```
                l = Xii(i)
                ly = Yii(i)
                Xii(i) = Xii(j)
                Yii(i) = Yii(j)
                Xii(j) = l
                Yii(j) = ly
            End If
        Next
    Next
End If
Dim Yiii(N)As Double
For i = 1 To N
    Yiii(i) = Yii(i)
Next
If CheckBox4.Checked = True Then '数据曲线光滑处理-直线平均 3 点法
    If N<3 Then
        MsgBox("数据小于 3 组,不能选《数据曲线光滑处理-直线平均 3 点法》")
        GoTo 100
    End If
    For i = 1 To N
        If i = 1 Then
            Yii(i) = 1/6 * (5 * Yiii(1) + 2 * Yiii(2) - Yiii(3))
        ElseIf i = N Then
            Yii(i) = 1/6 * ( - Yiii(N - 2) + 2 * Yiii(N - 1) + 5 * Yiii(N))
        Else
            Yii(i) = 1/3 * (Yiii(i - 1) + Yiii(i) + Yiii(i + 1))
        End If
    Next
End If
If CheckBox5.Checked = True Then '数据曲线光滑处理-直线平均 5 点法
    If N<5 Then
        MsgBox("数据小于 5 组,不能选《数据曲线光滑处理-直线平均 5 点法》")
        GoTo 100
    End If
    For i = 1 To N
        If i = 1 Then
            Yii(i) = 1/5 * (3 * Yiii(1) + 2 * Yiii(2) + Yiii(3) - Yiii(5))
        ElseIf i = 2 Then
            Yii(i) = 1/10 * (4 * Yiii(1) + 3 * Yiii(2) + 2 * Yiii(3) + Yiii(4))
        ElseIf i = N - 1 Then
            Yii(i) = 1/10 * (Yiii(N - 3) + 2 * Yiii(N - 2) + 3 * Yiii(N - 1) + 4 * Yiii(N))
        ElseIf i = N Then
            Yii(i) = 1/5 * ( - Yiii(N - 4) + Yiii(N - 2) + 2 * Yiii(N - 1) + 3 * Yiii(N))
        Else
            Yii(i) = 1/5 * (Yiii(i - 2) + Yiii(i - 1) + Yiii(i) + Yiii(i + 1) + Yiii(i + 2))
        End If
```

```
            Next
        End If
        If CheckBox6.Checked = True Then '数据曲线光滑处理-二次抛物线-滑动平均5点法
            If N<5 Then
                MsgBox("数据小于5组,不能选《数据曲线光滑处理-二次抛物线平均5点法》")
                GoTo 100
            End If
            For i = 1 To N
                If i = 1 Then
                    Yii(i) = 1/35 * (31 * Yiii(1) + 9 * Yiii(2) - 3 * Yiii(3) - 5 * Yiii(4) + 3 * Yiii(5))
                ElseIf i = 2 Then
                    Yii(i) = 1/35 * (9 * Yiii(1) + 13 * Yiii(2) + 12 * Yiii(3) + 6 * Yiii(4) - 5 * Yiii(5))
                ElseIf i = N - 1 Then
                    Yii(i) = 1/35 * ( - 5 * Yiii(N - 4) + 6 * Yiii(N - 3) + 12 * Yiii(N - 2) + 13 * Yiii(N -
1) + 9 * Yiii(N))
                ElseIf i = N Then
                    Yii(i) = 1/35 * (3 * Yiii(N - 4) - 5 * Yiii(N - 3) - 3 * Yiii(N - 2) + 9 * Yiii(N - 1) +
31 * Yiii(N))
                Else
                    Yii(i) = 1/35 * ( - 3 * (Yiii(i - 2) + Yiii(i + 2)) + 12 * (Yiii(i - 1) + Yiii(i + 1)) +
17 * Yiii(i))
                End If
            Next
        End If
        If CheckBox6.Checked = True Then '数据曲线光滑处理-三次抛物线-滑动平均5点法
            If N<5 Then
                MsgBox("数据小于5组,不能选《数据曲线光滑处理-二次抛物线平均5点法》")
                GoTo 100
            End If
            For i = 1 To N
                If i = 1 Then
                    Yii(i) = 1/70 * (69 * Yiii(1) + 4 * Yiii(2) - 6 * Yiii(3) + 4 * Yiii(4) - Yiii(5))
                ElseIf i = 2 Then
                    Yii(i) = 1/35 * (2 * Yiii(1) + 27 * Yiii(2) + 12 * Yiii(3) - 8 * Yiii(4) + 2 * Yiii(5))
                ElseIf i = N - 1 Then
                    Yii(i) = 1/35 * (2 * Yiii(N - 4) - 8 * Yiii(N - 3) + 12 * Yiii(N - 2) + 27 * Yiii(N - 1) + 2 *
Yiii(N))
                ElseIf i = N Then
                    Yii(i) = 1/70 * ( - Yiii(N - 4) + 4 * Yiii(N - 3) - 6 * Yiii(N - 2) + 4 * Yiii(N - 1) + 69 *
Yiii(N))
                Else
                    Yii(i) = 1/35 * ( - 3 * (Yiii(i - 2) + Yiii(i + 2)) + 12 * (Yiii(i - 1) + Yiii(i + 1)) +
17 * Yiii(i))
                End If
            Next
        End If
```

```
        End If
        'TextBox3.Text = "" & vbCrLf '显示框清零
        Dim Min,Max,x,xdy,y,p1,p2 As Double
        Dim idy As Integer '计算一阶导数使用的数据序号
        idy = 1
        If CheckBox2.Checked = True Then '求插值点的 y 和 y'、y"
            DataGridView1.ColumnCount = 4
            DataGridView1.Columns(2).HeaderText = "(3)x 计算值"
            DataGridView1.Columns(3).HeaderText = "(4)y 计算值"
            x = Val(TextBox5.Text)
        Else
            DataGridView1.ColumnCount = 6
            DataGridView1.Columns(2).HeaderText = "(3)x 计算值"
            DataGridView1.Columns(3).HeaderText = "(4)y 计算值"
            DataGridView1.Columns(4).HeaderText = "(5)y' = dy/dx"
            DataGridView1.Columns(5).HeaderText = "(6)y" = d2y/dx2"
            x = Xii(1)
        End If
5:
        If x<Xi(1)Or x>Xi(N0)Then
            GoTo 100
        End If
        Dim dy0dx As Double '一阶导数 y' = dy/dx
        Dim d2y0dx2 As Double '二阶导数 y" = d2y/dx2
        If N = 1 Then
            If x = Xii(1) Then
                y = Yii(1)
                GoTo 30
            End If
        End If
        If RadioButton2.Checked = True Then '折线法
            For i = 1 To N - 1
                If x> = Xii(i)And x< = Xii(i + 1) Then
                    y = Yii(i) + (x - Xii(i))/(Xii(i + 1) - Xii(i)) * (Yii(i + 1) - Yii(i))
                    If x<>Xii(i)And x<>Xii(i + 1)Then
                        dy0dx = (1)/(Xii(i + 1) - Xii(i)) * (Yii(i + 1) - Yii(i))
                    End If
                    GoTo 30
                End If
            Next
        End If
        If RadioButton1.Checked = True Then '拉格朗日一元三点法
            Dim iMin1,iMin2,iMin3 As Integer
            If N<3 Then
                MsgBox("试验数据不能小于 3 组。")
                GoTo 100
```

```
        End If
        For j = 1 To N - 1
            If x> = Xii(j) And x< = Xii(j + 1) Then
                GoTo 230
            End If
        Next
230:    iMin1 = j
        iMin2 = j + 1
        For i = 1 To N
            If i = 1 Then
                Max = Math.Abs(x - Xii(i))
            Else
                If Math.Abs(x - Xii(i))> = Max Then
                    Max = Math.Abs(x - Xii(i)) '最小值
                End If
            End If
        Next
        Min = Max
        For i = 1 To N
            If i<>iMin1 And i<>iMin2 Then
                If Math.Abs(x - Xii(i))< = Min Then
                    iMin3 = i
                    Min = Math.Abs(x - Xii(i)) '最小值
                End If
            End If
        Next
        Dim k As Integer
        If iMin1<iMin2 And iMin1<iMin3 Then
            k = iMin1
        ElseIf iMin2<iMin1 And iMin2<iMin3 Then
            k = iMin2
        ElseIf iMin3<iMin1 And iMin3<iMin2 Then
            k = iMin3
        End If
        '第一项 i = k
        y = (x - Xii(k + 1))/(Xii(k) - Xii(k + 1)) * (x - Xii(k + 2))/(Xii(k) - Xii(k + 2)) * Yii(k)
        '计算一阶导数 dy0dx,第一项
        dy0dx = (1)/(Xii(k) - Xii(k + 1)) * (x - Xii(k + 2))/(Xii(k) - Xii(k + 2)) * Yii(k) + (x - Xii(k + 1))/(Xii(k) - Xii(k + 1)) * (1)/(Xii(k) - Xii(k + 2)) * Yii(k)
        d2y0dx2 = (1)/(Xii(k) - Xii(k + 1)) * (1)/(Xii(k) - Xii(k + 2)) * Yii(k) + (1)/(Xii(k) - Xii(k + 1)) * (1)/(Xii(k) - Xii(k + 2)) * Yii(k)
        '第二项 i = k + 1
        y = y + (x - Xii(k))/(Xii(k + 1) - Xii(k)) * (x - Xii(k + 2))/(Xii(k + 1) - Xii(k + 2)) * Yii(k + 1)
        dy0dx = dy0dx + (1)/(Xii(k + 1) - Xii(k)) * (x - Xii(k + 2))/(Xii(k + 1) - Xii(k + 2)) * Yii(k + 1) + (x - Xii(k))/(Xii(k + 1) - Xii(k)) * (1)/(Xii(k + 1) - Xii(k + 2)) * Yii(k + 1)
        d2y0dx2 = d2y0dx2 + (1)/(Xii(k + 1) - Xii(k)) * (1)/(Xii(k + 1) - Xii(k + 2)) * Yii(k + 1) + (1)/
```

```
(Xii(k + 1) - Xii(k)) * (1)/(Xii(k + 1) - Xii(k + 2)) * Yii(k + 1)
                '第三项 i = k + 2
                y = y + (x - Xii(k))/(Xii(k + 2) - Xii(k)) * (x - Xii(k + 1))/(Xii(k + 2) - Xii(k + 1)) * Yii(k + 2)
                dy0dx = dy0dx + (1)/(Xii(k + 2) - Xii(k)) * (x - Xii(k + 1))/(Xii(k + 2) - Xii(k + 1)) * Yii(k + 2) +
(x - Xii(k))/(Xii(k + 2) - Xii(k)) * (1)/(Xii(k + 2) - Xii(k + 1)) * Yii(k + 2)
                d2y0dx2 = d2y0dx2 + (1)/(Xii(k + 2) - Xii(k)) * (1)/(Xii(k + 2) - Xii(k + 1)) * Yii(k + 2) + (1)/
(Xii(k + 2) - Xii(k)) * (1)/(Xii(k + 2) - Xii(k + 1)) * Yii(k + 2)
                GoTo 30
            End If
            If RadioButton3.Checked = True Then '拉格朗日任意次(nL次)多项式
                Dim nL As Integer
                nL = Val(TextBox6.Text)
                If N<nL + 1 Then
                    MsgBox("试验数据少,多项式次数选择不能大于" & N - 1 & "次")
                    GoTo 100
                End If
                Dim iMin(nL + 1)As Integer '寻找距离 x 最近的 nL + 1 个点
                For j = 1 To N - 1
                    If x>= Xii(j)And x<= Xii(j + 1)Then
                        GoTo 903
                    End If
                Next
    903:
                iMin(1) = j
                iMin(2) = j + 1
                'Dim Min,Max As Double
                For i = 1 To N
                    If i = 1 Then
                        Max = Math.Abs(x - Xii(i))
                    Else
                        If Math.Abs(x - Xii(i))>= Max Then
                            Max = Math.Abs(x - Xii(i)) '最大值
                        End If
                    End If
                Next
                Dim k As Integer
                For j = 3 To nL + 1
                    Min = Max
                    For i = 1 To N
                        For k = 1 To j - 1
                            If i = iMin(k)Then
                                GoTo 20
                            End If
                        Next
                        If Math.Abs(x - Xii(i))<= Min Then
                            iMin(j) = i
```

```
                    Min = Math.Abs(x - Xii(i)) '最小值
                End If
20:         Next
        Next
        Dim jk As Integer
        jk = N
        For i = 1 To nL + 1 '找最小序号
            jk = Math.Min(jk,iMin(i))
        Next
        'Dim k As Integer
        Dim y1 As Double
        Dim y1dy0dx As Double
        Dim dy0dx1 As Double
        Dim dy0dx2 As Double
        y = 0
        dy0dx = 0
        d2y0dx2 = 0
        For k = jk To jk + nL
            y1 = 1
            y1dy0dx = 1
            For i = jk To jk + nL
                If i = k Then
                    GoTo 908
                End If
                If(x - Xii(i)) = 0 Then
                    y1dy0dx = y1dy0dx * 1/(Xii(k) - Xii(i))
                Else
                    y1dy0dx = y1dy0dx * (x - Xii(i))/(Xii(k) - Xii(i))
                End If
                y1 = y1 * (x - Xii(i))/(Xii(k) - Xii(i))
908:        Next
            y = y + y1 * Yii(k)
            dy0dx1 = 0
            For i = jk To jk + nL
                If i = k Then
                    GoTo 909
                End If
                If(x - Xii(i)) = 0 Then
                    dy0dx1 = dy0dx1 + y1dy0dx
                Else
                    dy0dx1 = dy0dx1 + y1/((x - Xii(i))/(Xii(k) - Xii(i))) * (1/(Xii(k) - Xii(i)))
                End If
                'dy0dx1 = dy0dx1 + y1/((x - Xii(i))/(Xii(k) - Xii(i))) * (1/(Xii(k) - Xii(i)))
909:        Next
            dy0dx = dy0dx + dy0dx1 * Yii(k)
            dy0dx2 = 0
```

```
                For i = jk To jk + nL
                    If i = k Then
                        GoTo 9090
                    End If
                    dy0dx2 = dy0dx2 + y1 * ( - 1) * (x - Xii(i))^( - 2) * (Xii(k) - Xii(i)) * (1/(Xii(k) - Xii
(i))) + dy0dx1/(x - Xii(i)) * (Xii(k) - Xii(i)) * (1/(Xii(k) - Xii(i)))
    9090:           Next
                d2y0dx2 = d2y0dx2 + dy0dx2 * Yii(k) '该二阶导数计算有误
            Next
            GoTo 30
        End If
        If RadioButton5.Checked = True Then '三次自然样条函数
            Dim a(N + 10,N + 10)As Double '增量矩阵
            Dim Vi(N + 10),ai(N + 10),Bi(N + 10)As Double 'Vi—γi;ai—αi;Bi—βi
            Dim m As Integer
            'Dim mm As Integer
            Dim k As Integer
            Dim Mi(N + 10)As Double '增量矩阵,M0 = Mn = 0
            Dim hi(N + 10)As Double
            For i = 2 To N
                hi(i) = Xii(i) - Xii(i - 1)
            Next
            For i = 2 To N - 1
                Vi(i) = hi(i + 1)/(hi(i) + hi(i + 1))
                ai(i) = 1 - Vi(i)
            Next
            For i = 2 To N - 1
                Bi(i) = 6/(hi(i) + hi(i + 1)) * ((Yii(i + 1) - Yii(i))/hi(i + 1) - (Yii(i) - Yii(i - 1))/hi
(i))
            Next
            '读入增广矩阵
            For i = 1 To N - 1
                If i = 1 Then 'γ1 * M(0) + 2 * M(1) + α1 * M(2) = β(1),M(0) = 0
                    a(1,1) = 2
                    a(1,2) = ai(1)
                    For j = 3 To N - 1
                        a(1,j) = 0
                    Next
                    a(1,N) = Bi(1)
                ElseIf i = N - 1 Then 'γ(n - 1) * M(n - 2) + 2 * M(n - 1) + α(n - 1) * M(n) = β(n - 1),M(n) = 0
                    For j = 1 To N - 3
                        a(N - 1,j) = 0
                    Next
                    a(N - 1,N - 2) = Vi(N - 1)
                    a(N - 1,N - 1) = 2
                    a(N - 1,N) = Bi(N - 1)
```

```
    Else 'γi * M(i - 1) + 2 * M(i) + αi * M(i + 1) = β(i)
        For j = 1 To i - 2
            a(i,j) = 0
        Next
        a(i,i - 1) = Vi(i)
        a(i,i) = 2
        a(i,i + 1) = ai(i)
        For j = i + 2 To N - 1
            a(i,j) = 0
        Next
        a(i,N) = Bi(i)
    End If
Next
Dim zmax,hmax As Double
'消元的过程
Dim NX As Integer
NX = N - 1 '自然样条函数,只有 N - 1 个方程
For i = 1 To NX - 1
    '比较每行的系数绝对值大小,如果后一个比前一个大,则记住最大的行号
    zmax = Math.Abs(a(i,i))
    hmax = i
    For j = i + 1 To NX
        If(Math.Abs(a(j,i))>zmax)Then
            hmax = j
            zmax = Math.Abs(a(j,i))
        End If
    Next j
    '比较 hmax 和 i,如不相等则交换该两行各元素
    If (hmax<>i)Then
        For m = i To NX + 1
            l = a(hmax,m)
            a(hmax,m) = a(i,m)
            a(i,m) = l
        Next m
    End If
    '将增广矩阵变换为上三角矩阵
    For j = i + 1 To NX
        y = a(j,i)/a(i,i)
        For k = i To NX + 1
            a(j,k) = a(j,k) - a(i,k) * y
        Next k
    Next j
Next i
'回代的过程
Mi(NX) = a(NX,NX + 1)/a(NX,NX) 'Mi()表示多元一次方程的根,比如 x1、x2,等
For i = NX - 1 To 1 Step - 1
```

```
                y = 0
                For j = NX To i + 1 Step - 1
                    y = y + a(i,j) * Mi(j)
                Next j
                Mi(i) = (a(i,NX + 1) - y)/a(i,i)
            Next i
            '计算插值 y
            For i = 2 To N
                If x> = Xii(i - 1)And x< = Xii(i) Then
                    y = Mi(i - 1)/(6 * hi(i)) * (Xii(i) - x)^3 + Mi(i)/(6 * hi(i)) * (x - Xii(i - 1))^3 + (Yii(i -
1)/hi(i) - Mi(i - 1)/6 * hi(i)) * (Xii(i) - x) + (Yii(i)/hi(i) - Mi(i)/6 * hi(i)) * (x - Xii(i - 1))
                    '计算一阶导数 y' = dy0dx
                    dy0dx = 3 * ( - 1) * Mi(i - 1)/(6 * hi(i)) * (Xii(i) - x)^2 + 3 * Mi(i)/(6 * hi(i)) * (x - Xii
(i - 1))^2 + (Yii(i - 1)/hi(i) - Mi(i - 1)/6 * hi(i)) * ( - 1) + (Yii(i)/hi(i) - Mi(i)/6 * hi(i)) * (1)
                    '计算二阶导数 y" = d2y0dx2
                    d2y0dx2 = 2 * ( - 1) * 3 * ( - 1) * Mi(i - 1)/(6 * hi(i)) * (Xii(i) - x)^1 + 2 * 3 * Mi(i)/
(6 * hi(i)) * (x - Xii(i - 1))^1
                    GoTo 30
                End If
            Next
        End If
        If RadioButton6.Checked = True Then 'm 次多项式拟合
   y = A0 + A1 * x^1 + A2 * x^2 + ..... + Am * x^m
            Dim m As Integer '多项式次数
            m = Val(TextBox7.Text) '多项式次数
            If m>N - 1 - xchfsh Then 'm 是多项式次数,N 是数据组数
                MsgBox("数据量小,应考虑多项式拟合次数低一点。")
                GoTo 100
            End If
            Dim x1(m + 10)As Double 'x1(i)是 A0、A1、A2、...
            Dim a(m + 10,m + 10)As Double
            Dim k As Integer
            For i = 1 To m + 1 '输入多项式系数,i 表示行
                For j = 1 To m + 1 'j 表示列
                    Dim aij As Double
                    aij = 0
                    For k = 1 To N
                        aij = aij + Xii(k)^(i - 1 + j - 1)
                    Next
                    a(i,j) = aij
                Next
            Next
            For i = 1 To m + 1 '输入多项式系数,i 表示行
                Dim aij As Double
                aij = 0
                For k = 1 To N
```

```
            aij = aij + Xii(k)^(i - 1) * Yii(k)
        Next
        a(i,m + 2) = aij
    Next
    '高斯解方程
    Dim zmax,hmax As Double
    'Dim l,y As Double
    Dim m1 As Double
    Dim NN As Integer
    NN = N '数据组数是 N,下面高斯解方程需要 N,所以先替代
    N = m + 1 'N 表示方程未知数的数量()
    m1 = m 'm 原来是多项式次数,用 m1 代替,后面要用 m 做中间变量
    '消元的过程
    For i = 1 To N - 1
        '比较每行的系数绝对值大小,如果后一个比前一个大,则记住最大的行号
        zmax = Math.Abs(a(i,i))
        hmax = i
        For j = i + 1 To N
            If(Math.Abs(a(j,i))>zmax)Then
                hmax = j
                zmax = Math.Abs(a(j,i))
            End If
        Next j
        '比较 hmax 和 i,如不相等则交换该两行各元素
        If(hmax<>i)Then
            For m = i To N + 1
                l = a(hmax,m)
                a(hmax,m) = a(i,m)
                a(i,m) = l
            Next m
        End If
        '将增广矩阵变换为上三角矩阵
        For j = i + 1 To N
            y = a(j,i)/a(i,i)
            For k = i To N + 1
                a(j,k) = a(j,k) - a(i,k) * y
            Next k
        Next j
    Next i
    '回代的过程
    x1(N) = a(N,N + 1)/a(N,N) 'x1(i)是 A0、A1、A2、...
    For i = N - 1 To 1 Step - 1
        y = 0
        For j = N To i + 1 Step - 1
            y = y + a(i,j) * x1(j)
        Next j
```

```
    x1(i) = (a(i,N + 1) - y)/a(i,i)
Next i
TextBox3.Text = "拟合方程:y = A0 + A1 * x + A2 * x^2 + ... + + A(i) * x^i + ...A(m) * x^m" & vbCrLf
'TextBox3.Text += "计算结果:" & vbCrLf
For i = 1 To m1 + 1
    TextBox3.Text += "A" & i - 1 & " = " & x1(i) & vbCrLf 'x1(i)是 A0、A1、A2、...
Next
'计算 R^2 值
Dim SSE,SST As Double
Dim CYi,CYi2,CYiy As Double
CYi = 0
CYi2 = 0
CYiy = 0
For i = 1 To NN
    CYi = CYi + Yii(i)
    CYi2 = CYi2 + Yii(i)^2
    y = 0
    For j = 1 To m1 + 1
        y = y + x1(j) * Xii(i)^(j - 1) 'x1(j)表示 A0、A1、A2、...
    Next
    CYiy = CYiy + (Yii(i) - y)^2
Next
SSE = CYiy
SST = CYi2 - CYi^2/NN
R2 = 1 - SSE/SST
TextBox3.Text += "R^2 = " & R2 & vbCrLf
TextBox3.Text += "相关系数 r = " & R2^0.5 & vbCrLf
TextBox3.Text += "" & vbCrLf
y = 0
dy0dx = 0 '一阶导数初始值
d2y0dx2 = 0 '二阶导数初始值
For i = 1 To m1 + 1
    y = y + x1(i) * x^(i - 1)
    'If CheckBox1.Checked = True Then
    If i - 1>= 1 Then
        '计算一阶导数 dy0dx
        dy0dx = dy0dx + x1(i) * (i - 1) * x^(i - 1 - 1)
        If i - 1>= 2 Then
            '计算二阶导数 d2y0dx2
            d2y0dx2 = d2y0dx2 + x1(i) * (i - 1) * (i - 1 - 1) * x^(i - 1 - 1 - 1)
        End If
    End If
    'End If
Next
'替回原来的 N,m
N = NN 'NN 是数据组数
```

```
            m = m1 'm 原来是多项式次数,用 m1 代替,后面要用 m 做变量
            GoTo 30
        End If
30:
        If CheckBox1.Checked = True Then '求数据节点的一阶导数 y' = dy/dx、二阶导数 y" = d2y/dx2
            DataGridView1(2,idy - 1).Value = x
            DataGridView1(3,idy - 1).Value = y
            DataGridView1(4,idy - 1).Value = dy0dx
            If RadioButton3.Checked = True Then '拉格朗日任意次(nL 次)多项式
                DataGridView1(5,idy - 1).Value = ""
            Else
                DataGridView1(5,idy - 1).Value = d2y0dx2
            End If
            If x> = Xii(N)Then
                GoTo 2323
            Else
                x = Xii(idy + 1)
                idy = idy + 1
                GoTo 5
            End If
        End If
        If CheckBox8.Checked = True Then '求等分插值数据点的一阶导数 y' = dy/dx、二阶导数 y" = d2y/dx2
            If idy>N Then
                DataGridView1.RowCount = DataGridView1.RowCount + 1
            End If
            DataGridView1(2,idy - 1).Value = x
            DataGridView1(3,idy - 1).Value = y
            DataGridView1(4,idy - 1).Value = dy0dx
            If RadioButton3.Checked = True Then '拉格朗日任意次(nL 次)多项式
                DataGridView1(5,idy - 1).Value = ""
            Else
                DataGridView1(5,idy - 1).Value = d2y0dx2
            End If
            If x> = Xii(N)Then
                GoTo 2323
            Else
                x = Xii(1) + idy * (Xii(N) - Xii(1))/Val(TextBox8.Text) '插值,等份增加
                idy = idy + 1
                GoTo 5
            End If
        End If
        If CheckBox2.Checked = True Then '求插值点的 y 和一阶导数 y' = dy/dx、二阶导数 y" = d2y/dx2
            For i = 1 To N
                DataGridView1(2,i - 1).Value = Xii(i)
                DataGridView1(3,i - 1).Value = Yii(i)
            Next
```

```
            TextBox3.Text += "x = " & Val(TextBox5.Text) & ",y = " & y & ",一阶导数 y' = " & dyOdx & ",二阶导数
y" = " & d2yOdx2 & vbCrLf
            GoTo 2323
        End If
    2323:
        TextBox3.Text += "计算说明:二阶导数 d2y/dx2 计算数值系根据计算者所选方法直接计算结果,如需提高
计算精度,请分两步,先计算一阶导数,再输入为 y 值,计算一阶导数 dy/dx 的一阶导数 d(dy/dx)/dx 即可。" & vbCrLf
        Dim i1 As Integer
        TextBox3.Text += "-----------" & vbCrLf
        TextBox3.Text += "原始样本:" & vbCrLf
        TextBox3.Text += "-----------" & vbCrLf
        TextBox3.Text += "X(i),Y(i)" & vbCrLf
        TextBox3.Text += "-----------" & vbCrLf
        For i1 = 1 To N
            TextBox3.Text += Xii(i1) & "," & Yii(i1) & vbCrLf
        Next
        TextBox3.Focus()
    100:
    End Sub
    Private Sub Form66_Load(ByVal sender As System.Object,ByVal e As System.EventArgs)Handles MyBase.Load
        On Error Resume Next
        Me.MaximizeBox = False
        Me.AutoScroll = True
    End Sub
    Private Sub TextBox4_KeyDown(ByVal sender As Object,ByVal e As System.Windows.Forms.KeyEventArgs)Han-
dles TextBox4.KeyDown
        On Error Resume Next
        If e.KeyCode = Keys.Enter Then
            DataGridView1.RowCount = Val(TextBox4.Text) + 1
            DataGridView1.Focus()
            DataGridView1.CurrentCell = DataGridView1(0,0)
        End If
    End Sub
    Private Sub DataGridView1_CellPainting(ByVal sender As Object,ByVal e As System.Windows.Forms.DataGrid-
ViewCellPaintingEventArgs)Handles DataGridView1.CellPainting
        On Error Resume Next
        If e.ColumnIndex<0 And e.RowIndex> = 0 Then '判断条件是:满足行数索引号要大于或等于 0 且列数的索
引号时小于 0
            e.Paint(e.ClipBounds,DataGridViewPaintParts.All)
            Dim indexrect As Drawing.Rectangle = e.CellBounds
            indexrect.Inflate( - 2, - 2) '定义显示的行号的坐标
            绘画字符串的值
            TextRenderer.DrawText(e.Graphics,(e.RowIndex + 1).ToString(),e.CellStyle.Font,indexrect,e.
CellStyle.ForeColor,TextFormatFlags.Right)
            e.Handled = True
        End If
```

```
        End Sub
        Private Sub RadioButton2_CheckedChanged(ByVal sender As System.Object,ByVal e As System.EventArgs)
        End Sub
        Private Sub CheckBox1_CheckedChanged(ByVal sender As System.Object,ByVal e As System.EventArgs)Handles
CheckBox1.CheckedChanged
            If CheckBox1.Checked = True Then
                CheckBox2.Checked = False
                CheckBox8.Checked = False
            End If
            TextBox3.Focus()
        End Sub
        Private Sub CheckBox2_CheckedChanged(ByVal sender As System.Object,ByVal e As System.EventArgs)Handles
CheckBox2.CheckedChanged
            If CheckBox2.Checked = True Then
                CheckBox1.Checked = False
                CheckBox8.Checked = False
            End If
            TextBox5.Focus()
        End Sub
        Private Sub CheckBox4_CheckedChanged(ByVal sender As System.Object,ByVal e As System.EventArgs)Handles
CheckBox4.CheckedChanged
            If CheckBox4.Checked = True Then
                CheckBox5.Checked = False
                CheckBox6.Checked = False
                CheckBox7.Checked = False
            End If
        End Sub
        Private Sub CheckBox5_CheckedChanged(ByVal sender As System.Object,ByVal e As System.EventArgs)Handles
CheckBox5.CheckedChanged
            If CheckBox5.Checked = True Then
                CheckBox4.Checked = False
                CheckBox6.Checked = False
                CheckBox7.Checked = False
            End If
        End Sub
        Private Sub CheckBox6_CheckedChanged(ByVal sender As System.Object,ByVal e As System.EventArgs)Handles
CheckBox6.CheckedChanged
            If CheckBox6.Checked = True Then
                CheckBox4.Checked = False
                CheckBox5.Checked = False
                CheckBox7.Checked = False
            End If
        End Sub
        Private Sub CheckBox7_CheckedChanged(ByVal sender As System.Object,ByVal e As System.EventArgs)Handles
CheckBox7.CheckedChanged
            If CheckBox7.Checked = True Then
```

```
            CheckBox4.Checked = False
            CheckBox5.Checked = False
            CheckBox6.Checked = False
        End If
    End Sub
    Private Sub Button5_Click(ByVal sender As System.Object,ByVal e As System.EventArgs)Handles Button5.
Click
        On Error Resume Next
        TextBox7.Text = Math.Max(0,Val(TextBox7.Text) + 1)
    End Sub
    Private Sub Button6_Click(ByVal sender As System.Object,ByVal e As System.EventArgs)Handles Button6.
Click
        On Error Resume Next
        TextBox7.Text = Math.Max(0,Val(TextBox7.Text) - 1)
    End Sub
    Private Sub Button7_Click(ByVal sender As System.Object,ByVal e As System.EventArgs)Handles Button7.
Click
        TextBox6.Text = Val(TextBox6.Text) + 1
        RadioButton3.Checked = True
    End Sub
    Private Sub Button8_Click(ByVal sender As System.Object,ByVal e As System.EventArgs)Handles Button8.
Click
        If Val(TextBox6.Text)>1 Then
            TextBox6.Text = Val(TextBox6.Text) - 1
        End If
        RadioButton3.Checked = True
    End Sub

    Private Sub Button9_Click(ByVal sender As System.Object,ByVal e As System.EventArgs)Handles Button9.
Click
        TextBox8.Text = Val(TextBox8.Text) + 1
        CheckBox8.Checked = True
    End Sub
    Private Sub Button10_Click(ByVal sender As System.Object,ByVal e As System.EventArgs)Handles Button10.
Click
        If Val(TextBox8.Text)>1 Then
            TextBox8.Text = Val(TextBox8.Text) - 1
        End If
        CheckBox8.Checked = True
    End Sub
    Private Sub CheckBox8_CheckedChanged(ByVal sender As System.Object,ByVal e As System.EventArgs)Handles
CheckBox8.CheckedChanged
        If CheckBox8.Checked = True Then
            CheckBox2.Checked = False
            CheckBox1.Checked = False
        End If
```

```
        TextBox8.Focus()
    End Sub
    Private Sub 新建 ToolStripMenuItem_Click(sender As Object, e As EventArgs)Handles 新建 ToolStripMenu-
Item.Click
        On Error Resume Next
        DataGridView1.ColumnCount = 2
        DataGridView1.RowCount = 1 '行数
        Dim i As Integer
        For i = 1 To DataGridView1.ColumnCount
            DataGridView1(i - 1,0).Value = "" 'i - 1 表示列的索引,0 表示行的索引
        Next
        TextBox4.Text = 0
        TextBox4.Focus()
    End Sub
    Private Sub 新建 ToolStripMenuItem1_Click(sender As Object, e As EventArgs) Handles 新建 ToolStripMenu-
Item1.Click
        On Error Resume Next
        DataGridView1.ColumnCount = 2
        DataGridView1.RowCount = 1 '行数
        Dim i As Integer
        For i = 1 To DataGridView1.ColumnCount
            DataGridView1(i - 1,0).Value = "" 'i - 1 表示列的索引,0 表示行的索引
        Next
        TextBox4.Text = 0
        TextBox4.Focus()
    End Sub
    Private Sub 列粘贴 ToolStripMenuItem1_Click(sender As Object, e As EventArgs)Handles 列粘贴 ToolStrip-
MenuItem1.Click
        On Error Resume Next
        If Not DataGridView1.IsCurrentCellInEditMode Then
            If DataGridView1.Focused Then
                If DataGridView1.CurrentCell.RowIndex<>DataGridView1.RowCount - 1 Then
                    Dim str() As String = Clipboard.GetDataObject.GetData(DataFormats.Text, True).ToS-
tring.Split(Chr(13) & Chr(10))
                    Dim xh As Int16
                    For xh = DataGridView1.CurrentCell.RowIndex To DataGridView1.RowCount - 1
                        If xh - DataGridView1.CurrentCell.RowIndex<str.Length - 1 Then
                            DataGridView1.Item(DataGridView1.CurrentCell.ColumnIndex,xh).Value = str(xh - Dat-
aGridView1.CurrentCell.RowIndex).Replace(Chr(13),"").Replace(Chr(10),"")
                        Else
                            Exit For
                        End If
                    Next
                End If
            End If
        Else
```

```
            MsgBox("当前单元格正在编辑,不能进行复制、粘贴操作!")
        End If
    End Sub
    Private Sub 列粘贴ToolStripMenuItem_Click(sender As Object,e As EventArgs) Handles 列粘贴ToolStrip-
MenuItem.Click
        On Error Resume Next
        If Not DataGridView1.IsCurrentCellInEditMode Then
            If DataGridView1.Focused Then
                If DataGridView1.CurrentCell.RowIndex<>DataGridView1.RowCount - 1 Then
                    Dim str()As String = Clipboard.GetDataObject.GetData(DataFormats.Text,True).ToS-
tring.Split(Chr(13) & Chr(10))
                    Dim xh As Int16
                    For xh = DataGridView1.CurrentCell.RowIndex To DataGridView1.RowCount - 1
                        If xh - DataGridView1.CurrentCell.RowIndex<str.Length - 1 Then
                            DataGridView1.Item(DataGridView1.CurrentCell.ColumnIndex,xh).Value = str(xh - Dat-
aGridView1.CurrentCell.RowIndex).Replace(Chr(13),"").Replace(Chr(10),"")
                        Else
                            Exit For
                        End If
                    Next
                End If
            End If
        Else
            MsgBox("当前单元格正在编辑,不能进行复制、粘贴操作!")
        End If
    End Sub
    Private Sub 粘贴ToolStripMenuItem_Click(sender As Object,e As EventArgs)Handles 粘贴ToolStripMenu-
Item.Click
        On Error Resume Next
        DataGridView1.SelectedCells(0).Value = Clipboard.GetText()
    End Sub
    Private Sub 粘贴ToolStripMenuItem1_Click(sender As Object,e As EventArgs)Handles 粘贴ToolStripMenu-
Item1.Click
        On Error Resume Next
        DataGridView1.SelectedCells(0).Value = Clipboard.GetText()
    End Sub
    Private Sub 增加行ToolStripMenuItem1_Click(sender As Object,e As EventArgs)Handles 增加行ToolStrip-
MenuItem1.Click
        On Error Resume Next
        Me.DataGridView1.Rows.Add()
    End Sub
    Private Sub 增加行ToolStripMenuItem_Click(sender As Object,e As EventArgs)Handles 增加行ToolStrip-
MenuItem.Click
        On Error Resume Next
        Me.DataGridView1.Rows.Add()
    End Sub
```

```
    Private Sub 删除行 ToolStripMenuItem_Click(sender As Object,e As EventArgs)Handles 删除行 ToolStrip-
MenuItem.Click
        On Error Resume Next
        For Each r As DataGridViewRow In DataGridView1.SelectedRows '选中行进行删除
            If Not r.IsNewRow Then
                DataGridView1.Rows.Remove(r)
            End If
        Next
    End Sub
    Private Sub 删除行 ToolStripMenuItem1_Click(sender As Object,e As EventArgs)Handles 删除行 ToolStrip-
MenuItem1.Click
        On Error Resume Next
        For Each r As DataGridViewRow In DataGridView1.SelectedRows '选中行进行删除
            If Not r.IsNewRow Then
                DataGridView1.Rows.Remove(r)
            End If
        Next
    End Sub
    Private Sub 删除 ToolStripMenuItem1_Click(sender As Object,e As EventArgs)Handles 删除 ToolStripMenu-
Item1.Click
        On Error Resume Next
        DataGridView1.CurrentCell.Value = ""
        Dim i As Integer
        For i = 0 To DataGridView1.RowCount
            For j = 0 To DataGridView1.ColumnCount
                If DataGridView1(j,i).Selected = True Then
                    DataGridView1(j,i).Value = ""
                End If
            Next
        Next
    End Sub
    Private Sub 删除 ToolStripMenuItem_Click(sender As Object,e As EventArgs)Handles 删除 ToolStripMenu-
Item.Click
        On Error Resume Next
        DataGridView1.CurrentCell.Value = ""
        Dim i As Integer
        For i = 0 To DataGridView1.RowCount
            For j = 0 To DataGridView1.ColumnCount
                If DataGridView1(j,i).Selected = True Then
                    DataGridView1(j,i).Value = ""
                End If
            Next
        Next
    End Sub
    Private Sub 首页 ToolStripMenuItem_Click(sender As Object,e As EventArgs)Handles 首页 ToolStripMenu-
Item.Click
```

```
        门户首页.Hide()
        门户首页.Show()
        门户首页.WindowState = FormWindowState.Maximized
    End Sub
    Private Sub 退出ToolStripMenuItem_Click(sender As Object, e As EventArgs) Handles 退出ToolStripMenu-
Item.Click
        End
    End Sub
    Private Sub 返回ToolStripMenuItem_Click(sender As Object, e As EventArgs) Handles 返回ToolStripMenu-
Item.Click
        Me.Hide()
    End Sub
    Private Sub DataGridView1_KeyDown(sender As Object, e As KeyEventArgs) Handles DataGridView1.KeyDown
        'Ctrl + V 快捷键粘贴
        If(e.KeyCode = Keys.V And e.Control) Then
            On Error Resume Next
            If Not DataGridView1.IsCurrentCellInEditMode Then
                If DataGridView1.Focused Then
                    If DataGridView1.CurrentCell.RowIndex <> DataGridView1.RowCount - 1 Then
                        Dim str() As String = Clipboard.GetDataObject.GetData(DataFormats.Text, True).ToS-
tring.Split(Chr(13) & Chr(10))
                        Dim xh As Int16
                        For xh = DataGridView1.CurrentCell.RowIndex To DataGridView1.RowCount - 1
                            If xh - DataGridView1.CurrentCell.RowIndex < str.Length - 1 Then
                                DataGridView1.Item(DataGridView1.CurrentCell.ColumnIndex, xh).Value =
str(xh - DataGridView1.CurrentCell.RowIndex).Replace(Chr(13), "").Replace(Chr(10), "")
                            Else
                                Exit For
                            End If
                        Next
                    End If
                End If
            Else
                MsgBox("当前单元格正在编辑,不能进行复制、粘贴操作!")
            End If
        End If
    End Sub

    Private Sub TextBox4_TextChanged(sender As Object, e As EventArgs) Handles TextBox4.TextChanged
    End Sub
End Class
```

力的多边形

1. 功能

求解力的多边形的合力和方向角。

2. 界面

开发平台：Microsoft Visual Studio 2019。编程语言：VB. net。软件界面如下。

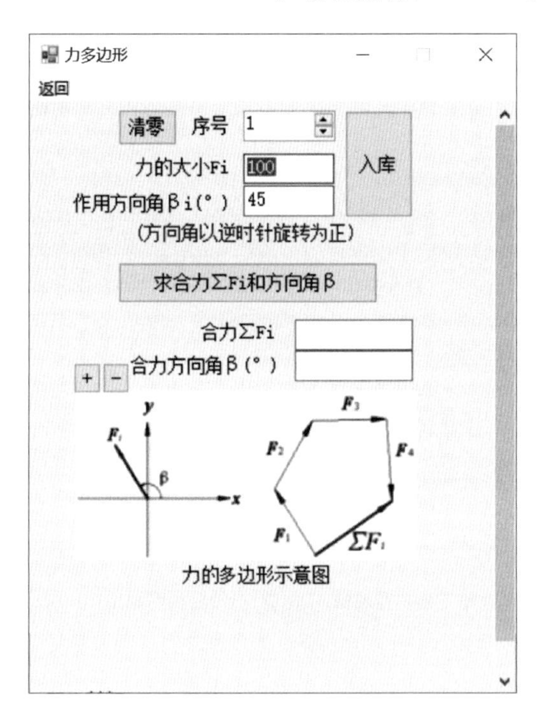

3. 计算原理

力的矢量和。

4. 主要控件

NumericUpDown1：序号

Button5：清零

TextBox1：力的大小 F_i

TextBox2：作用方向角 β_i（°）

Button1：入库

Button2：求合力 $\sum F_i$ 和方向角 β（°）

TextBox3：合力 $\sum F_i$

TextBox4：合力方向角 β（°）

5. 源程序

```
Public Class Form61
    Public Xi(500),Yi(500) As Double
    Public N As Integer '样品个数

    Private Sub MenuItem2_Click(ByVal sender As System.Object,ByVal e As System.EventArgs)Handles Menu-
Item2.Click
        Me.Hide()
    End Sub

    Private Sub Button1_Click(ByVal sender As System.Object,ByVal e As System.EventArgs)Handles Button1.
Click
        On Error Resume Next
        Dim i As Integer
        If Val(NumericUpDown1.Value)>=500 Then
            MsgBox("样品个数超过 500 限制。")
            GoTo 100
        End If
        If IsNumeric(TextBox1.Text) = True And IsNumeric(TextBox2.Text) = True Then
            i = NumericUpDown1.Value
            Xi(i) = Val(TextBox1.Text) '力的大小
            Yi(i) = Val(TextBox2.Text) '方位角
            If N<=i Then
                N = i
                NumericUpDown1.Value = NumericUpDown1.Value + 1
                TextBox1.Text = ""
                TextBox2.Text = ""
                TextBox1.Focus()
                GoTo 100
            Else
                NumericUpDown1.Value = NumericUpDown1.Value + 1
                i = NumericUpDown1.Value
                TextBox1.Text = Xi(i)
                TextBox2.Text = Yi(i)
                TextBox1.Focus()
```

```
            End If
        End If
        TextBox1.Focus()
100:
    End Sub
    Private Sub NumericUpDown1_ValueChanged_1(ByVal sender As System.Object,ByVal e As System.EventArgs)
Handles NumericUpDown1.ValueChanged
        On Error Resume Next
        If N<>0 Then
            Dim i As Integer
            i = NumericUpDown1.Value
            If i< = N Then
                TextBox1.Text = Xi(i)
                TextBox2.Text = Yi(i)
            Else
                NumericUpDown1.Value = N + 1
                TextBox1.Text = ""
                TextBox2.Text = ""
            End If
            TextBox1.Focus()
        End If
    End Sub
    Private Sub Button2_Click(ByVal sender As System.Object,ByVal e As System.EventArgs)Handles Button2.
Click
        On Error Resume Next
        Dim i As Integer
        Dim sumX,sumY As Double
        sumX = 0
        sumY = 0
        For i = 1 To N
            sumX = sumX + Xi(i) * Math.Cos(Yi(i)/180 * Math.PI)
            sumY = sumY + Xi(i) * Math.Sin(Yi(i)/180 * Math.PI)
        Next
        TextBox3.Text = Fix(10000 * (sumX^2 + sumY^2)^0.5)/10000
        TextBox4.Text = Fix(10000 * Math.Atan(sumY/sumX)/Math.PI * 180)/10000
        TextBox4.Focus()
    End Sub
    Private Sub Form61_Load(ByVal sender As System.Object,ByVal e As System.EventArgs)Handles MyBase.Load
        Me.MaximizeBox = False
        TextBox1.Focus()
    End Sub

    Private Sub Button3_Click_1(ByVal sender As System.Object,ByVal e As System.EventArgs)Handles Button3.
Click
        On Error Resume Next
        PictureBox1.Width = PictureBox1.Width * 1.1
```

```
        PictureBox1.Height = PictureBox1.Height * 1.1
    End Sub
    Private Sub Button4_Click(ByVal sender As System.Object, ByVal e As System.EventArgs) Handles Button4.
Click
        On Error Resume Next
        PictureBox1.Width = PictureBox1.Width/1.1
        PictureBox1.Height = PictureBox1.Height/1.1
    End Sub
    Private Sub Button5_Click(ByVal sender As System.Object, ByVal e As System.EventArgs) Handles Button5.
Click
        On Error Resume Next
        N = 0
        NumericUpDown1.Value = 1
        TextBox1.Text = ""
        TextBox2.Text = ""
        TextBox1.Focus()
    End Sub
End Class
```

求 解 重 心

1. 功能

求解整块的重心。

2. 界面

开发平台：Microsoft Visual Studio 2019。编程语言：VB. net。软件界面如下。

3. 计算原理

通过分块的重心坐标、重量，利用惯性矩原理，求解整块的重心位置。

4. 主要控件

NumericUpDown1：分块编号

TextBox1：分块体积 V（m^3）

TextBox8：重力密度（kN/m^3）

TextBox2：分块重心 x 坐标

TextBox3：分块重心 y 坐标

TextBox7：分块重心 z 坐标

Button1：入库

Button2：计算

TextBox4：总重力 ΣW（kN）

TextBox5：重心 x 坐标

TextBox6：重心 y 坐标

TextBox9：重心 z 坐标

TextBox10：输出结果

5. 源程序

```
Public Class Form70
    Public Vi(300),gi(300),Xi(300),Yi(300),Zi(300) As Double
    Public N As Integer '样品个数
    Private Sub Button1_Click_1(ByVal sender As System.Object,ByVal e As System.EventArgs)Handles Button1.
Click
        On Error Resume Next
        Dim i As Integer
        If Val(NumericUpDown1.Value)> = 300 Then
            MsgBox("样品个数超过 300 限制。")
            GoTo 100
        End If
        If IsNumeric(TextBox1.Text) = True And IsNumeric(TextBox2.Text) = True Then
            i = NumericUpDown1.Value
            Vi(i) = Val(TextBox1.Text) '力的大小
            gi(i) = Val(TextBox8.Text)
            Xi(i) = Val(TextBox2.Text) '
            Yi(i) = Val(TextBox3.Text) '
            Zi(i) = Val(TextBox7.Text) '
            If N< = i Then
                N = i
                NumericUpDown1.Value = NumericUpDown1.Value + 1
                TextBox1.Text = ""
                TextBox2.Text = ""
                TextBox3.Text = ""
```

```
                TextBox7.Text = ""
                'TextBox8.Text = ""
                TextBox1.Focus()
                GoTo 100
            Else
                NumericUpDown1.Value = NumericUpDown1.Value + 1
                i = NumericUpDown1.Value
                TextBox1.Text = Vi(i)
                TextBox2.Text = Xi(i)
                TextBox3.Text = Yi(i)
                TextBox7.Text = Zi(i)
                TextBox8.Text = gi(i)
                TextBox1.Focus()
            End If
        End If
        TextBox1.Focus()
100:
    End Sub
    Private Sub NumericUpDown1_ValueChanged(ByVal sender As System.Object,ByVal e As System.EventArgs)Han-
dles NumericUpDown1.ValueChanged
        On Error Resume Next
        If N<>0 Then
            Dim i As Integer
            i = NumericUpDown1.Value
            If i< = N Then
                TextBox1.Text = Vi(i)
                TextBox8.Text = gi(i)
                TextBox2.Text = Xi(i)
                TextBox3.Text = Yi(i)
                TextBox7.Text = Zi(i)
            Else
                NumericUpDown1.Value = N + 1
                TextBox1.Text = ""
                TextBox2.Text = ""
                TextBox3.Text = ""
                TextBox7.Text = ""
                'TextBox8.Text = ""
            End If
            TextBox1.Focus()
        End If
    End Sub
    Private Sub Button2_Click(ByVal sender As System.Object,ByVal e As System.EventArgs)Handles Button2.
Click
        On Error Resume Next
        Dim i As Integer
        Dim WW,Wx,Wy,Wz As Double
```

```
        WW = 0
        Wx = 0
        Wy = 0
        For i = 1 To N
            WW = WW + Vi(i) * gi(i)
            Wx = Wx + Vi(i) * gi(i) * Xi(i)
            Wy = Wy + Vi(i) * gi(i) * Yi(i)
            Wz = Wz + Vi(i) * gi(i) * Zi(i)
        Next
        TextBox4.Text = WW
        TextBox5.Text = Wx/WW
        TextBox6.Text = Wy/WW
        TextBox9.Text = Wz/WW
        Dim i3 As Integer
        TextBox10.Text = "原始样本:" & vbCrLf
        For i3 = 1 To N
            TextBox10.Text += "No." & i3 & "   " & Vi(i3) & "   " & gi(i3) & "   " & Xi(i3) & "   " & Yi(i3) & "
   " & Zi(i3) & vbCrLf
            TextBox10.Text  += "----------" & vbCrLf
        Next
        TextBox9.Focus()
    End Sub
    Private Sub Form70_Load(ByVal sender As System.Object,ByVal e As System.EventArgs)Handles MyBase.Load
        Me.MaximizeBox = False
        TextBox1.Text = "100"
        TextBox1.Focus()
    End Sub
    Private Sub MenuItem2_Click(ByVal sender As System.Object,ByVal e As System.EventArgs)Handles Menu-
Item2.Click
        Me.Hide()
    End Sub
    Private Sub Button3_Click(ByVal sender As System.Object,ByVal e As System.EventArgs)Handles Button3.
Click
        On Error Resume Next
        TextBox1.Text = ""
        TextBox2.Text = ""
        TextBox3.Text = ""
        TextBox7.Text = ""
        'TextBox8.Text = ""
        N = 0
        NumericUpDown1.Value = 1
        TextBox1.Focus()
    End Sub
    Private Sub MenuItem5_Click(ByVal sender As System.Object,ByVal e As System.EventArgs)Handles Menu-
Item5.Click
        On Error Resume Next
```

```
        If TextBox1.Focused = True Or TextBox2.Focused = True Or TextBox3.Focused = True Or TextBox7.Focused
= True Or TextBox8.Focused = True Then
            Dim i,j As Integer
            i = NumericUpDown1.Value
            If TextBox1.Text = Vi(i)Or TextBox8.Text = gi(i)Or TextBox2.Text = Xi(i)Or TextBox3.Text = Yi(i)
Or TextBox7.Text = Zi(i)Then
                TextBox1.Text = ""
                'TextBox8.Text = ""
                TextBox2.Text = ""
                TextBox3.Text = ""
                TextBox7.Text = ""
                For j = N To i
                    Vi(j + 1) = Vi(j)
                    gi(j + 1) = gi(j)
                    Xi(j + 1) = Xi(j)
                    Yi(j + 1) = Yi(j)
                    Zi(j + 1) = Zi(j)
                    'NumericUpDown1.Value = j
                Next
                N = N + 1
            End If
            NumericUpDown1.Value = i
        Else
            MsgBox("将光标置于样本数据输入栏")
        End If
    End Sub
    Private Sub MenuItem6_Click(ByVal sender As System.Object,ByVal e As System.EventArgs)Handles Menu-
Item6.Click
        On Error Resume Next
        If TextBox1.Focused = True Or TextBox2.Focused = True Or TextBox3.Focused = True Or TextBox7.Focused
= True Or TextBox8.Focused = True Then
            Dim i,j As Integer
            i = NumericUpDown1.Value
            If TextBox1.Text = Vi(i)Or TextBox8.Text = gi(i)Or TextBox2.Text = Xi(i)Or TextBox3.Text = Yi(i)
Or TextBox7.Text = Zi(i)Then
                TextBox1.Text = ""
                TextBox2.Text = ""
                TextBox3.Text = ""
                TextBox7.Text = ""
                For j = i To N
                    Vi(j) = Vi(j + 1)
                    gi(j) = gi(j + 1)
                    Xi(j) = Xi(j + 1)
                    Yi(j) = Yi(j + 1)
                    Zi(j) = Zi(j + 1)
                    NumericUpDown1.Value = j
```

```
                Next
                N = N - 1
            End If
            NumericUpDown1.Value = i
        Else
            MsgBox("将光标置于样本数据输入栏")
        End If
    End Sub
End Class
```

Boussinesq 竖向集中力和 Cerutti 水平集中力解答

1. 功能

计算地表竖向集中力作用下的 Boussinesq 解答与地表水平集中力作用下的 Cerutti 解答。

2. 界面

开发平台：Microsoft Visual Studio 2019。编程语言：VB. net。软件界面如下。

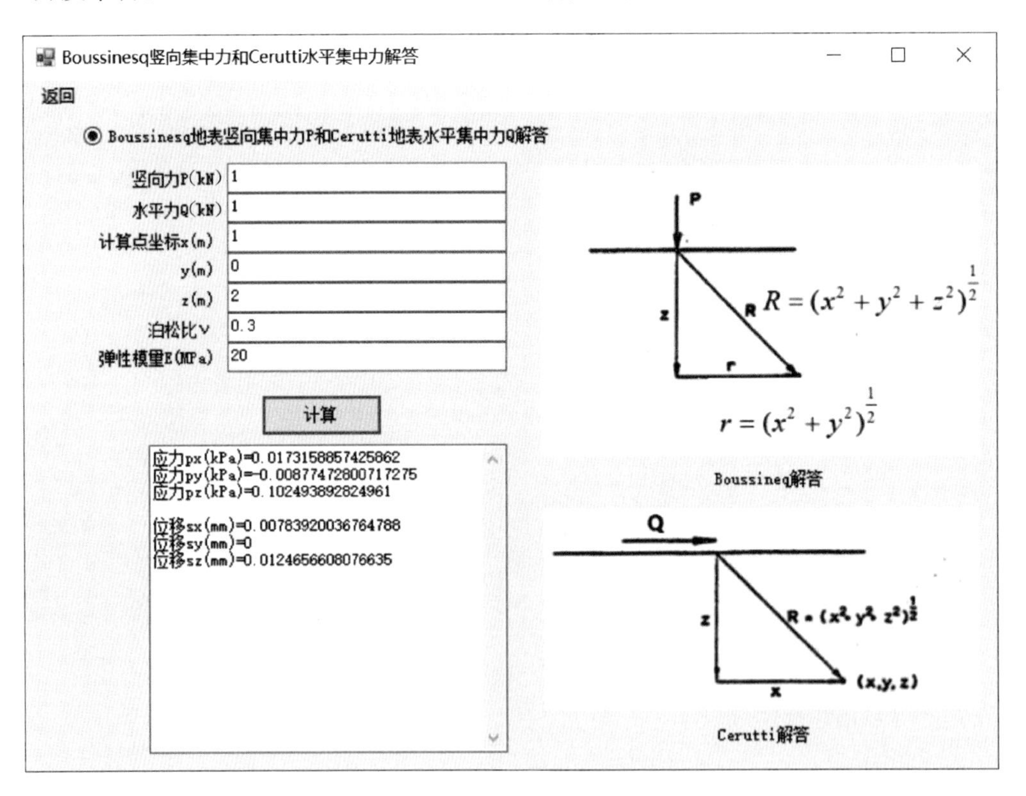

3. 计算原理

（1）Boussinesq 地表竖向集中力解答

如图所示，垂直集中荷载 P 作用在半无限体表面，附加应力和位移为：

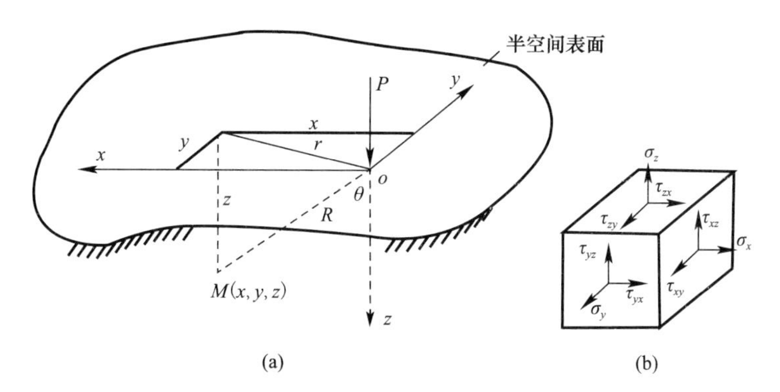

(a) (b)

Boussinesq 基本解

$$\sigma_x = \frac{3P}{2\pi}\left\{\frac{x^2 z}{R_5} + \frac{1-2\nu}{3}\left[\frac{R^2 - z(R+z)}{R^3(R+z)} - \frac{x^2(2R+z)}{R^3(R+z)^2}\right]\right\}$$

$$\sigma_y = \frac{3P}{2\pi}\left\{\frac{y^2 z}{R^5} + \frac{1-2\nu}{3}\left[\frac{R^2 - z(R+z)}{R^3(R+z)} - \frac{y^2(2R+z)}{R^3(R+z)^2}\right]\right\}$$

$$\sigma_z = \frac{3P}{2\pi}\frac{z^3}{R^5}$$

$$\tau_{xy} = \tau_{yx} = -\frac{3P}{2\pi}\left[\frac{xyz}{R^5} - \frac{1-2\nu}{3}\frac{xy(2R+z)}{R^3(R+z)^2}\right]$$

$$\tau_{yz} = \tau_{zy} = -\frac{3Pyz^2}{2\pi R^5}$$

$$\tau_{zx} - \tau_{xz} = \frac{3Pxz^2}{2\pi R^5}$$

M 点在 x，y，z 方向位移分量表达式为

$$\delta_x = \frac{P}{4\pi G}\left[\frac{xz}{R^3} - (1-2\nu)\frac{x}{R(R+z)}\right]$$

$$\delta_y = \frac{P}{4\pi G}\left[\frac{yz}{R^3} - (1-2\nu)\frac{y}{R(R+z)}\right]$$

$$\delta_z = \frac{P}{4\pi G}\left[\frac{z^2}{R^3} + \frac{2(1-\nu)}{R}\right]$$

式中 G——土体剪变模量，$G=\frac{E}{2(1+\nu)}$；

E——土体弹性模量；

ν——土体泊松比；

R——M 点距荷载作用点（坐标原点）距离，

$$R=\sqrt{x^2+y^2+z^2}$$

（2）Cerutti 地表水平集中力解答

$$\sigma_x = \frac{-Px}{2\pi R^3}\left[\frac{-3x^2}{R^2} + \frac{1-2\nu}{(R+z)^2}\left(R^2 - y^2 - \frac{2Ry^2}{R+z}\right)\right]$$

$$\sigma_y = \frac{-Px}{2\pi R^3}\left[\frac{-3y^2}{R^2} + \frac{1-2\nu}{(R+z)^2}\left(3R^2 - x^2 - \frac{2Rx^2}{R+z}\right)\right]$$

$$\sigma_z = \frac{3Pxz^2}{2\pi R^5}$$

$$\rho_x = \frac{P(1+\nu)}{2\pi ER}\left[1+\frac{x^2}{R^2}+(1-2\nu)\left(\frac{R}{R+z}-\frac{x^2}{(R+z)^2}\right)\right]$$

$$\rho_y = \frac{P(1+\nu)}{2\pi ER}\left[\frac{xy}{R^2}-\frac{(1-2v)xy}{(R+z)^2}\right]$$

$$\rho_z = \frac{P(1+\nu)}{2\pi ER}\left[\frac{xy}{R^2}-\frac{(1-2v)x}{R+z}\right]$$

4. 主要控件

TextBox1：竖向力 P（kN）
TextBox2：竖向力 Q（kN）
TextBox3：计算点坐标 x（m）
TextBox4：坐标 y（m）
TextBox5：坐标 z（m）
TextBox9：泊松比 ν
TextBox8：弹性模量 E（MPa）
Button1：计算
TextBox6：计算结果

5. 源程序

```
Public Class Form122
    Private Sub 返回 ToolStripMenuItem_Click(sender As Object, e As EventArgs)Handles 返回 ToolStripMenu-
Item.Click
        Me.Hide()
    End Sub
    Private Function FnpxBP(P As Double,x As Double,y As Double,z As Double,v As Double)
            'Boussinesq 解答:地表竖向力 P 作用下任意点的 σx
            Dim R As Double
            R = (x^2 + y^2 + z^2)^0.5
            FnpxBP = 3 * P/(2 * 3.14159) * (x^2 * z/R^5 + (1 - 2 * v)/3 * ((R^2 - z * (R + z))/R^3/(R + z) - x^2 * (2 *
R + z)/R^3/(R + z)^2))
        End Function
        Private Function FnpyBP(P As Double,x As Double,y As Double,z As Double,v As Double)
            'Boussinesq 解答:地表竖向力 P 作用下任意点的 σy
            Dim R As Double
            R = (x^2 + y^2 + z^2)^0.5
            FnpyBP = 3 * P/(2 * 3.14159) * (y^2 * z/R^5 + (1 - 2 * v)/3 * ((R^2 - z * (R + z))/R^3/(R + z) - y^2 * (2 *
R + z)/R^3/(R + z)^2))
        End Function
        Private Function FnpzBP(P As Double,x As Double,y As Double,z As Double,v As Double)
```

```
        'Boussinesq 解答:地表竖向力 P 作用下任意点的 σz
        Dim R As Double
        R = (x^2 + y^2 + z^2)^0.5
        FnpzBP = 3 * P/(2 * 3.14159) * z^3/R^5
    End Function
    Private Function FnsxBP(P As Double, x As Double, y As Double, z As Double, G As Double, v As Double)
        'Boussinesq 解答:地表竖向力 P 作用下任意点的 x 方向位移 sx
        Dim R As Double
        R = (x^2 + y^2 + z^2)^0.5
        FnsxBP = P/(4 * 3.14159 * G) * (x * z/R^3 - (1 - 2 * v) * x/R/(R + z))
    End Function
    Private Function FnsyBP(P As Double, x As Double, y As Double, z As Double, G As Double, v As Double)
        'Boussinesq 解答:地表竖向力 P 作用下任意点的 y 方向位移 sy
        Dim R As Double
        R = (x^2 + y^2 + z^2)^0.5
        FnsyBP = P/(4 * 3.14159 * G) * (y * z/R^3 - (1 - 2 * v) * y/R/(R + z))
    End Function
    Private Function FnszBP(P As Double, x As Double, y As Double, z As Double, G As Double, v As Double)
        'Boussinesq 解答:地表竖向力 P 作用下任意点的 z 方向位移 sz
        Dim R As Double
        R = (x^2 + y^2 + z^2)^0.5
        FnszBP = P/(4 * 3.14159 * G) * (z^2/R^3 + 2 * (1 - v)/R)
    End Function
Private Function FnpxCQ(Q As Double, x As Double, y As Double, z As Double, v As Double)
    'Cerutti 解答:地表水平力 Q 作用下任意点的 σx
    Dim R As Double
    R = (x^2 + y^2 + z^2)^0.5
    FnpxCQ = - Q * x/(2 * 3.14159 * R^3) * ( - 3 * x^2/R^2 + (1 - 2 * v)/(R + z)^2 * (R^2 - y^2 - 2 * R * y^2/(R +
z)))
End Function
Private Function FnpyCQ(Q As Double, x As Double, y As Double, z As Double, v As Double)
    'Cerutti 解答:地表水平力 Q 作用下任意点的 σy
    Dim R As Double
    R = (x^2 + y^2 + z^2)^0.5
    'FnpyCQ = - Q * y/(2 * 3.14159 * R^3) * ( - 3 * y^2/R^2 + (1 - 2 * v)/(R + z)^2 * (3 * R^2 - x^2 - 2 * R * x^2/(R +
z)))
    FnpyCQ = - Q * x/(2 * 3.14159 * R^3) * ( - 3 * y^2/R^2 + (1 - 2 * v)/(R + z)^2 * (3 * R^2 - x^2 - 2 * R * x^2/(R +
z)))
End Function
Private Function FnpzCQ(Q As Double, x As Double, y As Double, z As Double, v As Double)
    'Cerutti 解答:地表水平力 Q 作用下任意点的 σz
    Dim R As Double
    R = (x^2 + y^2 + z^2)^0.5
    FnpzCQ = 3 * Q * x * z^2/(2 * 3.14159 * R^5)
End Function
Private Function FnsxCQ(Q As Double, x As Double, y As Double, z As Double, G As Double, v As Double)
```

```
    'Cerutti 解答:地表水平力 Q 作用下任意点的 x 方向位移 sx
    Dim R As Double
    R = (x^2 + y^2 + z^2)^0.5
    FnsxCQ = Q/(4 * 3.14159 * G * R) * (1 + x^2/R^2 + (1 - 2 * v) * (R/(R + z) - x^2/(R + z)^2))
  End Function
  Private Function FnsyCQ(Q As Double, x As Double, y As Double, z As Double, G As Double, v As Double)
    'Cerutti 解答:地表水平力 Q 作用下任意点的 y 方向位移 sy
    Dim R As Double
    R = (x^2 + y^2 + z^2)^0.5
    FnsyCQ = Q * y/(4 * 3.14159 * G * R) * (x/R^2 + (1 - 2 * v) * x/(R + z)^2)
  End Function
  Private Function FnszCQ(Q As Double, x As Double, y As Double, z As Double, G As Double, v As Double)
    'Cerutti 解答:地表水平力 Q 作用下任意点的 z 方向位移 sz
    Dim R As Double
    R = (x^2 + y^2 + z^2)^0.5
    FnszCQ = Q/(4 * 3.14159 * G * R) * (x * z/R^2 + (1 - 2 * v) * x/(R + z))
  End Function
  Private Sub Button1_Click(sender As Object, e As EventArgs) Handles Button1.Click
    Dim P, Q, x, y, z, v, E0, G As Double
    P = Val(TextBox1.Text) '地表竖向力 P(kN)
    Q = Val(TextBox2.Text) '水平力 Q(kN)
    x = Val(TextBox3.Text)
    y = Val(TextBox4.Text)
    z = Val(TextBox5.Text)
    v = Val(TextBox9.Text)
    E0 = Val(TextBox8.Text)
    G = E0/2/(1 + v)
    TextBox6.Text = "应力 px(kPa) = " & FnpxBP(P, x, y, z, v) + FnpxCQ(Q, x, y, z, v) & vbCrLf
    TextBox6.Text += "应力 py(kPa) = " & FnpyBP(P, x, y, z, v) + FnpyCQ(Q, x, y, z, v) & vbCrLf
    TextBox6.Text += "应力 pz(kPa) = " & FnpzBP(P, x, y, z, v) + FnpzCQ(Q, x, y, z, v) & vbCrLf
    TextBox6.Text += "" & vbCrLf
    TextBox6.Text += "位移 sx(mm) = " & FnsxBP(P, x, y, z, G, v) + FnsxCQ(Q, x, y, z, G, v) & vbCrLf
    TextBox6.Text += "位移 sy(mm) = " & FnsyBP(P, x, y, z, G, v) + FnsyCQ(Q, x, y, z, G, v) & vbCrLf
    TextBox6.Text += "位移 sz(mm) = " & FnszBP(P, x, y, z, G, v) + FnszCQ(Q, x, y, z, G, v) & vbCrLf
  End Sub
End Class
```

Mindlin 竖向集中力和水平集中力解答

1. 功能

计算半无限体内部竖向力 P、水平力 Q 作用下的 Mindlin 解答。

2. 界面

开发平台：Microsoft Visual Studio 2019。编程语言：VB. net。软件界面如下。

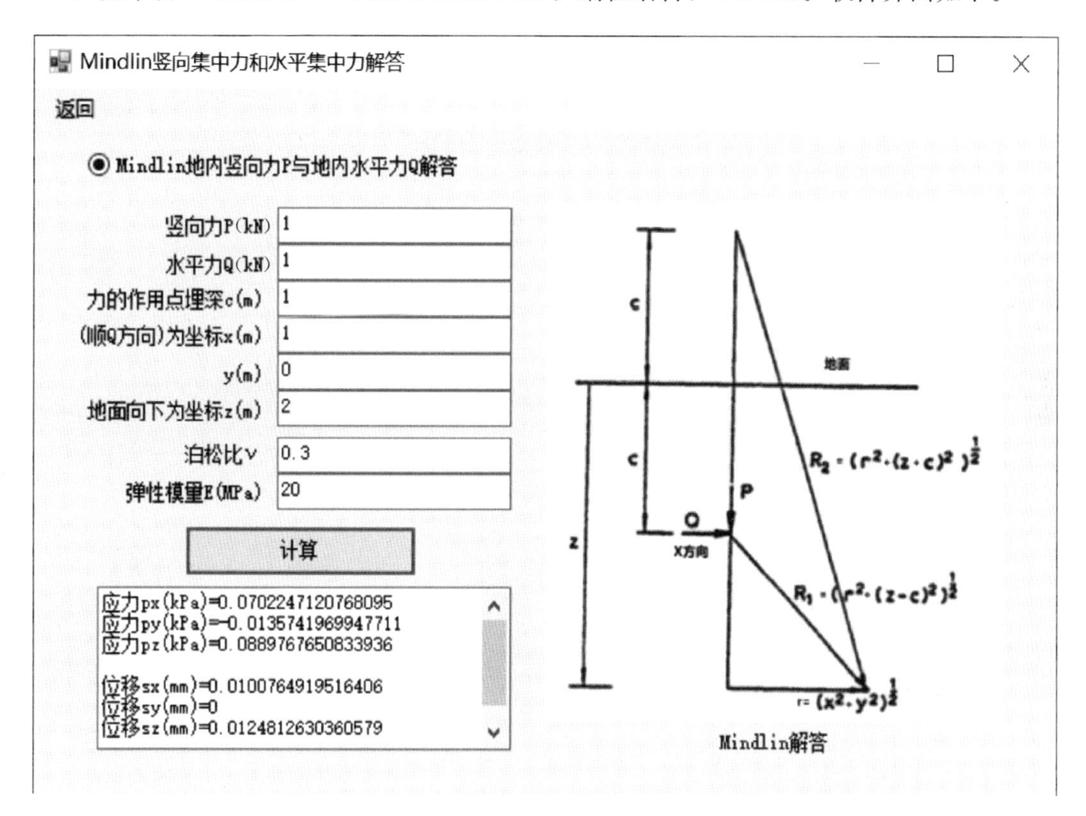

3. 计算原理

根据 Mindlin 集中力解答，列出计算公式为：

（1）竖向力 P

$$\sigma_x=\frac{-P}{8\pi(1-\nu)}\left[\begin{array}{l}\frac{(1-2\nu)(z-c)}{R_1^3}-\frac{3x^2(z-c)}{R_1^5}+\frac{(1-2\nu)[3(z-c)-4\nu(z+c)]}{R_2^3}-\\ \frac{3(3-4\nu)x^2(z-c)-6c(z+c)[(1-2\nu)z-2\nu c]}{R_2^5}-\frac{30cx^2z(z+c)}{R_2^7}-\\ \frac{4(1-\nu)(1-2\nu)}{R_2(R_2+z+c)}\times\left(1-\frac{x^2}{R_2(R_2+z+c)}-\frac{x^2}{R_2^2}\right)\end{array}\right]$$

$$\sigma_y=\frac{-P}{8\pi(1-\nu)}\left[\begin{array}{l}\frac{(1-2\nu)(z-c)}{R_1^3}-\frac{3y^2(z-c)}{R_1^5}+\\ \frac{(1-2\nu)[3(z-c)-4\nu(z+c)]}{R_2^3}-\\ \frac{3(3-4\nu)y^2(z-c)-6c(z+c)[(1-2\nu)z-2\nu c]}{R_2^5}-\\ \frac{30cy^2z(z+c)}{R_2^7}-\frac{4(1-\nu)(1-2\nu)}{R_2(R_2+z+c)}\times\left(1-\frac{y^2}{R_2(R_2+z+c)}-\frac{y^2}{R_2^2}\right)\end{array}\right]$$

$$\sigma_z=\frac{-P}{8\pi(1-\nu)}\left[\begin{array}{l}-\frac{(1-2\nu)(z-c)}{R_1^3}+\frac{(1-2\nu)(z-c)}{R_2^3}-\frac{3(z-c)^3}{R_1^5}-\\ \frac{3(3-4\nu)z(z+c)^2-3c(z+c)(5z-c)}{R_2^5}-\frac{30cz(z+c)^3}{R_2^7}\end{array}\right]$$

$$\rho_r=\frac{Pr}{16\pi G(1-\nu)}\left[\frac{z-c}{R_1^3}+\frac{(3-4\nu)(z-c)}{R_2^3}-\frac{4(1-\nu)(1-2\nu)}{R_2(R_2+z+c)}+\frac{6cz(z+c)}{R_2^5}\right]$$

$$\rho_z=\frac{P}{16\pi G(1-\nu)}\left[\begin{array}{l}\frac{3-4\nu}{R_1}+\frac{8(1-\nu)^2-(3-4\nu)}{R_2}+\frac{(z-c)^2}{R_1^3}+\\ \frac{(3-4\nu)(z+c)^2-2cz}{R_2^3}+\frac{6cz(z+c)^2}{R_2^5}\end{array}\right]$$

(2) 水平力 Q

$$\sigma_x=\frac{-Qx}{8\pi(1-\nu)}\left[\begin{array}{l}-\frac{(1-2\nu)}{R_1^3}+\frac{(1-2\nu)(5-4\nu)}{R_2^3}-\\ \frac{3x^2}{R_1^5}-\frac{3(3-4\nu)x^2}{R_2^5}-\frac{4(1-\nu)(1-2\nu)}{R_2(R_2+z+c)^2}\times\\ \left(3-\frac{x^2(3R_2+z+c)}{R_2^2(R_2+z+c)}\right)+\frac{6c}{R_2^5}\left(3c-(3-2\nu)(z+c)+\frac{5x^2z}{R_2^2}\right)\end{array}\right]$$

$$\sigma_y=\frac{-Qx}{8\pi(1-\nu)}\left[\begin{array}{l}\frac{(1-2\nu)}{R_1^3}+\frac{(1-2\nu)(3-4\nu)}{R_2^3}-\frac{3y^2}{R_1^5}-\\ \frac{3(3-4\nu)y^2}{R_2^5}-\frac{4(1-\nu)(1-2\nu)}{R_2(R_2+z+c)^2}\times\\ +\frac{6c}{R_2^5}\left(c-(1-2\nu)(z+c)+\frac{5y^2z}{R_2^2}\right)\end{array}\right]$$

$$\sigma_z=\frac{-Qx}{8\pi(1-\nu)}\left[\begin{array}{l}\frac{(1-2\nu)}{R_1^3}-\frac{(1-2\nu)}{R_2^3}-\frac{3(z-c)^2}{R_1^5}-\frac{3(3-4\nu)(z+c)^2}{R_2^5}+\\ \frac{6c}{R_2^5}\left(c+(1-2\nu)(z+c)+\frac{5z(z+c)^2}{R_2^2}\right)\end{array}\right]$$

$$\rho_x = \frac{Q}{16\pi G(1-\nu)}\left[\begin{array}{l}\frac{(3-4\nu)}{R_1}+\frac{1}{R_2}+\frac{x^2}{R_1^3}+\frac{(3-4\nu)x^2}{R_2^3}+ \\ \frac{2cz}{R_2^3}-\left(1-\frac{3x^2}{R_2^2}\right)+\frac{4(1-\nu)(1-2\nu)}{R_2+z+c}\end{array}\right]$$

$$\rho_y = \frac{Qxy}{16\pi G(1-\nu)}\left[\frac{1}{R_1^3}+\frac{(3-4\nu)}{R_2^3}-\frac{6cz}{R_2^5}-\frac{4(1-\nu)(1-2\nu)}{R_2(R_2+z+c)^2}\right]$$

$$\rho_z = \frac{Qx}{16\pi G(1-\nu)}\left[\frac{z-c}{R_1^3}+\frac{(3-4\nu)(z-c)}{R_2^3}-\frac{6cz(z+c)}{R_2^5}+\frac{4(1-\nu)(1-2\nu)}{R_2(R_2+z+c)}\right]$$

4. 主要控件

TextBox1：竖向力 P（kN）
TextBox2：水平力 Q（kN）
TextBox7：力的作用点埋深 c（m）
TextBox3：（顺 Q 方向）为坐标 x（m）
TextBox4：坐标 y（m）
TextBox5：地面向下为坐标 z（m）
TextBox9：泊松比 ν
TextBox8：弹性模量 E（MPa）
Button1：计算
TextBox6：计算结果显示

5. 源程序

```
Public Class Form123
    Private Sub 返回ToolStripMenuItem_Click(sender As Object, e As EventArgs) Handles 返回ToolStripMenu-
Item.Click
        Me.Hide()
    End Sub
    Private Function FnpxMQ(Q As Double, c As Double, x As Double, y As Double, z As Double, v As Double)
        'Mindlin 解答:地下水平力 Q 作用下任意点的 x 方向 σx
        Dim R1, R2 As Double
        R1 = ((x^2 + y^2) + (z - c)^2)^0.5
        R2 = ((x^2 + y^2) + (z + c)^2)^0.5
        FnpxMQ = - Q * x/(8 * 3.14159 * (1 - v)) * ( - (1 - 2 * v)/R1^3 + (1 - 2 * v) * (5 - 4 * v)/R2^3 - 3 * x^2/R1^
5 - 3 * (3 - 4 * v) * x^2/R2^5 - 4 * (1 - v) * (1 - 2 * v)/(R2 * (R2 + z + c)^2) * (3 - x^2 * (3 * R2 + z + c)/(R2^2 * (R2 + z +
c))) + 6 * c/R2^5 * (3 * c - (3 - 2 * v) * (z + c) + 5 * x^2 * z/R2^2))
    End Function
    Private Function FnpyMQ(Q As Double, c As Double, x As Double, y As Double, z As Double, v As Double)
        'Mindlin 解答:地下水平力 Q 作用下任意点的 y 方向 σy
        Dim R1, R2 As Double
        R1 = ((x^2 + y^2) + (z - c)^2)^0.5
        R2 = ((x^2 + y^2) + (z + c)^2)^0.5
```

```
        'FnpyMQ = -Q * y/(8 * 3.14159 * (1 - v)) * ((1 - 2 * v)/R1^3 + (1 - 2 * v) * (3 - 4 * v)/R2^3 - 3 * y^2/R1^5 - 3 * (3 - 4 * v) * y^2/R2^5 - 4 * (1 - v) * (1 - 2 * v)/(R2 * (R2 + z + c)^2) * (1 - y^2 * (3 * R2 + z + c)/(R2^2 * (R2 + z + c))) + 6 * c/R2^5 * (c - (1 - 2 * v) * (z + c) + 5 * y^2 * z/R2^2))
        FnpyMQ = -Q * x/(8 * 3.14159 * (1 - v)) * ((1 - 2 * v)/R1^3 + (1 - 2 * v) * (3 - 4 * v)/R2^3 - 3 * y^2/R1^5 - 3 * (3 - 4 * v) * y^2/R2^5 - 4 * (1 - v) * (1 - 2 * v)/(R2 * (R2 + z + c)^2) * (1 - y^2 * (3 * R2 + z + c)/(R2^2 * (R2 + z + c))) + 6 * c/R2^5 * (c - (1 - 2 * v) * (z + c) + 5 * y^2 * z/R2^2))
    End Function
    Private Function FnpzMQ(Q As Double, c As Double, x As Double, y As Double, z As Double, v As Double)
        'Mindlin 解答:地下水平力 Q 作用下任意点的 z 方向 σz
        Dim R1, R2 As Double
        R1 = ((x^2 + y^2) + (z - c)^2)^0.5
        R2 = ((x^2 + y^2) + (z + c)^2)^0.5
        FnpzMQ = -Q * x/(8 * 3.14159 * (1 - v)) * ((1 - 2 * v)/R1^3 - (1 - 2 * v)/R2^3 - 3 * (z - c)^2/R1^5 - 3 * (3 - 4 * v) * (z + c)^2/R2^5 + 6 * c/R2^5 * (c + (1 - 2 * v) * (z + c) + 5 * z * (z + c)^2/R2^2))
    End Function
    Private Function FnsxMQ(Q As Double, c As Double, x As Double, y As Double, z As Double, G As Double, v As Double)
        'Mindlin 解答:地下水平力 Q 作用下任意点的 x 方向位移 sx
        Dim R1, R2 As Double
        R1 = ((x^2 + y^2) + (z - c)^2)^0.5
        R2 = ((x^2 + y^2) + (z + c)^2)^0.5
        FnsxMQ = Q/(16 * 3.14159 * G * (1 - v)) * ((3 - 4 * v)/R1 + 1/R2 + x^2/R1^3 + (3 - 4 * v) * x^2/R2^3 + 2 * c * z/R2^3 * (1 - 3 * x^2/R2^2) + 4 * (1 - v) * (1 - 2 * v)/(R2 + z + c) * (1 - x^2/R2/(R2 + z + c)))
    End Function
    Private Function FnsyMQ(Q As Double, c As Double, x As Double, y As Double, z As Double, G As Double, v As Double)
        'Mindlin 解答:地下水平力 Q 作用下任意点的 y 方向位移 sy
        Dim R1, R2 As Double
        R1 = ((x^2 + y^2) + (z - c)^2)^0.5
        R2 = ((x^2 + y^2) + (z + c)^2)^0.5
        FnsyMQ = Q * x * y/(16 * 3.14159 * G * (1 - v)) * (1/R1^3 + (3 - 4 * v)/R2^3 - 6 * c * z/R2^5 - 4 * (1 - v) * (1 - 2 * v)/R2/(R2 + z + c)^2)
    End Function
    Private Function FnszMQ(Q As Double, c As Double, x As Double, y As Double, z As Double, G As Double, v As Double)
        'Mindlin 解答:地下水平力 Q 作用下任意点的 y 方向位移 sy
        Dim R1, R2 As Double
        R1 = ((x^2 + y^2) + (z - c)^2)^0.5
        R2 = ((x^2 + y^2) + (z + c)^2)^0.5
        FnszMQ = Q * x/(16 * 3.14159 * G * (1 - v)) * ((z - c)/R1^3 + (3 - 4 * v) * (z - c)/R2^3 - 6 * c * z * (z + c)/R2^5 + 4 * (1 - v) * (1 - 2 * v)/R2/(R2 + z + c))
    End Function
    Private Function FnpxMP(P As Double, c As Double, x As Double, y As Double, z As Double, v As Double)
        'Mindlin 解答:地下竖向力 P 作用下任意点的 σx
        Dim R1, R2 As Double
        R1 = ((x^2 + y^2) + (z - c)^2)^0.5
        R2 = ((x^2 + y^2) + (z + c)^2)^0.5
```

```
            FnpxMP = - P/(8 * 3.14159 * (1 - v)) * ((1 - 2 * v) * (z - c)/R1^3 - 3 * x^2 * (z - c)/R1^5 + (1 - 2 * v) *
(3 * (z - c) - 4 * v * (z + c))/R2^3 - (3 * (3 - 4 * v) * x^2 * (z - c) - 6 * c * (z + c) * ((1 - 2 * v) * z - 2 * v * c))/R2^5 -
30 * c * x^2 * z * (z + c)/R2^7 - 4 * (1 - v) * (1 - 2 * v)/R2/(R2 + z + c) * (1 - x^2/R2/(R2 + z + c) - x^2/R2^2))
        End Function
        Private Function FnpyMP(P As Double, c As Double, x As Double, y As Double, z As Double, v As Double)
            'Mindlin 解答:地下竖向力 P 作用下任意点的 σy
            Dim R1, R2 As Double
            R1 = ((x^2 + y^2) + (z - c)^2)^0.5
            R2 = ((x^2 + y^2) + (z + c)^2)^0.5
            FnpyMP = - P/(8 * 3.14159 * (1 - v)) * ((1 - 2 * v) * (z - c)/R1^3 - 3 * y^2 * (z - c)/R1^5 + (1 - 2 * v) *
(3 * (z - c) - 4 * v * (z + c))/R2^3 - (3 * (3 - 4 * v) * y^2 * (z - c) - 6 * c * (z + c) * ((1 - 2 * v) * z - 2 * v * c))/R2^5 -
30 * c * y^2 * z * (z + c)/R2^7 - 4 * (1 - v) * (1 - 2 * v)/R2/(R2 + z + c) * (1 - y^2/R2/(R2 + z + c) - y^2/R2^2))
        End Function
        Private Function FnpzMP(P As Double, c As Double, x As Double, y As Double, z As Double, v As Double)
            'Mindlin 解答:地下竖向力 P 作用下任意点的 σz
            Dim R1, R2 As Double
            R1 = ((x^2 + y^2) + (z - c)^2)^0.5
            R2 = ((x^2 + y^2) + (z + c)^2)^0.5
            FnpzMP = - P/(8 * 3.14159 * (1 - v)) * ( - (1 - 2 * v) * (z - c)/R1^3 + (1 - 2 * v) * (z - c)/R2^3 - 3 * (z -
c)^3/R1^5 - (3 * (3 - 4 * v) * z * (z + c)^2 - 3 * c * (z + c) * (5 * z - c))/R2^5 - 30 * c * z * (z + c)^3/R2^7)
        End Function
        Private Function FnsxMP(P As Double, c As Double, x As Double, y As Double, z As Double, G As Double, v As Double)
            'Mindlin 解答:地下竖向力 P 作用下任意点的 x 方向位移 sx
            Dim r, R1, R2, sr As Double
            r = (x^2 + y^2)^0.5
            R1 = ((x^2 + y^2) + (z - c)^2)^0.5
            R2 = ((x^2 + y^2) + (z + c)^2)^0.5
            sr = P * r/(16 * 3.14159 * G * (1 - v)) * ((z - c)/R1^3 + (3 - 4 * v) * (z - c)/R2^3 - 4 * (1 - v) * (1 - 2 *
v)/R2/(R2 + z + c) + 6 * c * z * (z + c)/R2^5)
            FnsxMP = sr * x/r
        End Function
        Private Function FnsyMP(P As Double, c As Double, x As Double, y As Double, z As Double, G As Double, v As Double)
            'Mindlin 解答:地下竖向力 P 作用下任意点的 y 方向位移 sy
            Dim r, R1, R2, sr As Double
            r = (x^2 + y^2)^0.5
            R1 = ((x^2 + y^2) + (z - c)^2)^0.5
            R2 = ((x^2 + y^2) + (z + c)^2)^0.5
            sr = P * r/(16 * 3.14159 * G * (1 - v)) * ((z - c)/R1^3 + (3 - 4 * v) * (z - c)/R2^3 - 4 * (1 - v) * (1 - 2 *
v)/R2/(R2 + z + c) + 6 * c * z * (z + c)/R2^5)
            FnsyMP = sr * y/r
        End Function
        Private Function FnszMP(P As Double, c As Double, x As Double, y As Double, z As Double, G As Double, v As Double)
            'Mindlin 解答:地下竖向力 P 作用下任意点的 z 方向位移 sz
            Dim R1, R2 As Double
            R1 = ((x^2 + y^2) + (z - c)^2)^0.5
            R2 = ((x^2 + y^2) + (z + c)^2)^0.5
```

```
        FnszMP = P/(16 * 3.14159 * G * (1 - v)) * ((3 - 4 * v)/R1 + (8 * (1 - v)^2 - (3 - 4 * v))/R2 + (z - c)^2/R1^
3 + ((3 - 4 * v) * (z + c)^2 - 2 * c * z)/R2^3 + 6 * c * z * (z + c)^2/R2^5)
    End Function
    Private Sub Button1_Click(sender As Object,e As EventArgs) Handles Button1.Click
        Dim P,Q,c,x,y,z,v,E0,G As Double
        P = Val(TextBox1.Text) '竖向力 kN
        Q = Val(TextBox2.Text) '水平力 kN
        c = Val(TextBox7.Text) '力的作用点埋深
        x = Val(TextBox3.Text)
        y = Val(TextBox4.Text)
        z = Val(TextBox5.Text)
        v = Val(TextBox9.Text)
        E0 = Val(TextBox8.Text)
        G = E0/2/(1 + v)
        TextBox6.Text = "应力 px(kPa) = " & FnpxMP(P,c,x,y,z,v) + FnpxMQ(Q,c,x,y,z,v) & vbCrLf
        TextBox6.Text += "应力 py(kPa) = " & FnpyMP(P,c,x,y,z,v) + FnpyMQ(Q,c,x,y,z,v) & vbCrLf
        TextBox6.Text += "应力 pz(kPa) = " & FnpzMP(P,c,x,y,z,v) + FnpzMQ(Q,c,x,y,z,v) & vbCrLf
        TextBox6.Text += "" & vbCrLf
        TextBox6.Text += "位移 sx(mm) = " & FnsxMQ(Q,c,x,y,z,G,v) + FnsxMP(P,c,x,y,z,G,v) & vbCrLf
        TextBox6.Text += "位移 sy(mm) = " & FnsyMQ(Q,c,x,y,z,G,v) + FnsyMP(P,c,x,y,z,G,v) & vbCrLf
        TextBox6.Text += "位移 sz(mm) = " & FnszMQ(Q,c,x,y,z,G,v) + FnszMP(P,c,x,y,z,G,v) & vbCrLf
    End Sub
End Class
```

第2篇 岩土工程勘察

建筑地基勘察深度计算

1. 功能

按照附加应力与自重应力的比值计算确定勘察深度。

2. 界面

开发平台：Microsoft Visual Studio 2019。编程语言：VB. net。软件界面如下。

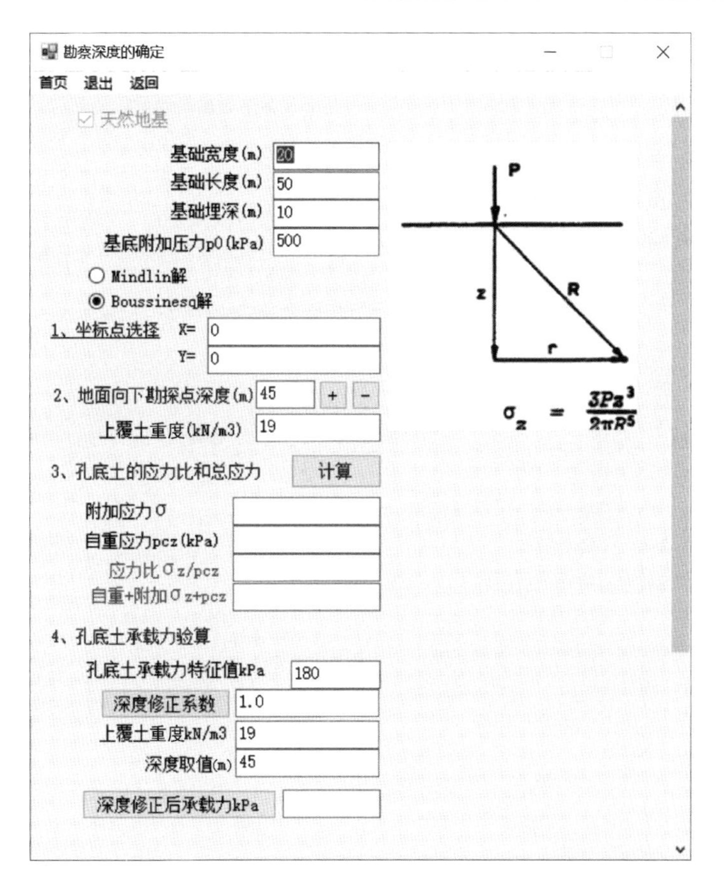

3. 计算原理

采用 Boussinesq 和 Mindlin 解答计算附加应力，按照附加应力衰减和自重应力的比值

（0.2）确定。

4. 主要控件

CheckBox1：天然地基
TextBox1：基础宽度（m）
TextBox2：基础长度（m）
TextBox3：基础埋深（m）
TextBox4：基底附加压力 p_0（kPa）
RadioButton2：Mindlin 解
RadioButton1：Boussinesq 解
TextBox9：坐标点 $X=$
TextBox10：坐标点 $Y=$
TextBox7：地面向下勘探点深度（m）
TextBox11：上覆土重度（kN/m^3）
Button1：计算
TextBox8：附加应力 σ_z（kPa）
TextBox6：自重应力 p_{cz}（kPa）
TextBox5：应力比 σ_z/p_{cz}
TextBox12：自重+附加 σ_z+p_{cz}

5. 源程序

```
Public Class Form33
    Private Sub Button1_Click(ByVal sender As System.Object,ByVal e As System.EventArgs) Handles Button1.Click
        On Error Resume Next
        TextBox8.Text = "请等待..."
        TextBox6.Text = "请等待..."
        TextBox5.Text = "请等待..."
        TextBox12.Text = "请等待..."
        If RadioButton1.Checked = True Then
            Label26.Visible = False
            TextBox18.Visible = False
            jieda = "B"
        ElseIf RadioButton2.Checked = True Then
            Label26.Visible = True
            TextBox18.Visible = True
            jieda = "M"
        End If
        Dim b As Double,L As Double,p0 As Double,x As Double,y As Double,z As Double
        Dim z0,d0 As Double,niu0,qs As Double
        b = Val(TextBox1.Text)
```

```
        L = Val(TextBox2.Text)
        p0 = Val(TextBox4.Text)
        x = Val(TextBox9.Text) + L/2
        y = Val(TextBox10.Text) + b/2
        'd0 = Val(TextBox3.Text) '基础埋深
        niu0 = Val(TextBox18.Text)
        Dim p As Double
        d0 = Val(TextBox3.Text)
        z0 = Val(TextBox7.Text) - d0
        If z0<0 Then
            MsgBox("计算点埋深小于(实体)基础底面埋深。")
            GoTo 100
        End If
        p = p0 * fnkcxyz(b,L,x,y,z0,d0,niu0)
        Dim b1,L1,b2,L2 As Double
        b1 = b + 0.05
        L1 = L + 0.05
        b2 = b - 0.05
        L2 = L - 0.05

        TextBox8.Text = ""
        TextBox6.Text = ""
        TextBox5.Text = ""
        TextBox12.Text = ""
        TextBox8.Text = p
        TextBox6.Text = Val(TextBox7.Text) * Val(TextBox11.Text)
        TextBox5.Text = Val(TextBox8.Text)/Val(TextBox6.Text)
        TextBox12.Text = Val(TextBox8.Text) + Val(TextBox6.Text)
        TextBox13.Focus()
        TextBox13.ScrollToCaret()
100:
        TextBox7.Focus()
    End Sub
    Private Sub RadioButton2_CheckedChanged(ByVal sender As System.Object,ByVal e As System.EventArgs) Han-
dles RadioButton2.CheckedChanged
        If RadioButton2.Checked = True Then
            Label26.Visible = True
            TextBox18.Visible = True
            jieda = "M"
        End If
    End Sub
    Private Sub RadioButton1_CheckedChanged(ByVal sender As System.Object,ByVal e As System.EventArgs)Handles
RadioButton1.CheckedChanged
        If RadioButton1.Checked = True Then
            Label26.Visible = False
            TextBox18.Visible = False
```

```
            jieda = "B"
        End If
    End Sub
    Private Sub Form33_Load(ByVal sender As System.Object,ByVal e As System.EventArgs) Handles MyBase.Load
        Me.MaximizeBox = False
        On Error Resume Next
        On Error Resume Next
        CheckBox1.Checked = True
        Label4.Text = "基础埋深(m)"
        Label5.Text = "基底附加压力 p0(kPa)"
        Label2.Text = "基础宽度(m)"
        Label3.Text = "基础长度(m)"
        RadioButton1.Checked = True
        TextBox1.Focus()
    End Sub

    Private Sub Button4_Click(ByVal sender As System.Object,ByVal e As System.EventArgs) Handles Button4.Click
        On Error Resume Next
        Dim fak,ne,gama,h As Double
        fak = Val(TextBox13.Text)
        ne = Val(TextBox14.Text)
        gama = Val(TextBox16.Text)
        h = Val(TextBox17.Text)
        If h<0.5 Then
            h = 0.5
        End If
        TextBox19.Text = fak + ne * gama * (h - 0.5) '修正后地基承载力
        TextBox19.Focus()
        TextBox19.ScrollToCaret()
    End Sub
    Private Sub TextBox7_TextChanged(ByVal sender As System.Object,ByVal e As System.EventArgs) Handles
TextBox7.TextChanged
        On Error Resume Next
        TextBox17.Text = Val(TextBox7.Text)
    End Sub

    Private Sub Button5_Click(ByVal sender As System.Object,ByVal e As System.EventArgs) Handles Button5.Click
        Form31.Show()
        Form31.WindowState = FormWindowState.Normal
    End Sub
    Private Sub Button2_Click(ByVal sender As System.Object,ByVal e As System.EventArgs)
        On Error Resume Next
        TextBox19.Focus()
        TextBox19.ScrollToCaret()
    End Sub
    Private Sub CheckBox1_CheckStateChanged(ByVal sender As System.Object,ByVal e As System.EventArgs) Han-
```

```
dles CheckBox1.CheckStateChanged
        On Error Resume Next
        If CheckBox1.Checked = True Then
            Label4.Text = "基础埋深(m)"
            Label5.Text = "基底附加压力 p0(kPa)"
            Label2.Text = "基础宽度(m)"
            Label3.Text = "基础长度(m)"
            RadioButton1.Text = "Boussinesq 解"
            RadioButton2.Text = "Mindlin 解"
            TextBox1.Focus()
        End If
    End Sub
    Private Sub LinkLabel1_Click(ByVal sender As System.Object,ByVal e As System.EventArgs) Handles LinkLa-
bel1.Click
        MsgBox("规定:中心点为(0,0),长边为 X 轴,短边为 Y 轴")
        TextBox9.Focus()
    End Sub
    Private Sub Button3_Click_1(ByVal sender As System.Object,ByVal e As System.EventArgs) Handles Button3.Click
        On Error Resume Next
        TextBox7.Text = Val(TextBox7.Text) + 1
        TextBox7.Focus()
    End Sub
    Private Sub Button6_Click(ByVal sender As System.Object,ByVal e As System.EventArgs) Handles Button6.Click
        On Error Resume Next
        TextBox7.Text = Val(TextBox7.Text) - 1
        TextBox7.Focus()
    End Sub
    Private Sub TextBox8_TextChanged(ByVal sender As System.Object,ByVal e As System.EventArgs) Handles
TextBox8.TextChanged
        TextBox12.Text = Val(TextBox8.Text) + Val(TextBox6.Text)
    End Sub
    Private Sub TextBox6_TextChanged(ByVal sender As System.Object,ByVal e As System.EventArgs) Handles
TextBox6.TextChanged
        TextBox12.Text = Val(TextBox8.Text) + Val(TextBox6.Text)
    End Sub

    Private Sub MenuItem2_Click_1(ByVal sender As System.Object,ByVal e As System.EventArgs) Handles Menu-
Item2.Click
        Me.Hide()
    End Sub
    Private Sub MenuItem1_Click(ByVal sender As System.Object,ByVal e As System.EventArgs)
        门户首页.Hide()
        门户首页.Show()
        门户首页.WindowState = FormWindowState.Maximized
    End Sub
    Private Sub MenuItem1_Click_1(ByVal sender As System.Object,ByVal e As System.EventArgs) Handles Menu-
```

```
Item1.Click
            门户首页.Hide()
            门户首页.Show()
            门户首页.WindowState = FormWindowState.Maximized
        End Sub
        Private Sub MenuItem3_Click_1(ByVal sender As System.Object,ByVal e As System.EventArgs) Handles Menu-
Item3.Click
            End
        End Sub
        Private Sub CheckBox1_CheckedChanged(ByVal sender As System.Object,ByVal e As System.EventArgs) Handles
CheckBox1.CheckedChanged
        End Sub
    End Class

    Module Module1
        Public kp,kpx,kpy,R1,R2,R3,z1,RR1,RR2,r4,r52,a1,a2,a3,a4,a5,a6,a7,a8,kc,k1 As Double
        Public ikp As Integer
        Public jieda As String
        '矩形基础角点下 x 方向应力系数
        Public Function fnkcx(ByVal b As Double,ByVal l As Double,ByVal z As Double)
            R1 = (l^2 + z^2)^0.5
            R2 = (b^2 + z^2)^0.5
            R3 = (l^2 + b^2 + z^2)^0.5
            If z = 0 Then
                z = 0.0001
                fnkcx = 1/(2 * 3.14159) * (Math.Atan(l * b/z/R3) - l * b * z/(R1^2 * R3))
            ElseIf z<0 Then
                fnkcx = 0
            Else
                fnkcx = 1/(2 * 3.14159) * (Math.Atan(l * b/z/R3) - l * b * z/(R1^2 * R3))
            End If
        End Function
        '矩形基础下任意点 x 方向应力系数,以角点为坐标(0,0)点,长边为 x 轴,短边为 y 轴
        Public Function fnkcxxyz(ByVal b As Double,ByVal l As Double,ByVal x As Double,ByVal y As Double,ByVal z
As Double)
            If b * l = 0 Then
                fnkcxxyz = 0
            Else
                If x>0 And y>0 Then
                    fnkcxxyz = fnkcx(y,x,z) + fnkcx(b - y,x,z) + fnkcx(b - y,l - x,z) + fnkcx(y,l - x,z)
                ElseIf x = 0 And y>0 Then
                    fnkcxxyz = fnkcx(b - y,l,z) + fnkcx(y,l,z)
                ElseIf x>0 And y = 0 Then
                    fnkcxxyz = fnkcx(b,x,z) + fnkcx(b,l - x,z)
                ElseIf x<0 And y<0 Then
                    fnkcxxyz = fnkcx(Math.Abs(y),Math.Abs(x),z) - fnkcx(b - y,Math.Abs(x),z) + fnkcx(b - y,
```

```
l - x,z) - fnkcx(Math.Abs(y),l - x,z)
                ElseIf x>0 And y<0 Then
                    fnkcxxyz = - fnkcx(Math.Abs(y),x,z) + fnkcx(b - y,x,z) + fnkcx(b - y,l - x,z) - fnkcx
(Math.Abs(y),l - x,z)
                ElseIf x<0 And y>0 Then
                    fnkcxxyz = - fnkcx(y,Math.Abs(x),z) - fnkcx(b - y,Math.Abs(x),z) + fnkcx(b - y,l - x,z) +
fnkcx(y,l - x,z)
                ElseIf x = 0 And y<0 Then
                    fnkcxxyz = fnkcx(b - y,l,z) - fnkcx(Math.Abs(y),l,z)
                ElseIf x<0 And y = 0 Then
                    fnkcxxyz = - fnkcx(b,Math.Abs(x),z) + fnkcx(b,l - x,z)
                ElseIf x = 0 And y = 0 Then
                    fnkcxxyz = fnkcx(b,l,z)
                End If
            End If
        End Function
        '矩形基础下任意点 x 方向平均应力系数,以角点为坐标(0,0)点,长边为 x 轴,短边为 y 轴
        Public Function fnkcpx(ByVal b As Double,ByVal l As Double,ByVal x As Double,ByVal y As Double,ByVal z As
Double,ByVal z0 As Double)
            If z = z0 Then
                fnkcpx = fnkcxxyz(b,l,x,y,z)
            Else
                kpx = 0
                Dim NBN As Integer
                NBN = Math.Max(Fix(z - z0),20)
                For ikp = 1 To NBN
                    kpx = fnkcxxyz(b,l,x,y,z0 + (ikp - 0.5) * (z - z0)/NBN) + kpx
                Next ikp
                fnkcpx = kpx/NBN
            End If
        End Function
        '矩形基础角点下 y 方向应力系数
        Public Function fnkcy(ByVal b As Double,ByVal l As Double,ByVal z As Double)
            R1 = (l^2 + z^2)^0.5
            R2 = (b^2 + z^2)^0.5
            R3 = (l^2 + b^2 + z^2)^0.5
            If z = 0 Then
                z = 0.0001
                fnkcy = 1/(2 * 3.14159) * (Math.Atan(l * b/z/R3) - l * b * z/(R2^2 * R3))
            ElseIf z<0 Then
                fnkcy = 0
            Else
                fnkcy = 1/(2 * 3.14159) * (Math.Atan(l * b/z/R3) - l * b * z/(R2^2 * R3))
            End If
        End Function
        '矩形基础下任意点 y 方向应力系数,以角点为坐标(0,0)点,长边为 x 轴,短边为 y 轴
```

```
Public Function fnkcyxyz(ByVal b As Double,ByVal l As Double,ByVal x As Double,ByVal y As Double,ByVal z As Double)
    If b * l = 0 Then
        fnkcyxyz = 0
    Else
        If x>0 And y>0 Then
            fnkcyxyz = fnkcy(y,x,z) + fnkcy(b - y,x,z) + fnkcy(b - y,l - x,z) + fnkcy(y,l - x,z)
        ElseIf x = 0 And y>0 Then
            fnkcyxyz = fnkcy(b - y,l,z) + fnkcy(y,l,z)
        ElseIf x>0 And y = 0 Then
            fnkcyxyz = fnkcy(b,x,z) + fnkcy(b,l - x,z)
        ElseIf x<0 And y<0 Then
            fnkcyxyz = fnkcy(Math.Abs(y),Math.Abs(x),z) - fnkcy(b - y,Math.Abs(x),z) + fnkcy(b - y,l - x,z) - fnkcy(Math.Abs(y),l - x,z)
        ElseIf x>0 And y<0 Then
            fnkcyxyz = - fnkcy(Math.Abs(y),x,z) + fnkcy(b - y,x,z) + fnkcy(b - y,l - x,z) - fnkcy(Math.Abs(y),l - x,z)
        ElseIf x<0 And y>0 Then
            fnkcyxyz = - fnkcy(y,Math.Abs(x),z) - fnkcy(b - y,Math.Abs(x),z) + fnkcy(b - y,l - x,z) + fnkcy(y,l - x,z)
        ElseIf x = 0 And y<0 Then
            fnkcyxyz = fnkcy(b - y,l,z) - fnkcy(Math.Abs(y),l,z)
        ElseIf x<0 And y = 0 Then
            fnkcyxyz = - fnkcy(b,Math.Abs(x),z) + fnkcy(b,l - x,z)
        ElseIf x = 0 And y = 0 Then
            fnkcyxyz = fnkcy(b,l,z)
        End If
    End If
End Function
'矩形基础下任意点y方向平均应力系数,以角点为坐标(0,0)点,长边为x轴,短边为y轴
Public Function fnkcpy(ByVal b As Double,ByVal l As Double,ByVal x As Double,ByVal y As Double,ByVal z As Double,ByVal z0 As Double)
    If z = z0 Then
        fnkcpy = fnkcyxyz(b,l,x,y,(z0 + z)/2)
    Else
        kpy = 0
        Dim NBN As Integer
        NBN = Math.Max(Fix(z - z0),20)
        For ikp = 1 To NBN
            kpy = kpy + fnkcyxyz(b,l,x,y,z0 + (ikp - 0.5) * (z - z0)/NBN)
        Next ikp
      fnkcpy = kpy/NBN
    End If
End Function
'矩形基础角点下应力系数
Public Function fnkc(ByVal b As Double,ByVal l As Double,ByVal z As Double,ByVal d0 As Double,ByVal niu0
```

```
As Double)
        'z 指荷载作用面以下深度
        If jieda = "M" Then 'Mindlin 解
            If Math.Abs(b * l)< = 1/10000000 Then
                fnkc = 0
            ElseIf z< - d0 Then '指地面以上
                fnkc = 0
            Else
                z1 = d0 + z 'Mindlin 解的 z 坐标规定从地面向下算起,所以需要换算
                If z1 - d0>Math.Abs(50000000000 * b) Then
                    fnkc = 0
            Else
                If z1 = d0 Then
                    z1 = 1/1000 + d0
                End If
                RR1 = Math.Sqrt(l^2 + b^2 + (z1 - d0)^2)
                RR2 = Math.Sqrt(l^2 + b^2 + (z1 + d0)^2)
                R1 = Math.Sqrt(b^2 + (z1 - d0)^2)
                R2 = Math.Sqrt(b^2 + (z1 + d0)^2)
                R3 = Math.Sqrt(l^2 + (z1 - d0)^2)
                r4 = Math.Sqrt(l^2 + (z1 + d0)^2)
                r52 = (l^2 - (z1 + d0)^2)
                a1 = (1 - niu0) * (Math.Atan(l * b/(z1 - d0)/RR1) + Math.Atan(l * b/(z1 + d0)/RR2))
                a2 = (z1 - d0) * b * RR1/(2 * l * R1^2)
                a3 = b * (z1 - d0)^3/(2 * l * R3^2 * RR1)
                a4 = ((3 - 4 * niu0) * z1 * (z1 + d0) - d0 * (5 * z1 - d0)) * b * RR2/2/(z1 + d0)/l/R2^2
                a5 = ((3 - 4 * niu0) * z1 * (z1 + d0)^2 - d0 * (z1 + d0) * (5 * z1 - d0)) * b/2/l/r4^2/RR2
                a6 = 2 * d0 * z1 * (z1 + d0) * b * RR2^3/l^3/R2^4
                a7 = 3 * d0 * z1 * b * RR2 * r52/(z1 + d0)/l^3/R2^2
                a8 = d0 * z1 * (z1 + d0)^3 * b/l/r4^4/RR2 * ((2 * l^2 - (z1 + d0)^2)/l^2 - b^2/RR2^2)
                kc = 1/(4 * 3.14159 * (1 - niu0)) * (a1 + a2 - a3 + a4 - a5 + a6 + a7 - a8)
                fnkc = kc
            End If
          End If
        End If
        If jieda = "B" Then 'Bousisinesq 解
            If z = 0 Then
                z = 0.001
                k1 = 1/2/3.14159 * b * l * z * (b^2 + l^2 + 2 * z^2)/(l^2 + z^2)/(b^2 + z^2)
                fnkc = k1/Math.Sqrt(b^2 + l^2 + z^2) + 1/2/3.14159 * Math.Atan(b * l/z/Math.Sqrt(b^2 + l^2 + z^2))
            ElseIf z<0 Then
                fnkc = 0
            Else
                k1 = 1/2/3.14159 * b * l * z * (b^2 + l^2 + 2 * z^2)/(l^2 + z^2)/(b^2 + z^2)
                fnkc = k1/Math.Sqrt(b^2 + l^2 + z^2) + 1/2/3.14159 * Math.Atan(b * l/z/Math.Sqrt(b^2 + l^2 + z^2))
            End If
```

```
    End If
End Function
'矩形基础下任意点应力系数,以角点为坐标(0,0)点,长边为x轴,短边为y轴,作用面向下为z
Public Function fnkcxyz(ByVal b As Double,ByVal l As Double,ByVal x As Double,ByVal y As Double,ByVal z As Double,ByVal d0 As Double,ByVal niu0 As Double)
    If b * l = 0 Then
        fnkcxyz = 0
    Else
        If x>0 And y>0 Then
            fnkcxyz = fnkc(y,x,z,d0,niu0) + fnkc(b - y,x,z,d0,niu0) + fnkc(b - y,l - x,z,d0,niu0) + fnkc(y,l - x,z,d0,niu0)
        ElseIf x = 0 And y>0 Then
            fnkcxyz = fnkc(b - y,l,z,d0,niu0) + fnkc(y,l,z,d0,niu0)
        ElseIf x>0 And y = 0 Then
            fnkcxyz = fnkc(b,x,z,d0,niu0) + fnkc(b,l - x,z,d0,niu0)
        ElseIf x<0 And y<0 Then
            fnkcxyz = fnkc(Math.Abs(y),Math.Abs(x),z,d0,niu0) - fnkc(b - y,Math.Abs(x),z,d0,niu0) + fnkc(b - y,l - x,z,d0,niu0) - fnkc(Math.Abs(y),l - x,z,d0,niu0)
        ElseIf x>0 And y<0 Then
            fnkcxyz = - fnkc(Math.Abs(y),x,z,d0,niu0) + fnkc(b - y,x,z,d0,niu0) + fnkc(b - y,l - x,z,d0,niu0) - fnkc(Math.Abs(y),l - x,z,d0,niu0)
        ElseIf x<0 And y>0 Then
            fnkcxyz = - fnkc(y,Math.Abs(x),z,d0,niu0) - fnkc(b - y,Math.Abs(x),z,d0,niu0) + fnkc(b - y,l - x,z,d0,niu0) + fnkc(y,l - x,z,d0,niu0)
        ElseIf x = 0 And y<0 Then
            fnkcxyz = fnkc(b - y,l,z,d0,niu0) - fnkc(Math.Abs(y),l,z,d0,niu0)
        ElseIf x<0 And y = 0 Then
            fnkcxyz = - fnkc(b,Math.Abs(x),z,d0,niu0) + fnkc(b,l - x,z,d0,niu0)
        ElseIf x = 0 And y = 0 Then
            fnkcxyz = fnkc(b,l,z,d0,niu0)
        End If
    End If
End Function
'矩形基础下任意点平均应力系数,以角点为坐标(0,0)点,长边为x轴,短边为y轴,作用面向下为z
Public Function fnkcp(ByVal b As Double,ByVal l As Double,ByVal x As Double,ByVal y As Double,ByVal z As Double,ByVal z0 As Double,ByVal d0 As Double,ByVal niu0 As Double)
    If z = z0 Then
        fnkcp = fnkcxyz(b,l,x,y,z,d0,niu0)
    Else
        kp = 0
        Dim NBN As Integer
        NBN = Math.Max(Fix(z - z0),20)
        For ikp = 1 To NBN
            kp = fnkcxyz(b,l,x,y,z0 + (ikp - 0.5) * (z - z0)/NBN,d0,niu0) + kp
        Next ikp
        fnkcp = kp/NBN
```

```
        End If
    End Function
    '环形基础下中心点下平均应力系数,b1、L1 表示大矩形边长,b2、L2 表示小矩形边长,从作用面中点向下为 z0,再到向下为 z,以中点为坐标(0,0)点,长边为 x 轴,短边为 y 轴
    Public Function fnkchp(ByVal b1 As Double,ByVal L1 As Double,ByVal b2 As Double,ByVal L2 As Double,ByVal x As Double,ByVal y As Double,ByVal z As Double,ByVal z0 As Double,ByVal d0 As Double,ByVal niu0 As Double)
        If z = z0 Then
            fnkchp = fnkcxyz(b1,L1,L1/2 + x,b1/2 + y,z,d0,niu0) - fnkcxyz(b2,L2,L2/2 + x,b2/2 + y,z,d0,niu0)
        Else
            kp = 0
            Dim NBN As Integer
            NBN = Math.Max(Fix(z - z0),20)
            For ikp = 1 To NBN
                Dim zz As Double
                zz = z0 + (ikp - 0.5) * (z - z0)/NBN
                kp = fnkcxyz(b1,L1,L1/2 + x,b1/2 + y,zz,d0,niu0) - fnkcxyz(b2,L2,L2/2 + x,b2/2 + y,zz,d0,niu0) + kp
            Next ikp
            fnkchp = kp/NBN
        End If
    End Function
End Module
```

现场描述记录

1. 功能

运用手机记录钻孔现场描述记录。

2. 界面

开发平台：Microsoft Visual Studio 2019。编程语言：VB. net。软件界面如下。

描述记录

首页 退出 菜单 返回

工程名称：

探点编号：

探点位置：

探点类型：

描述员：

开始时间

首 末 回 1 取土测试

终止时间

终止深度(m)

岩芯长度(m)

岩 土 名称

颜色

状态

密实度

湿度

入库

重要特征

备注

3. 计算原理

记录现场钻孔、取样、原位测试信息，导出 txt 等格式，对接相关勘察制图软件。

4. 主要控件

界面一：描述记录

TextBox1：工程名称

TextBox2：探点编号

TextBox8：探点位置

ComboBox6：探点类型选择，分为技术孔、鉴别孔、标贯孔、取土标贯孔、取土孔、波速孔、控制性孔、一般性孔

TextBox12：探点类型手写输入

TextBox9：描述员

TextBox3：开始时间文本生成

Button3：开始时间按钮

Button5：首回次

Button7：末回次

NumericUpDown1：回次

Button14：取土测试

Button2：终止时间

TextBox4：终止时间文本

TextBox5：终止深度（m）

TextBox10：岩芯长度（m）

Button4：岩石

Button6：土

ComboBox1：岩土名称

TextBox13：岩土名称文本

ComboBox2：颜色，黄褐色、浅黄色、褐黄色、深褐色、棕红色、灰白、灰色、灰绿色、灰黑色、黑色

TextBox14：颜色文本

ComboBox3：状态

TextBox15：状态文本

ComboBox4：密实度

TextBox16：密实度文本

ComboBox5：湿度

TextBox17：湿度文本

Button1：入库

TextBox6：重要特征

TextBox11：备注

TextBox7：生成文本

界面二：取土测试

NumericUpDown2：回次

NumericUpDown1：序号

ComboBox1：类别，取样、N、N_{10}、$N_{63.5}$、N_{120}、其他

ComboBox2：地层

TextBox3：地层文本

TextBox1：取样深度（m）

TextBox2：取样段长度（m）

TextBox5：实测击数

TextBox6：杆长

TextBox4：说明

Button1：入库

Button2：取消

5. 源程序

界面一：

```
Imports System.IO
Public Class 描述记录
    Private gcmc,tdbh,tdwz,tdlx,kssj,msy As String
    Private zzsd(5000),ytmc(5000),ys(5000),zt(5000),msd(5000),sd(5000),qtxz(5000),yxcd(5000),bz(5000)
As String
    Private i As Integer
```

```
'标准贯入试验锤击数杆长修正
Private Function fnNsp(ByVal Ns As Double,ByVal l As Double)
    If l<=3 Then
        fnNsp=Ns
    ElseIf l>3 And l<=6 Then
        fnNsp=Ns*(1+(l-3)/(6-3)*(0.92-1))
    ElseIf l>6 And l<=9 Then
        fnNsp=Ns*(0.92+(l-6)/(9-6)*(0.86-0.92))
    ElseIf l>9 And l<=12 Then
        fnNsp=Ns*(0.86+(l-9)/(12-9)*(0.81-0.86))
    ElseIf l>12 And l<=15 Then
        fnNsp=Ns*(0.81+(l-12)/(15-12)*(0.77-0.81))
    ElseIf l>15 And l<=18 Then
        fnNsp=Ns*(0.77+(l-15)/(18-15)*(0.73-0.77))
    ElseIf l>18 And l<=21 Then
        fnNsp=Ns*(0.73+(l-18)/(21-18)*(0.7-0.73))
    ElseIf l>21 And l<=25 Then
        fnNsp=Ns*(0.7+(l-21)/(25-21)*(0.67-0.7))
    ElseIf l>25 And l<=30 Then
        fnNsp=Ns*(0.67+(l-25)/(30-25)*(0.64-0.67))
    ElseIf l>30 And l<=40 Then
        fnNsp=Ns*(0.64+(l-30)/(40-30)*(0.59-0.64))
    ElseIf l>40 And l<=50 Then
        fnNsp=Ns*(0.59+(l-40)/(50-40)*(0.56-0.59))
    ElseIf l>50 And l<=75 Then
        fnNsp=Ns*(0.56+(l-50)/(75-50)*(0.5-0.56))
    ElseIf l>75 Then
        fnNsp=Ns*0.5
    End If
End Function
Private Sub Button1_Click(ByVal sender As System.Object,ByVal e As System.EventArgs) Handles Button1.
Click
    If Val(NumericUpDown1.Value)>=500 Then
        MsgBox("回次达到 500,超过硬件容量要求,生成保存数据,关闭重新启动,从第 1 回次再开始。")
        GoTo 100
    End If
    '工程名称 gcmc
    gcmc=(TextBox1.Text)
    '探点编号 tdbh
    tdbh=(TextBox2.Text)
    '探点位置 tdwz
    tdwz=(TextBox8.Text)
    '探点类型 tdlx
    tdlx=TextBox12.Text
    '开始时间 kssj
    kssj=(TextBox3.Text)
```

```
        '描述员 msy
        msy = (TextBox9.Text)
        '回次 i
        i = Val(NumericUpDown1.Value)
        If i>N Then
            N = i
        End If
        '终止时间 zzsj
        zzsj(i) = (TextBox4.Text)
        '终止深度 zzsd
        zzsd(i) = (TextBox5.Text)
        '岩土名称 ytmc
        ytmc(i) = (TextBox13.Text)
        '颜色 ys
        ys(i) = (TextBox14.Text)
        '风化程度/状态 zt
        zt(i) = (TextBox15.Text)
        '结构/密实度 msd
        msd(i) = (TextBox16.Text)
        '构造/湿度 sd
        sd(i) = (TextBox17.Text)
        '其他性质 qtxz
        qtxz(i) = (TextBox6.Text)
        '岩芯长度 yxcd
        yxcd(i) = TextBox10.Text
        '备注 bz
        bz(i) = TextBox11.Text
        NumericUpDown1.Value = NumericUpDown1.Value + 1
        TextBox4.Text = ""
        TextBox5.Text = ""
        TextBox10.Text = ""
        NumericUpDown1.Focus()
100:
    End Sub
    Private Sub Button3_Click(ByVal sender As System.Object,ByVal e As System.EventArgs) Handles Button3.Click
        TextBox3.Text = Now()
        Button3.Enabled = False
        TextBox11.Focus()
        TextBox11.ScrollToCaret()
        NumericUpDown1.Focus()
    End Sub
    Private Sub Button2_Click(ByVal sender As System.Object,ByVal e As System.EventArgs) Handles Button2.Click
        'TextBox4.Text = Now()
        TextBox4.Text = Format(Now(),"HH:mm:ss")
        TextBox5.Focus()
    End Sub
```

```
Private Sub Form32_Load(ByVal sender As System.Object,ByVal e As System.EventArgs) Handles MyBase.Load
    Me.MaximizeBox = False
    N = 0
    N1 = 1
    NumericUpDown1.Value = 1
    TextBox1.Focus()
    描述记录2.Show()
    描述记录2.WindowState = FormWindowState.Normal
    描述记录2.Hide()
    On Error Resume Next
    ComboBox1.Items.Clear()
    ComboBox1.Items.Add("黏性土")
    ComboBox1.Items.Add("粉质黏土")
    ComboBox1.Items.Add("粉土")
    ComboBox1.Items.Add("黏土")
    ComboBox1.Items.Add("黄土状粉质黏土")
    ComboBox1.Items.Add("黄土状粉土")
    ComboBox1.Items.Add("砂质黏性土")
    ComboBox1.Items.Add("砾质黏性土")
    ComboBox1.Items.Add("残积层粉质黏土")
    ComboBox1.Items.Add("海相沉积淤泥")
    ComboBox1.Items.Add("黏质粉土")
    ComboBox1.Items.Add("砂质粉土")
    ComboBox1.Items.Add("粉砂")
    ComboBox1.Items.Add("粉细砂")
    ComboBox1.Items.Add("细砂")
    ComboBox1.Items.Add("中砂")
    ComboBox1.Items.Add("中粗砂")
    ComboBox1.Items.Add("粗砂")
    ComboBox1.Items.Add("砾砂")
    ComboBox1.Items.Add("角砾")
    ComboBox1.Items.Add("圆砾")
    ComboBox1.Items.Add("碎石")
    ComboBox1.Items.Add("卵石")
    ComboBox1.Items.Add("块石")
    ComboBox1.Items.Add("漂石")
    ComboBox1.Items.Add("-----")
    ComboBox1.Items.Add("新近沉积土")
    ComboBox1.Items.Add("素填土")
    ComboBox1.Items.Add("杂填土")
    ComboBox1.Items.Add("冲填土")
    ComboBox1.Items.Add("软土")
    ComboBox1.Items.Add("淤泥")
    ComboBox1.Items.Add("淤泥质土")
    ComboBox1.Items.Add("黄土")
    ComboBox1.Items.Add("湿陷性土")
```

```
        ComboBox1.Items.Add("膨胀土")
        ComboBox1.Items.Add("膨胀岩")
        ComboBox1.Items.Add("红土")
        ComboBox1.Items.Add("混合土")
        ComboBox1.Items.Add("盐渍土")
        ComboBox1.Items.Add("污染土")
        ComboBox1.Items.Add("冻土")
        ComboBox1.Items.Add("风化岩")
        ComboBox1.Items.Add("残积土")
        Me.Label9.Text = "状态"
        ComboBox3.Items.Clear()
        ComboBox3.Items.Add("坚硬")
        ComboBox3.Items.Add("硬塑")
        ComboBox3.Items.Add("可塑")
        ComboBox3.Items.Add("软塑")
        ComboBox3.Items.Add("流塑")
        Me.Label10.Text = "密实度"
        ComboBox4.Items.Clear()
        ComboBox4.Items.Add("松散")
        ComboBox4.Items.Add("稍密")
        ComboBox4.Items.Add("中密")
        ComboBox4.Items.Add("密实")
        Me.Label11.Text = "湿度"
        ComboBox5.Items.Clear()
        ComboBox5.Items.Add("稍湿")
        ComboBox5.Items.Add("湿")
        ComboBox5.Items.Add("很湿")
        ComboBox5.Items.Add("潮湿")
        ComboBox5.Items.Add("饱和")
    End Sub
    Private Sub Button14_Click(ByVal sender As System.Object,ByVal e As System.EventArgs) Handles Button14.Click
        描述记录2.Show()
        描述记录2.WindowState = FormWindowState.Normal
        描述记录2.NumericUpDown2.Value = NumericUpDown1.Value
        j = Val(NumericUpDown1.Value)
        描述记录2.NumericUpDown1.Value = Val(描述记录2.NumericUpDown1.Value) + 1
        If j< = N Then
            描述记录2.ComboBox1.Text = sylb(j) '试验取土类别
        Else
            描述记录2.ComboBox1.Text = "取样" '试验取土类别
        End If
        If sylb(j) = "取样" Then
            描述记录2.TextBox1.Text = qtsd(j)
            描述记录2.TextBox2.Text = qtsd(j)
        Else
            描述记录2.TextBox1.Text = sysd(j)
```

```
            描述记录 2.TextBox2.Text = grsd(j)
        End If
        描述记录 2.TextBox3.Text = ytmc(j - 1)
        描述记录 2.TextBox5.Text = scjs(j)
        描述记录 2.TextBox6.Text = gc(j)
        描述记录 2.TextBox4.Text = sm(j)
    End Sub
    Private Sub ComboBox5_GotFocus(ByVal sender As Object,ByVal e As System.EventArgs) Handles ComboBox5.
GotFocus
        ComboBox5.Width = 100
    End Sub
    Private Sub ComboBox5_LostFocus(ByVal sender As Object,ByVal e As System.EventArgs) Handles ComboBox5.
LostFocus
        ComboBox5.Width = 20
    End Sub
    Private Sub ComboBox5_SelectedIndexChanged(ByVal sender As System.Object,ByVal e As System.EventArgs)
Handles ComboBox5.SelectedIndexChanged
        TextBox17.Text = ComboBox5.Text
        TextBox17.Focus()
    End Sub
    Private Sub ComboBox1_GotFocus(ByVal sender As Object,ByVal e As System.EventArgs) Handles ComboBox1.
GotFocus
        ComboBox1.Width = 100
    End Sub
    Private Sub ComboBox1_LostFocus(ByVal sender As Object,ByVal e As System.EventArgs) Handles ComboBox1.
LostFocus
        ComboBox1.Width = 20
    End Sub
    Private Sub ComboBox1_SelectedIndexChanged(ByVal sender As System.Object,ByVal e As System.EventArgs)
Handles ComboBox1.SelectedIndexChanged
        TextBox13.Text = ComboBox1.Text
        TextBox13.Focus()
    End Sub
    Private Sub ComboBox2_GotFocus(ByVal sender As Object,ByVal e As System.EventArgs) Handles ComboBox2.
GotFocus
        ComboBox2.Width = 100
    End Sub
    Private Sub ComboBox2_LostFocus(ByVal sender As Object,ByVal e As System.EventArgs) Handles ComboBox2.
LostFocus
        ComboBox2.Width = 20
    End Sub
    Private Sub ComboBox2_SelectedIndexChanged(ByVal sender As System.Object,ByVal e As System.EventArgs)
Handles ComboBox2.SelectedIndexChanged
        TextBox14.Text = ComboBox2.Text
        TextBox14.Focus()
    End Sub
```

```
    Private Sub ComboBox3_GotFocus(ByVal sender As Object,ByVal e As System.EventArgs) Handles ComboBox3.
GotFocus
        ComboBox3.Width = 100
    End Sub
    Private Sub ComboBox3_LostFocus(ByVal sender As Object,ByVal e As System.EventArgs) Handles ComboBox3.
LostFocus
        ComboBox3.Width = 20
    End Sub
    Private Sub ComboBox3_SelectedIndexChanged(ByVal sender As System.Object,ByVal e As System.EventArgs)
Handles ComboBox3.SelectedIndexChanged
        TextBox15.Text = ComboBox3.Text
        TextBox15.Focus()
    End Sub
    Private Sub ComboBox4_GotFocus(ByVal sender As Object,ByVal e As System.EventArgs) Handles ComboBox4.
GotFocus
        ComboBox4.Width = 100
    End Sub
    Private Sub ComboBox4_LostFocus(ByVal sender As Object,ByVal e As System.EventArgs) Handles ComboBox4.
LostFocus
        ComboBox4.Width = 20
    End Sub
    Private Sub ComboBox4_SelectedIndexChanged(ByVal sender As System.Object,ByVal e As System.EventArgs)
Handles ComboBox4.SelectedIndexChanged
        TextBox16.Text = ComboBox4.Text
        TextBox16.Focus()
    End Sub
    Private Sub MenuItem3_Click(ByVal sender As System.Object,ByVal e As System.EventArgs) Handles Menu-
Item3.Click
        门户首页.Hide()
        门户首页.Show()
        门户首页.WindowState = FormWindowState.Maximized
    End Sub
    Private Sub MenuItem4_Click(ByVal sender As System.Object,ByVal e As System.EventArgs) Handles Menu-
Item4.Click
        Dim response As MsgBoxResult
        response = MsgBox("注意保存文件,真要退出吗?",MsgBoxStyle.YesNo,"特别提示!")
        If response = MsgBoxResult.Yes Then
            End
        Else
        End If
    End Sub
    Private Sub MenuItem5_Click(ByVal sender As System.Object,ByVal e As System.EventArgs) Handles Menu-
Item5.Click
        On Error Resume Next
        '全选
        If Me.TextBox1.Focused = True Then
```

```
        TextBox1.Focus()
        TextBox1.SelectionStart = 0
        TextBox1.SelectionLength = Len(TextBox1.Text)
    End If
    If Me.TextBox10.Focused = True Then
        TextBox10.Focus()
        TextBox10.SelectionStart = 0
        TextBox10.SelectionLength = Len(TextBox10.Text)
    End If
    If Me.TextBox11.Focused = True Then
        TextBox11.Focus()
        TextBox11.SelectionStart = 0
        TextBox11.SelectionLength = Len(TextBox11.Text)
    End If
    If Me.TextBox2.Focused = True Then
        TextBox2.Focus()
        TextBox2.SelectionStart = 0
        TextBox2.SelectionLength = Len(TextBox2.Text)
    End If
    If Me.TextBox3.Focused = True Then
        TextBox3.Focus()
        TextBox3.SelectionStart = 0
        TextBox3.SelectionLength = Len(TextBox3.Text)
    End If
    If Me.TextBox4.Focused = True Then
        TextBox4.Focus()
        TextBox4.SelectionStart = 0
        TextBox4.SelectionLength = Len(TextBox4.Text)
    End If
    If Me.TextBox5.Focused = True Then
        TextBox5.Focus()
        TextBox5.SelectionStart = 0
        TextBox5.SelectionLength = Len(TextBox5.Text)
    End If
    If Me.TextBox6.Focused = True Then
        TextBox6.Focus()
        TextBox6.SelectionStart = 0
        TextBox6.SelectionLength = Len(TextBox6.Text)
    End If
    If Me.TextBox7.Focused = True Then
        TextBox7.Focus()
        TextBox7.SelectionStart = 0
        TextBox7.SelectionLength = Len(TextBox7.Text)
    End If
    If Me.TextBox8.Focused = True Then
        TextBox8.Focus()
```

```
            TextBox8.SelectionStart = 0
            TextBox8.SelectionLength = Len(TextBox8.Text)
        End If
        If Me.TextBox9.Focused = True Then
            TextBox9.Focus()
            TextBox9.SelectionStart = 0
            TextBox9.SelectionLength = Len(TextBox8.Text)
        End If
        If Me.TextBox13.Focused = True Then
            TextBox13.Focus()
            TextBox13.SelectionStart = 0
            TextBox13.SelectionLength = Len(TextBox8.Text)
        End If
        If Me.TextBox14.Focused = True Then
            TextBox14.Focus()
            TextBox14.SelectionStart = 0
            TextBox14.SelectionLength = Len(TextBox8.Text)
        End If
        If Me.TextBox15.Focused = True Then
            TextBox15.Focus()
            TextBox15.SelectionStart = 0
            TextBox15.SelectionLength = Len(TextBox8.Text)
        End If
        If Me.TextBox16.Focused = True Then
            TextBox16.Focus()
            TextBox16.SelectionStart = 0
            TextBox16.SelectionLength = Len(TextBox8.Text)
        End If
        If Me.TextBox17.Focused = True Then
            TextBox17.Focus()
            TextBox17.SelectionStart = 0
            TextBox17.SelectionLength = Len(TextBox8.Text)
        End If
    End Sub
    Private Sub MenuItem6_Click(ByVal sender As System.Object, ByVal e As System.EventArgs) Handles Menu-
Item6.Click
        On Error Resume Next
        '复制
        If Me.TextBox1.Focused = True Then
            '复制
            word = TextBox1.SelectedText
            Clipboard.SetDataObject(word)
        End If
        If Me.TextBox10.Focused = True Then
            '复制
            word = TextBox10.SelectedText
```

```
        Clipboard.SetDataObject(word)
    End If
    If Me.TextBox11.Focused = True Then
        '复制
        word = TextBox11.SelectedText
        Clipboard.SetDataObject(word)
    End If
    If Me.TextBox2.Focused = True Then
        '复制
        word = TextBox2.SelectedText
        Clipboard.SetDataObject(word)
    End If
    If Me.TextBox3.Focused = True Then
        '复制
        word = TextBox3.SelectedText
        Clipboard.SetDataObject(word)
    End If
    If Me.TextBox4.Focused = True Then
        '复制
        word = TextBox4.SelectedText
        Clipboard.SetDataObject(word)
    End If
    If Me.TextBox5.Focused = True Then
        '复制
        word = TextBox5.SelectedText
        Clipboard.SetDataObject(word)
    End If
    If Me.TextBox6.Focused = True Then
        '复制
        word = TextBox6.SelectedText
        Clipboard.SetDataObject(word)
    End If
    If Me.TextBox7.Focused = True Then
        '复制
        word = TextBox7.SelectedText
        Clipboard.SetDataObject(word)
    End If
    If Me.TextBox8.Focused = True Then
        '复制
        word = TextBox8.SelectedText
        Clipboard.SetDataObject(word)
    End If
    If Me.TextBox9.Focused = True Then
        word = TextBox9.SelectedText
        Clipboard.SetDataObject(word)
    End If
```

```
        If Me.TextBox13.Focused = True Then
            word = TextBox13.SelectedText
            Clipboard.SetDataObject(word)
        End If
        If Me.TextBox14.Focused = True Then
            word = TextBox14.SelectedText
            Clipboard.SetDataObject(word)
        End If
        If Me.TextBox15.Focused = True Then
            word = TextBox15.SelectedText
            Clipboard.SetDataObject(word)
        End If
        If Me.TextBox16.Focused = True Then
            word = TextBox16.SelectedText
            Clipboard.SetDataObject(word)
        End If
        If Me.TextBox17.Focused = True Then
            word = TextBox17.SelectedText
            Clipboard.SetDataObject(word)
        End If
    End Sub
    Private Sub MenuItem7_Click(ByVal sender As System.Object, ByVal e As System.EventArgs) Handles Menu-
Item7.Click
        On Error Resume Next
        '粘贴
        If Me.TextBox1.Focused = True Then
            'TextBox1.SelectionLength = 0
            TextBox1.SelectedText = word
        End If
        If Me.TextBox10.Focused = True Then
            'TextBox10.SelectionLength = 0
            TextBox10.SelectedText = word
        End If
        If Me.TextBox11.Focused = True Then
            'TextBox11.SelectionLength = 0
            TextBox11.SelectedText = word
        End If
        If Me.TextBox2.Focused = True Then
            'TextBox2.SelectionLength = 0
            TextBox2.SelectedText = word
        End If
        If Me.TextBox3.Focused = True Then
            'TextBox3.SelectionLength = 0
            TextBox3.SelectedText = word
        End If
        If Me.TextBox4.Focused = True Then
```

```
            'TextBox4.SelectionLength = 0
            TextBox4.SelectedText = word
        End If
        If Me.TextBox5.Focused = True Then
            'TextBox5.SelectionLength = 0
            TextBox5.SelectedText = word
        End If
        If Me.TextBox6.Focused = True Then
            'TextBox6.SelectionLength = 0
            TextBox6.SelectedText = word
        End If
        If Me.TextBox7.Focused = True Then
            'TextBox7.SelectionLength = 0
            TextBox7.SelectedText = word
        End If
        If Me.TextBox8.Focused = True Then
            'TextBox8.SelectionLength = 0
            TextBox8.SelectedText = word
        End If
        If Me.TextBox9.Focused = True Then
            'TextBox9.SelectionLength = 0
            TextBox9.SelectedText = word
        End If
        If Me.TextBox13.Focused = True Then
            TextBox13.SelectedText = word
        End If
        If Me.TextBox14.Focused = True Then
            TextBox14.SelectedText = word
        End If
        If Me.TextBox15.Focused = True Then
            TextBox15.SelectedText = word
        End If
        If Me.TextBox16.Focused = True Then
            TextBox16.SelectedText = word
        End If
        If Me.TextBox17.Focused = True Then
            TextBox17.SelectedText = word
        End If
    End Sub
    Private Sub MenuItem8_Click(ByVal sender As System.Object,ByVal e As System.EventArgs) Handles Menu-
Item8.Click
        TextBox7.WordWrap = True
    End Sub
    Private Sub MenuItem9_Click(ByVal sender As System.Object,ByVal e As System.EventArgs) Handles Menu-
Item9.Click
        TextBox7.WordWrap = False
```

```
End Sub
Private Sub MenuItem10_Click(ByVal sender As System.Object,ByVal e As System.EventArgs) Handles Menu-
Item10.Click
    On Error Resume Next
    '删除
    If Me.TextBox1.Focused = True Then
        TextBox1.SelectedText = ""
    End If
    If Me.TextBox10.Focused = True Then
        TextBox10.SelectedText = ""
    End If
    If Me.TextBox11.Focused = True Then
        TextBox11.SelectedText = ""
    End If
    If Me.TextBox2.Focused = True Then
        TextBox2.SelectedText = ""
    End If
    If Me.TextBox3.Focused = True Then
        TextBox3.SelectedText = ""
    End If
    If Me.TextBox4.Focused = True Then
        TextBox4.SelectedText = ""
    End If
    If Me.TextBox5.Focused = True Then
        TextBox5.SelectedText = ""
    End If
    If Me.TextBox6.Focused = True Then
        TextBox6.SelectedText = ""
    End If
    If Me.TextBox7.Focused = True Then
        TextBox7.SelectedText = ""
    End If
    If Me.TextBox8.Focused = True Then
        TextBox8.SelectedText = ""
    End If
    If Me.TextBox9.Focused = True Then
        TextBox9.SelectedText = ""
    End If
    If Me.TextBox13.Focused = True Then
        TextBox13.SelectedText = ""
    End If
    If Me.TextBox14.Focused = True Then
        TextBox14.SelectedText = ""
    End If
    If Me.TextBox15.Focused = True Then
        TextBox15.SelectedText = ""
```

```
        End If
        If Me.TextBox16.Focused = True Then
            TextBox16.SelectedText = ""
        End If
        If Me.TextBox17.Focused = True Then
            TextBox17.SelectedText = ""
        End If
    End Sub
    Private Sub MenuItem11_Click(ByVal sender As System.Object, ByVal e As System.EventArgs) Handles Menu-
Item11.Click
        On Error Resume Next
        '剪切
        If Me.TextBox1.Focused = True Then
            word = TextBox1.SelectedText
            Clipboard.SetDataObject(word)
            TextBox1.SelectedText = ""
        End If
        If Me.TextBox10.Focused = True Then
            word = TextBox10.SelectedText
            Clipboard.SetDataObject(word)
            TextBox10.SelectedText = ""
        End If
        If Me.TextBox11.Focused = True Then
            word = TextBox11.SelectedText
            Clipboard.SetDataObject(word)
            TextBox11.SelectedText = ""
        End If
        If Me.TextBox2.Focused = True Then
            word = TextBox2.SelectedText
            Clipboard.SetDataObject(word)
            TextBox2.SelectedText = ""
        End If
        If Me.TextBox3.Focused = True Then
            word = TextBox3.SelectedText
            Clipboard.SetDataObject(word)
            TextBox3.SelectedText = ""
        End If
        If Me.TextBox4.Focused = True Then
            word = TextBox4.SelectedText
            Clipboard.SetDataObject(word)
            TextBox4.SelectedText = ""
        End If
        If Me.TextBox5.Focused = True Then
            word = TextBox5.SelectedText
            Clipboard.SetDataObject(word)
            TextBox5.SelectedText = ""
```

```
End If
If Me.TextBox6.Focused = True Then
    word = TextBox6.SelectedText
    Clipboard.SetDataObject(word)
    TextBox6.SelectedText = ""
End If
If Me.TextBox7.Focused = True Then
    word = TextBox7.SelectedText
    Clipboard.SetDataObject(word)
    TextBox7.SelectedText = ""
End If
If Me.TextBox8.Focused = True Then
    word = TextBox8.SelectedText
    Clipboard.SetDataObject(word)
    TextBox8.SelectedText = ""
End If
If Me.TextBox9.Focused = True Then
    word = TextBox9.SelectedText
    Clipboard.SetDataObject(word)
    TextBox9.SelectedText = ""
End If
If Me.TextBox13.Focused = True Then
    word = TextBox13.SelectedText
    Clipboard.SetDataObject(word)
    TextBox13.SelectedText = ""
End If
If Me.TextBox14.Focused = True Then
    word = TextBox14.SelectedText
    Clipboard.SetDataObject(word)
    TextBox14.SelectedText = ""
End If
If Me.TextBox15.Focused = True Then
    word = TextBox15.SelectedText
    Clipboard.SetDataObject(word)
    TextBox15.SelectedText = ""
End If
If Me.TextBox16.Focused = True Then
    word = TextBox16.SelectedText
    Clipboard.SetDataObject(word)
    TextBox16.SelectedText = ""
End If
If Me.TextBox17.Focused = True Then
    word = TextBox17.SelectedText
    Clipboard.SetDataObject(word)
    TextBox17.SelectedText = ""
End If
```

```
        End Sub
        Private Sub ComboBox6_GotFocus(ByVal sender As Object,ByVal e As System.EventArgs) Handles ComboBox6.
GotFocus
            ComboBox6.Width = 100
        End Sub
        Private Sub ComboBox6_LostFocus(ByVal sender As Object,ByVal e As System.EventArgs) Handles ComboBox6.
LostFocus
            ComboBox6.Width = 20
        End Sub
        Private Sub ComboBox6_SelectedIndexChanged(ByVal sender As System.Object,ByVal e As System.EventArgs)
Handles ComboBox6.SelectedIndexChanged
            TextBox12.Text = ComboBox6.Text
            TextBox12.Focus()
        End Sub
        Private Sub Button6_Click_1(ByVal sender As System.Object,ByVal e As System.EventArgs) Handles Button6.Click
            On Error Resume Next
            ComboBox1.Items.Clear()
            ComboBox1.Items.Add("黏性土")
            ComboBox1.Items.Add("粉质黏土")
            ComboBox1.Items.Add("粉土")
            ComboBox1.Items.Add("黏土")
            ComboBox1.Items.Add("黄土状粉质黏土")
            ComboBox1.Items.Add("黄土状粉土")
            ComboBox1.Items.Add("砂质黏性土")
            ComboBox1.Items.Add("砾质黏性土")
            ComboBox1.Items.Add("残积层粉质黏土")
            ComboBox1.Items.Add("海相沉积淤泥")
            ComboBox1.Items.Add("黏质粉土")
            ComboBox1.Items.Add("砂质粉土")
            ComboBox1.Items.Add("粉砂")
            ComboBox1.Items.Add("粉细砂")
            ComboBox1.Items.Add("细砂")
            ComboBox1.Items.Add("中砂")
            ComboBox1.Items.Add("中粗砂")
            ComboBox1.Items.Add("粗砂")
            ComboBox1.Items.Add("砾砂")
            ComboBox1.Items.Add("角砾")
            ComboBox1.Items.Add("圆砾")
            ComboBox1.Items.Add("碎石")
            ComboBox1.Items.Add("卵石")
            ComboBox1.Items.Add("块石")
            ComboBox1.Items.Add("漂石")
            ComboBox1.Items.Add("—")
            ComboBox1.Items.Add("新近沉积土")
            ComboBox1.Items.Add("素填土")
            ComboBox1.Items.Add("杂填土")
```

```
        ComboBox1.Items.Add("冲填土")
        ComboBox1.Items.Add("软土")
        ComboBox1.Items.Add("淤泥")
        ComboBox1.Items.Add("淤泥质土")
        ComboBox1.Items.Add("黄土")
        ComboBox1.Items.Add("湿陷性土")
        ComboBox1.Items.Add("膨胀土")
        ComboBox1.Items.Add("膨胀岩")
        ComboBox1.Items.Add("红土")
        ComboBox1.Items.Add("混合土")
        ComboBox1.Items.Add("盐渍土")
        ComboBox1.Items.Add("污染土")
        ComboBox1.Items.Add("冻土")
        ComboBox1.Items.Add("风化岩")
        ComboBox1.Items.Add("残积土")
        Me.Label9.Text = "状态"
        ComboBox3.Items.Clear()
        ComboBox3.Items.Add("坚硬")
        ComboBox3.Items.Add("硬塑")
        ComboBox3.Items.Add("可塑")
        ComboBox3.Items.Add("软塑")
        ComboBox3.Items.Add("流塑")
        Me.Label10.Text = "密实度"
        ComboBox4.Items.Clear()
        ComboBox4.Items.Add("松散")
        ComboBox4.Items.Add("稍密")
        ComboBox4.Items.Add("中密")
        ComboBox4.Items.Add("密实")
        Me.Label11.Text = "湿度"
        ComboBox5.Items.Clear()
        ComboBox5.Items.Add("稍湿")
        ComboBox5.Items.Add("湿")
        ComboBox5.Items.Add("很湿")
        ComboBox5.Items.Add("潮湿")
        ComboBox5.Items.Add("饱和")
    End Sub
    Private Sub Button4_Click(ByVal sender As System.Object,ByVal e As System.EventArgs) Handles Button4.Click
        On Error Resume Next
        ComboBox1.Items.Clear()
        ComboBox1.Items.Add("--岩浆岩--")
        ComboBox1.Items.Add("花岗岩")
        ComboBox1.Items.Add("全风化花岗岩")
        ComboBox1.Items.Add("强风化花岗岩")
        ComboBox1.Items.Add("辉绿岩")
        ComboBox1.Items.Add("花岗斑岩")
        ComboBox1.Items.Add("流纹岩")
```

```
ComboBox1.Items.Add("粗面岩")
ComboBox1.Items.Add("安山岩")
ComboBox1.Items.Add("玄武岩")
ComboBox1.Items.Add("火山凝灰岩")
ComboBox1.Items.Add("火山碎屑岩")
ComboBox1.Items.Add("")
ComboBox1.Items.Add("---沉积岩---")
ComboBox1.Items.Add("砾岩")
ComboBox1.Items.Add("角砾岩")
ComboBox1.Items.Add("砂岩")
ComboBox1.Items.Add("泥岩")
ComboBox1.Items.Add("页岩")
ComboBox1.Items.Add("黏土岩")
ComboBox1.Items.Add("灰岩")
ComboBox1.Items.Add("泥灰岩")
ComboBox1.Items.Add("白云岩")
ComboBox1.Items.Add("白云质灰岩")
ComboBox1.Items.Add("集块岩")
ComboBox1.Items.Add("")
ComboBox1.Items.Add("---变质岩---")
ComboBox1.Items.Add("片麻岩")
ComboBox1.Items.Add("片岩")
ComboBox1.Items.Add("千枚岩")
ComboBox1.Items.Add("板岩")
ComboBox1.Items.Add("大理岩")
ComboBox1.Items.Add("石英岩")
ComboBox1.Items.Add("构造角砾岩")
ComboBox1.Items.Add("糜棱岩")
Me.Label9.Text = "风化程度"
ComboBox3.Items.Clear()
ComboBox3.Items.Add("未风化")
ComboBox3.Items.Add("微风化")
ComboBox3.Items.Add("中风化")
ComboBox3.Items.Add("弱风化")
ComboBox3.Items.Add("强风化")
ComboBox3.Items.Add("全风化")
Me.Label10.Text = "结构"
ComboBox4.Items.Clear()
ComboBox4.Items.Add("---岩浆岩---")
ComboBox4.Items.Add("全晶质结构")
ComboBox4.Items.Add("半晶质结构")
ComboBox4.Items.Add("非晶质结构")
ComboBox4.Items.Add("显晶质结构")
ComboBox4.Items.Add("隐晶质结构")
ComboBox4.Items.Add("玻璃质结构")
ComboBox4.Items.Add("等粒结构")
```

```
            ComboBox4.Items.Add("不等粒结构")
            ComboBox4.Items.Add("斑状结构")
            ComboBox4.Items.Add("")
            ComboBox4.Items.Add("—沉积岩—")
            ComboBox4.Items.Add("碎屑结构")
            ComboBox4.Items.Add("砾状结构")
            ComboBox4.Items.Add("砂状结构")
            ComboBox4.Items.Add("泥质结构")
            ComboBox4.Items.Add("结晶结构")
            ComboBox4.Items.Add("生物结构")
            ComboBox4.Items.Add("")
            ComboBox4.Items.Add("—变质岩—")
            ComboBox4.Items.Add("变余结构")
            ComboBox4.Items.Add("变晶结构")
            ComboBox4.Items.Add("碎裂结构")
            Me.Label11.Text = "构造"
            ComboBox5.Items.Clear()
            ComboBox5.Items.Add("—岩浆岩—")
            ComboBox5.Items.Add("块状构造")
            ComboBox5.Items.Add("流纹状构造")
            ComboBox5.Items.Add("气孔状构造")
            ComboBox5.Items.Add("杏仁状构造")
            ComboBox5.Items.Add("")
            ComboBox5.Items.Add("—沉积岩—")
            ComboBox5.Items.Add("层理构造")
            ComboBox5.Items.Add("极薄层理")
            ComboBox5.Items.Add("薄层理")
            ComboBox5.Items.Add("中厚层理")
            ComboBox5.Items.Add("厚层理")
            ComboBox5.Items.Add("块状层理")
            ComboBox5.Items.Add("水平层理")
            ComboBox5.Items.Add("斜层理")
            ComboBox5.Items.Add("交错层理")
            ComboBox5.Items.Add("波痕")
            ComboBox5.Items.Add("结核")
            ComboBox5.Items.Add("缝合线")
            ComboBox5.Items.Add("")
            ComboBox5.Items.Add("—变质岩—")
            ComboBox5.Items.Add("片麻状构造")
            ComboBox5.Items.Add("片状构造")
            ComboBox5.Items.Add("板状构造")
            ComboBox5.Items.Add("块状构造")
            ComboBox5.Items.Add("千枚状构造")
        End Sub
        Private Sub MenuItem13_Click(ByVal sender As System.Object, ByVal e As System.EventArgs) Handles MenuItem13.Click
```

```
On Error Resume Next
'TextBox7.Text = "" & vbCrLf
'TextBox7.Text += "说明:用 Excel 打开 TXT 文本,选择 * 作为分隔符,可保存为 Excel 格式文件。" & vbCrLf
TextBox7.Text = "原始描述记录总表" & vbCrLf
TextBox7.Text += "-----------------" & vbCrLf
TextBox7.Text += "工程名称:*" & gcmc & vbCrLf
TextBox7.Text += "探点编号:*" & tdbh & vbCrLf
TextBox7.Text += "探点位置:*" & tdwz & vbCrLf
TextBox7.Text += "探点类型:*" & tdlx & vbCrLf
'TextBox7.Text += "电子描述器编号:" & 首页.TextBox2.Text & vbCrLf
TextBox7.Text += "描述员姓名:*" & msy & vbCrLf
TextBox7.Text += "" & vbCrLf
TextBox7.Text += "签名:*" & vbCrLf
TextBox7.Text += "" & vbCrLf
TextBox7.Text += "开始时间:*" & kssj & vbCrLf
TextBox7.Text += "" & vbCrLf
TextBox7.Text += "回次*" & "终止时间*" & "终止深度/m*" & "岩芯长度/m*" & "岩土名称*" & "颜色*" & "风化程度/状态*" & "结构/密实度*" & "构造/湿度*" & "重要特征*" & "备注*" & "序号*" & "类别*" & "地层名称*" & "取土终止深度/m*" & "取土段长度/m*" & "试验终止深度*" & "实测击数*" & "试验段长度/m*" & "杆长/m*" & "说明" & vbCrLf
For i = N1 To N
    TextBox7.Text += i & "*" & zzsj(i) & "*" & zzsd(i) & "*" & yxcd(i) & "*" & ytmc(i) & "*" & ys(i) & "*" & zt(i) & "*" & msd(i) & "*" & sd(i) & "*" & qtxz(i) & "*" & bz(i) & "*" & xh(i) & "*" & sylb(i) & "*" & dcmc(i) & "*" & qtsd(i) & "*" & qtcd(i) & "*" & sysd(i) & "*" & scjs(i) & "*" & grsd(i) & "*" & gc(i) & "*" & sm(i) & vbCrLf
Next
TextBox7.Focus()
TextBox7.ScrollToCaret()
Dim sw As System.IO.StreamWriter
SaveFileDialog1.FileName = ""
SaveFileDialog1.ShowDialog()
If SaveFileDialog1.ShowDialog() = System.Windows.Forms.DialogResult.OK Then
    sw = New System.IO.StreamWriter(SaveFileDialog1.FileName, False, System.Text.Encoding.GetEncoding("UTF-8"))
    sw.Write(TextBox7.Text)
    sw.Flush()
    sw.Close()
    MsgBox("保存成功!")
End If
End Sub
Private Sub MenuItem23_Click(ByVal sender As System.Object, ByVal e As System.EventArgs) Handles MenuItem23.Click
On Error Resume Next
'另存格式 1
TextBox7.Text = "描述记录表(理正格式)" & vbCrLf
TextBox7.Text += "-----------" & vbCrLf
```

```
TextBox7.Text += "工程名称：*" & gcmc & vbCrLf
TextBox7.Text += "探点编号：*" & tdbh & vbCrLf
TextBox7.Text += "探点位置：*" & tdwz & vbCrLf
TextBox7.Text += "探点类型：*" & tdlx & vbCrLf
'TextBox7.Text += "电子描述器编号：" & Form1000.TextBox2.Text & vbCrLf
TextBox7.Text += "描述员姓名：*" & msy & vbCrLf
TextBox7.Text += "" & vbCrLf
TextBox7.Text += "签名：*" & vbCrLf
TextBox7.Text += "" & vbCrLf
TextBox7.Text += "开始时间：*" & kssj & vbCrLf
TextBox7.Text += "" & vbCrLf
TextBox7.Text += "地层记录" & vbCrLf
TextBox7.Text += "---------" & vbCrLf
TextBox7.Text += "回次*" & "终止时间*" & "终止深度/m*" & "岩土名称*" & "颜色*" & "风化程度/状态*" & "结构/密实度*" & "构造/湿度*" & "重要特征*" & "备注" & vbCrLf
For i = N1 To N
    If sylb(i) = "取样" Then
        TextBox7.Text += i & "*" & zzsj(i) & "*" & qtsd(i) & "*" & dcmc(i) & "*" & ys(i) & "*" & zt(i) & "*" & msd(i) & "*" & sd(i) & "*" & sm(i) & "*" & bz(i) & vbCrLf
    ElseIf sylb(i) = "N" Or sylb(i) = "N10" Or sylb(i) = "N63.5" Or sylb(i) = "N120" Then
        TextBox7.Text += i & "*" & zzsj(i) & "*" & sysd(i) & "*" & dcmc(i) & "*" & ys(i) & "*" & zt(i) & "*" & msd(i) & "*" & sd(i) & "*" & sm(i) & "*" & bz(i) & vbCrLf
    ElseIf sylb(i) = "其他" Then
        TextBox7.Text += i & "*" & zzsj(i) & "*" & sysd(i) & "*" & dcmc(i) & "*" & ys(i) & "*" & zt(i) & "*" & msd(i) & "*" & sd(i) & "*" & sm(i) & "*" & bz(i) & vbCrLf
    Else
        TextBox7.Text += i & "*" & zzsj(i) & "*" & zzsd(i) & "*" & ytmc(i) & "*" & ys(i) & "*" & zt(i) & "*" & msd(i) & "*" & sd(i) & "*" & qtxz(i) & "*" & bz(i) & vbCrLf
    End If
Next
TextBox7.Text += "" & vbCrLf
TextBox7.Text += "取样记录" & vbCrLf
TextBox7.Text += "---------" & vbCrLf
TextBox7.Text += "回次*" & "序号*" & "类别*" & "地层名称*" & "取样终止深度/m*" & "取样段长度/m*" & "说明" & vbCrLf
For i = N1 To N
    If sylb(i) = "取样" Then
      TextBox7.Text += i & "*" & xh(i) & "*" & sylb(i) & "*" & dcmc(i) & "*" & qtsd(i) & "*" & qtcd(i) & "*" & sm(i) & vbCrLf
    End If
Next
TextBox7.Text += "" & vbCrLf
TextBox7.Text += "标准贯入试验记录" & vbCrLf
TextBox7.Text += "---------" & vbCrLf
TextBox7.Text += "回次*" & "序号*" & "类别*" & "地层名称*" & "试验终止深度*" & "试验段长度/m*" & "杆长/m*" & "实测击数*" & "杆长修正后击数*" & "说明" & vbCrLf
```

```
            For i = N1 To N
                If sylb(i) = "N" Then
                    TextBox7.Text += i & " * " & xh(i) & " * " & sylb(i) & " * " & dcmc(i) & " * " & sysd(i) & " * " &
grsd(i) & " * " & gc(i) & " * " & scjs(i) & " * " & fnNsp(scjs(i),gc(i)) & " * " & sm(i) & vbCrLf
                End If
            Next
            TextBox7.Text += "" & vbCrLf
            TextBox7.Text += "动力触探试验 N10 记录" & vbCrLf
            TextBox7.Text += "---------" & vbCrLf
            TextBox7.Text += "回次 * " & "序号 * " & "类别 * " & "地层名称 * " & "试验终止深度 * " & "实测击数 * "
& "试验段长度/m * " & "杆长/m * " & "说明" & vbCrLf
            For i = N1 To N
                If sylb(i) = "N10" Then
                    TextBox7.Text += i & " * " & xh(i) & " * " & sylb(i) & " * " & dcmc(i) & " * " & sysd(i) & " * " &
scjs(i) & " * " & grsd(i) & " * " & gc(i) & " * " & sm(i) & vbCrLf
                End If
            Next
            TextBox7.Text += "" & vbCrLf
            TextBox7.Text += "动力触探试验 N63.5 记录" & vbCrLf
            TextBox7.Text += "---------" & vbCrLf
            TextBox7.Text += "回次 * " & "序号 * " & "类别 * " & "地层名称 * " & "试验终止深度 * " & "实测击数 * "
& "试验段长度/m * " & "杆长/m * " & "说明" & vbCrLf
            For i = N1 To N
                If sylb(i) = "N63.5" Then
                    TextBox7.Text += i & " * " & xh(i) & " * " & sylb(i) & " * " & dcmc(i) & " * " & sysd(i) & " * " &
scjs(i) & " * " & grsd(i) & " * " & gc(i) & " * " & sm(i) & vbCrLf
                End If
            Next
            TextBox7.Text += "" & vbCrLf
            TextBox7.Text += "动力触探试验 N120 记录" & vbCrLf
            TextBox7.Text += "---------" & vbCrLf
            TextBox7.Text += "回次 * " & "序号 * " & "类别 * " & "地层名称 * " & "试验终止深度 * " & "实测击数 * "
& "试验段长度/m * " & "杆长/m * " & "说明" & vbCrLf
            For i = N1 To N
                If sylb(i) = "N120" Then
                    TextBox7.Text += i & " * " & xh(i) & " * " & sylb(i) & " * " & dcmc(i) & " * " & sysd(i) & " * " &
scjs(i) & " * " & grsd(i) & " * " & gc(i) & " * " & sm(i) & vbCrLf
                End If
            Next
            TextBox7.Text += "" & vbCrLf
            TextBox7.Text += "其他测试记录" & vbCrLf
            TextBox7.Text += "---------" & vbCrLf
            TextBox7.Text += "回次 * " & "序号 * " & "类别 * " & "地层名称 * " & "说明" & vbCrLf
            For i = N1 To N
                If sylb(i) = "其他" Then
                    TextBox7.Text += i & " * " & xh(i) & " * " & sylb(i) & " * " & dcmc(i) & " * " & sm(i) & vbCrLf
```

```
            End If
        Next
        TextBox7.Focus()
        TextBox7.ScrollToCaret()
        Dim sw As System.IO.StreamWriter
        SaveFileDialog1.FileName = ""
        SaveFileDialog1.ShowDialog()
        If SaveFileDialog1.ShowDialog() = System.Windows.Forms.DialogResult.OK Then
             sw = New System.IO.StreamWriter(SaveFileDialog1.FileName,False,System.Text.Encoding.GetEn-
coding("UTF - 8"))
            sw.Write(TextBox7.Text)
            sw.Flush()
            sw.Close()
            MsgBox("保存成功!")
        End If
    End Sub
    Private Sub Button5_Click(ByVal sender As System.Object,ByVal e As System.EventArgs) Handles Button5.Click
        NumericUpDown1.Value = N1
    End Sub
    Private Sub MenuItem19_Click(ByVal sender As System.Object,ByVal e As System.EventArgs) Handles Menu-
Item19.Click
        jh = "Form32.TextBox7"
    End Sub
    Private Sub NumericUpDown1_ValueChanged(ByVal sender As System.Object,ByVal e As System.EventArgs) Han-
dles NumericUpDown1.ValueChanged
        If Val(NumericUpDown1.Value)> = 500 Then
            MsgBox("回次达到 500,超过硬件容量要求,保存数据,关闭再重新启动,从第 1 回次再开始。")
            GoTo 100
        End If
        i = Val(NumericUpDown1.Value)
        If i>N Then
            TextBox4.Text = "" '终止时间 zzsj
            TextBox5.Text = "" '终止深度 zzsd
            TextBox13.Text = ytmc(N) '岩土名称 ytmc
            TextBox14.Text = ys(N) '颜色 ys
            TextBox15.Text = zt(N) '状态 zt
            TextBox16.Text = msd(N) '密实度 msd
            TextBox17.Text = sd(N) '湿度 sd
            TextBox6.Text = qtxz(N) '其他性质 qtxz
            TextBox10.Text = "" '岩芯长度
            TextBox11.Text = bz(N) '备注
        Else
            TextBox4.Text = zzsj(i) '终止时间 zzsj
            TextBox5.Text = zzsd(i) '终止深度 zzsd
            TextBox13.Text = ytmc(i) '岩土名称 ytmc
            TextBox14.Text = ys(i) '颜色 ys
```

```
            TextBox15.Text = zt(i) '状态 zt
            TextBox16.Text = msd(i) '密实度 msd
            TextBox17.Text = sd(i) '湿度 sd
            TextBox6.Text = qtxz(i) '其他性质 qtxz
            TextBox10.Text = yxcd(i) '岩芯长度
            TextBox11.Text = bz(i) '备注
        End If
100:
    End Sub
    Private Sub Button7_Click(ByVal sender As System.Object,ByVal e As System.EventArgs) Handles Button7.Click
        If N<>0 Then
            NumericUpDown1.Value = N
        End If
    End Sub
    Private Sub MenuItem12_Click(ByVal sender As System.Object,ByVal e As System.EventArgs) Handles Menu-
Item12.Click
        On Error Resume Next
        Dim response As MsgBoxResult
        response = MsgBox("注意保存描述记录。新建工程吗?",MsgBoxStyle.YesNo,"特别提示!")
        If response = MsgBoxResult.Yes Then
            '工程名称 gcmc
            TextBox1.Text = ""
            '探点编号 tdbh
            TextBox2.Text = ""
            '探点位置 tdwz
            TextBox8.Text = ""
            '探点类型 tdlx
            ComboBox6.Text = ""
            '开始时间 kssj
            TextBox3.Text = ""
            '描述员 msy
            TextBox9.Text = ""
            描述记录 2.Show()
            描述记录 2.WindowState = FormWindowState.Normal
            描述记录 2.Hide()
            描述记录 2.NumericUpDown1.Value = 0
            For i = 1 To 500
                zzsj(i) = ""
                zzsd(i) = ""
                ytmc(i) = ""
                ys(i) = ""
                zt(i) = ""
                msd(i) = ""
                sd(i) = ""
                qtxz(i) = ""
                qtsd(i) = ""
```

```
                qtcd(i) = ""
                dcmc(i) = ""
                xh(i) = ""
                sylb(i) = ""
                sysd(i) = ""
                scjs(i) = ""
                grsd(i) = ""
                gc(i) = ""
                sm(i) = ""
                yxcd(i) = ""
                bz(i) = ""
            Next
            NumericUpDown1.Value = 1
            N = 0
            N1 = 1
            TextBox1.Focus()
            描述记录2.NumericUpDown1.Value = 1
            Button3.Enabled = True
        End If
    End Sub
    Private Sub MenuItem14_Click(ByVal sender As System.Object,ByVal e As System.EventArgs) Handles MenuItem14.Click
        Me.Hide()
    End Sub
    Private Sub MenuItem18_Click(ByVal sender As System.Object,ByVal e As System.EventArgs) Handles MenuItem18.Click
        门户首页.Hide( )
        门户首页.Show( )
        门户首页.WindowState = FormWindowState.Maximized
    End Sub
    Private Sub MenuItem21_Click(ByVal sender As System.Object,ByVal e As System.EventArgs) Handles MenuItem21.Click
        End
    End Sub
    Private Sub OpenFileDialog1_FileOk(ByVal sender As System.Object,ByVal e As System.ComponentModel.CancelEventArgs) Handles OpenFileDialog1.FileOk
    End Sub
End Class
```

界面二：

```
Imports System.IO
Public Class 描述记录2
    Private Sub Button2_Click(ByVal sender As System.Object,ByVal e As System.EventArgs) Handles Button2.Click
        On Error Resume Next
        NumericUpDown1.Value = NumericUpDown1.Value - 1
        NumericUpDown2.Value = NumericUpDown2.Value - 1
```

```
            Me.Hide()
            描述记录.NumericUpDown1.Focus()
        End Sub
        Private Sub Button1_Click(ByVal sender As System.Object,ByVal e As System.EventArgs) Handles Button1.Click
            If ComboBox1.Text = "取样" Or ComboBox1.Text = "N" Or ComboBox1.Text = "N10" Or ComboBox1.Text = "
N63.5" Or ComboBox1.Text = "N120" Or ComboBox1.Text = "其他" Then
                描述记录.Button5.Enabled = False
                j = Val(NumericUpDown2.Value)
                If N<j Then
                    N = j
                End If
                '序号
                xh(j) = Val(NumericUpDown1.Value)
                'If Val(xh(j)) = 0 Then
                'xh(j) = " "
                'End If
                sylb(j) = ComboBox1.Text
                dcmc(j) = TextBox3.Text
                zzsj(j) = Format(Now(),"HH:mm:ss")
                If ComboBox1.Text = "取样" Then
                    qtsd(j) = TextBox1.Text '取土终止深度
                    qtcd(j) = TextBox2.Text '取土段长度
                ElseIf ComboBox1.Text = "N" Or ComboBox1.Text = "N10" Or ComboBox1.Text = "N63.5" Or ComboBox1.
Text = "N120" Or ComboBox1.Text = "其他" Then
                    sysd(j) = TextBox1.Text '试验终止深度
                    grsd(j) = TextBox2.Text '试验段长度
                    scjs(j) = TextBox5.Text
                    gc(j) = TextBox6.Text
                End If
                sm(j) = TextBox4.Text
                Me.Hide()
                描述记录.NumericUpDown1.Value = Val(描述记录.NumericUpDown1.Value) + 1
                描述记录.TextBox4.Text = ""
                描述记录.TextBox5.Text = ""
                描述记录.TextBox4.Focus()
            End If
        End Sub
        Private Sub ComboBox1_SelectedIndexChanged(ByVal sender As System.Object,ByVal e As System.EventArgs)
Handles ComboBox1.SelectedIndexChanged
            If ComboBox1.Text = "取样" Then
                Label2.Text = "取样终止深度(m)"
                Label3.Text = "取样段长度(m)"
                TextBox5.Visible = False
                TextBox6.Visible = False
                Label6.Visible = False
                Label7.Visible = False
```

```
        Else
            Label2.Text = "试验终止深度(m)"
            Label3.Text = "试验段长度(m)"
            TextBox5.Visible = True
            TextBox6.Visible = True
            Label6.Visible = True
            Label7.Visible = True
        End If
    End Sub
    Private Sub ComboBox2_GotFocus(ByVal sender As Object,ByVal e As System.EventArgs) Handles ComboBox2.
GotFocus
        ComboBox2.Width = 100
    End Sub
    Private Sub ComboBox2_LostFocus(ByVal sender As Object,ByVal e As System.EventArgs) Handles ComboBox2.
LostFocus
        ComboBox2.Width = 20
    End Sub
    Private Sub ComboBox2_SelectedIndexChanged(ByVal sender As System.Object,ByVal e As System.EventArgs)
Handles ComboBox2.SelectedIndexChanged
        TextBox3.Text = ComboBox2.Text
        TextBox3.Focus()
    End Sub
    Private Sub MenuItem4_Click(ByVal sender As System.Object,ByVal e As System.EventArgs) Handles Menu-
Item4.Click
        On Error Resume Next
        '复制
        If Me.TextBox3.Focused = True Then
            word = TextBox3.SelectedText
            Clipboard.SetDataObject(word)
        End If
        If Me.TextBox4.Focused = True Then
            word = TextBox4.SelectedText
            Clipboard.SetDataObject(word)
        End If
    End Sub
    Private Sub MenuItem5_Click(ByVal sender As System.Object,ByVal e As System.EventArgs) Handles Menu-
Item5.Click
        On Error Resume Next
        '粘贴
        If Me.TextBox3.Focused = True Then
            TextBox3.SelectedText = word
        End If
        If Me.TextBox4.Focused = True Then
            TextBox4.SelectedText = word
        End If
    End Sub
```

```
Private Sub Form34_Load(ByVal sender As System.Object,ByVal e As System.EventArgs) Handles MyBase.Load
    Me.MaximizeBox = False
    On Error Resume Next
    ComboBox2.Items.Clear()
    ComboBox2.Items.Add("粉质黏土")
    ComboBox2.Items.Add("粉土")
    ComboBox2.Items.Add("黏土")
    ComboBox2.Items.Add("黄土状粉质黏土")
    ComboBox2.Items.Add("黄土状粉土")
    ComboBox2.Items.Add("黏质粉土")
    ComboBox2.Items.Add("砂质粉土")
    ComboBox2.Items.Add("粉砂")
    ComboBox2.Items.Add("粉细砂")
    ComboBox2.Items.Add("细砂")
    ComboBox2.Items.Add("中砂")
    ComboBox2.Items.Add("中粗砂")
    ComboBox2.Items.Add("粗砂")
    ComboBox2.Items.Add("砾砂")
    ComboBox2.Items.Add("角砾")
    ComboBox2.Items.Add("圆砾")
    ComboBox2.Items.Add("碎石")
    ComboBox2.Items.Add("卵石")
    ComboBox2.Items.Add("块石")
    ComboBox2.Items.Add("漂石")
    ComboBox2.Items.Add("—")
    ComboBox2.Items.Add("新近沉积土")
    ComboBox2.Items.Add("素填土")
    ComboBox2.Items.Add("杂填土")
    ComboBox2.Items.Add("冲填土")
    ComboBox2.Items.Add("软土")
    ComboBox2.Items.Add("淤泥")
    ComboBox2.Items.Add("淤泥质土")
    ComboBox2.Items.Add("黄土")
    ComboBox2.Items.Add("湿陷性土")
    ComboBox2.Items.Add("膨胀土")
    ComboBox2.Items.Add("膨胀岩")
    ComboBox2.Items.Add("红土")
    ComboBox2.Items.Add("混合土")
    ComboBox2.Items.Add("盐渍土")
    ComboBox2.Items.Add("污染土")
    ComboBox2.Items.Add("冻土")
    ComboBox2.Items.Add("风化岩")
    ComboBox2.Items.Add("残积土")
    ComboBox2.Items.Add("花岗岩")
    ComboBox2.Items.Add("辉绿岩")
    ComboBox2.Items.Add("花岗斑岩")
```

```
        ComboBox2.Items.Add("流纹岩")
        ComboBox2.Items.Add("粗面岩")
        ComboBox2.Items.Add("安山岩")
        ComboBox2.Items.Add("玄武岩")
        ComboBox2.Items.Add("火山凝灰岩")
        ComboBox2.Items.Add("火山碎屑岩")
        ComboBox2.Items.Add("——")
        ComboBox2.Items.Add("砾岩")
        ComboBox2.Items.Add("角砾岩")
        ComboBox2.Items.Add("砂岩")
        ComboBox2.Items.Add("泥岩")
        ComboBox2.Items.Add("页岩")
        ComboBox2.Items.Add("黏土岩")
        ComboBox2.Items.Add("灰岩")
        ComboBox2.Items.Add("泥灰岩")
        ComboBox2.Items.Add("白云岩")
        ComboBox2.Items.Add("白云质灰岩")
        ComboBox2.Items.Add("集块岩")
        ComboBox2.Items.Add("——")
        ComboBox2.Items.Add("片麻岩")
        ComboBox2.Items.Add("片岩")
        ComboBox2.Items.Add("千枚岩")
        ComboBox2.Items.Add("板岩")
        ComboBox2.Items.Add("大理岩")
        ComboBox2.Items.Add("石英岩")
        ComboBox2.Items.Add("构造角砾岩")
        ComboBox2.Items.Add("糜棱岩")
        ComboBox1.SelectedIndex = 0
        'NumericUpDown1.Value = 1
    End Sub
    Private Sub NumericUpDown2_ValueChanged(ByVal sender As System.Object,ByVal e As System.EventArgs) Han-
dles NumericUpDown2.ValueChanged
        j = Val(NumericUpDown2.Value)
        If j< = N Then
            NumericUpDown1.Value = xh(j)
            ComboBox1.Text = sylb(j)
        Else
            ComboBox1.Text = "取样"
        End If
        If sylb(j) = "取样" Then
            TextBox1.Text = qtsd(j) '取土终止深度(m)
            TextBox2.Text = qtsd(j) '取土段长度(m)
        Else
            TextBox1.Text = sysd(j) '试验终止深度(m)
            TextBox2.Text = grsd(j) '试验段长度(m)
        End If
```

```
        TextBox3.Text = dcmc(j)
        TextBox5.Text = scjs(j)
        TextBox6.Text = gc(j)
        TextBox4.Text = sm(j)
    End Sub
    Private Sub MenuItem2_Click(ByVal sender As System.Object, ByVal e As System.EventArgs) Handles MenuItem2.Click
    End Sub
    Private Sub MenuItem1_Click(ByVal sender As System.Object, ByVal e As System.EventArgs) Handles MenuItem1.Click
        On Error Resume Next
        NumericUpDown1.Value = NumericUpDown1.Value - 1
        'NumericUpDown2.Value = NumericUpDown2.Value - 1
        Me.Hide()
        描述记录.Show()
        描述记录.WindowState = FormWindowState.Normal
        描述记录.NumericUpDown1.Focus()
    End Sub
    Private Sub NumericUpDown1_ValueChanged(ByVal sender As System.Object, ByVal e As System.EventArgs) Handles NumericUpDown1.ValueChanged
    End Sub
End Class
```

岩层视倾角换算

1. 功能

根据岩层的倾角、倾向，计算任意剖面方向的剖面图岩层视倾角。

2. 界面

开发平台：Microsoft Visual Studio 2019。编程语言：VB. net。软件界面如下。

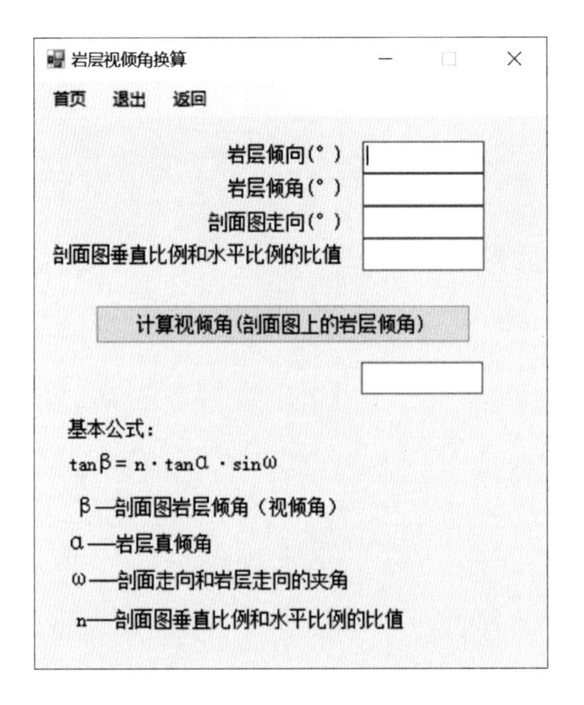

3. 计算原理

计算公式：$\beta=\tan^{-1}(n \cdot \tan\alpha \cdot \sin\omega)$

式中 β——剖面图岩层倾角（视倾角）；

α——岩层真倾角；

ω——剖面走向和岩层走向的夹角；

n——剖面图垂直比例和水平比例的比值。

4. 主要控件

TextBox1：岩层倾向（°）
TextBox2：岩层倾角（°）
TextBox3：剖面图走向（°）
TextBox4：剖面图垂直比例和水平比例的比值
Button1：计算视倾角（剖面图上的岩层倾角）
TextBox5：计算结果

5. 源程序

```
Public Class Form87
    Private Sub 首页 ToolStripMenuItem_Click(ByVal sender As System.Object,ByVal e As System.EventArgs) Handles 首页 ToolStripMenuItem.Click
        门户首页.Hide( )
        门户首页.Show( )
        门户首页.WindowState = FormWindowState.Maximized
    End Sub
    Private Sub 退出 ToolStripMenuItem_Click(ByVal sender As System.Object,ByVal e As System.EventArgs) Handles 退出 ToolStripMenuItem.Click
        End
    End Sub
    Private Sub 返回 ToolStripMenuItem_Click(ByVal sender As System.Object,ByVal e As System.EventArgs) Handles 返回 ToolStripMenuItem.Click
        Me.Hide()
    End Sub
    Private Sub Button1_Click(ByVal sender As System.Object,ByVal e As System.EventArgs) Handles Button1.Click
        Dim qx,qj,zx,bzN As Double
        qx = Val(TextBox1.Text)
        qj = Val(TextBox2.Text)
        zx = Val(TextBox3.Text)
        bzN = Val(TextBox4.Text)
        Dim jj As Double
        jj = qx + 90 - zx
        TextBox5.Text = Math.Atan(bzN * Math.Tan(qj/180 * 3.14159) * Math.Sin(jj/180 * 3.14159))/3.14159 * 180
    End Sub
    Private Sub Form87_Load(ByVal sender As System.Object,ByVal e As System.EventArgs) Handles MyBase.Load
        Me.MaximizeBox = False
    End Sub
End Class
```

结构面统计稳定分析

1. 功能

对岩石结构面的倾向、倾角、间距、黏聚力、内摩擦角等5个特征参数进行分区间统计分析。

2. 界面

开发平台：Microsoft Visual Studio 2019。编程语言：VB. net。软件界面如下。

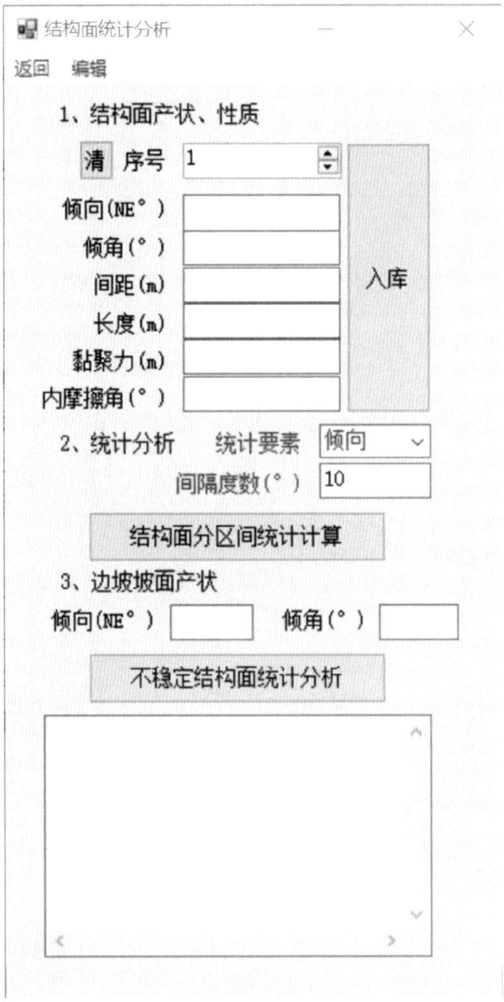

3. 计算原理

对岩石结构面五个参数逐个排序统计，通过和边坡坡面的相对关系分析，给出不稳定结构面的统计分析。

4. 主要控件

NumericUpDown1：数据序号
TextBox1：倾向（NE°）
TextBox2：倾角（°）
TextBox7：间距（m）
TextBox8：长度（m）
TextBox9：黏聚力（MPa）
TextBox6：内摩擦角（°）
Button1：入库
ComboBox1：统计要素，倾向、倾角、间距、长度
TextBox10：间隔度数（°）
Button4：结构面分区间统计计算
TextBox3：倾向（NE°）
TextBox4：倾角（°）
Button2：不稳定结构面统计分析
TextBox5：分析结果

5. 源程序

```
Public Class Form76
    Public Xi(300),Yi(100),ci(300),Fi(300),Hi(100),Li(300) As String
    Public N As Integer '样品个数
    Private Sub MenuItem2_Click(ByVal sender As System.Object,ByVal e As System.EventArgs) Handles Menu-
Item2.Click
        Me.Hide()
    End Sub
    Private Sub Button1_Click(ByVal sender As System.Object,ByVal e As System.EventArgs)
    End Sub
    Private Sub NumericUpDown1_ValueChanged(ByVal sender As System.Object,ByVal e As System.EventArgs)
    End Sub
    Private Sub Button3_Click(ByVal sender As System.Object,ByVal e As System.EventArgs)
    End Sub
    Private Sub NumericUpDown1_ValueChanged_1(ByVal sender As System.Object,ByVal e As System.EventArgs)
Handles NumericUpDown1.ValueChanged
```

```
        On Error Resume Next
        If N<>0 Then
            Dim i As Integer
            i = NumericUpDown1.Value
            If i< = N Then
                TextBox1.Text = Xi(i)
                TextBox2.Text = Yi(i)
                TextBox6.Text = Fi(i)
                TextBox7.Text = Hi(i)
                TextBox8.Text = Li(i)
                TextBox9.Text = ci(i)
            Else
                TextBox1.Text = ""
                TextBox2.Text = ""
                TextBox6.Text = ""
                TextBox7.Text = ""
                TextBox8.Text = ""
                TextBox9.Text = ""
            End If
            TextBox1.Focus()
        End If
    End Sub
    Private Sub Button1_Click_1(ByVal sender As System.Object,ByVal e As System.EventArgs) Handles Button1.
Click
        On Error Resume Next
        Dim i As Integer
        'If IsNumeric(TextBox1.Text) = True And IsNumeric(TextBox2.Text) = True Then
        If Val(TextBox1.Text)<0 Or Val(TextBox1.Text)>360 Then
            MsgBox("注意,倾向度数允许范围值 0～360")
            GoTo 100
        End If
        If Val(TextBox2.Text)<0 Or Val(TextBox2.Text)>90 Then
            MsgBox("注意,倾角度数允许范围值 0～90")
            GoTo 100
        End If
        If Val(TextBox6.Text)<0 Then
            MsgBox("注意,内摩擦角允许范围值 0～90")
            GoTo 100
        End If
        If Val(TextBox7.Text)<0 Then
            MsgBox("注意,间距值不小于 0")
            GoTo 100
        End If
        If Val(TextBox8.Text)<0 Then
            MsgBox("注意,长度值不小于 0")
            GoTo 100
```

```
        End If
        If Val(TextBox9.Text)<0 Then
            MsgBox("注意,黏聚力值不小于 0")
            GoTo 100
        End If
        i = NumericUpDown1.Value
        Xi(i) = TextBox1.Text
        Yi(i) = TextBox2.Text
        Hi(i) = TextBox7.Text
        Li(i) = TextBox8.Text
        ci(i) = TextBox9.Text
        Fi(i) = TextBox6.Text
        If i> = N Then
            N = i
            NumericUpDown1.Value = NumericUpDown1.Value + 1
            TextBox1.Text = ""
            TextBox2.Text = ""
            TextBox6.Text = ""
            TextBox7.Text = ""
            TextBox8.Text = ""
            TextBox9.Text = ""
            TextBox1.Focus()
            GoTo 100
        Else
            NumericUpDown1.Value = NumericUpDown1.Value + 1
            i = NumericUpDown1.Value
            TextBox1.Text = Xi(i)
            TextBox2.Text = Yi(i)
            TextBox6.Text = Fi(i)
            TextBox7.Text = Hi(i)
            TextBox8.Text = Li(i)
            TextBox9.Text = ci(i)
            TextBox1.Focus()
        End If
        'End If
        TextBox1.Focus()
100:
    End Sub
    Private Sub Button3_Click_1(ByVal sender As System.Object,ByVal e As System.EventArgs) Handles Button3.Click
        On Error Resume Next
        TextBox1.Text = ""
        TextBox2.Text = ""
        TextBox6.Text = ""
        TextBox7.Text = ""
        TextBox8.Text = ""
        TextBox9.Text = ""
```

```
        N = 0
        NumericUpDown1.Value = 1
        TextBox1.Focus()
    End Sub
    Private Sub Form76_Load(ByVal sender As System.Object,ByVal e As System.EventArgs) Handles MyBase.Load
        Me.MaximizeBox = False
        On Error Resume Next
        N = 0
        ComboBox1.Text = "倾向"
        TextBox10.Text = "10"
    End Sub
    Private Sub Button2_Click(ByVal sender As System.Object,ByVal e As System.EventArgs) Handles Button2.Click
        On Error Resume Next
        Dim qx,qj As Double
        qx = Val(TextBox3.Text) '边坡倾向
        qj = Val(TextBox4.Text) '边坡倾向
        TextBox5.Text = "边坡坡面产状:" & "倾向 NE" & qx & "∠" & qj & vbCrLf
        TextBox5.Text += "--------------------" & vbCrLf
        Dim i,j As Integer
        TextBox5.Text += "结构面产状:" & vbCrLf
        For i = 1 To N
            TextBox5.Text += "NE" & Xi(i) & "∠" & Yi(i) & ",间距" & Hi(i) & ",长度" & Li(i) & ",c = " & ci(i)
& ",ϕ = " & Fi(i) & vbCrLf
        Next
        TextBox5.Text += "--------------------" & vbCrLf
        TextBox5.Text += "经分析,不稳定结构面有(排序不分先后):" & vbCrLf
        j = 0
        For i = 1 To N
            If Math.Abs(Xi(i) - qx)> = 0 And Math.Abs(Xi(i) - qx)< = 90 Then
                If qj - Yi(i)> = 0 And Yi(i)> = Fi(i) Then
                    j = j + 1
                    TextBox5.Text += "序号:" & i & ",NE" & Xi(i) & "∠" & Yi(i) & ",间距" & Hi(i) & ",长度"
& Li(i) & ",c = " & ci(i) & ",ϕ = " & Fi(i) & "与边坡走向夹角" & qj - Yi(i) & vbCrLf
                End If
            End If
        Next
        TextBox5.Text += "--------------------" & vbCrLf
        TextBox5.Text += "总计:共有" & j & "组不稳定结构面,概率:" & j/N
        TextBox5.Focus()
    End Sub
    Private Sub Button4_Click(ByVal sender As System.Object,ByVal e As System.EventArgs) Handles Button4.Click
        On Error Resume Next
        If ComboBox1.Text = "间距" Or ComboBox1.Text = "长度" Then '数检
            If Val(TextBox10.Text)<>Fix(Val(TextBox10.Text)) Then
                MsgBox("等分数目应为整数")
                GoTo 100
```

```
            End If
        End If
        If ComboBox1.Text = "倾向" Then
            If Val(TextBox10.Text) = 5 Or Val(TextBox10.Text) = 10 Or Val(TextBox10.Text) = 20 Or Val(Text-
Box10.Text) = 30 Or Val(TextBox10.Text) = 45 Or Val(TextBox10.Text) = 90 Then
            Else
                MsgBox("间隔度数应为5,10,20,30,45,90")
                GoTo 100
            End If
        End If
        If ComboBox1.Text = "倾角" Then
            If Val(TextBox10.Text) = 5 Or Val(TextBox10.Text) = 10 Or Val(TextBox10.Text) = 30 Or Val(Text-
Box10.Text) = 45 Then
            Else
                MsgBox("间隔度数应为5,10,30,45")
                GoTo 100
            End If
        End If
        If ComboBox1.Text = "倾向" Then
            Dim fdN(72) As Double '分段累计节理条数
            Dim i,j As Integer
            Dim Xii(72),Yii(72),cii(72),Fii(72),Hii(72),Lii(72) As Double '分段总度数
            Dim Max,Min As Double
            Max = Xi(1)
            Min = Xi(1)
            For i = 1 To N '寻找最大、最小值
                If IsNumeric(Xi(i)) = True Then
                    If Xi(i)>Max Then
                        Max = Val(Xi(i))
                    End If
                    If Xi(i)<Min Then
                        Min = Val(Xi(i))
                    End If
                End If
            Next
            Dim NN As Double '有数据的样本数
            TextBox5.Text = "结构面产状(按倾向区间排序):" & vbCrLf
            TextBox5.Text += "------------------------" & vbCrLf
            For j = 1 To 360/Val(TextBox10.Text)
                TextBox5.Text += "倾向:" & (j - 1) * Val(TextBox10.Text) & "~" & j * Val(TextBox10.Text) & ":" &
vbCrLf
                fdN(j) = 0 '分段累计节理条数
                NN = 0 '总条数
                Xii(j) = 0
                Yii(j) = 0
                cii(j) = 0
```

```
            Fii(j) = 0
            Hii(j) = 0
            Lii(j) = 0
            For i = 1 To N
                If IsNumeric(Xi(i)) = True Then
                    NN = NN + 1 '总条数
                    If Xi(i)>(j - 1) * Val(TextBox10.Text) And Xi(i)<= j * Val(TextBox10.Text) Then
                        fdN(j) = fdN(j) + 1 '分段累计节理条数
                        Xii(j) = Xii(j) + Xi(i) '分段总倾向度数
                        Yii(j) = Yii(j) + Yi(i) '分段总倾角度数
                        cii(j) = cii(j) + ci(i) '分段摩擦角之和
                        Fii(j) = Fii(j) + Fi(i) '分段摩擦角之和
                        Hii(j) = Hii(j) + Hi(i) '分段间距之和
                        Lii(j) = Lii(j) + Li(i) '分段长度之和
                        TextBox5.Text += "    序号:" & i & ",NE" & Xi(i) & "∠" & Yi(i) & ",间距" & Hi(i)
& ",长度" & Li(i) & ",c = " & ci(i) & ",φ = " & Fi(i) & vbCrLf
                    End If
                    If Xi(i) = 0 Then
                        fdN(Val(360/TextBox10.Text)) = fdN(Val(360/TextBox10.Text)) + 1 '计入最后段
                        Xii(Val(360/TextBox10.Text)) = Xii(Val(360/TextBox10.Text)) + Xi(i) '计入最
后段
                        Yii(Val(360/TextBox10.Text)) = Yii(Val(360/TextBox10.Text)) + Yi(i) '计入最
后段
                        cii(Val(360/TextBox10.Text)) = cii(Val(360/TextBox10.Text)) + ci(i) '计入最
后段
                        Fii(Val(360/TextBox10.Text)) = Fii(Val(360/TextBox10.Text)) + Fi(i) '计入最
后段
                        Hii(Val(360/TextBox10.Text)) = Hii(Val(360/TextBox10.Text)) + Hi(i) '计入最
后段
                        Lii(Val(360/TextBox10.Text)) = Lii(Val(360/TextBox10.Text)) + Li(i) '计入最
后段
                        TextBox5.Text += "    序号:" & i & ",NE" & Xi(i) & "∠" & Yi(i) & ",间距" & Hi(i)
& ",长度" & Li(i) & ",c = " & ci(i) & ",φ = " & Fi(i) & vbCrLf
                    End If
                End If
            Next
        Next
        TextBox5.Text += "--------------------" & vbCrLf
        TextBox5.Text += "有数据的总样本数:" & NN & ",最大值:" & Max & ",最小值:" & Min & vbCrLf
        TextBox5.Text += "--------------------" & vbCrLf
        TextBox5.Text += "倾向分区间统计结果:" & vbCrLf
        For j = 1 To 360/Val(TextBox10.Text)
            TextBox5.Text += "倾向:" & (j - 1) * Val(TextBox10.Text) & "~" & j * Val(TextBox10.Text) & ",
条数:" & fdN(j) & ",倾向平均值:" & Xii(j)/fdN(j) & ",倾角平均值:" & Yii(j)/fdN(j) & ",间距平均值:" & Hii(j)/fdN
(j) & ",长度平均值:" & Lii(j)/fdN(j) & ",黏聚力平均值:" & Lii(j)/fdN(j) & ",内摩擦角平均值:" & Fii(j)/fdN(j) &
",频率:" & fdN(j)/NN & vbCrLf
```

```
            Next
        End If
        If ComboBox1.Text = "倾角" Then
            Dim fdN(72) As Double
            Dim i,j As Integer
            Dim NN As Double '总条数
            Dim Xii(72),Yii(72),cii(72),Fii(72),Hii(72),Lii(72) As Double '分段总度数
            Dim Max,Min As Double
            Max = Yi(1)
            Min = Yi(1)
            For i = 1 To N '寻找最大、最小值
                If IsNumeric(Yi(i)) = True Then
                    If Yi(i)>Max Then
                        Max = Yi(i)
                    End If
                    If Yi(i)<Min Then
                        Min = Yi(i)
                    End If
                End If
            Next
            TextBox5.Text = "结构面产状样本(按倾角区间排序):" & vbCrLf
            TextBox5.Text += "-------------" & vbCrLf
            For j = 1 To 90/Val(TextBox10.Text)
                TextBox5.Text += "倾角:" & (j - 1) * Val(TextBox10.Text) & "~" & j * Val(TextBox10.Text) &
":" & vbCrLf
                fdN(j) = 0
                NN = 0
                Xii(j) = 0
                Yii(j) = 0
                cii(j) = 0
                Fii(j) = 0
                Hii(j) = 0
                Lii(j) = 0
                For i = 1 To N
                    If IsNumeric(Yi(i)) = True Then
                        NN = NN + 1 '累计条数
                        If Yi(i)>(j - 1) * Val(TextBox10.Text) And Yi(i)< = j * Val(TextBox10.Text) Then
                            fdN(j) = fdN(j) + 1 '累计节理条数
                            Xii(j) = Xii(j) + Xi(i) '分段总倾向度数
                            Yii(j) = Yii(j) + Yi(i) '分段总倾角度数
                            cii(j) = cii(j) + ci(i) '分段摩擦角之和
                            Fii(j) = Fii(j) + Fi(i) '分段摩擦角之和
                            Hii(j) = Hii(j) + Hi(i) '分段间距之和
                            Lii(j) = Lii(j) + Li(i) '分段长度之和
                            TextBox5.Text += "   序号:" & i & ",NE" & Xi(i) & "∠" & Yi(i) & ",间距" & Hi(i)
& ",长度" & Li(i) & ",c = " & ci(i) & ",φ = " & Fi(i) & vbCrLf
```

```
                    End If
                    If Yi(i) = 0 Then
                        fdN(1) = fdN(1) + 1 '计入 1 段
                        Xii(1) = Xii(1) + Xi(i) '第 1 段分段总度数
                        Yii(1) = Yii(1) + Yi(i) '第 1 段分段总度数
                        cii(1) = cii(1) + ci(i) '计入 1 段
                        Fii(1) = Fii(1) + Fi(i) '计入 1 段
                        Hii(1) = Hii(1) + Hi(i) '计入 1 段
                        Lii(1) = Lii(1) + Li(i) '计入 1 段
                        TextBox5.Text += "  序号:" & i & ",NE" & Xi(i) & "∠" & Yi(i) & ",间距" & Hi(i)
& ",长度" & Li(i) & ",c = " & ci(i) & ",ϕ = " & Fi(i) & vbCrLf
                    End If
                End If
            Next
        Next
        TextBox5.Text += "--------------------" & vbCrLf
        TextBox5.Text += "有数据的总样本数:" & NN & ",最大值:" & Max & ",最小值:" & Min & vbCrLf
        TextBox5.Text += "--------------------" & vbCrLf
        TextBox5.Text += "倾角分区间统计结果:" & vbCrLf
        For j = 1 To 90/Val(TextBox10.Text)
            TextBox5.Text += "倾角:" & (j - 1) * Val(TextBox10.Text) & "~" & j * Val(TextBox10.Text) & ",
条数:" & fdN(j) & ",倾向平均值:" & Xii(j)/fdN(j) & ",倾角平均值:" & Yii(j)/fdN(j) & ",间距平均值:" & Hii(j)/fdN
(j) & ",长度平均值:" & Lii(j)/fdN(j) & ",黏聚力平均值:" & Lii(j)/fdN(j) & ",内摩擦角平均值:" & Fii(j)/fdN(j) &
",频率:" & fdN(j)/NN & vbCrLf
        Next
    End If
    If ComboBox1.Text = "间距" Then
        Dim fdN(72) As Double
        Dim i,j As Integer
        Dim NN As Double '总条数
        Dim Xii(72),Yii(72),cii(72),Fii(72),Hii(72),Lii(72) As Double '分段总度数
        Dim Max,Min As Double
        Max = Hi(1)
        Min = Hi(1)
        For i = 1 To N '寻找最大、最小值
            If IsNumeric(Hi(i)) = True Then
                If Hi(i)>Max Then
                    Max = Hi(i)
                End If
                If Hi(i)<Min Then
                    Min = Hi(i)
                End If
            End If
        Next
        TextBox5.Text = "结构面产状样本(按间距区间排序):" & vbCrLf
        TextBox5.Text += "------------" & vbCrLf
```

```
            For j = 1 To Val(TextBox10.Text)
                TextBox5.Text += "间距:" & (j - 1) * (Max - Min)/Val(TextBox10.Text) & "~" & j * (Max - Min)/Val(TextBox10.Text) & ":" & vbCrLf
                fdN(j) = 0
                NN = 0
                Xii(j) = 0
                Yii(j) = 0
                cii(j) = 0
                Fii(j) = 0
                Hii(j) = 0
                Lii(j) = 0
                For i = 1 To N
                    If IsNumeric(Hi(i)) = True Then
                        NN = NN + 1 '累计条数
                        If Hi(i)>(j - 1) * (Max - Min)/Val(TextBox10.Text) And Hi(i)<= j * (Max - Min)/Val(TextBox10.Text) Then
                            fdN(j) = fdN(j) + 1 '累计节理条数
                            Xii(j) = Xii(j) + Xi(i) '分段总倾向度数
                            Yii(j) = Yii(j) + Yi(i) '分段总倾角度数
                            cii(j) = cii(j) + ci(i) '分段摩擦角之和
                            Fii(j) = Fii(j) + Fi(i) '分段摩擦角之和
                            Hii(j) = Hii(j) + Hi(i) '分段间距之和
                            Lii(j) = Lii(j) + Li(i) '分段长度之和
                            TextBox5.Text += "  序号:" & i & ",NE" & Xi(i) & "∠" & Yi(i) & ",间距" & Hi(i) & ",长度" & Li(i) & ",c = " & ci(i) & ",ϕ = " & Fi(i) & vbCrLf
                        End If
                        If Hi(i) = 0 Then
                            fdN(1) = fdN(1) + 1 '计入 1 段
                            Xii(1) = Xii(1) + Xi(i) '第 1 段分段总度数
                            Yii(1) = Yii(1) + Yi(i) '第 1 段分段总度数
                            cii(1) = cii(1) + ci(i) '计入 1 段
                            Fii(1) = Fii(1) + Fi(i) '计入 1 段
                            Hii(1) = Hii(1) + Hi(i) '计入 1 段
                            Lii(1) = Lii(1) + Li(i) '计入 1 段
                            TextBox5.Text += "  序号:" & i & ",NE" & Xi(i) & "∠" & Yi(i) & ",间距" & Hi(i) & ",长度" & Li(i) & ",c = " & ci(i) & ",ϕ = " & Fi(i) & vbCrLf
                        End If
                    End If
                Next
            Next
            TextBox5.Text += "--------------------" & vbCrLf
            TextBox5.Text += "有数据的总样本数:" & NN & ",最大值:" & Max & ",最小值:" & Min & vbCrLf
            TextBox5.Text += "--------------------" & vbCrLf
            TextBox5.Text += "间距分区间统计结果:" & vbCrLf
            For j = 1 To Val(TextBox10.Text)
                TextBox5.Text += "长度:" & (j - 1) * Fix((Max - Min)/Val(TextBox10.Text) * 1000)/1000 & "~"
```

```
& j * Fix((Max - Min)/Val(TextBox10.Text) * 1000)/1000 & ",条数:" & fdN(j) & ",倾向平均值:" & Xii(j)/fdN(j) & ",倾角平均值:" & Yii(j)/fdN(j) & ",间距平均值:" & Hii(j)/fdN(j) & ",长度平均值:" & Lii(j)/fdN(j) & ",黏聚力平均值:" & Lii(j)/fdN(j) & ",内摩擦角平均值:" & Fii(j)/fdN(j) & ",频率:" & fdN(j)/NN & vbCrLf
                Next
            End If
            If ComboBox1.Text = "长度" Then
                Dim fdN(72) As Double
                Dim i,j As Integer
                Dim NN As Double '总条数
                Dim Xii(72),Yii(72),cii(72),Fii(72),Hii(72),Lii(72) As Double '分段总度数
                Dim Max,Min As Double
                Max = Li(1)
                Min = Li(1)
                For i = 1 To N '寻找最大、最小值
                    If IsNumeric(Li(i)) = True Then
                        If Li(i)>Max Then
                            Max = Li(i)
                        End If
                        If Li(i)<Min Then
                            Min = Li(i)
                        End If
                    End If
                Next
                TextBox5.Text += "------------" & vbCrLf
                TextBox5.Text = "结构面产状样本(按长度区间排序):" & vbCrLf
                TextBox5.Text += "------------" & vbCrLf
                For j = 1 To Val(TextBox10.Text)
                    TextBox5.Text += "长度:" & (j - 1) * (Max - Min)/Val(TextBox10.Text) & "~" & j * (Max - Min)/Val(TextBox10.Text) & ":" & vbCrLf
                    fdN(j) = 0
                    NN = 0
                    Xii(j) = 0
                    Yii(j) = 0
                    cii(j) = 0
                    Fii(j) = 0
                    Hii(j) = 0
                    Lii(j) = 0
                    For i = 1 To N
                        If IsNumeric(Li(i)) = True Then
                            NN = NN + 1 '累计条数
                            If Li(i)>(j - 1) * (Max - Min)/Val(TextBox10.Text) And Li(i)<= j * (Max - Min)/Val(TextBox10.Text) Then
                                fdN(j) = fdN(j) + 1 '累计节理条数
                                Xii(j) = Xii(j) + Xi(i) '分段总倾向度数
                                Yii(j) = Yii(j) + Yi(i) '分段总倾角度数
                                cii(j) = cii(j) + ci(i) '分段摩擦角之和
```

```
                Fii(j) = Fii(j) + Fi(i) '分段摩擦角之和
                Hii(j) = Hii(j) + Hi(i) '分段间距之和
                Lii(j) = Lii(j) + Li(i) '分段长度之和
                TextBox5.Text += "  序号:" & i & ",NE" & Xi(i) & "∠" & Yi(i) & ",间距" & Hi(i)
& ",长度" & Li(i) & ",c = " & ci(i) & ",ϕ = " & Fi(i) & vbCrLf
            End If
            If Li(i) = 0 Then
                fdN(1) = fdN(1) + 1 '计入 1 段
                Xii(1) = Xii(1) + Xi(i) '第 1 段分段总度数
                Yii(1) = Yii(1) + Yi(i) '第 1 段分段总度数
                cii(1) = cii(1) + ci(i) '计入 1 段
                Fii(1) = Fii(1) + Fi(i) '计入 1 段
                Hii(1) = Hii(1) + Hi(i) '计入 1 段
                Lii(1) = Lii(1) + Li(i) '计入 1 段
                TextBox5.Text += "  序号:" & i & ",NE" & Xi(i) & "∠" & Yi(i) & ",间距" & Hi(i)
& ",长度" & Li(i) & ",c = " & ci(i) & ",ϕ = " & Fi(i) & vbCrLf
            End If
        End If
    Next
Next
TextBox5.Text += "------------------------" & vbCrLf
TextBox5.Text += "有数据的总样本数:" & NN & ",最大值:" & Max & ",最小值:" & Min & vbCrLf
TextBox5.Text += "------------------------" & vbCrLf
TextBox5.Text += "长度分区间统计结果:" & vbCrLf
For j = 1 To Val(TextBox10.Text)
    TextBox5.Text += "长度:" & (j - 1) * Fix((Max - Min)/Val(TextBox10.Text) * 1000)/1000 & "~"
& j * Fix((Max - Min)/Val(TextBox10.Text) * 1000)/1000 & ",条数:" & fdN(j) & ",倾向平均值:" & Xii(j)/fdN(j) & ",
倾角平均值:" & Yii(j)/fdN(j) & ",间距平均值:" & Hii(j)/fdN(j) & ",长度平均值:" & Lii(j)/fdN(j) & ",黏聚力平均
值:" & Lii(j)/fdN(j) & ",内摩擦角平均值:" & Fii(j)/fdN(j) & ",频率:" & fdN(j)/NN & vbCrLf
Next
        End If
        TextBox5.Focus()
        TextBox5.ScrollToCaret()
100:
    End Sub
    Private Sub ComboBox1_SelectedIndexChanged(ByVal sender As System.Object,ByVal e As System.EventArgs)
Handles ComboBox1.SelectedIndexChanged
        On Error Resume Next
        If ComboBox1.Text = "倾向" Or ComboBox1.Text = "倾角" Then
            Label11.Text = "间隔度数(°)"
            TextBox10.Text = "10"
        Else
            Label11.Text = "等分数目"
            TextBox10.Text = "10"
        End If
    End Sub
```

```
Private Sub MenuItem4_Click(ByVal sender As System.Object,ByVal e As System.EventArgs) Handles Menu-
Item4.Click
    On Error Resume Next
    If TextBox1.Focused = True Or TextBox2.Focused = True Or TextBox6.Focused = True Or TextBox7.Focused =
True Or TextBox8.Focused = True Then
        Dim i,j As Integer
        i = NumericUpDown1.Value
        If TextBox1.Text = Xi(i) Then
            TextBox1.Text = ""
            TextBox2.Text = ""
            TextBox6.Text = ""
            TextBox7.Text = ""
            TextBox8.Text = ""
            TextBox9.Text = ""
            For j = N To i
                Xi(j + 1) = Xi(j)
                Yi(j + 1) = Yi(j)
                Fi(j + 1) = Fi(j)
                Hi(j + 1) = Hi(j)
                Li(j + 1) = Li(j)
                ci(j + 1) = ci(j)
            Next
            N = N + 1
        End If
        NumericUpDown1.Value = i
    Else
        MsgBox("将光标置于样本数据输入栏")
    End If
End Sub
Private Sub MenuItem5_Click(ByVal sender As System.Object,ByVal e As System.EventArgs) Handles Menu-
Item5.Click
    On Error Resume Next
    If TextBox1.Focused = True Or TextBox2.Focused = True Or TextBox6.Focused = True Or TextBox7.Focused =
True Or TextBox8.Focused = True Then
        Dim i,j As Integer
        i = NumericUpDown1.Value
        If TextBox1.Text = Xi(i) Then
            TextBox1.Text = ""
            TextBox2.Text = ""
            TextBox6.Text = ""
            TextBox7.Text = ""
            TextBox8.Text = ""
            TextBox9.Text = ""
            For j = i To N
                Xi(j) = Xi(j + 1)
                Yi(j) = Yi(j + 1)
```

```
                Fi(j) = Fi(j + 1)
                Hi(j) = Hi(j + 1)
                Li(j) = Li(j + 1)
                ci(j) = Li(j + 1)
                NumericUpDown1.Value = j
            Next
            N = N - 1
        End If
        NumericUpDown1.Value = i
    Else
        MsgBox("将光标置于样本数据输入栏")
    End If
End Sub
Private Sub Button5_Click(ByVal sender As System.Object,ByVal e As System.EventArgs)
End Sub
Private Sub TextBox1_TextChanged(ByVal sender As System.Object,ByVal e As System.EventArgs) Handles
TextBox1.TextChanged
End Sub
End Class
```

地下水水头计算

1. 功能

计算地下水的水头高度。

2. 界面

开发平台：Microsoft Visual Studio 2019。编程语言：VB. net。软件界面如下。

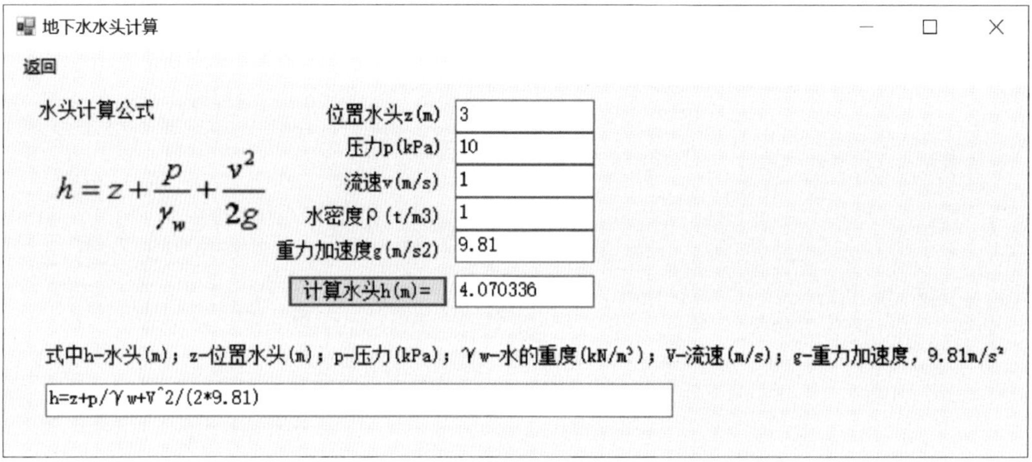

地下水水头计算

返回

水头计算公式

$$h = z + \frac{p}{\gamma_w} + \frac{v^2}{2g}$$

位置水头z(m) 3

压力p(kPa) 10

流速v(m/s) 1

水密度ρ(t/m3) 1

重力加速度g(m/s2) 9.81

计算水头h(m)= 4.070336

式中h-水头(m)；z-位置水头(m)；p-压力(kPa)；γw-水的重度(kN/m³)；V-流速(m/s)；g-重力加速度，9.81m/s²

h=z+p/γw+V^2/(2*9.81)

3. 计算原理

伯努利方程

$$h = z + \frac{p}{\gamma_w} + \frac{v^2}{2g}$$

式中，h 为水头（m）；z 为位置水头（m）；p 为压力（kPa）；γ_w 为水的重度（kN/m^3）；v 为流速（m/s）；g 为重力加速度，9.81m/s^2。

4. 主要控件

TextBox2：位置水头 z（m）

TextBox3：压力 p(kPa)
TextBox4：流速 v(m/s)
TextBox6：水密度 ρ(t/m^3)
TextBox7：重力加速度 g(m/s^2)
TextBox5：水头
Button1：计算水头 h(m)＝

5. 源程序

```
Public Class Form67
    Private Sub 返回 ToolStripMenuItem_Click(sender As Object,e As EventArgs) Handles 返回 ToolStripMenu-
Item.Click
        Me.Hide()
    End Sub
    Private Sub TextBox1_TextChanged(sender As Object,e As EventArgs) Handles TextBox1.TextChanged
        TextBox1.Text = "h = z + p/γw + V^2/(2 * 9.81)"
    End Sub
    Private Sub Button1_Click(sender As Object,e As EventArgs) Handles Button1.Click
        Dim z,p,v,rou,gg,h As Single
        z = Val(TextBox2.Text)
        p = Val(TextBox3.Text)
        v = Val(TextBox4.Text)
        rou = Val(TextBox6.Text)
        gg = Val(TextBox7.Text)
        h = z + p/(rou * gg) + v^2/(2 * gg)
        TextBox5.Text = h
    End Sub
    Private Sub Form67_Load(sender As Object,e As EventArgs) Handles MyBase.Load
        TextBox6.Text = 1
        TextBox7.Text = 9.81
        TextBox2.Focus()
    End Sub
End Class
```

土的物理指标换算

1. 功能

计算土的物理指标。

2. 界面

开发平台：Microsoft Visual Studio 2019。编程语言：VB. net。软件界面如下。

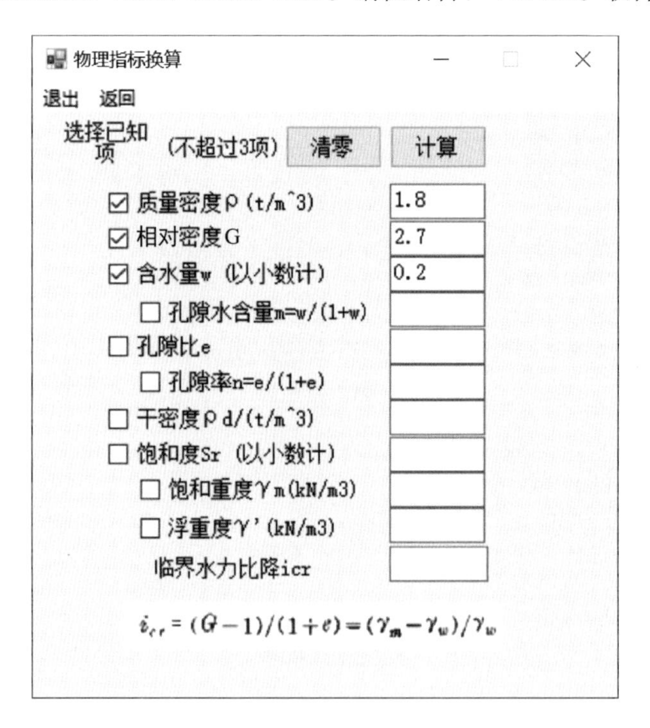

3. 计算原理

土的三相原理。

4. 主要控件

Button1：清零

Button2：计算

CheckBox1：质量密度 ρ(t/m^3)、TextBox1

CheckBox2：相对密度 G、TextBox2

CheckBox3：含水量 w（以小数计）、TextBox3

CheckBox8：孔隙水含量 $m=w/(1+w)$、TextBox10

CheckBox4：孔隙比 e、TextBox4

CheckBox5：孔隙率 $n=e/(1+e)$、TextBox5

CheckBox6：干密度 ρ_d(t/m^3)、TextBox6

CheckBox7：饱和度 S_r(以小数计)、TextBox7

CheckBox9：饱和重度 γ_m(kN/m^3)、TextBox8

CheckBox10：浮重度 γ'(kN/m^3)、TextBox9

TextBox11：临界水力比降 i_{cr}

5. 源程序

```
Public Class Form50
    Private Sub Button1_Click(ByVal sender As System.Object,ByVal e As System.EventArgs) Handles Button1.Click
        On Error Resume Next
        TextBox1.Text = ""
        TextBox2.Text = ""
        TextBox3.Text = ""
        TextBox4.Text = ""
        TextBox5.Text = ""
        TextBox6.Text = ""
        TextBox7.Text = ""
        TextBox8.Text = ""
        TextBox9.Text = ""
        TextBox10.Text = ""
        TextBox1.Focus()
        TextBox1.ScrollToCaret()
    End Sub
    Private Sub Button2_Click(ByVal sender As System.Object,ByVal e As System.EventArgs) Handles Button2.Click
        On Error Resume Next
        Dim p,G,w,m,ee,n,pd,Sr,gsat As Double
        If CheckBox1.Checked = True Then
            If CheckBox2.Checked = True Then
                If CheckBox3.Checked = True Then
                    If CheckBox4.Checked = False Then
                        If CheckBox5.Checked = False Then
                            If CheckBox6.Checked = False Then
                                If CheckBox7.Checked = False Then
                                    If CheckBox8.Checked = False Then
                                        If CheckBox9.Checked = False Then
```

```
                                                                    If CheckBox10.Checked = False
Then
                                                                        p = Val(TextBox1.Text)
                                                                        G = Val(TextBox2.Text)
                                                                        w = Val(TextBox3.Text)
                                                                        GoTo 10
                                                                    End If
                                                                End If
                                                            End If
                                                        End If
                                                    End If
                                                End If
                                            End If
                                        End If
                                    End If
                                End If
                                If CheckBox1.Checked = True Then
                                    If CheckBox2.Checked = True Then
                                        If CheckBox3.Checked = False Then
                                            If CheckBox4.Checked = False Then
                                                If CheckBox5.Checked = False Then
                                                    If CheckBox6.Checked = False Then
                                                        If CheckBox7.Checked = False Then
                                                            If CheckBox8.Checked = True Then
                                                                If CheckBox9.Checked = False Then
                                                                    If CheckBox10.Checked = False
Then
                                                                        p = Val(TextBox1.Text)
                                                                        G = Val(TextBox2.Text)
                                                                        m = Val(TextBox10.Text)
                                                                        w = m/(1 - m)
                                                                        GoTo 10
                                                                    End If
                                                                End If
                                                            End If
                                                        End If
                                                    End If
                                                End If
                                            End If
                                        End If
                                    End If
                                End If
                                If CheckBox1.Checked = True Then
                                    If CheckBox2.Checked = True Then
                                        If CheckBox3.Checked = False Then
                                            If CheckBox4.Checked = False Then
```

```
                If CheckBox5.Checked = False Then
                    If CheckBox6.Checked = True Then
                        If CheckBox7.Checked = False Then
                            If CheckBox8.Checked = False Then
                                If CheckBox9.Checked = False Then
                                    If CheckBox10.Checked = False
Then
                                        p = Val(TextBox1.Text)
                                        G = Val(TextBox2.Text)
                                        pd = Val(TextBox6.Text)
                                        w = p/pd - 1
                                        GoTo 10
                                    End If
                                End If
                            End If
                        End If
                    End If
                End If
            End If
        End If
    End If
End If
If CheckBox1.Checked = True Then
    If CheckBox2.Checked = True Then
        If CheckBox3.Checked = False Then
            If CheckBox4.Checked = True Then
                If CheckBox5.Checked = False Then
                    If CheckBox6.Checked = False Then
                        If CheckBox7.Checked = False Then
                            If CheckBox8.Checked = False Then
                                If CheckBox9.Checked = False Then
                                    If CheckBox10.Checked = False
Then
                                        p = Val(TextBox1.Text)
                                        G = Val(TextBox2.Text)
                                        ee = Val(TextBox4.Text)
                                        w = p * (1 + ee)/(G * 1) - 1
                                        GoTo 10
                                    End If
                                End If
                            End If
                        End If
                    End If
                End If
            End If
        End If
```

```
        End If
    End If
    If CheckBox1.Checked = True Then
        If CheckBox2.Checked = True Then
            If CheckBox5.Checked = True Then
                If CheckBox4.Checked = False Then
                    If CheckBox3.Checked = False Then
                        If CheckBox6.Checked = False Then
                            If CheckBox7.Checked = False Then
                                If CheckBox8.Checked = False Then
                                    If CheckBox9.Checked = False Then
                                        If CheckBox10.Checked = False
Then
                                            p = Val(TextBox1.Text)
                                            G = Val(TextBox2.Text)
                                            n = Val(TextBox5.Text)
                                            ee = n/(1 - n)
                                            w = p * (1 + ee)/(G * 1) - 1
                                            GoTo 10
                                        End If
                                    End If
                                End If
                            End If
                        End If
                    End If
                End If
            End If
        End If
    End If
    If CheckBox1.Checked = True Then
        If CheckBox2.Checked = True Then
            If CheckBox7.Checked = True Then
                If CheckBox3.Checked = False Then
                    If CheckBox4.Checked = False Then
                        If CheckBox5.Checked = False Then
                            If CheckBox6.Checked = False Then
                                If CheckBox8.Checked = False Then
                                    If CheckBox9.Checked = False Then
                                        If CheckBox10.Checked = False
Then
                                            p = Val(TextBox1.Text)
                                            G = Val(TextBox2.Text)
                                            Sr = Val(TextBox7.Text)
                                            w = Sr * (G * 1 - p)/G/(p - Sr * 1)
                                            GoTo 10
                                        End If
```

```
                                End If
                            End If
                        End If
                    End If
                End If
            End If
        End If
    End If
End If
If CheckBox2.Checked = True Then
    If CheckBox6.Checked = True Then
        If CheckBox7.Checked = True Then
            If CheckBox1.Checked = False Then
                If CheckBox3.Checked = False Then
                    If CheckBox4.Checked = False Then
                        If CheckBox5.Checked = False Then
                            If CheckBox8.Checked = False Then
                                If CheckBox9.Checked = False Then
                                    If CheckBox10.Checked = False
Then
                                        G = Val(TextBox2.Text)
                                        pd = Val(TextBox6.Text)
                                        Sr = Val(TextBox7.Text)
                                        w = Sr * (G * 1 - pd)/G/pd
                                        p = Sr * (G * 1 - pd)/G + pd
                                        GoTo 10
                                    End If
                                End If
                            End If
                        End If
                    End If
                End If
            End If
        End If
    End If
End If
If CheckBox2.Checked = True Then
    If CheckBox4.Checked = True Then
        If CheckBox7.Checked = True Then
            If CheckBox1.Checked = False Then
                If CheckBox3.Checked = False Then
                    If CheckBox5.Checked = False Then
                        If CheckBox6.Checked = False Then
                            If CheckBox8.Checked = False Then
                                If CheckBox9.Checked = False Then
                                    If CheckBox10.Checked = False
```

```
Then
                                                        G = Val(TextBox2.Text)
                                                        ee = Val(TextBox4.Text)
                                                        Sr = Val(TextBox7.Text)
                                                        w = ee * Sr/G
                                                        p = (G + ee * Sr) * 1/(1 + ee)
                                                        GoTo 10
                                                    End If
                                                End If
                                            End If
                                        End If
                                    End If
                                End If
                            End If
                        End If
                    End If
                End If
                If CheckBox2.Checked = True Then
                    If CheckBox5.Checked = True Then
                        If CheckBox7.Checked = True Then
                            If CheckBox1.Checked = False Then
                                If CheckBox3.Checked = False Then
                                    If CheckBox4.Checked = False Then
                                        If CheckBox6.Checked = False Then
                                            If CheckBox8.Checked = False Then
                                                If CheckBox9.Checked = False Then
                                                    If CheckBox10.Checked = False
Then
                                                        G = Val(TextBox2.Text)
                                                        n = Val(TextBox5.Text)
                                                        ee = n/(1 - n)
                                                        Sr = Val(TextBox7.Text)
                                                        w = ee * Sr/G
                                                        p = (G + ee * Sr) * 1/(1 + ee)
                                                        GoTo 10
                                                    End If
                                                End If
                                            End If
                                        End If
                                    End If
                                End If
                            End If
                        End If
                    End If
                End If
                If CheckBox1.Checked = True Then
```

```
        If CheckBox4.Checked = True Then
            If CheckBox7.Checked = True Then
                If CheckBox2.Checked = False Then
                    If CheckBox3.Checked = False Then
                        If CheckBox5.Checked = False Then
                            If CheckBox6.Checked = False Then
                                If CheckBox8.Checked = False Then
                                    If CheckBox9.Checked = False Then
                                        If CheckBox10.Checked = False
Then
                                            p = Val(TextBox1.Text)
                                            ee = Val(TextBox4.Text)
                                            Sr = Val(TextBox7.Text)
                                            w = ee * Sr * 1/(p * (1 + ee) - ee * Sr * 1)
                                            G = (1 + ee) * p/1 - ee * Sr
                                            GoTo 10
                                        End If
                                    End If
                                End If
                            End If
                        End If
                    End If
                End If
            End If
        End If
    End If
    If CheckBox1.Checked = True Then
        If CheckBox5.Checked = True Then
            If CheckBox7.Checked = True Then
                If CheckBox4.Checked = False Then
                    If CheckBox2.Checked = False Then
                        If CheckBox6.Checked = False Then
                            If CheckBox3.Checked = False Then
                                If CheckBox8.Checked = False Then
                                    If CheckBox9.Checked = False Then
                                        If CheckBox10.Checked = False
Then
                                            p = Val(TextBox1.Text)
                                            n = Val(TextBox5.Text)
                                            ee = n/(1 - n)
                                            Sr = Val(TextBox7.Text)
                                            w = ee * Sr * 1/(p * (1 + ee) - ee * Sr * 1)
                                            G = (1 + ee) * p/1 - ee * Sr
                                            GoTo 10
                                        End If
                                    End If
```

```
                                                End If
                                            End If
                                        End If
                                    End If
                                End If
                            End If
                        End If
                    End If
                    If CheckBox1.Checked = False Then
                        If CheckBox2.Checked = False Then
                            If CheckBox3.Checked = False Then
                                If CheckBox4.Checked = True Then
                                    If CheckBox5.Checked = False Then
                                        If CheckBox6.Checked = True Then
                                            If CheckBox7.Checked = True Then
                                                If CheckBox8.Checked = False Then
                                                    If CheckBox9.Checked = False Then
                                                        If CheckBox10.Checked = False
Then
                                                            ee = Val(TextBox4.Text)
                                                            pd = Val(TextBox6.Text)
                                                            Sr = Val(TextBox7.Text)
                                                            w = ee * Sr * 1/pd/(1 + ee)
                                                            G = (1 + ee) * pd/1
                                                            p = ee * Sr * 1/(1 + ee) + pd
                                                            GoTo 10
                                                        End If
                                                    End If
                                                End If
                                            End If
                                        End If
                                    End If
                                End If
                            End If
                        End If
                    End If
                    If CheckBox1.Checked = False Then
                        If CheckBox2.Checked = False Then
                            If CheckBox3.Checked = False Then
                                If CheckBox4.Checked = False Then
                                    If CheckBox5.Checked = True Then
                                        If CheckBox6.Checked = True Then
                                            If CheckBox7.Checked = True Then
                                                If CheckBox8.Checked = False Then
                                                    If CheckBox9.Checked = False Then
                                                        If CheckBox10.Checked = False
```

```
Then
                                                    n = Val(TextBox5.Text)
                                                    pd = Val(TextBox6.Text)
                                                    ee = n/(1 - n)
                                                    Sr = Val(TextBox7.Text)
                                                    w = ee * Sr * 1/pd/(1 + ee)
                                                    G = (1 + ee) * pd/1
                                                    p = ee * Sr * 1/(1 + ee) + pd
                                                    GoTo 10
                                                End If
                                            End If
                                        End If
                                    End If
                                End If
                            End If
                        End If
                    End If
                End If
            End If
        If CheckBox1.Checked = True Then
            If CheckBox2.Checked = False Then
                If CheckBox3.Checked = True Then
                    If CheckBox4.Checked = True Then
                        If CheckBox5.Checked = False Then
                            If CheckBox6.Checked = False Then
                                If CheckBox7.Checked = False Then
                                    If CheckBox8.Checked = False Then
                                        If CheckBox9.Checked = False Then
                                            If CheckBox10.Checked = False
Then
                                                    p = Val(TextBox1.Text)
                                                    w = Val(TextBox3.Text)
                                                    ee = Val(TextBox4.Text)
                                                    G = (1 + ee) * p/(1 + w)/1
                                                    GoTo 10
                                                End If
                                            End If
                                        End If
                                    End If
                                End If
                            End If
                        End If
                    End If
                End If
            End If
        If CheckBox1.Checked = True Then
```

```
                If CheckBox2.Checked = False Then
                    If CheckBox3.Checked = True Then
                        If CheckBox4.Checked = False Then
                            If CheckBox5.Checked = True Then
                                If CheckBox6.Checked = False Then
                                    If CheckBox7.Checked = False Then
                                        If CheckBox8.Checked = False Then
                                            If CheckBox9.Checked = False Then
                                                If CheckBox10.Checked = False
Then
                                                    p = Val(TextBox1.Text)
                                                    w = Val(TextBox3.Text)
                                                    n = Val(TextBox5.Text)
                                                    ee = n/(1 - n)
                                                    G = (1 + ee) * p/(1 + w)/1
                                                    GoTo 10
                                                End If
                                            End If
                                        End If
                                    End If
                                End If
                            End If
                        End If
                    End If
                End If
            End If
            If CheckBox1.Checked = True Then
                If CheckBox2.Checked = False Then
                    If CheckBox3.Checked = True Then
                        If CheckBox4.Checked = False Then
                            If CheckBox5.Checked = False Then
                                If CheckBox6.Checked = False Then
                                    If CheckBox7.Checked = True Then
                                        If CheckBox8.Checked = False Then
                                            If CheckBox9.Checked = False Then
                                                If CheckBox10.Checked = False
Then
                                                    p = Val(TextBox1.Text)
                                                    w = Val(TextBox3.Text)
                                                    Sr = Val(TextBox7.Text)
                                                    G = Sr * p/(Sr * 1 * (1 + w) - w * p)
                                                    GoTo 10
                                                End If
                                            End If
                                        End If
                                    End If
```

```
                    End If
                End If
            End If
        End If
    End If
End If
If CheckBox1.Checked = False Then
    If CheckBox2.Checked = False Then
        If CheckBox3.Checked = True Then
            If CheckBox4.Checked = True Then
                If CheckBox5.Checked = False Then
                    If CheckBox6.Checked = True Then
                        If CheckBox7.Checked = False Then
                            If CheckBox8.Checked = False Then
                                If CheckBox9.Checked = False Then
                                    If CheckBox10.Checked = False
Then
                                        pd = Val(TextBox6.Text)
                                        ee = Val(TextBox4.Text)
                                        w = Val(TextBox3.Text)
                                        G = (1 + ee) * pd/1
                                        p = (1 + w) * pd
                                        GoTo 10
                                    End If
                                End If
                            End If
                        End If
                    End If
                End If
            End If
        End If
    End If
End If
If CheckBox1.Checked = False Then
    If CheckBox2.Checked = False Then
        If CheckBox3.Checked = True Then
            If CheckBox4.Checked = False Then
                If CheckBox5.Checked = True Then
                    If CheckBox6.Checked = True Then
                        If CheckBox7.Checked = False Then
                            If CheckBox8.Checked = False Then
                                If CheckBox9.Checked = False Then
                                    If CheckBox10.Checked = False
Then
                                        pd = Val(TextBox6.Text)
                                        n = Val(TextBox5.Text)
```

```
                                ee = n/(1 - n)
                                w = Val(TextBox3.Text)
                                G = (1 + ee) * pd/1
                                p = (1 + w) * pd
                                GoTo 10
                            End If
                        End If
                    End If
                End If
            End If
        End If
    End If
End If
End If
End If
If CheckBox1.Checked = False Then
    If CheckBox2.Checked = False Then
        If CheckBox3.Checked = True Then
            If CheckBox4.Checked = False Then
                If CheckBox5.Checked = False Then
                    If CheckBox6.Checked = True Then
                        If CheckBox7.Checked = True Then
                            If CheckBox8.Checked = False Then
                                If CheckBox9.Checked = False Then
                                    If CheckBox10.Checked = False
Then
                                        pd = Val(TextBox6.Text)
                                        w = Val(TextBox3.Text)
                                        Sr = Val(TextBox7.Text)
                                        G = Sr * pd/(Sr * 1 - w * pd)
                                        p = (1 + w) * pd
                                        GoTo 10
                                    End If
                                End If
                            End If
                        End If
                    End If
                End If
            End If
        End If
    End If
End If
If CheckBox1.Checked = False Then
    If CheckBox2.Checked = False Then
        If CheckBox3.Checked = True Then
            If CheckBox4.Checked = True Then
```

```
                    If CheckBox5.Checked = False Then
                        If CheckBox6.Checked = False Then
                            If CheckBox7.Checked = True Then
                                If CheckBox8.Checked = False Then
                                    If CheckBox9.Checked = False Then
                                        If CheckBox10.Checked = False
Then
                                            ee = Val(TextBox4.Text)
                                            w = Val(TextBox3.Text)
                                            Sr = Val(TextBox7.Text)
                                            G = ee * Sr/w
                                            p = ee * Sr * (1 + w) * 1/(1 + ee)/w
                                            GoTo 10
                                        End If
                                    End If
                                End If
                            End If
                        End If
                    End If
                End If
            End If
        End If
    End If
    If CheckBox1.Checked = False Then
        If CheckBox2.Checked = False Then
            If CheckBox3.Checked = True Then
                If CheckBox4.Checked = False Then
                    If CheckBox5.Checked = True Then
                        If CheckBox6.Checked = False Then
                            If CheckBox7.Checked = True Then
                                If CheckBox8.Checked = False Then
                                    If CheckBox9.Checked = False Then
                                        If CheckBox10.Checked = False
Then
                                            n = Val(TextBox5.Text)
                                            ee = n/(1 - n)
                                            w = Val(TextBox3.Text)
                                            Sr = Val(TextBox7.Text)
                                            G = ee * Sr/w
                                            p = ee * Sr * (1 + w) * 1/(1 + ee)/w
                                            GoTo 10
                                        End If
                                    End If
                                End If
                            End If
                        End If
```

```
                    End If
                End If
            End If
        End If
    End If
    If CheckBox1.Checked = True Then
        If CheckBox2.Checked = False Then
            If CheckBox3.Checked = False Then
                If CheckBox4.Checked = False Then
                    If CheckBox5.Checked = False Then
                        If CheckBox6.Checked = True Then
                            If CheckBox7.Checked = True Then
                                If CheckBox8.Checked = False Then
                                    If CheckBox9.Checked = False Then
                                        If CheckBox10.Checked = False
Then
                                            p = Val(TextBox1.Text)
                                            pd = Val(TextBox6.Text)
                                            Sr = Val(TextBox7.Text)
                                            G = Sr * pd/(Sr * 1 - (p - pd))
                                            w = p/pd - 1
                                            GoTo 10
                                        End If
                                    End If
                                End If
                            End If
                        End If
                    End If
                End If
            End If
        End If
    End If
    If CheckBox1.Checked = False Then
        If CheckBox2.Checked = True Then
            If CheckBox3.Checked = True Then
                If CheckBox4.Checked = False Then
                    If CheckBox5.Checked = False Then
                        If CheckBox6.Checked = True Then
                            If CheckBox7.Checked = False Then
                                If CheckBox8.Checked = False Then
                                    If CheckBox9.Checked = False Then
                                        If CheckBox10.Checked = False
Then
                                            w = Val(TextBox3.Text)
                                            pd = Val(TextBox6.Text)
                                            G = Val(TextBox2.Text)
```

```
                                        p = (1 + w) * pd
                                        GoTo 10
                                    End If
                                End If
                            End If
                        End If
                    End If
                End If
            End If
        End If
    End If
End If
If CheckBox1.Checked = False Then
    If CheckBox2.Checked = True Then
        If CheckBox3.Checked = True Then
            If CheckBox4.Checked = True Then
                If CheckBox5.Checked = False Then
                    If CheckBox6.Checked = False Then
                        If CheckBox7.Checked = False Then
                            If CheckBox8.Checked = False Then
                                If CheckBox9.Checked = False Then
                                    If CheckBox10.Checked = False
Then
                                        G = Val(TextBox2.Text)
                                        w = Val(TextBox3.Text)
                                        ee = Val(TextBox4.Text)
                                        p = G * 1 * (1 + w)/(1 + ee)
                                        GoTo 10
                                    End If
                                End If
                            End If
                        End If
                    End If
                End If
            End If
        End If
    End If
End If
If CheckBox1.Checked = False Then
    If CheckBox2.Checked = True Then
        If CheckBox3.Checked = True Then
            If CheckBox4.Checked = False Then
                If CheckBox5.Checked = True Then
                    If CheckBox6.Checked = False Then
                        If CheckBox7.Checked = False Then
                            If CheckBox8.Checked = False Then
```

```
                                        If CheckBox9.Checked = False Then
                                            If CheckBox10.Checked = False
Then
                                                G = Val(TextBox2.Text)
                                                w = Val(TextBox3.Text)
                                                n = Val(TextBox5.Text)
                                                ee = n/(1 - n)
                                                p = G * 1 * (1 + w)/(1 + ee)
                                                GoTo 10
                                            End If
                                        End If
                                    End If
                                End If
                            End If
                        End If
                    End If
                End If
            End If
        End If
        If CheckBox1.Checked = False Then
            If CheckBox2.Checked = True Then
                If CheckBox3.Checked = True Then
                    If CheckBox4.Checked = False Then
                        If CheckBox5.Checked = False Then
                            If CheckBox6.Checked = False Then
                                If CheckBox7.Checked = True Then
                                    If CheckBox8.Checked = False Then
                                        If CheckBox9.Checked = False Then
                                            If CheckBox10.Checked = False
Then
                                                G = Val(TextBox2.Text)
                                                w = Val(TextBox3.Text)
                                                Sr = Val(TextBox7.Text)
                                                p = Sr * G * 1 * (1 + w)/(w * G + Sr)
                                                GoTo 10
                                            End If
                                        End If
                                    End If
                                End If
                            End If
                        End If
                    End If
                End If
            End If
        End If
        If CheckBox1.Checked = False Then
```

```
        If CheckBox2.Checked = False Then
            If CheckBox3.Checked = False Then
                If CheckBox4.Checked = True Then
                    If CheckBox5.Checked = False Then
                        If CheckBox6.Checked = True Then
                            If CheckBox7.Checked = True Then
                                If CheckBox8.Checked = False Then
                                    If CheckBox9.Checked = False Then
                                        If CheckBox10.Checked = False
Then
                                            pd = Val(TextBox6.Text)
                                            ee = Val(TextBox4.Text)
                                            Sr = Val(TextBox7.Text)
                                            p = ee * Sr * 1/(1 + ee) + pd
                                            w = ee * Sr/(1 + ee)/pd
                                            G = (1 + ee) * pd/1
                                            GoTo 10
                                        End If
                                    End If
                                End If
                            End If
                        End If
                    End If
                End If
            End If
        End If
    End If
    If CheckBox1.Checked = False Then
        If CheckBox2.Checked = False Then
            If CheckBox3.Checked = False Then
                If CheckBox4.Checked = False Then
                    If CheckBox5.Checked = True Then
                        If CheckBox6.Checked = True Then
                            If CheckBox7.Checked = True Then
                                If CheckBox8.Checked = False Then
                                    If CheckBox9.Checked = False Then
                                        If CheckBox10.Checked = False
Then
                                            pd = Val(TextBox6.Text)
                                            n = Val(TextBox5.Text)
                                            ee = n/(1 - n)
                                            Sr = Val(TextBox7.Text)
                                            p = ee * Sr * 1/(1 + ee) + pd
                                            w = ee * Sr/(1 + ee)/pd
                                            G = (1 + ee) * pd/1
                                            GoTo 10
```

```
                                        End If
                                    End If
                                End If
                            End If
                        End If
                    End If
                End If
            End If
        End If
    End If
    If CheckBox1.Checked = True Then
        If CheckBox2.Checked = False Then
            If CheckBox3.Checked = False Then
                If CheckBox4.Checked = True Then
                    If CheckBox5.Checked = False Then
                        If CheckBox6.Checked = True Then
                            If CheckBox7.Checked = False Then
                                If CheckBox8.Checked = False Then
                                    If CheckBox9.Checked = False Then
                                        If CheckBox10.Checked = False
Then
                                            pd = Val(TextBox6.Text)
                                            ee = Val(TextBox4.Text)
                                            p = Val(TextBox1.Text)
                                            w = p/pd - 1
                                            G = (1 + ee) * pd/1
                                            GoTo 10
                                        End If
                                    End If
                                End If
                            End If
                        End If
                    End If
                End If
            End If
        End If
    End If
    If CheckBox1.Checked = True Then
        If CheckBox2.Checked = False Then
            If CheckBox3.Checked = False Then
                If CheckBox4.Checked = False Then
                    If CheckBox5.Checked = True Then
                        If CheckBox6.Checked = True Then
                            If CheckBox7.Checked = False Then
                                If CheckBox8.Checked = False Then
                                    If CheckBox9.Checked = False Then
```

```
                                        If CheckBox10.Checked = False Then
                                            pd = Val(TextBox6.Text)
                                            n = Val(TextBox5.Text)
                                            ee = n/(1 - n)
                                            p = Val(TextBox1.Text)
                                            w = p/pd - 1
                                            G = (1 + ee) * pd/1
                                            GoTo 10
                                        End If
                                    End If
                                End If
                            End If
                        End If
                    End If
                End If
            End If
        End If
    End If
    If CheckBox1.Checked = True Then
        If CheckBox2.Checked = False Then
            If CheckBox3.Checked = False Then
                If CheckBox4.Checked = False Then
                    If CheckBox5.Checked = False Then
                        If CheckBox6.Checked = True Then
                            If CheckBox7.Checked = False Then
                                If CheckBox8.Checked = False Then
                                    If CheckBox9.Checked = False Then
                                        If CheckBox10.Checked = False Then
                                            p = Val(TextBox1.Text)
                                            pd = Val(TextBox6.Text)
                                            w = p/pd - 1
                                            TextBox3.Text = w '含水量
                                            GoTo 30
                                        End If
                                    End If
                                End If
                            End If
                        End If
                    End If
                End If
            End If
        End If
    End If
    If CheckBox1.Checked = False Then
```

```
    If CheckBox2.Checked = False Then
        If CheckBox3.Checked = True Then
            If CheckBox4.Checked = False Then
                If CheckBox5.Checked = False Then
                    If CheckBox6.Checked = True Then
                        If CheckBox7.Checked = False Then
                            If CheckBox8.Checked = False Then
                                If CheckBox9.Checked = False Then
                                    If CheckBox10.Checked = False
Then
                                        w = Val(TextBox3.Text)
                                        pd = Val(TextBox6.Text)
                                        p = (1 + w) * pd
                                        TextBox1.Text = p '质量密度
                                        GoTo 30
                                    End If
                                End If
                            End If
                        End If
                    End If
                End If
            End If
        End If
    End If
End If
If CheckBox1.Checked = True Then
    If CheckBox2.Checked = False Then
        If CheckBox3.Checked = False Then
            If CheckBox4.Checked = False Then
                If CheckBox5.Checked = False Then
                    If CheckBox6.Checked = True Then
                        If CheckBox7.Checked = False Then
                            If CheckBox8.Checked = False Then
                                If CheckBox9.Checked = False Then
                                    If CheckBox10.Checked = False
Then
                                        p = Val(TextBox1.Text)
                                        pd = Val(TextBox6.Text)
                                        w = p/pd - 1
                                        TextBox3.Text = w '含水量
                                        GoTo 30
                                    End If
                                End If
                            End If
                        End If
                    End If
```

```
                        End If
                    End If
                End If
            End If
        End If
        If CheckBox1.Checked = False Then
            If CheckBox2.Checked = False Then
                If CheckBox3.Checked = True Then
                    If CheckBox4.Checked = False Then
                        If CheckBox5.Checked = False Then
                            If CheckBox6.Checked = True Then
                                If CheckBox7.Checked = False Then
                                    If CheckBox8.Checked = False Then
                                        If CheckBox9.Checked = False Then
                                            If CheckBox10.Checked = False
Then
                                                pd = Val(TextBox6.Text)
                                                w = Val(TextBox3.Text)
                                                p = (1 + w) * pd
                                                TextBox1.Text = p '质量密度
                                                GoTo 30
                                            End If
                                        End If
                                    End If
                                End If
                            End If
                        End If
                    End If
                End If
            End If
        End If
        If CheckBox1.Checked = False Then
            If CheckBox2.Checked = False Then
                If CheckBox3.Checked = True Then
                    If CheckBox4.Checked = False Then
                        If CheckBox5.Checked = False Then
                            If CheckBox6.Checked = True Then
                                If CheckBox7.Checked = False Then
                                    If CheckBox8.Checked = False Then
                                        If CheckBox9.Checked = False Then
                                            If CheckBox10.Checked = False
Then
                                                pd = Val(TextBox6.Text)
                                                w = Val(TextBox3.Text)
                                                p = (1 + w) * pd
                                                TextBox1.Text = p '质量密度
```

```
                                GoTo 30
                            End If
                        End If
                    End If
                End If
            End If
        End If
    End If
End If
End If
End If
If CheckBox1.Checked = False Then
    If CheckBox2.Checked = False Then
        If CheckBox3.Checked = False Then
            If CheckBox4.Checked = True Then
                If CheckBox5.Checked = False Then
                    If CheckBox6.Checked = True Then
                        If CheckBox7.Checked = False Then
                            If CheckBox8.Checked = False Then
                                If CheckBox9.Checked = False Then
                                    If CheckBox10.Checked = False
Then
                                        pd = Val(TextBox6.Text)
                                        ee = Val(TextBox4.Text)
                                        G = (1 + ee) * pd/1
                                        TextBox2.Text = G '相对密度
                                        GoTo 30
                                    End If
                                End If
                            End If
                        End If
                    End If
                End If
            End If
        End If
    End If
End If
If CheckBox1.Checked = False Then
    If CheckBox2.Checked = False Then
        If CheckBox3.Checked = False Then
            If CheckBox4.Checked = False Then
                If CheckBox5.Checked = True Then
                    If CheckBox6.Checked = True Then
                        If CheckBox7.Checked = False Then
                            If CheckBox8.Checked = False Then
                                If CheckBox9.Checked = False Then
```

```
                                                If CheckBox10.Checked = False
Then
                                                    pd = Val(TextBox6.Text)
                                                    n = Val(TextBox5.Text)
                                                    ee = n/(1 - n)
                                                    G = (1 + ee) * pd/1
                                                    TextBox2.Text = G '相对密度
                                                    GoTo 30
                                                End If
                                            End If
                                        End If
                                    End If
                                End If
                            End If
                        End If
                    End If
                End If
            End If
            If CheckBox1.Checked = False Then
                If CheckBox2.Checked = False Then
                    If CheckBox3.Checked = False Then
                        If CheckBox4.Checked = False Then
                            If CheckBox5.Checked = True Then
                                If CheckBox6.Checked = False Then
                                    If CheckBox7.Checked = False Then
                                        If CheckBox8.Checked = False Then
                                            If CheckBox9.Checked = False Then
                                                If CheckBox10.Checked = False
Then
                                                    n = Val(TextBox5.Text)
                                                    ee = n/(1 - n)
                                                    TextBox4.Text = ee '孔隙比
                                                    GoTo 30
                                                End If
                                            End If
                                        End If
                                    End If
                                End If
                            End If
                        End If
                    End If
                End If
            End If
            If CheckBox1.Checked = False Then
                If CheckBox2.Checked = False Then
                    If CheckBox3.Checked = False Then
```

```
                    If CheckBox4.Checked = True Then
                        If CheckBox5.Checked = False Then
                            If CheckBox6.Checked = False Then
                                If CheckBox7.Checked = False Then
                                    If CheckBox8.Checked = False Then
                                        If CheckBox9.Checked = False Then
                                            If CheckBox10.Checked = False
Then
                                                ee = Val(TextBox4.Text)
                                                n = ee/(1 + ee)
                                                TextBox5.Text = n '孔隙率
                                                GoTo 30
                                            End If
                                        End If
                                    End If
                                End If
                            End If
                        End If
                    End If
                End If
            End If
        End If
        If CheckBox1.Checked = True Then
            If CheckBox2.Checked = False Then
                If CheckBox3.Checked = True Then
                    If CheckBox4.Checked = False Then
                        If CheckBox5.Checked = False Then
                            If CheckBox6.Checked = False Then
                                If CheckBox7.Checked = False Then
                                    If CheckBox8.Checked = False Then
                                        If CheckBox9.Checked = False Then
                                            If CheckBox10.Checked = False
Then
                                                p = Val(TextBox1.Text)
                                                w = Val(TextBox3.Text)
                                                pd = p/(1 + w) '干密度
                                                TextBox6.Text = pd
                                                GoTo 30
                                            End If
                                        End If
                                    End If
                                End If
                            End If
                        End If
                    End If
                End If
```

```
        End If
    End If
    If CheckBox1.Checked = False Then
        If CheckBox2.Checked = False Then
            If CheckBox3.Checked = True Then
                If CheckBox4.Checked = False Then
                    If CheckBox5.Checked = False Then
                        If CheckBox6.Checked = True Then
                            If CheckBox7.Checked = False Then
                                If CheckBox8.Checked = False Then
                                    If CheckBox9.Checked = False Then
                                        If CheckBox10.Checked = False
Then
                                            pd = Val(TextBox6.Text)
                                            w = Val(TextBox3.Text)
                                            p = pd * (1 + w) '干密度
                                            TextBox1.Text = p
                                            GoTo 30
                                        End If
                                    End If
                                End If
                            End If
                        End If
                    End If
                End If
            End If
        End If
    End If
    If CheckBox1.Checked = True Then
        If CheckBox2.Checked = False Then
            If CheckBox3.Checked = False Then
                If CheckBox4.Checked = False Then
                    If CheckBox5.Checked = False Then
                        If CheckBox6.Checked = True Then
                            If CheckBox7.Checked = False Then
                                If CheckBox8.Checked = False Then
                                    If CheckBox9.Checked = False Then
                                        If CheckBox10.Checked = False
Then
                                            pd = Val(TextBox6.Text)
                                            p = Val(TextBox1.Text)
                                            w = p/pd - 1 '干密度
                                            TextBox3.Text = w
                                            GoTo 30
                                        End If
                                    End If
```

```
                                        End If
                                    End If
                                End If
                            End If
                        End If
                    End If
                End If
            End If
            If CheckBox1.Checked = False Then
                If CheckBox2.Checked = False Then
                    If CheckBox3.Checked = True Then
                        If CheckBox4.Checked = False Then
                            If CheckBox5.Checked = False Then
                                If CheckBox6.Checked = False Then
                                    If CheckBox7.Checked = False Then
                                        If CheckBox8.Checked = False Then
                                            If CheckBox9.Checked = False Then
                                                If CheckBox10.Checked = False
Then
                                                    w = Val(TextBox3.Text)
                                                    m = w/(1 + w)
                                                    TextBox10.Text = m
                                                    GoTo 30
                                                End If
                                            End If
                                        End If
                                    End If
                                End If
                            End If
                        End If
                    End If
                End If
            End If
            If CheckBox1.Checked = False Then
                If CheckBox2.Checked = False Then
                    If CheckBox3.Checked = False Then
                        If CheckBox4.Checked = False Then
                            If CheckBox5.Checked = False Then
                                If CheckBox6.Checked = False Then
                                    If CheckBox7.Checked = False Then
                                        If CheckBox8.Checked = True Then
                                            If CheckBox9.Checked = False Then
                                                If CheckBox10.Checked = False
Then
                                                    m = Val(TextBox10.Text)
                                                    w = m/(1 - m)
```

```
                                        TextBox3.Text = w
                                        GoTo 30
                                    End If
                                End If
                            End If
                        End If
                    End If
                End If
            End If
        End If
    End If
End If
MsgBox("已知项选择不妥。")
GoTo 30
10:
ee = G * 1 * (1 + w)/p - 1 '孔隙比
n = ee/(1 + ee)0 '孔隙率
pd = p/(1 + w) '干密度
Sr = w * G * p/(G * 1 * (1 + w) - p) '饱和度
m = w/(1 + w)
If p<0 Or G<0 Or w<0 Or ee<0 Or n<0 Or pd<0 Or Sr<0 Then
    MsgBox("已知参数的赋值不合理")
End If
If CheckBox1.Checked = False Then
    TextBox1.Text = String.Format("{0:f4}",p) '质量密度
End If
If CheckBox2.Checked = False Then
    TextBox2.Text = String.Format("{0:f4}",G) '相对密度
End If
If CheckBox3.Checked = False Then
    TextBox3.Text = String.Format("{0:f4}",w) '含水量
End If
If CheckBox4.Checked = False Then
    TextBox4.Text = String.Format("{0:f4}",ee) '孔隙比
End If
If CheckBox5.Checked = False Then
    TextBox5.Text = String.Format("{0:f4}",n) '孔隙率
End If
If CheckBox6.Checked = False Then
    TextBox6.Text = String.Format("{0:f4}",pd) '干密度
End If
If CheckBox7.Checked = False Then
    TextBox7.Text = String.Format("{0:f4}",Sr) '饱和度
End If
If CheckBox8.Checked = False Then
    TextBox10.Text = String.Format("{0:f4}",m) '含水率
```

```
        End If
        TextBox8.Text = String.Format("{0:f4}",10 * (p * (G - 1)/G/(1 + w) + 1)) '饱和重度
        TextBox9.Text = String.Format("{0:f4}",10 * p * (G - 1)/G/(1 + w))'浮重度
        TextBox11.Text = String.Format("{0:f4}",(G - 1)/(1 + ee)) '临界水力比降
        TextBox9.Focus()
        TextBox9.ScrollToCaret()
30:
    End Sub
    Private Sub CheckBox9_CheckStateChanged(ByVal sender As System.Object,ByVal e As System.EventArgs) Handles CheckBox9.CheckStateChanged
        CheckBox9.Checked = False
    End Sub
    Private Sub CheckBox10_CheckStateChanged(ByVal sender As System.Object,ByVal e As System.EventArgs) Handles CheckBox10.CheckStateChanged
        CheckBox10.Checked = False
    End Sub
    Private Sub Form50_Load(ByVal sender As System.Object,ByVal e As System.EventArgs) Handles MyBase.Load
        Me.MaximizeBox = False
    End Sub
    Private Sub MenuItem1_Click(ByVal sender As System.Object,ByVal e As System.EventArgs) Handles MenuItem1.Click
        Me.Hide()
    End Sub
    Private Sub MenuItem2_Click(ByVal sender As System.Object,ByVal e As System.EventArgs) Handles MenuItem2.Click
        End
    End Sub
End Class
```

最大干密度经验计算

1. 功能

计算土的最大干密度。

2. 界面

开发平台：Microsoft Visual Studio 2019。编程语言：VB. net。软件界面如下。

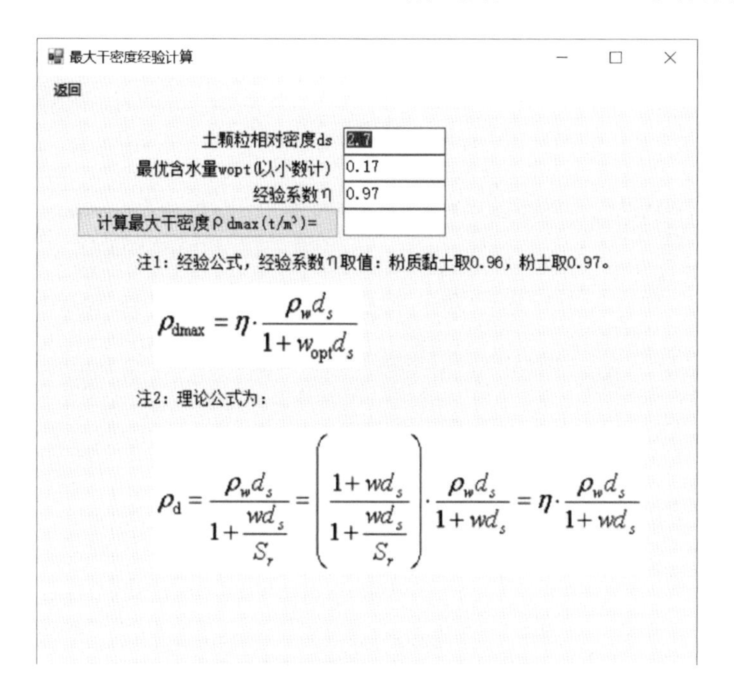

3. 计算原理

计算公式为：

$$\rho_{\mathrm{dmax}}=\eta\cdot\frac{\rho_{\mathrm{w}}d_{\mathrm{s}}}{1+w_{\mathrm{opt}}d_{\mathrm{s}}}$$

详见：王长科. 工程建设中的土力学及岩土工程问题——王长科论文选集［M］. 北京：中国建筑工业出版社，2018。

4. 主要控件

TextBox1：土颗粒相对密度（比重）d_s
TextBox2：最优含水量 w_{opt}（以小数计）
TextBox3：经验系数 η
TextBox4：最大干密度计算结果
Button1：计算最大干密度 ρ_{dmax}（t/m^3）

5. 源程序

```
Public Class Form66
    Private Sub Button1_Click(sender As Object,e As EventArgs) Handles Button1.Click
        Dim pw,ds,wop,n As Double
        pw = 1
        ds = Val(TextBox1.Text)
        wop = Val(TextBox2.Text)
        n = Val(TextBox3.Text)
        TextBox4.Text = n * pw * ds/(1 + wop * ds)
    End Sub
    Private Sub 返回 ToolStripMenuItem_Click(sender As Object,e As EventArgs) Handles 返回 ToolStripMenu-
Item.Click
        Me.Hide()
    End Sub
End Class
```

相对密实度

1. 功能

计算砂土相对密实度。

2. 界面

开发平台：Microsoft Visual Studio 2019。编程语言：VB. net。软件界面如下。

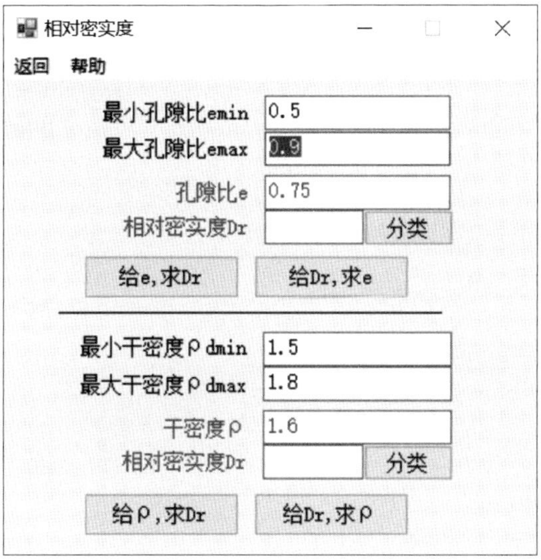

3. 计算原理

$$D_r = \frac{e_{max} - e_0}{e_{max} - e_{min}}$$

$$D_r = \frac{(\rho_d - \rho_{dmin})\rho_{dmax}}{(\rho_{dmax} - \rho_{dmin})\rho_d}$$

符号说明参见土力学教科书。

4. 主要控件

TextBox1：最小孔隙比 e_{min}

TextBox2：最大孔隙比 e_{max}

TextBox3：孔隙比 e

TextBox4：相对密实度 D_r

Button6：岩土分类

Button1：给 e，求 D_r

Button2：给 D_r，求 e

TextBox5：最小干密度 ρ_{dmin}

TextBox6：最大干密度 ρ_{dmax}

TextBox7：干密度 ρ

TextBox8：相对密实度 D_r

Button5：岩土分类

Button3：给 ρ，求 D_r

Button4：给 D_r，求 ρ

5. 源程序

```
Public Class Form71
    Private Sub Button1_Click(ByVal sender As System.Object,ByVal e As System.EventArgs) Handles Button1.Click
        On Error Resume Next
        Dim emin,emax,e0,Dr As Double
        emin = Val(TextBox1.Text)
        emax = Val(TextBox2.Text)
        e0 = Val(TextBox3.Text)
        TextBox4.Text = (emax - e0)/(emax - emin)
        TextBox4.Focus()
    End Sub
    Private Sub Button2_Click(ByVal sender As System.Object,ByVal e As System.EventArgs) Handles Button2.Click
        On Error Resume Next
        Dim emin,emax,e0,Dr As Double
        emin = Val(TextBox1.Text)
        emax = Val(TextBox2.Text)
        Dr = Val(TextBox4.Text)
        TextBox3.Text = emax - Dr * (emax - emin)
        TextBox3.Focus()
    End Sub
    Private Sub Form71_Load(ByVal sender As System.Object,ByVal e As System.EventArgs) Handles MyBase.Load
        Me.MaximizeBox = False
    End Sub
    Private Sub Button3_Click(ByVal sender As System.Object,ByVal e As System.EventArgs) Handles Button3.Click
        On Error Resume Next
        Dim pmin,pmax,pd,Dr As Double
        pmin = Val(TextBox5.Text)
        pmax = Val(TextBox6.Text)
```

```
            pd = Val(TextBox7.Text)
            TextBox8.Text = (pd - pmin)/(pmax - pmin) * pmax/pd
            TextBox8.Focus()
        End Sub
        Private Sub Button4_Click(ByVal sender As System.Object,ByVal e As System.EventArgs) Handles Button4.Click
            On Error Resume Next
            Dim pmin,pmax,pd,Dr As Double
            pmin = Val(TextBox5.Text)
            pmax = Val(TextBox6.Text)
            Dr = Val(TextBox8.Text)
            TextBox7.Text = (pmax * pmin)/(pmax - Dr * (pmax - pmin))
            TextBox7.Focus()
        End Sub
        Private Sub Button5_Click(ByVal sender As System.Object,ByVal e As System.EventArgs) Handles Button5.
Click,Button6.Click
            Form16.Show()
            Form16.WindowState = FormWindowState.Normal
            Form16.ComboBox1.Text = "土按试验指标分类"
        End Sub
        Private Sub MenuItem3_Click(ByVal sender As System.Object,ByVal e As System.EventArgs) Handles Menu-
Item3.Click
            On Error Resume Next
            MsgBox("计算公式 1:Dr = (emax - e0)/(emax - emin);计算公式 2:Dr = (ρd - ρ dmin)/(ρ dmax - ρ dmin) * ρ
dmax/ρd")
        End Sub
        Private Sub MenuItem2_Click(ByVal sender As System.Object,ByVal e As System.EventArgs) Handles Menu-
Item2.Click
            Me.Hide()
        End Sub
    End Class
```

固结试验 E_s 和基床系数 K_v 计算

1. 功能

计算任意压力段的压缩模量和基床系数值。

2. 界面

开发平台：Microsoft Visual Studio 2019。编程语言：VB. net。软件界面如下。

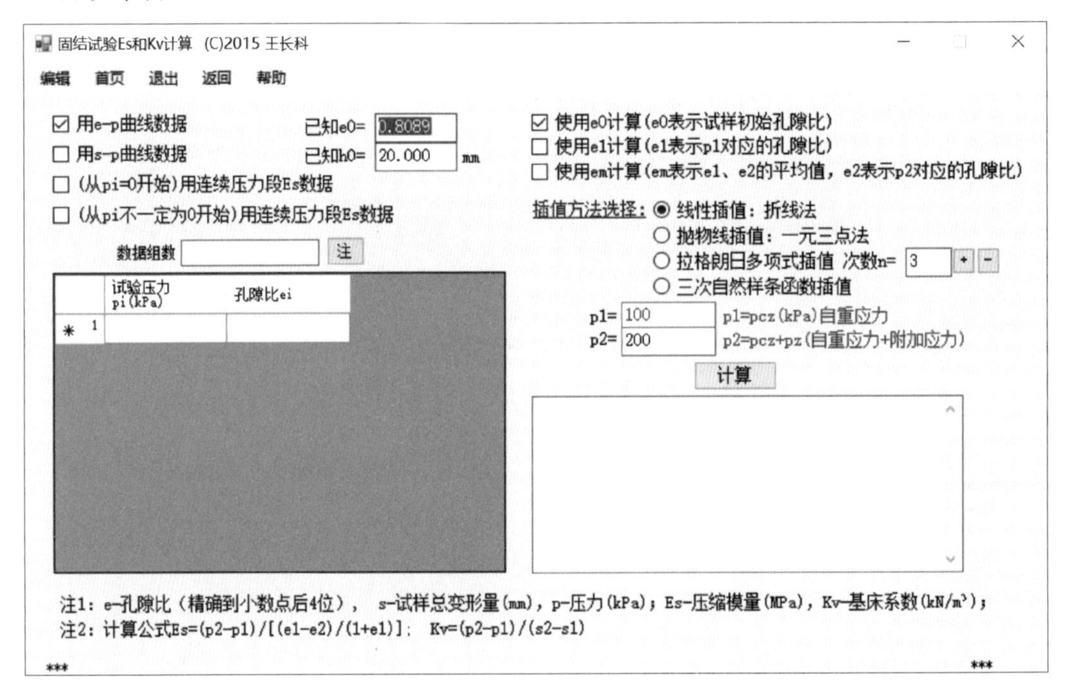

3. 计算原理

运用插值原理（线性插值、抛物线插值、拉格朗日多项式插值、三次样条函数插值等 4 种插值方法），求取固结试验 e-p 曲线任意压力段的压缩模量、基床系数。

4. 主要控件

CheckBox4：用 e-p 曲线数据

CheckBox5：用 s-p 曲线数据

CheckBox6：（从 p_i=0 开始）用连续压力段 E_s 数据

CheckBox7：（从 p_i 不一定为 0 开始）用连续压力段 E_s 数据

TextBox7：已知 e_0

TextBox20：已知 h_0

TextBox4：数据组数

Button20：注

DataGridView1：数据输入

CheckBox1：使用 e_0 计算（e_0 表示试样初始孔隙比）

CheckBox2：使用 e_1 计算（e_1 表示 p_1 对应的孔隙比）

CheckBox3：使用 e_m 计算（e_m 表示 e_1、e_2 的平均值，e_2 表示 p_2 对应的孔隙比）

RadioButton2：线性插值：折线法

RadioButton1：抛物线插值：一元三点法

RadioButton3：拉格朗日多项式插值

TextBox2：次数 n=

RadioButton5：三次自然样条函数插值

TextBox1：压力段 p_1

TextBox6：压力段 p_2

Button2：计算

TextBox3：计算结果输出

5. 源程序

```
Imports System.ComponentModel
Public Class Form113
    Private Sub Button2_Click(ByVal sender As System.Object,ByVal e As System.EventArgs)
Handles Button2.Click
        On Error Resume Next
        On Error Resume Next
        DataGridView1.ColumnCount = 2
        '数检
        If CheckBox4.Checked = False Then
            If CheckBox5.Checked = False Then
                If CheckBox6.Checked = False Then
                    If CheckBox7.Checked = False Then
                        MsgBox("请选择计算方法")
                        GoTo 100
                    End If
                End If
            End If
        End If
        If CheckBox1.Checked = False Then
```

```
        If CheckBox2.Checked = False Then
            If CheckBox3.Checked = False Then
                MsgBox("请选择用 e0、e1 或 em 计算选项")
                GoTo 100
            End If
        End If
    End If
    Dim i,j As Integer
    For i = 1 To DataGridView1.RowCount - 1
        For j = 0 To 1
            If CheckBox6.Checked = True Or CheckBox7.Checked = True Then'用试验连续压力段 Es 计算实际压
力段 Es,需要先计算各级压力下的 e
                If j = 1 And i = 1 Then
                    If IsNumeric(DataGridView1(j,i - 1).Value) = True Then
                        MsgBox("第 1 行第 2 列单元格不应有数据,请检查核对。")
                        GoTo 100
                    End If
                End If
                GoTo 10
            End If
            If IsNumeric(DataGridView1(j,i - 1).Value) = False Then
                MsgBox("数检未通过/数据缺失/非数据字符,请检查核对。")
                GoTo 100
            End If
10:       Next
    Next
    If CheckBox6.Checked = True Then'连续压力段模量,从 pi = 0 开始
        If DataGridView1(0,0).Value<>0 Then
            MsgBox("第一级压力应为 0")
            GoTo 100
        End If
    End If
    For j = 0 To 1
        If IsNumeric(DataGridView1(j,DataGridView1.RowCount - 1).Value) = True Then'最后一行有字符
            MsgBox("数检未通过/最后一行有字符,请检查核对。")
            GoTo 100
        End If
    Next
    Dim N As Integer
    N = DataGridView1.RowCount - 1'输入数据组数
    Dim Npi As Integer
    Npi = N
    Dim Xi(N),Yi(N) As Double
    For i = 1 To N  '读取表格中的数据
        Xi(i) = DataGridView1(0,i - 1).Value'1 表示 0 列,i 表示行索引
        Yi(i) = DataGridView1(1,i - 1).Value
```

```
Next
For i = 1 To N '检查自变量 x 值重复
    For j = i + 1 To N
        If Xi(j) = Xi(i) Then
            MsgBox("自变量 x 值重复")
            GoTo 100
        End If
    Next
Next
'shujian = "数检成功"
Dim Xii(N),Yii(N) As Double  '换变量
For i = 1 To N ''换变量,准备排序
    Xii(i) = Xi(i)
    Yii(i) = Yi(i)
Next
'Dim l,iy As Double '临时变量
'If CheckBox3.Checked = True Then'选中按自变量排序
'For i = 1 To N '数据排序
'For j = i + 1 To N
'If Xii(j)<Xii(i) Then
'l = Xii(i)
'ly = Yii(i)
'Xii(i) = Xii(j)
'Yii(i) = Yii(j)
'Xii(j) = l
'Yii(j) = ly
'End If
'Next
'Next
'End If
Dim Xiii(N),Yiii(N) As Double
For i = 1 To N
    Xiii(i) = Xii(i)
    Yiii(i) = Yii(i)
Next
Dim p1,p2 As Double
p1 = Val(TextBox1.Text)'自重压力
p2 = Val(TextBox6.Text)'自重压力 + 附加
If p2<p1 Then
    MsgBox("检查拟计算的压力段 p2<p1 啦")
    GoTo 100
End If
If p1<Xiii(1) Then
    MsgBox("检查拟计算的压力段,超限")
    GoTo 100
End If
```

```
    If p2>Xiii(N) Then
        MsgBox("检查拟计算的压力段,超限")
        GoTo 100
    End If
    Dim e0,h0,em As Double
    e0 = Val(TextBox7.Text)
    h0 = Val(TextBox20.Text)
    If CheckBox5.Checked = True Then'用 s - p
        'e0 = Val(TextBox7.Text)
        'h0 = Val(TextBox20.Text)
        DataGridView1.ColumnCount = 3
        DataGridView1.Columns(2).HeaderText = "孔隙比 ei"
        For i = 1 To N
            DataGridView1(2,i - 1).Value = e0 - (1 + e0)/h0 * Yi(i)'孔隙比 ei
        Next
    End If
    If CheckBox6.Checked = True Then'用试验连续压力段 Es,从 pi = 0 开始
        'e0 = Val(TextBox9.Text)
        Yii(1) = e0
        For i = 2 To N
            If CheckBox1.Checked = True Then'用 e0 计算
                Yii(i) = Yii(i - 1) - (1 + e0) * (Xiii(i) - Xiii(i - 1))/(Yiii(i) * 1000)
            ElseIf CheckBox2.Checked = True Then'用 e1 计算
                Yii(i) = Yii(i - 1) - (1 + Yii(i - 1)) * (Xiii(i) - Xiii(i - 1))/(Yiii(i) * 1000)
            ElseIf CheckBox3.Checked = True Then'用 em 计算
                Yii(i) = Yii(i - 1) - (1 + 0.5 * e0 + 0.5 * Yii(i - 1)) * (Xiii(i) - Xiii(i - 1))/(Yiii(i) * 
1000)
            Else
                MsgBox("请检查选项")
                GoTo 100
            End If
        Next
    End If
    Dim dp1toi(N + 10),dpNtoi(N + 10),Es1toi(N + 10),EsNtoi(N + 10) As Double
    If CheckBox7.Checked = True Then'连续压力段,从任意 pi 开始
        'DataGridView1.ColumnCount = 6
        'DataGridView1.Columns(2).HeaderText = "pi - p1"
        'DataGridView1.Columns(3).HeaderText = "Es1 - i"
        'DataGridView1.Columns(4).HeaderText = "pN - pi"
        'DataGridView1.Columns(5).HeaderText = "EsN - i"
        Es1toi(1) = 1'假定为 1,不影响结果
        For i = 2 To N
            dp1toi(i) = Xiii(i) - Xiii(1)
            Es1toi(i) = (Xiii(i) - Xiii(1))/((Xiii(i - 1) - Xiii(1))/Es1toi(i - 1) + (Xiii(i) - Xiii(i - 
1))/(Yiii(i)))
            DataGridView1(2,i - 1).Value = dp1toi(i)
```

```
            DataGridView1(3,i - 1).Value = Es1toi(i)
        Next
        EsNtoi(N) = 1
        For i = N - 1 To 1 Step - 1
            dpNtoi(i) = Xiii(N) - Xiii(i)
            EsNtoi(i) = (Xiii(N) - Xiii(i))/((Xiii(N) - Xiii(i + 1))/EsNtoi(i + 1) + (Xiii(i + 1) - Xiii
(i))/(Yiii(i + 1)))
            'DataGridView1(4,i - 1).Value = dpNtoi(i)
            'DataGridView1(5,i - 1).Value = EsNtoi(i)
        Next
        'DataGridView1.ColumnCount = 10
        'DataGridView1.Columns(6).HeaderText = "Xii"
        'DataGridView1.Columns(7).HeaderText = "Yii"
        'DataGridView1.Columns(8).HeaderText = "Xii2"
        'DataGridView1.Columns(9).HeaderText = "Yii2"
        'If Val(TextBox1.Text) - Xiii(1)> = Xiii(2) - Xiii(1) Then 'chazhidian x 值不在第一个折线段
        'For i = 1 To N - 1
        'Xii(i) = dp1toi(i + 1)
        'Yii(i) = Es1toi(i + 1)
        'DataGridView1(6,i - 1).Value = Xii(i)
        'DataGridView1(7,i - 1).Value = Yii(i)
        'Next
        'Else 'x 值落在第一个折线段
        'For i = 1 To N - 1
        'Xii(i) = dpNtoi(N - i)
        'Yii(i) = EsNtoi(N - i)
        'DataGridView1(8,i - 1).Value = Xii(i)
        'DataGridView1(9,i - 1).Value = Yii(i)
        'Next
        'End If
        'N = N - 1
    End If
    Dim Min,Max,x,y,e1,e2,s1,s2 As Double
    TextBox3.Text = "" & vbCrLf '显示框清零
    Dim idy As Integer '插值的第几回序号
    idy = 1
5:
    If idy = 1 Then
        x = Val(TextBox1.Text)
    ElseIf idy = 2 Then
        x = Val(TextBox6.Text)
    Else
        GoTo 30
    End If
    If CheckBox7.Checked = True Then '连续压力段,从任意 pi 开始
        If x> = Xiii(2) Then 'x 值不在第一个折线段
```

```
                For i = 1 To N - 1
                    Xii(i) = dp1toi(i + 1)
                    Yii(i) = Es1toi(i + 1)
                    'DataGridView1(6,i - 1).Value = Xii(i)
                    'DataGridView1(7,i - 1).Value = Yii(i)
                Next
                x = x - Xiii(1)
                N = Npi - 1
            Else 'x值落在第一个折线段
                For i = 1 To N - 1
                    Xii(i) = dpNtoi(N - i)
                    Yii(i) = EsNtoi(N - i)
                    'Xii(i) = dpNtoi(N - i)
                    'Yii(i) = EsNtoi(N - i)
                    'DataGridView1(8,i - 1).Value = Xii(i)
                    'DataGridView1(9,i - 1).Value = Yii(i)
                Next
                x = Xiii(N) - x
                N = Npi - 1
            End If
        End If
        'TextBox3.Text += "x = " &x& vbCrLf
        Dim dy0dx,d2y0dx2 As Double '一阶导数 y ' = dy/dx
        If RadioButton2.Checked = True Then '折线法
            If N<2 Then
                MsgBox("试验数据不能小于 2 组。")
                GoTo 100
            End If
            For i = 1 To N - 1
                If x> = Xii(i) And x< = Xii(i + 1) Then
                    y = Yii(i) + (x - Xii(i))/(Xii(i + 1) - Xii(i)) * (Yii(i + 1) - Yii(i))
                    If x<>Xii(i) And x<>Xii(i + 1) Then
                        dy0dx = (1)/(Xii(i + 1) - Xii(i)) * (Yii(i + 1) - Yii(i))
                    End If
                    GoTo 30
                End If
            Next
        End If
        If RadioButton1.Checked = True Then '一元三点法
            Dim iMin1,iMin2,iMin3 As Integer
            If N<3 Then
                MsgBox("试验数据不能小于 3 组。")
                GoTo 100
            End If
            For j = 1 To N - 1
                If x> = Xii(j) And x< = Xii(j + 1) Then
```

GoTo 230

End If

Next

230: iMin1 = j

iMin2 = j + 1

For i = 1 To N

If i = 1 Then

Max = Math.Abs(x - Xii(i))

Else

If Math.Abs(x - Xii(i))> = Max Then

Max = Math.Abs(x - Xii(i))'最大值

End If

End If

Next

Min = Max

For i = 1 To N

If i<>iMin1 And i<>iMin2 Then

If Math.Abs(x - Xii(i))< = Min Then

iMin3 = i

Min = Math.Abs(x - Xii(i))'最小值

End If

End If

Next

Dim k As Integer

If iMin1<iMin2 And iMin1<iMin3 Then

k = iMin1

ElseIf iMin2<iMin1 And iMin2<iMin3 Then

k = iMin2

ElseIf iMin3<iMin1 And iMin3<iMin2 Then

k = iMin3

End If

'i = k

y = (x - Xii(k + 1))/(Xii(k) - Xii(k + 1)) * (x - Xii(k + 2))/(Xii(k) - Xii(k + 2)) * Yii(k)

'计算一阶导数 dy0dx,第一项

dy0dx = (1)/(Xii(k) - Xii(k + 1)) * (x - Xii(k + 2))/(Xii(k) - Xii(k + 2)) * Yii(k) + (x - Xii(k + 1))/(Xii(k) - Xii(k + 1)) * (1)/(Xii(k) - Xii(k + 2)) * Yii(k)

'第二项 i = k + 1

y = y + (x - Xii(k))/(Xii(k + 1) - Xii(k)) * (x - Xii(k + 2))/(Xii(k + 1) - Xii(k + 2)) * Yii(k + 1)

dy0dx = dy0dx + (1)/(Xii(k + 1) - Xii(k)) * (x - Xii(k + 2))/(Xii(k + 1) - Xii(k + 2)) * Yii(k + 1) + (x - Xii(k))/(Xii(k + 1) - Xii(k)) * (1)/(Xii(k + 1) - Xii(k + 2)) * Yii(k + 1)

'第三项 i = k + 2

y = y + (x - Xii(k))/(Xii(k + 2) - Xii(k)) * (x - Xii(k + 1))/(Xii(k + 2) - Xii(k + 1)) * Yii(k + 2)

dy0dx = dy0dx + (1)/(Xii(k + 2) - Xii(k)) * (x - Xii(k + 1))/(Xii(k + 2) - Xii(k + 1)) * Yii(k + 2) + (x - Xii(k))/(Xii(k + 2) - Xii(k)) * (1)/(Xii(k + 2) - Xii(k + 1)) * Yii(k + 2)

GoTo 30

End If

```
    If RadioButton3.Checked = True Then '拉格朗日任意次(nL 次)多项式
        Dim nL As Integer
        nL = Val(TextBox2.Text)
        If N<nL + 1 Then
            MsgBox("试验数据少,多项式次数选择不能大于" & N - 1 &"次")
            GoTo 100
        End If
        Dim iMin(nL + 1) As Integer '寻找距离 x 最近的 nL + 1 个点
        For j = 1 To N - 1
            If x> = Xii(j) And x< = Xii(j + 1) Then
                GoTo 903
            End If
        Next
903:
        iMin(1) = j
        iMin(2) = j + 1
        'Dim Min,Max As Double
        For i = 1 To N
            If i = 1 Then
                Max = Math.Abs(x - Xii(i))
            Else
                If Math.Abs(x - Xii(i))> = Max Then
                    Max = Math.Abs(x - Xii(i))'最大值
                End If
            End If
        Next
        Dim k As Integer
        For j = 3 To nL + 1
            Min = Max
            For i = 1 To N
                For k = 1 To j - 1
                    If i = iMin(k) Then
                        GoTo 20
                    End If
                Next
                If Math.Abs(x - Xii(i))< = Min Then
                    iMin(j) = i
                    Min = Math.Abs(x - Xii(i))'最小值
                End If
20:         Next
        Next
        Dim jk As Integer
        jk = N
        For i = 1 To nL + 1 '找最小序号
            jk = Math.Min(jk,iMin(i))
        Next
```

```
'Dim k As Integer
Dim y1 As Double
Dim y1dy0dx As Double
Dim dy0dx1 As Double
Dim dy0dx2 As Double
y = 0
dy0dx = 0
d2y0dx2 = 0
For k = jk To jk + nL
    y1 = 1
    y1dy0dx = 1
    For i = jk To jk + nL
        If i = k Then
            GoTo 908
        End If
        If (x - Xii(i)) = 0 Then
            y1dy0dx = y1dy0dx * 1/(Xii(k) - Xii(i))
        Else
            y1dy0dx = y1dy0dx * (x - Xii(i))/(Xii(k) - Xii(i))
        End If
        y1 = y1 * (x - Xii(i))/(Xii(k) - Xii(i))
908:    Next
    y = y + y1 * Yii(k)
    dy0dx1 = 0
    For i = jk To jk + nL
        If i = k Then
            GoTo 909
        End If
        If(x - Xii(i)) = 0 Then
            dy0dx1 = dy0dx1 + y1dy0dx
        Else
            dy0dx1 = dy0dx1 + y1/((x - Xii(i))/(Xii(k) - Xii(i))) * (1/(Xii(k) - Xii(i)))
        End If
        'dy0dx1 = dy0dx1 + y1/((x - Xii(i))/(Xii(k) - Xii(i))) * (1/(Xii(k) - Xii(i)))
909:    Next
    dy0dx = dy0dx + dy0dx1 * Yii(k)
    dy0dx2 = 0
    For i = jk To jk + nL
        If i = k Then
            GoTo 9090
        End If
        dy0dx2 = dy0dx2 + y1 * ( - 1) * (x - Xii(i))^( - 2) * (Xii(k) - Xii(i)) * (1/(Xii(k) - Xii
(i))) + dy0dx1/(x - Xii(i)) * (Xii(k) - Xii(i)) * (1/(Xii(k) - Xii(i)))
9090:   Next
    d2y0dx2 = d2y0dx2 + dy0dx2 * Yii(k)'该公式有错
Next
```

```
        GoTo 30
    End If
    Dim l As Double
    If RadioButton5.Checked = True Then '三次自然样条函数
        Dim a(N + 10,N + 10) As Double '增量矩阵
        Dim Vi(N + 10),ai(N + 10),Bi(N + 10) As Double'Vi—γi;ai—αi;Bi—βi
        Dim m,k As Integer
        Dim Mi(N + 10) As Double '增量矩阵,M0 = Mn = 0
        Dim hi(N + 10) As Double
        For i = 2 To N
            hi(i) = Xii(i) - Xii(i - 1)
        Next
        For i = 2 To N - 1
            Vi(i) = hi(i + 1)/(hi(i) + hi(i + 1))
            ai(i) = 1 - Vi(i)
        Next
        For i = 2 To N - 1
            Bi(i) = 6/(hi(i) + hi(i + 1)) * ((Yii(i + 1) - Yii(i))/hi(i + 1) - (Yii(i) - Yii(i - 1))/hi(i))
        Next
        '读入增广矩阵
        For i = 1 To N - 1
            If i = 1 Then 'γ1 * M(0) + 2 * M(1) + α1 * M(2) = β(1),M(0) = 0
                a(1,1) = 2
                a(1,2) = ai(1)
                For j = 3 To N - 1
                    a(1,j) = 0
                Next
                a(1,N) = Bi(1)
            ElseIf i = N - 1 Then 'γ(n - 1) * M(n - 2) + 2 * M(n - 1) + α(n - 1) * M(n) = β(n - 1),M(n) = 0
                For j = 1 To N - 3
                    a(N - 1,j) = 0
                Next
                a(N - 1,N - 2) = Vi(N - 1)
                a(N - 1,N - 1) = 2
                a(N - 1,N) = Bi(N - 1)
            Else 'γi * M(i - 1) + 2 * M(i) + αi * M(i + 1) = β(i)
                For j = 1 To i - 2
                    a(i,j) = 0
                Next
                a(i,i - 1) = Vi(i)
                a(i,i) = 2
                a(i,i + 1) = ai(i)
                For j = i + 2 To N - 1
                    a(i,j) = 0
                Next
                a(i,N) = Bi(i)
```

```
        End If
    Next
    Dim zmax,hmax As Double
    '消元的过程
    Dim NX As Integer
    NX = N - 1 '自然样条函数,只有 N - 1 个方程
    For i = 1 To NX - 1
        '比较每行的系数绝对值大小,如果后一个比前一个大,则记住最大的行号
        zmax = Math.Abs(a(i,i))
        hmax = i
        For j = i + 1 To NX
            If(Math.Abs(a(j,i))>zmax) Then
                hmax = j
                zmax = Math.Abs(a(j,i))
            End If
        Next j
        '比较 hmax 和 i,如不相等则交换该两行各元素
        If(hmax<>i) Then
            For m = i To NX + 1
                l = a(hmax,m)
                a(hmax,m) = a(i,m)
                a(i,m) = l
            Next m
        End If
        '将增广矩阵变换为上三角矩阵
        For j = i + 1 To NX
            y = a(j,i)/a(i,i)
            For k = i To NX + 1
                a(j,k) = a(j,k) - a(i,k) * y
            Next k
        Next j
    Next i
    '回代的过程
    Mi(NX) = a(NX,NX + 1)/a(NX,NX)'Mi()表示多元一次方程的根,比如 x1、x2,等
    For i = NX - 1 To 1 Step - 1
        y = 0
        For j = NX To i + 1 Step - 1
            y = y + a(i,j) * Mi(j)
        Next j
        Mi(i) = (a(i,NX + 1) - y)/a(i,i)
    Next i
    '计算插值 y
    For i = 2 To N
        If x> = Xii(i - 1) And x< = Xii(i) Then
            y = Mi(i - 1)/(6 * hi(i)) * (Xii(i) - x)^3 + Mi(i)/(6 * hi(i)) * (x - Xii(i - 1))^3 + (Yii(i -
1)/hi(i) - Mi(i - 1)/6 * hi(i)) * (Xii(i) - x) + (Yii(i)/hi(i) - Mi(i)/6 * hi(i)) * (x - Xii(i - 1))
```

```
                    '计算一阶导数 y ' = dy0dx
                    dy0dx = 3 * ( - 1) * Mi(i - 1)/(6 * hi(i)) * (Xii(i) - x)^2 + 3 * Mi(i)/(6 * hi(i)) * (x -
Xii(i - 1))^2 + (Yii(i - 1)/hi(i) - Mi(i - 1)/6 * hi(i)) * ( - 1) + (Yii(i)/hi(i) - Mi(i)/6 * hi(i)) * (1)
                    GoTo 30
                End If
            Next
        End If
30:     Dim Es,av,mv,Kv,Es1,Es2,dp1,dp2 As Double '压缩模量
        If idy = 1 Then
            If CheckBox4.Checked = True Then '用 e - p 曲线
                e1 = y
            ElseIf CheckBox5.Checked = True Then '用 s - p 曲线
                s1 = y
            ElseIf CheckBox6.Checked = True Then '用试验连续压力段 Es 计算,从 pi = 0 开始
                e1 = y
            ElseIf CheckBox7.Checked = True Then '用试验连续压力段 Es 计算,从 pi 开始,不一定从 0 开始
                If p1> = Xiii(2) Then 'x 值不在第一个折线段
                    dp1 = x
                    Es1 = y
                Else
                    dp1 = p1 - Xiii(1)
                    If dp1 = 0 Then
                        Es1 = 1 '假定为 1,不影响结果
                    Else
                        Es1 = dp1/((Xiii(N + 1) - Xiii(1))/Es1toi(N + 1) - x/y)
                    End If
                End If
            End If
            idy = idy + 1
            GoTo 5
        ElseIf idy = 2 Then
            If CheckBox4.Checked = True Then '用 e-p 曲线点计算
                e2 = y
                If CheckBox1.Checked = True Then '用 e0
                    'e0 = Val(TextBox7.Text)
                    If p2 = p1 Then
                        Es = - 1/dy0dx /1000 * (1 + e0)
                        av = (1 + e0)/Es
                        mv = 1/Es
                    Else
                        Es = (p2 - p1)/(e1 - e2)/1000 * (1 + e0)
                        av = (1 + e0)/Es
                        mv = 1/Es
                    End If
                    Kv = Es/(h0/1000)
                End If
```

```
    If CheckBox2.Checked = True Then '用 e1
        If p2 = p1 Then
            Es = - 1/dy0dx/1000 * (1 + e1)
            av = (1 + e1)/Es
            mv = 1/Es
        Else
            Es = (p2 - p1)/1000/((e1 - e2)/(1 + e1))
            av = (1 + e1)/Es
            mv = 1/Es
        End If
        Kv = Es/(h0/1000)
    End If
    If CheckBox3.Checked = True Then '用 em
        em = (e1 + e2)/2
        If p2 = p1 Then
            Es = - 1/dy0dx/1000 * (1 + em)
            av = (1 + em)/Es
            mv = 1/Es
        Else
            Es = (p2 - p1)/1000/((e1 - e2)/(1 + em))
            av = (1 + em)/Es
            mv = 1/Es
        End If
        Kv = Es/(h0/1000)
    End If
    TextBox3.Text += "压缩模量 Es(MPa) = " & Es & vbCrLf
    TextBox3.Text += "基床系数 Kv(MPa/m) = " & Kv & vbCrLf
    'TextBox3.Text += "h0 = " & h0 & vbCrLf
    TextBox3.Text += "e0 = " & e0 & vbCrLf
    TextBox3.Text += "p1 = " & p1 &",e1 = " & e1 & vbCrLf
    TextBox3.Text += "p2 = " & p2 &",e2 = " & e2 & vbCrLf
ElseIf CheckBox5.Checked = True Then '用 s - p 曲线点计算
    s2 = y
    'h0 = Val(TextBox20.Text)
    If CheckBox1.Checked = True Then '用 e0
        If p2 = p1 Then
            Es = 1/dy0dx/1000 * h0
            av = (1 + e0)/Es
            mv = 1/Es
        Else
            Es = (p2 - p1)/1000/(s2 - s1) * h0
            av = (1 + e0)/Es
            mv = 1/Es
        End If
        Kv = Es/(h0/1000)
    End If
```

```
        If CheckBox2.Checked = True Then '用 e1
            If p2 = p1 Then
                Es = 1/dy0dx/1000 * (h0 - s1)
            Else
                Es = (p2 - p1)/1000/(s2 - s1) * (h0 - s1)
            End If
            Kv = Es/((h0 - s1)/1000)
        End If
        If CheckBox3.Checked = True Then '用 em
            If p2 = p1 Then
                Es = 1/dy0dx/1000 * (h0 - (s1 + s2)/2)
            Else
                Es = (p2 - p1)/1000/(s2 - s1) * (h0 - (s1 + s2)/2)
            End If
            Kv = Es/((h0 - (s1 + s2)/2)/1000)
        End If
        'TextBox3.Text += "压缩模量 Es(MPa) = " & - Es & vbCrLf
        'TextBox3.Text += "基床系数 Kv(MPa/m) = " & - Kv & vbCrLf
        TextBox3.Text += "压缩模量 Es(MPa) = " & Es & vbCrLf
        TextBox3.Text += "基床系数 Kv(MPa/m) = " & Kv & vbCrLf
        TextBox3.Text += "---------" & vbCrLf
        TextBox3.Text += "h0 = " & h0 & vbCrLf
        TextBox3.Text += "e0 = " & e0 & vbCrLf
        'TextBox3.Text += "p1 = " & p1 &",s1 = " & s1 &",e1 = " & e0 - (1 + e0) * (h0 - s1)/h0 & vbCrLf
        'TextBox3.Text += "p2 = " & p2 &",s2 = " & s2 &",e2 = " & e0 - (1 + e0) * (h0 - s2)/h0 & vbCrLf
        TextBox3.Text += "p1 = " & p1 &",s1 = " & s1 &",e1 = " & e0 - (1 + e0) * (s1)/h0 & vbCrLf
        TextBox3.Text += "p2 = " & p2 &",s2 = " & s2 &",e2 = " & e0 - (1 + e0) * (s2)/h0 & vbCrLf
    ElseIf CheckBox6.Checked = True Then '用试验连续压力段 Es 计算,需要从 pi = 0 开始
        e2 = y
        If CheckBox1.Checked = True Then '用 e0
            If p2 = p1 Then
                Es = - 1/dy0dx/1000 * (1 + e0)
            Else
                Es = (p2 - p1)/1000/((e1 - e2)/(1 + e0))
            End If
            Kv = Es/(h0/1000)
        ElseIf CheckBox2.Checked = True Then '用 e1
            If p2 = p1 Then
                Es = - 1/dy0dx/1000 * (1 + e1)
            Else
                Es = (p2 - p1)/1000/((e1 - e2)/(1 + e1))
            End If
            Kv = Es/(h0/1000)
        ElseIf CheckBox3.Checked = True Then '用 em
            em = (e1 + e2)/2
            If p2 = p1 Then
```

```
                Es = - 1/dy0dx/1000 * (1 + em)
            Else
                Es = (p2 - p1)/1000/((e1 - e2)/(1 + em))
            End If
            Kv = Es/(h0/1000)
        End If
        TextBox3.Text += "压缩模量 Es(MPa) = " & Es & vbCrLf
        TextBox3.Text += "基床系数 Kv(MPa/m) = " & Kv & vbCrLf
        TextBox3.Text += "e0 = " & e0 & vbCrLf
        TextBox3.Text += "p1 = " & p1 &"e1 = " & e1 & vbCrLf
        TextBox3.Text += "p2 = " & p2 &"e2 = " & e2 & vbCrLf
    ElseIf CheckBox7.Checked = True Then '用试验连续压力段 Es 计算,从 pi 开始,不一定从 0 开始
        If p2> = Xiii(2) Then 'x 值不在第一个折线段
            dp2 = x
            Es2 = y
            'TextBox3.Text += "y" & y & vbCrLf
        Else
            dp2 = p2 - Xiii(1)
            If dp2 = 0 Then
                Es2 = 1 '假定为 1,不影响结果
            Else
                Es2 = dp2/((Xiii(N + 1) - Xiii(1))/Es1toi(N + 1) - x/y)
            End If
        End If
        Es = (dp2 - dp1)/(dp2/Es2 - dp1/Es1)
        Kv = Es/(h0/1000)
        N = Npi '还回 N 值
        TextBox3.Text += "压缩模量 Es(MPa) = " & Es & vbCrLf
        TextBox3.Text += "基床系数 KvMPa/m) = " & Kv & vbCrLf
        'TextBox3.Text += "dp1 = " & dp1 & vbCrLf
        'TextBox3.Text += "Es1 = " & Es1 & vbCrLf
        'TextBox3.Text += "dp2 = " & dp2 & vbCrLf
        'TextBox3.Text += "Es2 = " & Es2 & vbCrLf
    End If
    GoTo 59
End If
59:
Dim i1 As Integer
TextBox3.Text += "----------" & vbCrLf
TextBox3.Text += "原始样本:" & vbCrLf
TextBox3.Text += "----------" & vbCrLf
'TextBox3.Text += "p,e" & vbCrLf
'TextBox3.Text += "----------" & vbCrLf
For i1 = 1 To N
    TextBox3.Text += Xiii(i1)&"," & Yiii(i1)& vbCrLf
Next
```

```
            TextBox3.Focus()
    100:
        End Sub
        Private Sub MenuItem2_Click(ByVal sender As System.Object,ByVal e As System.EventArgs)
            Me.Hide()
        End Sub
        Private Sub MenuItem3_Click(ByVal sender As System.Object,ByVal e As System.EventArgs)
            End
        End Sub
        Private Sub MenuItem1_Click(ByVal sender As System.Object,ByVal e As System.EventArgs)
            门户首页.Hide( )
            门户首页.Show( )
            门户首页.WindowState = FormWindowState.Maximized
            Me.Hide()
        End Sub
        Private Sub TextBox4_KeyDown(ByVal sender As Object,ByVal e As System.Windows.Forms.KeyEventArgs) Han-
dles TextBox4.KeyDown
            On Error Resume Next
            If e.KeyCode = Keys.Enter Then
                DataGridView1.RowCount = Val(TextBox4.Text) + 1
                DataGridView1.Focus()
                DataGridView1.CurrentCell = DataGridView1(0,0)
            End If
        End Sub
        Private Sub DataGridView1_CellPainting(ByVal sender As Object,ByVal e As System.Windows.Forms.DataGrid-
ViewCellPaintingEventArgs) Handles DataGridView1.CellPainting
            On Error Resume Next
            If e.ColumnIndex<0 And e.RowIndex> = 0 Then '判断条件是:满足行数索引号要大于或等于0且列数的索
引号小于0
                e.Paint(e.ClipBounds,DataGridViewPaintParts.All)
                Dim indexrect As Drawing.Rectangle = e.CellBounds
                indexrect.Inflate(-2,-2)'定义显示的行号的坐标
                '绘画字符串的值
                TextRenderer.DrawText(e.Graphics,(e.RowIndex + 1).ToString(),e.CellStyle.Font,indexrect,e.
CellStyle.ForeColor,TextFormatFlags.Right)
                e.Handled = True
            End If
        End Sub
        Private Sub Button20_Click(ByVal sender As System.Object,ByVal e As System.EventArgs) Handles Button20.
Click
            On Error Resume Next
            MsgBox("e表示孔隙比,p表示压力(kPa),e0表示试样初始孔隙比,h0表示试样初始高度(mm),s表示试样
总变形量(mm)。")
        End Sub
        Private Sub TextBox1_KeyDown(ByVal sender As Object,ByVal e As System.Windows.Forms.KeyEventArgs) Han-
dles TextBox1.KeyDown
```

```
        If e.KeyCode = Keys.Up Then
            TextBox6.Focus()
        End If
        If e.KeyCode = Keys.Left Then
            TextBox6.Focus()
        End If
    End Sub
    Private Sub TextBox2_KeyDown(ByVal sender As Object,ByVal e As System.Windows.Forms.KeyEventArgs)
        If e.KeyCode = Keys.Down Then
            TextBox6.Focus()
        End If
        If e.KeyCode = Keys.Up Then
            TextBox1.Focus()
        End If
        If e.KeyCode = Keys.Right Then
            TextBox6.Focus()
        End If
        If e.KeyCode = Keys.Left Then
            TextBox1.Focus()
        End If
        If e.KeyCode = Keys.Enter Then
            TextBox6.Focus()
        End If
    End Sub
    Private Sub RadioButton7_CheckedChanged(ByVal sender As System.Object,ByVal e As System.EventArgs)
        On Error Resume Next
    End Sub
    Private Sub RadioButton8_CheckedChanged(ByVal sender As System.Object,ByVal e As System.EventArgs)
        On Error Resume Next
    End Sub
    Private Sub CheckBox1_CheckedChanged(ByVal sender As System.Object,ByVal e As System.EventArgs) Handles
CheckBox1.CheckedChanged
        On Error Resume Next
        If CheckBox1.Checked = True Then
            CheckBox2.Checked = False
            CheckBox3.Checked = False
        End If
    End Sub
    Private Sub CheckBox2_CheckedChanged(ByVal sender As System.Object,ByVal e As System.EventArgs) Handles
CheckBox2.CheckedChanged
        On Error Resume Next
        If CheckBox2.Checked = True Then
            CheckBox1.Checked = False
            CheckBox3.Checked = False
        End If
    End Sub
```

```
    Private Sub CheckBox4_CheckedChanged(ByVal sender As System.Object,ByVal e As System.EventArgs) Handles
CheckBox4.CheckedChanged
        On Error Resume Next
        'shujian = ""
        If CheckBox4.Checked = True Then
            CheckBox5.Checked = False
            CheckBox6.Checked = False
            CheckBox7.Checked = False
            DataGridView1.ColumnCount = 2
            DataGridView1.Columns(0).HeaderText = "试验压力 pi(kPa)"
            DataGridView1.Columns(1).HeaderText = "孔隙比 ei"
            DataGridView1.Columns(1).Width = 100
            Label4.Visible = True
            TextBox7.Visible = True
            Label21.Visible = True
            TextBox20.Visible = True
            TextBox7.Focus()
        End If
    End Sub
    Private Sub CheckBox5_CheckedChanged(ByVal sender As System.Object,ByVal e As System.EventArgs) Handles
CheckBox5.CheckedChanged
        On Error Resume Next
        'shujian = ""
        If CheckBox5.Checked = True Then
            CheckBox4.Checked = False
            CheckBox6.Checked = False
            CheckBox7.Checked = False
            DataGridView1.Columns(0).HeaderText = "试验压力 pi(kPa)"
            DataGridView1.Columns(1).HeaderText = "试样总变形量 si(mm)"
            DataGridView1.Columns(1).Width = 100
            Label4.Visible = True
            TextBox7.Visible = True
            Label21.Visible = True
            TextBox20.Visible = True
            TextBox7.Focus()
        End If
    End Sub
    Private Sub CheckBox6_CheckedChanged(ByVal sender As System.Object,ByVal e As System.EventArgs) Handles
CheckBox6.CheckedChanged
        On Error Resume Next
        'shujian = ""
        If CheckBox6.Checked = True Then
            CheckBox4.Checked = False
            CheckBox5.Checked = False
            CheckBox7.Checked = False
            DataGridView1.ColumnCount = 2
```

```
            DataGridView1.Columns(0).HeaderText = "试验压力 pi(kPa)"
            DataGridView1.Columns(1).HeaderText = "Esi(MPa)[压力段:p(i-1)-p(i)]"
            DataGridView1.Columns(1).Width = 120
            Label4.Visible = True
            TextBox7.Visible = True
            Label21.Visible = True
            TextBox20.Visible = True
        End If
    End Sub
    Private Sub CheckBox7_CheckedChanged(ByVal sender As System.Object,ByVal e As System.EventArgs) Handles
CheckBox7.CheckedChanged
        'shujian = ""
        If CheckBox7.Checked = True Then
            CheckBox4.Checked = False
            CheckBox5.Checked = False
            CheckBox6.Checked = False
            DataGridView1.ColumnCount = 2
            DataGridView1.Columns(0).HeaderText = "试验压力 pi(kPa)"
            DataGridView1.Columns(1).HeaderText = "Esi(MPa)[压力段:p(i-1)-p(i)]"
            DataGridView1.Columns(1).Width = 120
            Label4.Visible = False
            TextBox7.Visible = False
        End If
    End Sub
    Private Sub Form113_Load(ByVal sender As System.Object,ByVal e As System.EventArgs) Handles MyBase.Load
        Me.AutoScroll = True
        Me.MaximizeBox = False
    End Sub
    Private Sub TextBox6_KeyDown(ByVal sender As Object,ByVal e As System.Windows.Forms.KeyEventArgs) Han-
dles TextBox6.KeyDown
        If e.KeyCode = Keys.Down Then
            TextBox1.Focus()
        End If
        If e.KeyCode = Keys.Right Then
            TextBox1.Focus()
        End If
        If e.KeyCode = Keys.Enter Then
            TextBox1.Focus()
        End If
    End Sub
    Private Sub CheckBox3_CheckedChanged(ByVal sender As System.Object,ByVal e As System.EventArgs) Handles
CheckBox3.CheckedChanged
        On Error Resume Next
        If CheckBox3.Checked = True Then
            CheckBox1.Checked = False
            CheckBox2.Checked = False
```

```
        End If
    End Sub
    Private Sub Button1_Click(ByVal sender As System.Object,ByVal e As System.EventArgs) Handles Button1.Click
        TextBox2.Text = Val(TextBox2.Text) + 1
        RadioButton3.Checked = True
    End Sub
    Private Sub TextBox2_GotFocus(ByVal sender As Object,ByVal e As System.EventArgs) Handles TextBox2.GotFocus
        RadioButton3.Checked = True
        RadioButton3.Focus()
    End Sub
    Private Sub Button3_Click(ByVal sender As System.Object,ByVal e As System.EventArgs) Handles Button3.Click
        If Val(TextBox2.Text)>1 Then
            TextBox2.Text = Val(TextBox2.Text) - 1
        End If
        RadioButton3.Checked = True
    End Sub
    Private Sub 新建ToolStripMenuItem_Click(sender As Object,e As EventArgs) Handles 新建ToolStripMenu-
Item.Click
        On Error Resume Next
        DataGridView1.ColumnCount = 2
        DataGridView1.RowCount = 1 '行数
        Dim i As Integer
        For i = 1 To DataGridView1.ColumnCount
            DataGridView1(i - 1,0).Value = ""'i - 1表示列的索引,0表示行的索引
        Next
        TextBox4.Text = 0
        TextBox4.Focus()
    End Sub
    Private Sub 新建ToolStripMenuItem1_Click(sender As Object,e As EventArgs) Handles 新建ToolStripMenu-
Item1.Click
        On Error Resume Next
        DataGridView1.ColumnCount = 2
        DataGridView1.RowCount = 1 '行数
        Dim i As Integer
        For i = 1 To DataGridView1.ColumnCount
            DataGridView1(i - 1,0).Value = ""'i - 1表示列的索引,0表示行的索引
        Next
        TextBox4.Text = 0
        TextBox4.Focus()
    End Sub
    Private Sub 列粘贴ToolStripMenuItem_Click(sender As Object,e As EventArgs) Handles 列粘贴ToolStrip-
MenuItem.Click
        On Error Resume Next
        If Not DataGridView1.IsCurrentCellInEditMode Then
            If DataGridView1.Focused Then
                If DataGridView1.CurrentCell.RowIndex<>DataGridView1.RowCount - 1 Then
```

```
                    Dim str() As String = Clipboard.GetDataObject.GetData(DataFormats.Text,True).ToS-
tring.Split(Chr(13)& Chr(10))
                    Dim xh As Int16
                    For xh = DataGridView1.CurrentCell.RowIndex To DataGridView1.RowCount - 1
                        If xh - DataGridView1.CurrentCell.RowIndex<str.Length - 1 Then
                            DataGridView1.Item(DataGridView1.CurrentCell.ColumnIndex,xh).Value = str(xh -
DataGridView1.CurrentCell.RowIndex).Replace(Chr(13),"").Replace(Chr(10),"")
                        Else
                            Exit For
                        End If
                    Next
                End If
            End If
        Else
            MsgBox("当前单元格正在编辑,不能进行复制、粘贴操作!")
        End If
    End Sub
    Private Sub 列粘贴ToolStripMenuItem1_Click(sender As Object,e As EventArgs) Handles 列粘贴ToolStrip-
MenuItem1.Click
        On Error Resume Next
        If Not DataGridView1.IsCurrentCellInEditMode Then
            If DataGridView1.Focused Then
                If DataGridView1.CurrentCell.RowIndex<>DataGridView1.RowCount - 1 Then
                    Dim str() As String = Clipboard.GetDataObject.GetData(DataFormats.Text,True).ToS-
tring.Split(Chr(13)& Chr(10))
                    Dim xh As Int16
                    For xh = DataGridView1.CurrentCell.RowIndex To DataGridView1.RowCount - 1
                        If xh - DataGridView1.CurrentCell.RowIndex<str.Length - 1 Then
                            DataGridView1.Item(DataGridView1.CurrentCell.ColumnIndex,xh).Value = str(xh -
DataGridView1.CurrentCell.RowIndex).Replace(Chr(13),"").Replace(Chr(10),"")
                        Else
                            Exit For
                        End If
                    Next
                End If
            End If
        Else
            MsgBox("当前单元格正在编辑,不能进行复制、粘贴操作!")
        End If
    End Sub
    Private Sub 单元格粘贴ToolStripMenuItem_Click(sender As Object,e As EventArgs) Handles 单元格粘贴
ToolStripMenuItem.Click
        On Error Resume Next
        DataGridView1.SelectedCells(0).Value = Clipboard.GetText()
    End Sub
    Private Sub 单元格粘贴ToolStripMenuItem1_Click(sender As Object,e As EventArgs) Handles 单元格粘贴
```

```
ToolStripMenuItem1.Click
        On Error Resume Next
        DataGridView1.SelectedCells(0).Value = Clipboard.GetText()
    End Sub
    Private Sub 增加行 ToolStripMenuItem_Click(sender As Object, e As EventArgs) Handles 增加行 ToolStrip-
MenuItem.Click
        On Error Resume Next
        'DataGridView1.RowCount = DataGridView1.RowCount + 1
        Me.DataGridView1.Rows.Add()
    End Sub
    Private Sub 删除行 ToolStripMenuItem_Click(sender As Object, e As EventArgs) Handles 删除行 ToolStrip-
MenuItem.Click
        On Error Resume Next
        For Each r As DataGridViewRow In DataGridView1.SelectedRows '选中行进行删除
            If Not r.IsNewRow Then
                DataGridView1.Rows.Remove(r)
            End If
        Next
    End Sub
    Private Sub 删除 ToolStripMenuItem_Click(sender As Object, e As EventArgs) Handles 删除 ToolStripMenu-
Item.Click
        On Error Resume Next
        DataGridView1.CurrentCell.Value = ""
        Dim i As Integer
        For i = 0 To DataGridView1.RowCount
            For j = 0 To DataGridView1.ColumnCount
                If DataGridView1(j, i).Selected = True Then
                    DataGridView1(j, i).Value = ""
                End If
            Next
        Next
    End Sub
    Private Sub 删除 ToolStripMenuItem1_Click(sender As Object, e As EventArgs) Handles 删除 ToolStripMenu-
Item1.Click
        On Error Resume Next
        DataGridView1.CurrentCell.Value = ""
        Dim i As Integer
        For i = 0 To DataGridView1.RowCount
            For j = 0 To DataGridView1.ColumnCount
                If DataGridView1(j, i).Selected = True Then
                    DataGridView1(j, i).Value = ""
                End If
            Next
        Next
    End Sub
    Private Sub 返回 ToolStripMenuItem_Click(sender As Object, e As EventArgs) Handles 返回 ToolStripMenu-
```

```
Item.Click
        'Me.Hide()
    End Sub
    Private Sub 退出 ToolStripMenuItem_Click(sender As Object,e As EventArgs) Handles 退出 ToolStripMenu-
Item.Click
        End
    End Sub
    Private Sub 首页 ToolStripMenuItem_Click(sender As Object,e As EventArgs) Handles 首页 ToolStripMenu-
Item.Click
        '门户首页.Hide()
        '门户首页.Show()
        '门户首页.WindowState = FormWindowState.Maximized
        'Me.Hide()
    End Sub
    Private Sub 增加行 ToolStripMenuItem1_Click(sender As Object,e As EventArgs) Handles 增加行 ToolStrip-
MenuItem1.Click
        On Error Resume Next
        Me.DataGridView1.Rows.Add()
    End Sub
    Private Sub 删除行 ToolStripMenuItem1_Click(sender As Object,e As EventArgs) Handles 删除行 ToolStrip-
MenuItem1.Click
        On Error Resume Next
        For Each r As DataGridViewRow In DataGridView1.SelectedRows '选中行进行删除
            If Not r.IsNewRow Then
                DataGridView1.Rows.Remove(r)
            End If
        Next
    End Sub
    Private Sub DataGridView1_KeyDown(sender As Object,e As KeyEventArgs) Handles DataGridView1.KeyDown
        If (e.KeyCode = Keys.V And e.Control) Then
            On Error Resume Next
            If Not DataGridView1.IsCurrentCellInEditMode Then
                If DataGridView1.Focused Then
                    If DataGridView1.CurrentCell.RowIndex<>DataGridView1.RowCount - 1 Then
                        Dim str() As String = Clipboard.GetDataObject.GetData(DataFormats.Text,True).ToS-
tring.Split(Chr(13)& Chr(10))
                        Dim xh As Int16
                        For xh = DataGridView1.CurrentCell.RowIndex To DataGridView1.RowCount - 1
                            If xh - DataGridView1.CurrentCell.RowIndex<str.Length - 1 Then
                                DataGridView1.Item(DataGridView1.CurrentCell.ColumnIndex,xh).Value =
str(xh DataGridView1.CurrentCell.RowIndex).Replace(Chr(13),"").Replace(Chr(10),"")
                            Else
                                Exit For
                            End If
                        Next
                    End If
```

```
                End If
            Else
                MsgBox("当前单元格正在编辑,不能进行复制、粘贴操作!")
            End If
        End If
    End Sub
    Private Sub TextBox4_TextChanged(sender As Object,e As EventArgs) Handles TextBox4.TextChanged
    End Sub
    Private Sub DataGridView1_CellContentClick(sender As Object,e As DataGridViewCellEventArgs) Handles DataGridView1.CellContentClick
    End Sub
    Private Sub Form113_Closing(sender As Object,e As CancelEventArgs) Handles Me.Closing
        'End
    End Sub
    Private Sub 帮助ToolStripMenuItem_Click(sender As Object,e As EventArgs) Handles 帮助ToolStripMenuItem.Click
        Form115.Show()
    End Sub
End Class
```

粗粒土压缩模量计算

1. 功能

根据承载力特征值计算粗粒土的压缩模量。

2. 界面

开发平台：Microsoft Visual Studio 2019。编程语言：VB. net。软件界面如下。

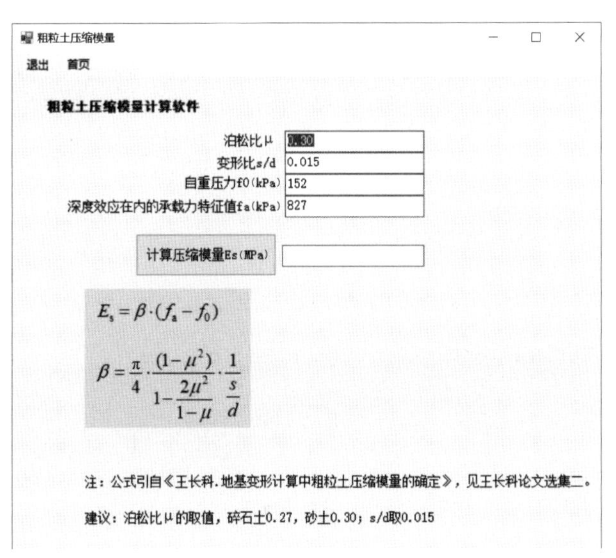

3. 计算原理

根据王长科《地基变形计算中的粗粒土压缩模量的确定》（见：王长科. 岩土工程热点问题解析——王长科论文选集（二）[M]. 北京：中国建筑工业出版社，2021）一文中给出的公式计算。压力段为“自重压力”－“含深度效应在内的地基承载力特征值”。

4. 主要控件

TextBox1：泊松比 μ
TextBox2：变形比 s/d
TextBox4：自重压力 f_0(kPa)

TextBox3：含深度效应在内的承载力特征值 f_a(kPa)

Button1：计算压缩模量 E_s(MPa)

TextBox5：计算结果

5. 源程序

```
Public Class Form116
    Private Sub Button1_Click(sender As Object,e As EventArgs) Handles Button1.Click
        On Error Resume Next
        Dim miu,s0d,fa,f0,beita As Single
        miu = Val(TextBox1.Text)
        s0d = Val(TextBox2.Text)
        fa = Val(TextBox3.Text)
        f0 = Val(TextBox4.Text)
        beita = Math.PI/4 * (1 - miu^2)/(1 - 2 * miu^2/(1 - miu))/s0d
        TextBox5.Text = beita * (fa - f0)/1000
    End Sub
    Private Sub 退出 ToolStripMenuItem_Click(sender As Object,e As EventArgs) Handles 退出 ToolStripMenu-
Item.Click
        End
    End Sub
    Private Sub 首页 ToolStripMenuItem_Click(sender As Object,e As EventArgs) Handles 首页 ToolStripMenu-
Item.Click
        门户首页.Hide( )
        门户首页.Show( )
        门户首页.WindowState = FormWindowState.Maximized
        Me.Hide()
    End Sub
End Class
```

标准贯入试验

1. 功能

按照规范对标准贯入试验锤击数进行杆长修正；按照王长科等（2020）公式进行杆重修正，并计算标准贯入动阻力计算。

2. 界面

开发平台：Microsoft Visual Studio 2019。编程语言：VB. net。软件界面如下。

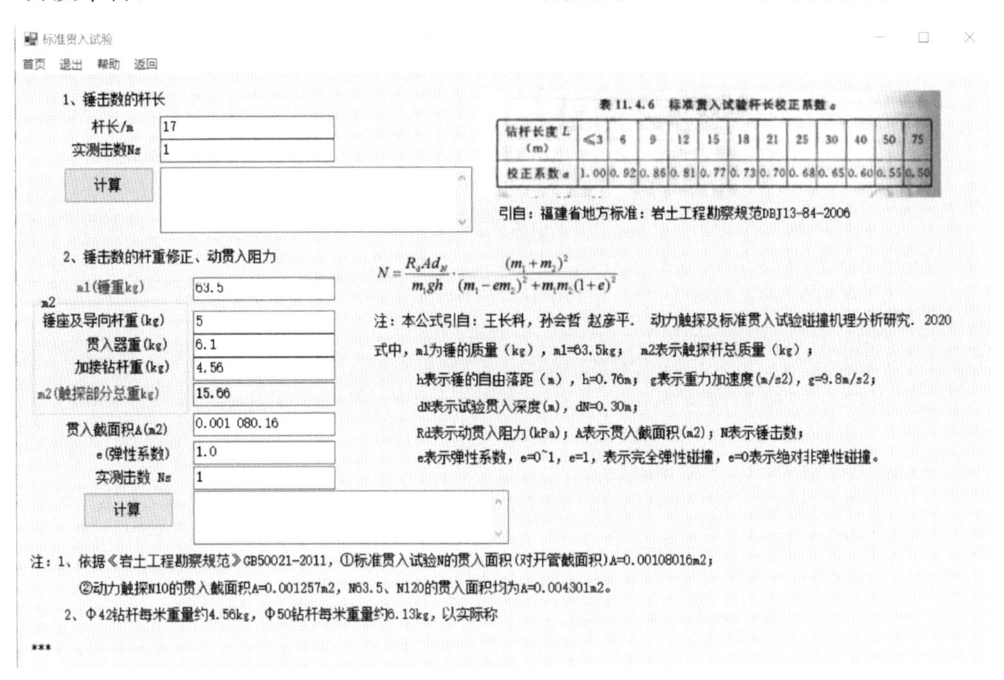

3. 计算原理

参见软件界面。

4. 主要控件

TextBox2：杆长（m）

TextBox1：实测击数 N_s
Button1：计算
TextBox3：计算结果
TextBox4：锤重 m_1(kg)
TextBox7：触探部分总重 m_2(kg)
TextBox12：贯入截面积 A(m^2)
TextBox11：弹性系数 e
TextBox8：实测击数 N_s
Button2：计算
TextBox9：计算结果

5. 源程序

```
Public Class Form13
    '标准贯入试验锤击数杆长修正
    Private Function fnNsp(ByVal Ns As Double,ByVal l As Double)
        If l<=3 Then
            fnNsp=Ns
        ElseIf l>3 And l<=6 Then
            fnNsp=Ns*(1+(l-3)/(6-3)*(0.92-1))
        ElseIf l>6 And l<=9 Then
            fnNsp=Ns*(0.92+(l-6)/(9-6)*(0.86-0.92))
        ElseIf l>9 And l<=12 Then
            fnNsp=Ns*(0.86+(l-9)/(12-9)*(0.81-0.86))
        ElseIf l>12 And l<=15 Then
            fnNsp=Ns*(0.81+(l-12)/(15-12)*(0.77-0.81))
        ElseIf l>15 And l<=18 Then
            fnNsp=Ns*(0.77+(l-15)/(18-15)*(0.73-0.77))
        ElseIf l>18 And l<=21 Then
            fnNsp=Ns*(0.73+(l-18)/(21-18)*(0.7-0.73))
        ElseIf l>21 And l<=25 Then
            fnNsp=Ns*(0.7+(l-21)/(25-21)*(0.67-0.7))
        ElseIf l>25 And l<=30 Then
            fnNsp=Ns*(0.67+(l-25)/(30-25)*(0.64-0.67))
        ElseIf l>30 And l<=40 Then
            fnNsp=Ns*(0.64+(l-30)/(40-30)*(0.59-0.64))
        ElseIf l>40 And l<=50 Then
            fnNsp=Ns*(0.59+(l-40)/(50-40)*(0.56-0.59))
        ElseIf l>50 And l<=75 Then
            fnNsp=Ns*(0.56+(l-50)/(75-50)*(0.5-0.56))
        ElseIf l>75 Then
            fnNsp=Ns*0.5
        End If
    End Function
```

```
    Private Sub MenuItem3_Click(ByVal sender As System.Object,ByVal e As System.EventArgs) Handles MenuItem3.Click
        Me.Hide()
    End Sub
    Private Sub Button1_Click(ByVal sender As System.Object,ByVal e As System.EventArgs) Handles Button1.Click
        On Error Resume Next
        Dim l,Ns As Double
        Ns = Val(TextBox1.Text)
        l = Val(TextBox2.Text)
        TextBox3.Text = "杆长修正系数:" & fnNsp(Ns,l)/Ns & vbCrLf
        TextBox3.Text += "杆长修正后击数:" & fnNsp(Ns,l)& vbCrLf
        TextBox3.Focus()
    End Sub
    Private Sub Button2_Click(ByVal sender As System.Object,ByVal e As System.EventArgs) Handles Button2.Click
        Dim ee,m1,m2,A,Ns As Double
        m1 = Val(TextBox4.Text)
        m2 = Val(TextBox7.Text)
        A = Val(TextBox12.Text)
        ee = Val(TextBox11.Text)
        Ns = Val(TextBox8.Text)
        TextBox9.Text = "杆重修正系数:" &((m1 - ee * m2)^2 + m1 * m2 * (1 + ee)^2)/(m1 + m2)^2 & vbCrLf
        TextBox9.Text += "杆重修正后击数:" & Ns * ((m1 - ee * m2)^2 + m1 * m2 * (1 + ee)^2)/(m1 + m2)^2 & vbCrLf
        TextBox9.Text += "动贯入阻力 Rd(kPa):" & Ns * m1 * 9.81 * 0.76/A/0.3/((m1 + m2)^2/((m1 - ee * m2)^2 + m1 * m2 * (1 + ee)^2))& vbCrLf
        TextBox9.Focus()
    End Sub
    Private Sub MenuItem2_Click(ByVal sender As System.Object,ByVal e As System.EventArgs) Handles MenuItem2.Click
        门户首页.Hide( )
        门户首页.Show( )
        门户首页.WindowState = FormWindowState.Maximized
        Me.Hide()
    End Sub
    Private Sub MenuItem4_Click(ByVal sender As System.Object,ByVal e As System.EventArgs) Handles MenuItem4.Click
        End
    End Sub
    Private Sub Form13_Load(ByVal sender As System.Object,ByVal e As System.EventArgs) Handles MyBase.Load
        Me.AutoScroll = True
        'Me.MaximizeBox = False
    End Sub
    Private Sub PictureBox2_Click(sender As Object,e As EventArgs) Handles PictureBox2.Click
    End Sub
    Private Sub TextBox5_TextChanged(sender As Object,e As EventArgs) Handles TextBox5.TextChanged
        TextBox7.Text = Val(TextBox10.Text) + Val(TextBox6.Text) + Val(TextBox5.Text)
    End Sub
```

```
    Private Sub TextBox6_TextChanged(sender As Object,e As EventArgs) Handles TextBox6.TextChanged
        TextBox7.Text = Val(TextBox10.Text) + Val(TextBox6.Text) + Val(TextBox5.Text)
    End Sub
    Private Sub TextBox10_TextChanged(sender As Object,e As EventArgs) Handles TextBox10.TextChanged
        TextBox7.Text = Val(TextBox10.Text) + Val(TextBox6.Text) + Val(TextBox5.Text)
    End Sub
End Class
```

静力触探试验

1. 功能

依据《铁路工程地质原位测试规程》TB 10018—2003 进行土分类和地基承载力计算，依据王长科（2001）提出的公式确定土的桩侧摩阻力。

2. 界面

开发平台：Microsoft Visual Studio 2019。编程语言：VB. net。软件界面如下。

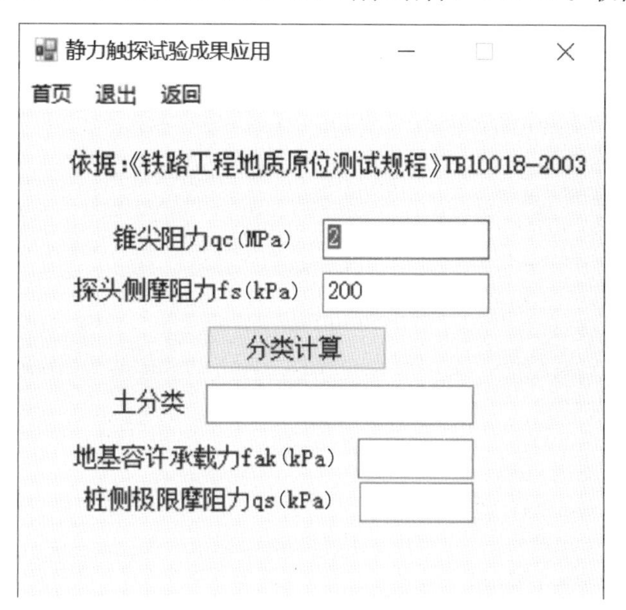

3. 计算原理

计算依据参见《铁路工程地质原位测试规程》TB 10018—2003。土的侧摩阻力计算参见：王长科. 工程建设中的土力学及岩土工程问题——王长科论文选集［M］. 北京：中国建筑工业出版社，2018。

4. 主要控件

TextBox1：锥尖阻力 q_c(MPa)

TextBox2：探头侧摩阻力 f_s(kPa)
Button1：分类计算
TextBox3：土分类
TextBox4：地基容许承载力 f_{ak}(kPa)
TextBox5：桩侧极限摩阻力 q_s(kPa)

5. 源程序

```
Public Class Form26
    Private Sub MenuItem1_Click(ByVal sender As System.Object,ByVal e As System.EventArgs)
        门户首页.Hide()
        门户首页.Show()
        门户首页.WindowState = FormWindowState.Maximized
        Me.Hide()
    End Sub
    Private Sub MenuItem3_Click(ByVal sender As System.Object,ByVal e As System.EventArgs) Handles Menu-
Item3.Click
        Me.Hide()
    End Sub
    Private Sub Form26_Load(ByVal sender As System.Object,ByVal e As System.EventArgs) Handles MyBase.Load
        Me.MaximizeBox = False
        TextBox1.Text = 2
        TextBox2.Text = 200
        TextBox3.Text = ""
        TextBox4.Text = ""
    End Sub
    Private Sub Button1_Click(ByVal sender As System.Object,ByVal e As System.EventArgs) Handles Button1.Click
        On Error Resume Next
        Dim qc,fs As Double
        qc = Val(TextBox1.Text)
        fs = Val(TextBox2.Text)
        If fs/(qc * 1000) * 100< = 0.1013 * qc + 0.32 Then
            TextBox3.Text = "砂土"
            TextBox4.Text = Fix(0.89 * (1.1 * qc * 1000)^0.63 + 14.4)
        ElseIf fs/(qc * 1000) * 100>0.1013 * qc + 0.32 And fs/(qc * 1000) * 100< = 0.2973 * qc + 1.6 Then
            TextBox3.Text = "粉土"
            TextBox4.Text = Fix(0.89 * (1.1 * qc * 1000)^0.63 + 14.4)
        ElseIf fs/(qc * 1000) * 100>0.2973 * qc + 1.6 And fs/(qc * 1000) * 100< = 0.5915 * qc + 2.8 Then
            If qc<0.7 Then
                TextBox3.Text = "软土"
                TextBox4.Text = Fix(0.112 * 1.1 * qc * 1000 + 5)
            Else
                TextBox3.Text = "粉质黏土"
                TextBox4.Text = Fix(5.8 * (1.1 * qc * 1000)^0.5 - 46)
            End If
```

```
            ElseIf fs/(qc * 1000) * 100>0.5915 * qc + 2.8 Then
                If qc<0.7 Then
                    TextBox3.Text = "软土"
                    TextBox4.Text = Fix(0.112 * 1.1 * qc * 1000 + 5)
                Else
                    TextBox3.Text = "黏土"
                    TextBox4.Text = Fix(5.8 * (1.1 * qc * 1000)^0.5 - 46)
                End If
            End If
            TextBox5.Text = Val(TextBox4.Text)/3.5
        End Sub
        Private Sub MenuItem1_Click_1(ByVal sender As System.Object,ByVal e As System.EventArgs) Handles Menu-
Item1.Click
            门户首页.Hide()
            门户首页.Show()
            门户首页.WindowState = FormWindowState.Maximized
            Me.Hide()
        End Sub
        Private Sub MenuItem2_Click(ByVal sender As System.Object,ByVal e As System.EventArgs) Handles Menu-
Item2.Click
            End
        End Sub
    End Class
```

地基承载力特征值确定

1. 功能

计算确定地基承载力特征值。

2. 界面

开发平台：Microsoft Visual Studio 2019。编程语言：VB. net。软件界面如下。

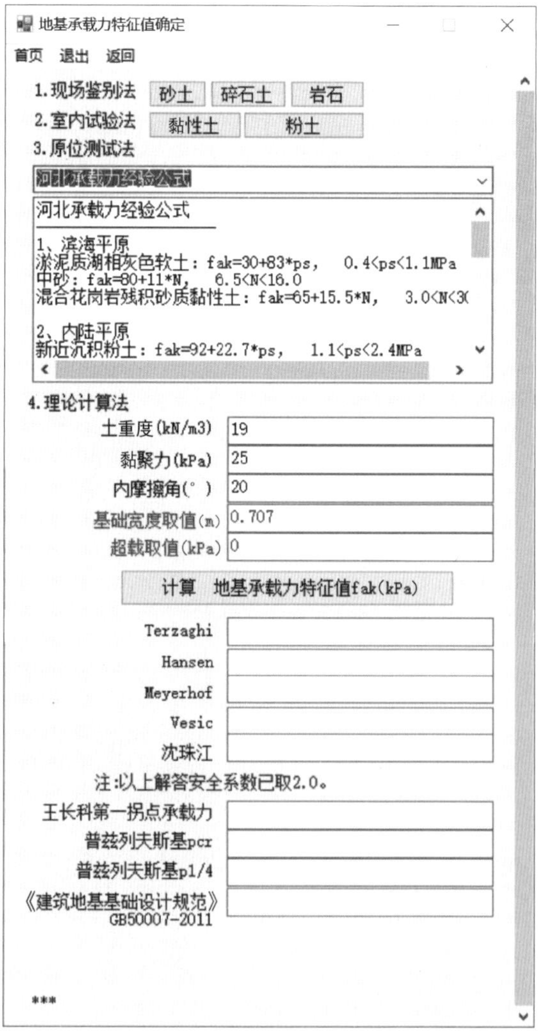

地基承载力特征值确定

首页 退出 返回

1.现场鉴别法 砂土 碎石土 岩石

2.室内试验法 黏性土 粉土

3.原位测试法

河北承载力经验公式

河北承载力经验公式

1、滨海平原

淤泥质湖相灰色软土：fak=30+83*ps, 0.4<ps<1.1MPa

中砂：fak=80+11*N, 6.5<N<16.0

混合花岗岩残积砂质黏性土：fak=65+15.5*N, 3.0<N<3(

2、内陆平原

新近沉积粉土：fak=92+22.7*ps, 1.1<ps<2.4MPa

4.理论计算法

土重度(kN/m3) 19

黏聚力(kPa) 25

内摩擦角(°) 20

基础宽度取值(m) 0.707

超载取值(kPa) 0

计算 地基承载力特征值fak(kPa)

Terzaghi

Hansen

Meyerhof

Vesic

沈珠江

注:以上解答安全系数已取2.0。

王长科第一拐点承载力

普兹列夫斯基pcr

普兹列夫斯基p1/4

《建筑地基基础设计规范》GB50007-2011

***

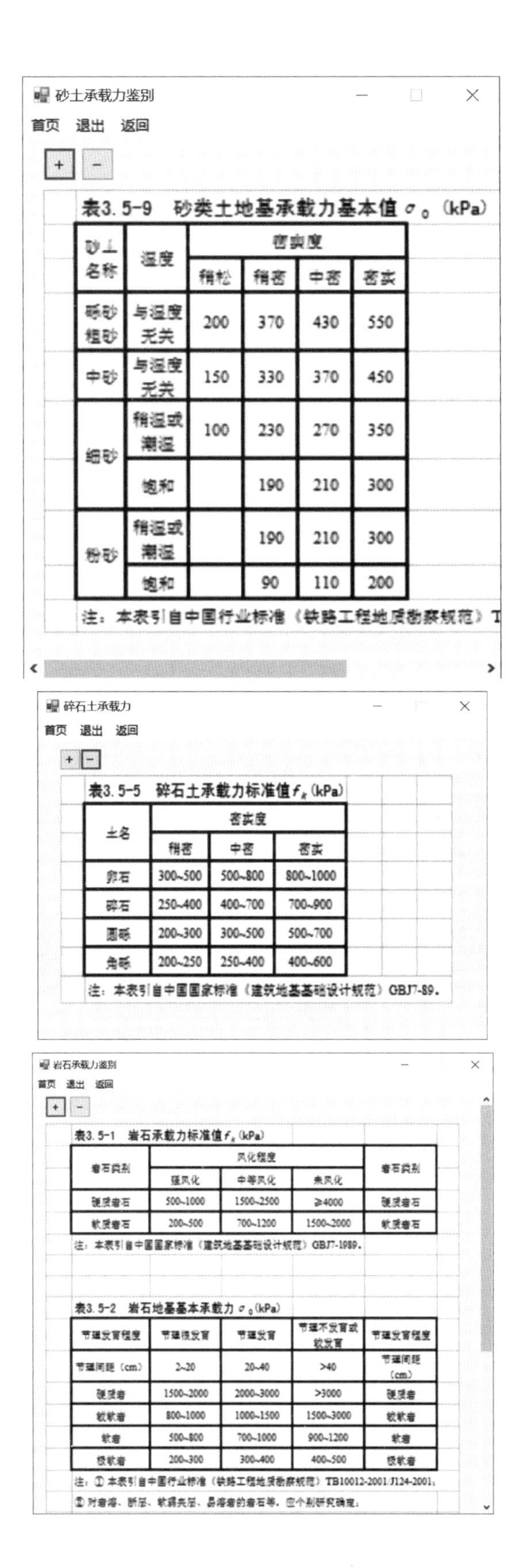

表3.5-9 砂类土地基承载力基本值 σ_0 (kPa)

砂土名称	湿度	密实度			
		稍松	稍密	中密	密实
砾砂 粗砂	与湿度无关	200	370	430	550
中砂	与湿度无关	150	330	370	450
细砂	稍湿或潮湿	100	230	270	350
	饱和		190	210	300
粉砂	稍湿或潮湿		190	210	300
	饱和		90	110	200

注：本表引自中国行业标准《铁路工程地质勘察规范》T

表3.5-5 碎石土承载力标准值 f_k (kPa)

土名	密实度		
	稍密	中密	密实
卵石	300~500	500~800	800~1000
碎石	250~400	400~700	700~900
圆砾	200~300	300~500	500~700
角砾	200~250	250~400	400~600

注：本表引自中国国家标准《建筑地基基础设计规范》GBJ7-89。

表3.5-1 岩石承载力标准值 f_k (kPa)

岩石类别	风化程度			岩石类别
	强风化	中等风化	未风化	
硬质岩石	500~1000	1500~2500	≥4000	硬质岩石
软质岩石	200~500	700~1200	1500~2000	软质岩石

注：本表引自中国国家标准（建筑地基基础设计规范）GBJ7-1989。

表3.5-2 岩石地基基本承载力 σ_0 (kPa)

节理发育程度	节理很发育	节理发育	节理不发育或较发育	节理发育程度
节理间距（cm）	2~20	20~40	>40	节理间距（cm）
硬质岩	1500~2000	2000~3000	>3000	硬质岩
较软岩	800~1000	1000~1500	1500~3000	较软岩
软岩	500~800	700~1000	900~1200	软岩
极软岩	200~300	300~400	400~500	极软岩

注：① 本表引自中国行业标准（铁路工程地质勘察规范）TB10012-2001/J124-2001；

② 对溶洞、断层、软弱夹层、易溶岩的岩石等，应个别研究确定。

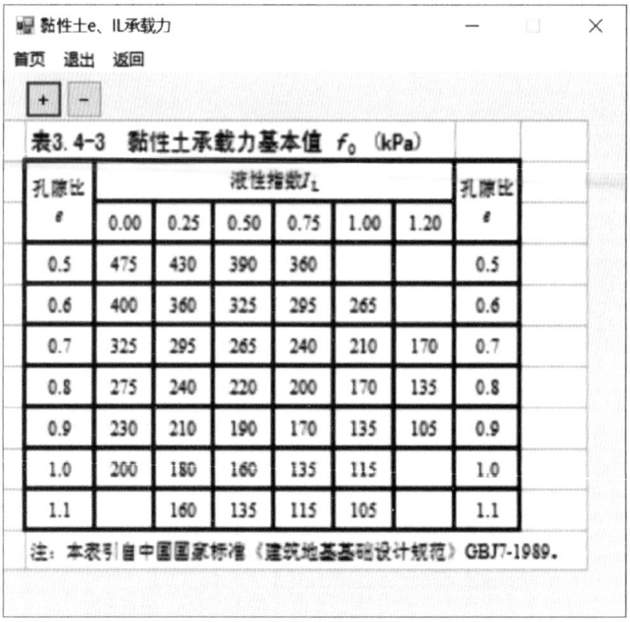

黏性土e、IL承载力

首页 退出 返回

+ −

表3.4-3 黏性土承载力基本值 f_0 (kPa)

孔隙比 e	液性指数I_L						孔隙比 e
	0.00	0.25	0.50	0.75	1.00	1.20	
0.5	475	430	390	360			0.5
0.6	400	360	325	295	265		0.6
0.7	325	295	265	240	210	170	0.7
0.8	275	240	220	200	170	135	0.8
0.9	230	210	190	170	135	105	0.9
1.0	200	180	160	135	115		1.0
1.1		160	135	115	105		1.1

注：本表引自中国国家标准《建筑地基基础设计规范》GBJ7-1989.

粉土e、w承载力

首页 退出 返回

+ −

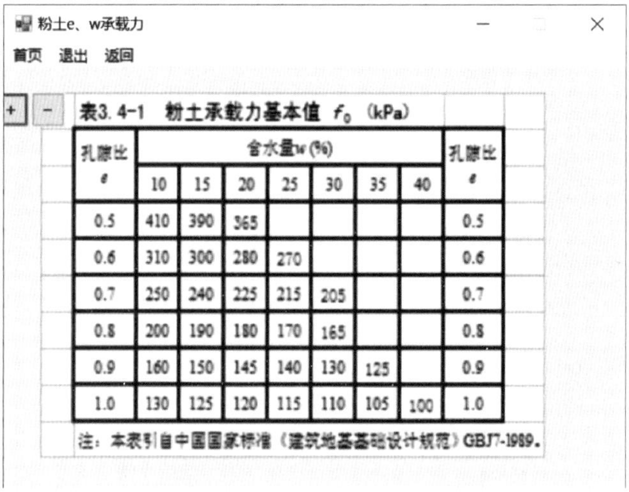

表3.4-1 粉土承载力基本值 f_0 (kPa)

孔隙比 e	含水量w(%)							孔隙比 e
	10	15	20	25	30	35	40	
0.5	410	390	365					0.5
0.6	310	300	280	270				0.6
0.7	250	240	225	215	205			0.7
0.8	200	190	180	170	165			0.8
0.9	160	150	145	140	130	125		0.9
1.0	130	125	120	115	110	105	100	1.0

注：本表引自中国国家标准《建筑地基基础设计规范》GBJ7-1989.

3. 计算原理

经验查表法引自原《建筑地基基础设计规范》GBJ 7—89，原位测试经验公式见程序中公式提示，理论计算法公式见：王长科. 岩土工程热点问题解析——王长科论文选集二[M]. 北京：中国建筑工业出版社，2021。

4. 主要控件

Button3：砂土
Button4：碎石土
Button5：岩石

Button1：黏性土

Button2：粉土

ComboBox1：原位测试承载力经验公式选择

TextBox15：原位测试承载力经验公式显示

TextBox4：土重度（kN/m^3）

TextBox5：黏聚力（kPa）

TextBox6：内摩擦角（°）

TextBox2：基础宽度取值（m）

TextBox3：超载取值（kPa）

Button9：计算地基承载力特征值 f_{ak}（kPa）

TextBox7：Terzaghi 地基承载力计算结果

TextBox8：Hansen 地基承载力计算结果

TextBox9：Meyerhof 地基承载力计算结果

TextBox10：Vesic 地基承载力计算结果

TextBox12：王长科第一拐点地基承载力计算结果

TextBox13：普兹列夫斯基 p_{cr} 计算结果

TextBox14：普兹列夫斯基 $p_{1/4}$ 计算结果

TextBox1：《建筑地基基础设计规范》GB 50007—2011 理论公式计算结果

5. 源程序

```
Public Class Form2
    Private Sub Form2_Load(ByVal sender As System.Object,ByVal e As System.EventArgs) Handles MyBase.Load
        Me.MaximizeBox = False
        ComboBox1.Text = "河北承载力经验公式"
    End Sub
    Private Sub ComboBox1_SelectedIndexChanged(ByVal sender As System.Object,ByVal e As System.EventArgs)
Handles ComboBox1.SelectedIndexChanged
        On Error Resume Next
        ComboBox1.Focus()
        If ComboBox1.Text = "双桥静力触探 qc、fs--fak" Then
            Form26.Show()
            Form26.WindowState = FormWindowState.Normal
        End If
        If ComboBox1.Text = "黏性土 ps--fak" Then
            TextBox15.Text = "黏性土 ps/MPa--fak/kPa" & vbCrLf
            TextBox15.Text += "ps/MPa--fak/kPa" & vbCrLf
            TextBox15.Text += "1.0---120" & vbCrLf
            TextBox15.Text += "1.3---160" & vbCrLf
            TextBox15.Text += "2.0---190" & vbCrLf
            TextBox15.Text += "3.1---210" & vbCrLf
            TextBox15.Text += "4.6---230" & vbCrLf
```

```
        TextBox15.Text += "6.2---250" & vbCrLf
        TextBox15.Text += "7.7---270" & vbCrLf
        TextBox15.Text += "9.2---290" & vbCrLf
        TextBox15.Text += "11.0---310" & vbCrLf
        TextBox15.Text += "12.5---330" & vbCrLf
        TextBox15.Text += "14.0---350" & vbCrLf
    ElseIf ComboBox1.Text = "黏性土 N--fak"Then
        TextBox15.Text = "黏性土 N--fak/kPa" & vbCrLf
        TextBox15.Text += "N---fak/kPa" & vbCrLf
        TextBox15.Text += "3.0---105" & vbCrLf
        TextBox15.Text += "5.0---145" & vbCrLf
        TextBox15.Text += "7.0---190" & vbCrLf
        TextBox15.Text += "9.0---235" & vbCrLf
        TextBox15.Text += "11.0---280" & vbCrLf
        TextBox15.Text += "13.0---325" & vbCrLf
        TextBox15.Text += "15.0---370" & vbCrLf
        TextBox15.Text += "17.0---430" & vbCrLf
        TextBox15.Text += "20.0---550" & vbCrLf
    ElseIf ComboBox1.Text = "黏性土 N10--fak"Then
        TextBox15.Text = "黏性土 N10--fak/kPa" & vbCrLf
        TextBox15.Text += "N10---fak/kPa" & vbCrLf
        TextBox15.Text += "15---105" & vbCrLf
        TextBox15.Text += "20---145" & vbCrLf
        TextBox15.Text += "25---190" & vbCrLf
        TextBox15.Text += "30---230" & vbCrLf
    ElseIf ComboBox1.Text = "素填土 N10--fak"Then
        TextBox15.Text = "素填土 N10--fak/kPa" & vbCrLf
        TextBox15.Text += "N10---fak/kPa" & vbCrLf
        TextBox15.Text += "10---85" & vbCrLf
        TextBox15.Text += "20---115" & vbCrLf
        TextBox15.Text += "30---135" & vbCrLf
        TextBox15.Text += "40---160" & vbCrLf
    ElseIf ComboBox1.Text = "粉土 ps--fak"Then
        TextBox15.Text = "粉土 ps/MPa--fak/kPa" & vbCrLf
        TextBox15.Text += "ps/MPa---fak/kPa" & vbCrLf
        TextBox15.Text += "0.5---60" & vbCrLf
        TextBox15.Text += "1.0---80" & vbCrLf
        TextBox15.Text += "2.0---120" & vbCrLf
        TextBox15.Text += "3.0---150" & vbCrLf
        TextBox15.Text += "4.0---190" & vbCrLf
        TextBox15.Text += "5.0---220" & vbCrLf
        TextBox15.Text += "6.0---250" & vbCrLf
        TextBox15.Text += "7.0---270" & vbCrLf
        TextBox15.Text += "8.0---280" & vbCrLf
        TextBox15.Text += "9.0---290" & vbCrLf
        TextBox15.Text += "10.0---300" & vbCrLf
```

```
        TextBox15.Text += "11.0--310" & vbCrLf
        TextBox15.Text += "12.0--320" & vbCrLf
        TextBox15.Text += "13.0--330" & vbCrLf
    ElseIf ComboBox1.Text = "粉土 N--fak"Then
        TextBox15.Text = "粉土 N--fak/kPa" & vbCrLf
        TextBox15.Text += "N---fak/kPa" & vbCrLf
        TextBox15.Text += "4.0---100" & vbCrLf
        TextBox15.Text += "6.0---128" & vbCrLf
        TextBox15.Text += "8.0---150" & vbCrLf
        TextBox15.Text += "10.0--170" & vbCrLf
        TextBox15.Text += "12.0--185" & vbCrLf
        TextBox15.Text += "15.0--213" & vbCrLf
        TextBox15.Text += "18.0--240" & vbCrLf
        TextBox15.Text += "20.0--260" & vbCrLf
        TextBox15.Text += "22.0--280" & vbCrLf
        TextBox15.Text += "25.0--310" & vbCrLf
        TextBox15.Text += "29.0--335" & vbCrLf
        TextBox15.Text += "30.0--350" & vbCrLf
    ElseIf ComboBox1.Text = "中粗砾砂 ps--fak"Then
        TextBox15.Text = "中粗砾砂 ps/MPa--fak/kPa" & vbCrLf
        TextBox15.Text += "ps/MPa---fak/kPa" & vbCrLf
        TextBox15.Text += "1.0---120" & vbCrLf
        TextBox15.Text += "2.0---150" & vbCrLf
        TextBox15.Text += "3.0---180" & vbCrLf
        TextBox15.Text += "4.0---210" & vbCrLf
        TextBox15.Text += "5.0---240" & vbCrLf
        TextBox15.Text += "6.0---280" & vbCrLf
        TextBox15.Text += "7.0---310" & vbCrLf
        TextBox15.Text += "8.0---340" & vbCrLf
        TextBox15.Text += "9.0---370" & vbCrLf
        TextBox15.Text += "10.0--400" & vbCrLf
        TextBox15.Text += "11.0--430" & vbCrLf
        TextBox15.Text += "12.0--460" & vbCrLf
    ElseIf ComboBox1.Text = "粉细砂 ps--fak"Then
        TextBox15.Text = "粉细砂 ps/MPa--fak/kPa" & vbCrLf
        TextBox15.Text += "ps/MPa---fak/kPa" & vbCrLf
        TextBox15.Text += "3.0---120" & vbCrLf
        TextBox15.Text += "5.0---160" & vbCrLf
        TextBox15.Text += "6.0---180" & vbCrLf
        TextBox15.Text += "7.0---200" & vbCrLf
        TextBox15.Text += "8.0---220" & vbCrLf
        TextBox15.Text += "9.0---240" & vbCrLf
        TextBox15.Text += "10.0--260" & vbCrLf
        TextBox15.Text += "11.0--280" & vbCrLf
        TextBox15.Text += "12.0--300" & vbCrLf
        TextBox15.Text += "13.0--320" & vbCrLf
```

```
        TextBox15.Text += "14.0--340" & vbCrLf
        TextBox15.Text += "15.0--360" & vbCrLf
        TextBox15.Text += "16.0--380" & vbCrLf
    ElseIf ComboBox1.Text = "中粗砾砂 N--fak"Then
        TextBox15.Text = "中粗砾砂 N--fak/kPa" & vbCrLf
        TextBox15.Text += "N---fak/kPa" & vbCrLf
        TextBox15.Text += "4.0---120" & vbCrLf
        TextBox15.Text += "6.0---140" & vbCrLf
        TextBox15.Text += "10.0--180" & vbCrLf
        TextBox15.Text += "15.0--220" & vbCrLf
        TextBox15.Text += "20.0--260" & vbCrLf
        TextBox15.Text += "25.0--300" & vbCrLf
        TextBox15.Text += "30.0--340" & vbCrLf
        TextBox15.Text += "35.0--380" & vbCrLf
        TextBox15.Text += "40.0--420" & vbCrLf
        TextBox15.Text += "45.0--460" & vbCrLf
        TextBox15.Text += "50.0--500" & vbCrLf
    ElseIf ComboBox1.Text = "粉细砂 N--fak"Then
        TextBox15.Text = "粉细砂 N--fak/kPa" & vbCrLf
        TextBox15.Text += "N---fak/kPa" & vbCrLf
        TextBox15.Text += "4.0--- 80" & vbCrLf
        TextBox15.Text += "6.0---100" & vbCrLf
        TextBox15.Text += "10.0--140" & vbCrLf
        TextBox15.Text += "15.0--170" & vbCrLf
        TextBox15.Text += "20.0--200" & vbCrLf
        TextBox15.Text += "25.0--230" & vbCrLf
        TextBox15.Text += "30.0--260" & vbCrLf
        TextBox15.Text += "35.0--280" & vbCrLf
        TextBox15.Text += "40.0--300" & vbCrLf
        TextBox15.Text += "45.0--330" & vbCrLf
        TextBox15.Text += "50.0--360" & vbCrLf
    ElseIf ComboBox1.Text = "碎石土 N120--fak"Then
        TextBox15.Text = "碎石土 N120--fak/kPa" & vbCrLf
        TextBox15.Text += "N120---fak/kPa" & vbCrLf
        TextBox15.Text += "3.0---250" & vbCrLf
        TextBox15.Text += "4.0---300" & vbCrLf
        TextBox15.Text += "5.0---400" & vbCrLf
        TextBox15.Text += "6.0---500" & vbCrLf
        TextBox15.Text += "8.0---640" & vbCrLf
        TextBox15.Text += "10.0--720" & vbCrLf
        TextBox15.Text += "12.0--800" & vbCrLf
        TextBox15.Text += "14.0--850" & vbCrLf
        TextBox15.Text += "≥16--900" & vbCrLf
    ElseIf ComboBox1.Text = "碎石土 N63.5--fak"Then
        TextBox15.Text = "碎石土 N63.5--fak/kPa" & vbCrLf
        TextBox15.Text += "N63.5---fak/kPa" & vbCrLf
```

```
        TextBox15.Text  += "3---140" & vbCrLf
        TextBox15.Text  += "4---140" & vbCrLf
        TextBox15.Text  += "5---200" & vbCrLf
        TextBox15.Text  += "6---240" & vbCrLf
        TextBox15.Text  += "8---320" & vbCrLf
        TextBox15.Text  += "10---400" & vbCrLf
        TextBox15.Text  += "12---480" & vbCrLf
        TextBox15.Text  += "14---540" & vbCrLf
        TextBox15.Text  += "16---600" & vbCrLf
        TextBox15.Text  += "18---660" & vbCrLf
        TextBox15.Text  += "20---720" & vbCrLf
        TextBox15.Text  += "22---780" & vbCrLf
        TextBox15.Text  += "24---830" & vbCrLf
        TextBox15.Text  += "26---870" & vbCrLf
        TextBox15.Text  += "28---900" & vbCrLf
        TextBox15.Text  += "30---930" & vbCrLf
        TextBox15.Text  += "35---970" & vbCrLf
        TextBox15.Text  += "40---1000" & vbCrLf
    End If
    If ComboBox1.Text = "新近堆积黄土 ps--fak"Then
        TextBox15.Text = "新近堆积黄土 ps--fak/kPa" & vbCrLf
        TextBox15.Text  += "ps(MPa)---fak/kPa" & vbCrLf
        TextBox15.Text  += "0.3---55" & vbCrLf
        TextBox15.Text  += "0.7---75" & vbCrLf
        TextBox15.Text  += "1.1---92" & vbCrLf
        TextBox15.Text  += "1.5---108" & vbCrLf
        TextBox15.Text  += "1.9---124" & vbCrLf
        TextBox15.Text  += "2.3---140" & vbCrLf
        TextBox15.Text  += "2.8---161" & vbCrLf
        TextBox15.Text  += "3.3---182" & vbCrLf
    End If
    If ComboBox1.Text = "新近堆积黄土 N10--fak"Then
        TextBox15.Text = "新近堆积黄土 N10--fak/kPa" & vbCrLf
        TextBox15.Text  += "N10---fak(kPa)" & vbCrLf
        TextBox15.Text  += "7---80" & vbCrLf
        TextBox15.Text  += "11--90" & vbCrLf
        TextBox15.Text  += "15--100" & vbCrLf
        TextBox15.Text  += "19--110" & vbCrLf
        TextBox15.Text  += "23--120" & vbCrLf
        TextBox15.Text  += "27--135" & vbCrLf
    End If
    If ComboBox1.Text = "河北承载力经验公式"Then
        TextBox15.Text = "河北承载力经验公式" & vbCrLf
        TextBox15.Text  += "------------------" & vbCrLf
        TextBox15.Text  += "1、滨海平原" & vbCrLf
        TextBox15.Text  += "淤泥质湖相灰色软土:fak = 30 + 83 * ps,  0.4<ps<1.1MPa" & vbCrLf
```

```
            TextBox15.Text += "中砂:fak = 80 + 11 * N,  6.5<N<16.0" & vbCrLf
            TextBox15.Text += "混合花岗岩残积砂质黏性土:fak = 65 + 15.5 * N,  3.0<N<30.0" & vbCrLf
            TextBox15.Text += "" & vbCrLf
            TextBox15.Text += "2、内陆平原" & vbCrLf
            TextBox15.Text += "新近沉积粉土:fak = 92 + 22.7 * ps,  1.1<ps<2.4MPa" & vbCrLf
            TextBox15.Text += "黏性土:fak = 55 + 48.8 * qc,  0.4<qc<1.3MPa" & vbCrLf
            TextBox15.Text += "黏性土:fak = 32 + 17.6 * N,  2.5<N<6.5" & vbCrLf
            TextBox15.Text += "粉土:fak = 70 + 10.7 * N,  1.7<N<5.0" & vbCrLf
            TextBox15.Text += "" & vbCrLf
            TextBox15.Text += "3、山前平原" & vbCrLf
            TextBox15.Text += "新近沉积黏性土:fak = 55 + 36.6 * ps,  0.5<ps<2.5MPa" & vbCrLf
            TextBox15.Text += "新近沉积粉土:fak = 54 + 33.8 * ps,  0.5<ps<3.3MPa" & vbCrLf
            TextBox15.Text += "新近沉积粉土:fak = 82 + 9.6 * N,  3.0<N<11.0" & vbCrLf
            TextBox15.Text += "黏性土:fak = 85 + 40.3 * qc,  0.7<qc<4.0MPa" & vbCrLf
            TextBox15.Text += "黏性土:fak = 62 + 17.4 * N,  3.0<N<15.0" & vbCrLf
            TextBox15.Text += "粉土:fak = 65 + 48.8 * ps,  1.3<ps<4.0MPa" & vbCrLf
            TextBox15.Text += "粉土:fak = 80 + 11.8 * N,  3.0<N<16.0" & vbCrLf
            TextBox15.Text += "粉细砂:fak = 41 + 9.3 * N,  8.0<N<25.0" & vbCrLf
            TextBox15.Text += "中粗砂:fak = 50 + 12 * qc,  10.0<qc<22.0MPa" & vbCrLf
            TextBox15.Text += "中粗砂:fak = 117 + 7.65 * N,  10.0<N<50.0" & vbCrLf
            TextBox15.Text += "" & vbCrLf
            TextBox15.Text += "4、山区" & vbCrLf
            TextBox15.Text += "新近沉积粉土:fak = 43 + 12.4 * N,  4.0<N<8.0" & vbCrLf
            TextBox15.Text += "老粉土:fak = 65 + 20.7 * N,  4.5<N<11.0" & vbCrLf
        End If
    End Sub
    Private Sub Button1_Click(ByVal sender As System.Object,ByVal e As System.EventArgs) Handles Button1.Click
        Form15.Show()
        Form15.WindowState = FormWindowState.Normal
    End Sub
    Private Sub Button2_Click(ByVal sender As System.Object,ByVal e As System.EventArgs) Handles Button2.Click
        Form14.Show()
        Form14.WindowState = FormWindowState.Normal
    End Sub
    Private Sub Button3_Click(ByVal sender As System.Object,ByVal e As System.EventArgs) Handles Button3.Click
        Form19.Show()
        Form19.WindowState = FormWindowState.Normal
    End Sub
    Private Sub Button5_Click(ByVal sender As System.Object,ByVal e As System.EventArgs) Handles Button5.Click
        Form17.Show()
        Form17.WindowState = FormWindowState.Normal
    End Sub
    Private Sub Button4_Click(ByVal sender As System.Object,ByVal e As System.EventArgs) Handles Button4.Click
        Form4.Show()
        Form4.WindowState = FormWindowState.Normal
    End Sub
```

```
Private Sub Button9_Click(ByVal sender As System.Object,ByVal e As System.EventArgs) Handles Button9.Click
    On Error Resume Next
    Dim g,b,q As Double
    Dim c As Double
    Dim fai As Double
    Dim Nc As Double
    Dim Nq As Double
    Dim Nr As Double
    Dim Mc As Double
    Dim Mq As Double
    Dim Mr As Double
    b = TextBox2.Text
    q = TextBox3.Text
    g = TextBox4.Text
    c = TextBox5.Text
    fai = TextBox6.Text
    If fai = 0 Then
        fai = 0.001
    End If
    Dim radians As Double = fai * Math.PI/180
    Dim tan As Double = Math.Tan(radians)
    Dim radians1 As Double = (45 + fai/2) * Math.PI/180
    Dim tan1 As Double = Math.Tan(radians1)
    Nq = Math.Exp(3.14159 * tan) * (tan1)^2
    Nc = (Nq - 1)/tan
    'Terzaghi
    Nr = 6 * fai/(40 - fai)
    If fai> = 40 Then
        TextBox7.Text = ""
    Else
        TextBox7.Text = c * Nc + q * Nq + 0.5 * g * b * Nr
        TextBox7.Text = TextBox7.Text/2
    End If
    'Hansen
    Nr = 1.5 * Nc * tan^2
    TextBox8.Text = c * Nc + q * Nq + 0.5 * g * b * Nr
    TextBox8.Text = TextBox8.Text/2
    'Meyerhof
    Dim radians2 As Double = 1.4 * fai * Math.PI/180
    Dim tan2 As Double = Math.Tan(radians2)
    Nr = (Nq - 1) * tan2
    TextBox9.Text = c * Nc + q * Nq + 0.5 * g * b * Nr
    TextBox9.Text = TextBox9.Text/2
    'Vesic
    Nr = 2 * (Nq + 1) * tan
    TextBox10.Text = c * Nc + q * Nq + 0.5 * g * b * Nr
```

```
TextBox10.Text = TextBox10.Text/2
'沈珠江
Dim radians3 As Double = fai * Math.PI/180
Dim sin As Double = Math.Sin(radians3)
Nr = (Nq - 1) * sin
TextBox11.Text = (1 + q/g/b)^(1/3) * (c/tan * (Nq - 1) + 0.5 * g * b * Nr)
TextBox11.Text = TextBox11.Text/2
'王长科
Nc = 2 * tan1^3
Nq = tan1^4
Nr = (Nq - 1) * tan1
TextBox12.Text = c * Nc + q * Nq + 0.5 * g * b * Nr
'普兹列夫斯基
Mc = 3.14159/tan/(1/tan + fai/180 * 3.14159 - 3.14159/2)
Mq = (1/tan + fai/180 * 3.14159 + 3.14159/2)/(1/tan + fai/180 * 3.14159 - 3.14159/2)
Mr = 3.14159/(1/tan + fai/180 * 3.14159 - 3.14159/2)
TextBox13.Text = Mc * c + Mq * q
TextBox14.Text = Mc * c + Mq * q + 1/4 * Mr * g * b
'地基规范
Dim f(21),MMb(21),MMd(21),MMc(21) As Double
Dim i As Integer
i = 1
f(i) = 0
MMb(i) = 0
MMd(i) = 1.0
MMc(i) = 3.14
i = 2
f(i) = 2
MMb(i) = 0.03
MMd(i) = 1.12
MMc(i) = 3.32
i = 3
f(i) = 4
MMb(i) = 0.06
MMd(i) = 1.25
MMc(i) = 3.51
i = 4
f(i) = 6
MMb(i) = 0.1
MMd(i) = 1.39
MMc(i) = 3.71
i = 5
f(i) = 8
MMb(i) = 0.14
MMd(i) = 1.55
MMc(i) = 3.93
```

```
i = 6
f(i) = 10
MMb(i) = 0.18
MMd(i) = 1.73
MMc(i) = 4.17
i = 7
f(i) = 12
MMb(i) = 0.23
MMd(i) = 1.94
MMc(i) = 4.42
i = 8
f(i) = 14
MMb(i) = 0.29
MMd(i) = 2.17
MMc(i) = 4.69
i = 9
f(i) = 16
MMb(i) = 0.36
MMd(i) = 2.43
MMc(i) = 5
i = 10
f(i) = 18
MMb(i) = 0.43
MMd(i) = 2.72
MMc(i) = 5.31
i = 11
f(i) = 20
MMb(i) = 0.51
MMd(i) = 3.06
MMc(i) = 5.66
i = 12
f(i) = 22
MMb(i) = 0.61
MMd(i) = 3.44
MMc(i) = 6.04
i = 13
f(i) = 24
MMb(i) = 0.8
MMd(i) = 3.87
MMc(i) = 6.45
i = 14
f(i) = 26
MMb(i) = 1.1
MMd(i) = 4.37
MMc(i) = 6.9
i = 15
```

```
f(i) = 28
MMb(i) = 1.4
MMd(i) = 4.39
MMc(i) = 7.4
i = 16
f(i) = 30
MMb(i) = 1.9
MMd(i) = 5.59
MMc(i) = 7.95
i = 17
f(i) = 32
MMb(i) = 2.6
MMd(i) = 6.35
MMc(i) = 8.55
i = 18
f(i) = 34
MMb(i) = 3.4
MMd(i) = 7.21
MMc(i) = 9.22
i = 19
f(i) = 36
MMb(i) = 4.2
MMd(i) = 8.25
MMc(i) = 9.97
i = 20
f(i) = 38
MMb(i) = 5
MMd(i) = 9.44
MMc(i) = 10.8
i = 21
f(i) = 40
MMb(i) = 5.8
MMd(i) = 10.84
MMc(i) = 11.73
For i = 1 To 20
    If fai> = f(i) And fai<f(i + 1) Then
        Mc = MMc(i) + (MMc(i + 1) - MMc(i))/(f(i + 1) - f(i)) * (fai - f(i))
        Mq = MMd(i) + (MMd(i + 1) - MMd(i))/(f(i + 1) - f(i)) * (fai - f(i))
        Mr = MMb(i) + (MMb(i + 1) - MMb(i))/(f(i + 1) - f(i)) * (fai - f(i))
        GoTo q
    End If
Next
If fai = 40 Then
    Mc = MMc(21)
    Mq = MMd(21)
    Mr = MMb(21)
```

```
        End If
  q:
        If fai< = 40 Then
            If b<3 Then
                b = 3
            End If
            If b>6 Then
                b = 6
            End If
            TextBox1.Text = Mc * c + Mq * q + Mr * g * b
        Else
            TextBox1.Text = "超出规范"
        End If
        TextBox1.Focus()
    End Sub
    Private Sub MenuItem2_Click(ByVal sender As System.Object,ByVal e As System.EventArgs)
        门户首页.Hide()
        门户首页.Show()
        门户首页.WindowState = FormWindowState.Maximized
        Me.Hide()
    End Sub
    Private Sub MenuItem5_Click(ByVal sender As System.Object,ByVal e As System.EventArgs) Handles Menu-
Item5.Click
        Me.Hide()
    End Sub
    Private Sub MenuItem1_Click(ByVal sender As System.Object,ByVal e As System.EventArgs) Handles Menu-
Item1.Click
        门户首页.Hide()
        门户首页.Show()
        门户首页.WindowState = FormWindowState.Maximized
        Me.Hide()
    End Sub
    Private Sub MenuItem2_Click_1(ByVal sender As System.Object,ByVal e As System.EventArgs) Handles Menu-
Item2.Click
        End
    End Sub
  End Class
```

第3篇
地基与基础

地基承载力计算

1. 功能

计算地基承载力。含规范的深宽修正法、理论计算法和下卧薄层挤压法。

2. 界面

开发平台：Microsoft Visual Studio 2019。编程语言：VB. net。软件界面如下。

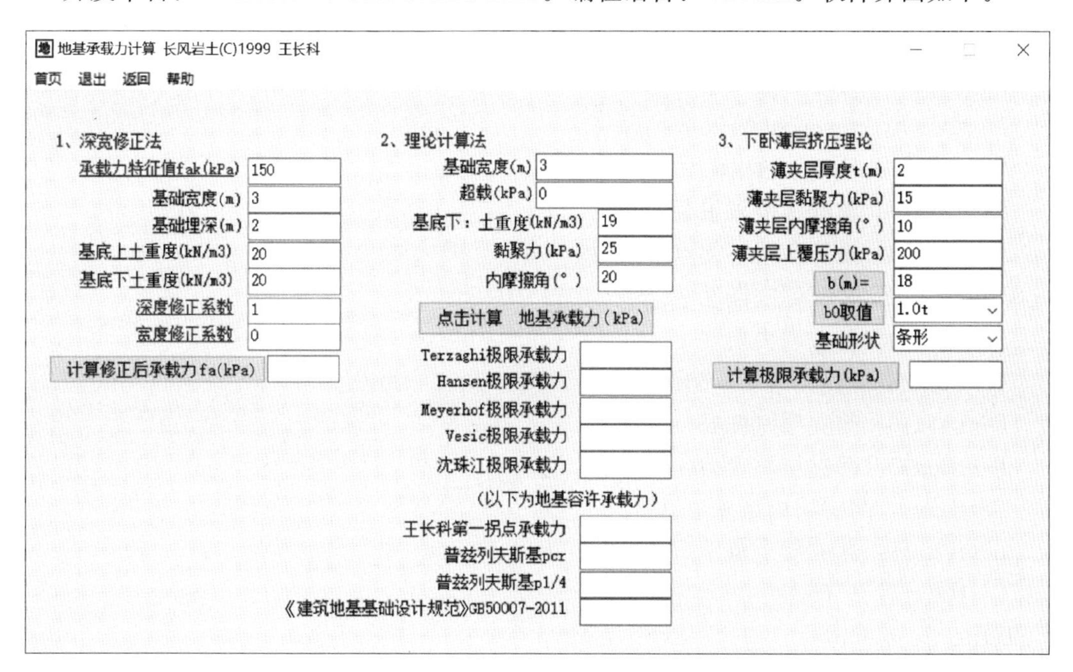

3. 计算原理

计算公式参见《建筑地基基础设计规范》GB 50007—2011 和《王长科论文选集》（王长科．工程建设中的土力学及岩土工程问题——王长科论文选集［M］．北京：中国建筑工业出版社，2018)。

4. 主要控件

TextBox20：承载力特征值 f_{ak}（kPa）

TextBox23：基础宽度（m）
TextBox21：基础埋深（m）
TextBox26：基底上土重度（kN/m^3）
TextBox27：基底下土重度（kN/m^3）
TextBox22：深度修正系数
TextBox24：宽度修正系数
TextBox25：修正后承载力计算结果
Button6：计算修正后承载力 f_a（kPa）
TextBox1：基础宽度（m）
TextBox3：超载（kPa）
TextBox4：基底下：土重度（kN/m^3）
TextBox5：黏聚力（kPa）
TextBox6：内摩擦角（°）
Button1：点击计算 地基承载力
TextBox7：Terzaghi 极限承载力
TextBox8：Hansen 极限承载力
TextBox9：Meyerhof 极限承载力
TextBox10：Vesic 极限承载力
TextBox11：沈珠江极限承载力
TextBox12：王长科第一拐点承载力
TextBox13：普兹列夫斯基 p_{cr}
TextBox14：普兹列夫斯基 $p_{1/4}$
TextBox28：《建筑地基基础设计规范》GB 50007—2011
TextBox16：薄夹层厚度 t（m）
TextBox17：薄夹层黏聚力（kPa）
TextBox2：薄夹层内摩擦角（°）
TextBox18：薄夹层上覆压力（kPa）
TextBox15：b（m）=
Button7：b（m）=
ComboBox1：Button8：b_0 取值。0.5t、1.0t、1.5t
ComboBox2：基础形状。条形、圆形
TextBox19：极限承载力计算结果
Button3：计算极限承载力（kPa）

5. 源程序

```
Imports System.ComponentModel
Public Class 地基承载力
    Private Sub Button1_Click(ByVal sender As System.Object,ByVal e As System.EventArgs)Handles Button1.Click
```

```
On Error Resume Next
Dim b As Double
Dim q As Double
Dim g As Double
Dim c As Double
Dim fai As Double
Dim Nc As Double
Dim Nq As Double
Dim Nr As Double
Dim Mc As Double
Dim Mq As Double
Dim Mr As Double
b = TextBox1.Text
q = TextBox3.Text
g = TextBox4.Text
c = TextBox5.Text
fai = TextBox6.Text
If fai = 0 Then
    fai = 0.001
End If
Dim radians As Double = fai * Math.PI/180
Dim tan As Double = Math.Tan(radians)
Dim radians1 As Double = (45 + fai/2) * Math.PI/180
Dim tan1 As Double = Math.Tan(radians1)
Nq = Math.Exp(3.14159 * tan) * (tan1)^2
Nc = (Nq - 1)/tan
'Terzaghi
Nr = 6 * fai/(40 - fai)
If fai >= 40 Then
    TextBox7.Text = ""
Else
    TextBox7.Text = c * Nc + q * Nq + 0.5 * g * b * Nr
End If
'Hansen
Nr = 1.5 * Nc * tan^2
TextBox8.Text = c * Nc + q * Nq + 0.5 * g * b * Nr
'Meyerhof
Dim radians2 As Double = 1.4 * fai * Math.PI/180
Dim tan2 As Double = Math.Tan(radians2)
Nr = (Nq - 1) * tan2
TextBox9.Text = c * Nc + q * Nq + 0.5 * g * b * Nr
'Vesic
Nr = 2 * (Nq + 1) * tan
TextBox10.Text = c * Nc + q * Nq + 0.5 * g * b * Nr
'沈珠江
Dim radians3 As Double = fai * Math.PI/180
```

```
Dim sin As Double = Math.Sin(radians3)
Nr = (Nq - 1) * sin
TextBox11.Text = (1 + q/g/b)^(1/3) * (c/tan * (Nq - 1) + 0.5 * g * b * Nr)
'王长科
Nc = 2 * tan1^3
Nq = tan1^4
Nr = (Nq - 1) * tan1
TextBox12.Text = c * Nc + q * Nq + 0.5 * g * b * Nr
'普兹列夫斯基
Mc = 3.14159/tan/(1/tan + fai/180 * 3.14159 - 3.14159/2)
Mq = (1/tan + fai/180 * 3.14159 + 3.14159/2)/(1/tan + fai/180 * 3.14159 - 3.14159/2)
Mr = 3.14159/(1/tan + fai/180 * 3.14159 - 3.14159/2)
TextBox13.Text = Mc * c + Mq * q
TextBox14.Text = Mc * c + Mq * q + 1/4 * Mr * g * b
'建筑地基规范 GB 50007—2011
Dim f(21),MMb(21),MMd(21),MMc(21)As Double
Dim i As Integer
i = 1
f(i) =  0
MMb(i) = 0
MMd(i) = 1.0
MMc(i) = 3.14
i = 2
f(i) = 2
MMb(i) = 0.03
MMd(i) = 1.12
MMc(i) = 3.32
i = 3
f(i) = 4
MMb(i) = 0.06
MMd(i) = 1.25
MMc(i) = 3.51
i = 4
f(i) = 6
MMb(i) = 0.1
MMd(i) = 1.39
MMc(i) = 3.71
i = 5
f(i) = 8
MMb(i) = 0.14
MMd(i) = 1.55
MMc(i) = 3.93
i = 6
f(i) = 10
MMb(i) = 0.18
MMd(i) = 1.73
```

```
MMc(i) = 4.17
i = 7
f(i) = 12
MMb(i) = 0.23
MMd(i) = 1.94
MMc(i) = 4.42
i = 8
f(i) = 14
MMb(i) = 0.29
MMd(i) = 2.17
MMc(i) = 4.69
i = 9
f(i) = 16
MMb(i) = 0.36
MMd(i) = 2.43
MMc(i) = 5
i = 10
f(i) = 18
MMb(i) = 0.43
MMd(i) = 2.72
MMc(i) = 5.31
i = 11
f(i) = 20
MMb(i) = 0.51
MMd(i) = 3.06
MMc(i) = 5.66
i = 12
f(i) = 22
MMb(i) = 0.61
MMd(i) = 3.44
MMc(i) = 6.04
i = 13
f(i) = 24
MMb(i) = 0.8
MMd(i) = 3.87
MMc(i) = 6.45
i = 14
f(i) = 26
MMb(i) = 1.1
MMd(i) = 4.37
MMc(i) = 6.9
i = 15
f(i) = 28
MMb(i) = 1.4
MMd(i) = 4.39
MMc(i) = 7.4
```

```
i = 16
f(i) = 30
MMb(i) = 1.9
MMd(i) = 5.59
MMc(i) = 7.95
i = 17
f(i) = 32
MMb(i) = 2.6
MMd(i) = 6.35
MMc(i) = 8.55
i = 18
f(i) = 34
MMb(i) = 3.4
MMd(i) = 7.21
MMc(i) = 9.22
i = 19
f(i) = 36
MMb(i) = 4.2
MMd(i) = 8.25
MMc(i) = 9.97
i = 20
f(i) = 38
MMb(i) = 5
MMd(i) = 9.44
MMc(i) = 10.8
i = 21
f(i) = 40
MMb(i) = 5.8
MMd(i) = 10.84
MMc(i) = 11.73
For i = 1 To 20
    If fai> = f(i)And fai<f(i + 1)Then
        Mc = MMc(i) + (MMc(i + 1) - MMc(i))/(f(i + 1) - f(i)) * (fai - f(i))
        Mq = MMd(i) + (MMd(i + 1) - MMd(i))/(f(i + 1) - f(i)) * (fai - f(i))
        Mr = MMb(i) + (MMb(i + 1) - MMb(i))/(f(i + 1) - f(i)) * (fai - f(i))
        GoTo q
    End If
Next
If fai = 40 Then
    Mc = MMc(21)
    Mq = MMd(21)
    Mr = MMb(21)
End If
q:
If fai< = 40 Then
    If c = 0 Then
```

```
            If b<3 Then
                b = 3
            End If
        End If
        If b>6 Then
            b = 6
        End If
        TextBox28.Text = Mc * c + Mq * q + Mr * g * b
    Else
        TextBox28.Text = "超出规范"
    End If
    TextBox28.Focus()
End Sub
Private Sub Button6_Click(ByVal sender As System.Object,ByVal e As System.EventArgs)Handles Button6.Click
    On Error Resume Next
    Dim fak,d,b,g1,g2,nb,nd As Double
    fak = Val(TextBox20.Text)
    d = Val(TextBox21.Text)
    If d<0.5 Then
        d = 0.5
    End If
    b = Val(TextBox23.Text)
    If b<3 Then
        b = 3
    End If
    If b>6 Then
        b = 6
    End If
    g1 = Val(TextBox26.Text)
    g2 = Val(TextBox27.Text)
    nb = Val(TextBox24.Text)
    nd = Val(TextBox22.Text)
    TextBox25.Text = fak + nb * g2 * (b - 3) + nd * g1 * (d - 0.5)
    TextBox25.Focus()
End Sub
Private Sub Button7_Click(ByVal sender As System.Object,ByVal e As System.EventArgs)Handles Button7.Click
    MsgBox("b 表示基底附加应力扩散至薄层软土顶的宽度。",MsgBoxStyle.OkOnly,"符号说明")
End Sub
Private Sub Button8_Click(ByVal sender As System.Object,ByVal e As System.EventArgs)Handles Button8.Click
    MsgBox("b0 表示理论推导过程中假定不受摩擦影响的边缘恒压段的宽度。",MsgBoxStyle.OkOnly,"符号说明")
End Sub
Private Sub Button3_Click_1(ByVal sender As System.Object,ByVal e As System.EventArgs)Handles Button3.Click
    On Error Resume Next
    Dim t,c,fai,q,b,b0,Nc,Nq,a,psi,Nct,Nqt As Double
    t = Val(TextBox16.Text)
    c = Val(TextBox17.Text)
```

```
        fai = Val(TextBox2.Text)/180 * Math.PI
        If fai = 0 Then
            fai = 0.0001
        End If
        q = Val(TextBox18.Text)
        b = Val(TextBox15.Text)
        If ComboBox2.Text = "0.5t" Then
            b0 = 0.5 * t
        ElseIf ComboBox2.Text = "1.0t" Then
            b0 = 1.0 * t
        ElseIf ComboBox2.Text = "1.5" Then
            b0 = 1.5 * t
        End If
        If ComboBox1.Text = "条形" Then
            Nq = Math.Exp(Math.PI * Math.Tan(fai)) * (Math.Tan(Math.PI/4 + fai/2))^2
            Nc = (Nq - 1)/Math.Tan(fai)
            a = Math.Tan(fai) * (1 + Math.Sin(fai))/(1 - Math.Sin(fai))
            psi = 2 * b0/b - t/(b * a) * (1 - Math.Exp(a * (b - 2 * b0)/t))
            Nct = psi * (Nc + 1/Math.Tan(fai)) - 1/Math.Tan(fai)
            Nqt = psi * Nq
            TextBox19.Text = Nct * c + Nqt * q
        ElseIf ComboBox1.Text = "圆形" Then
            Nq = Math.Exp(Math.PI * Math.Tan(fai)) * (Math.Tan(Math.PI/4 + fai/2))^2
            Nc = (Nq - 1)/Math.Tan(fai)
            a = Math.Tan(fai) * (1 + Math.Sin(fai))/(1 - Math.Sin(fai))
            psi = 2 * t/(a * b^2) * (b - 2 * b0) * (Math.Exp(a/t * (b - 2 * b0)) - 1) - 2 * t^2/(a^2 * b^2) * (1 +
Math.Exp(a/t * (b - 2 * b0)) * (a/t * (b - 2 * b0) - 1)) - ((b - 2 * b0^2)/b)^2
            Nct = Nc + psi * (Nc + 1/Math.Tan(fai))
            Nqt = (1 + psi) * Nq
            TextBox19.Text = Nct * c + Nqt * q
        End If
        TextBox19.Focus()
    End Sub
    Private Sub 地基承载力_Load(ByVal sender As System.Object,ByVal e As System.EventArgs)Handles MyBase.Load
        Me.MaximizeBox = False
        ComboBox1.Text = "条形"
        ComboBox2.Text = "1.0t"
    End Sub
    Private Sub MenuItem7_Click(ByVal sender As System.Object,ByVal e As System.EventArgs)Handles Menu-
Item7.Click
        Me.Hide()
    End Sub
    Private Sub LinkLabel1_Click(ByVal sender As System.Object,ByVal e As System.EventArgs)Handles LinkLa-
bel1.Click
        On Error Resume Next
        Form2.Show()
```

```
            Form2. WindowState = FormWindowState. Normal
        End Sub
        Private Sub LinkLabel2_Click(ByVal sender As System. Object, ByVal e As System. EventArgs)Handles LinkLa-
bel2. Click
            Form28. Show()
            Form28. WindowState = FormWindowState. Normal
        End Sub
        Private Sub LinkLabel3_Click(ByVal sender As System. Object, ByVal e As System. EventArgs)Handles LinkLa-
bel3. Click
            Form28. Show()
            Form28. WindowState = FormWindowState. Normal
        End Sub
        Private Sub MenuItem1_Click_1(ByVal sender As System. Object, ByVal e As System. EventArgs)Handles Menu-
Item1. Click
            门户首页. Hide()
            门户首页. Show()
            门户首页. WindowState = FormWindowState. Maximized
        End Sub
        Private Sub MenuItem2_Click(ByVal sender As System. Object, ByVal e As System. EventArgs)Handles Menu-
Item2. Click
            End
        End Sub
        Private Sub MenuItem3_Click_1(sender As Object, e As EventArgs)Handles MenuItem3. Click
            Form114. Show()
        End Sub
        Private Sub LinkLabel1_LinkClicked(sender As Object, e As LinkLabelLinkClickedEventArgs)Handles LinkLa-
bel1. LinkClicked
            On Error Resume Next
            Form2. Show()
            Form2. WindowState = FormWindowState. Normal
        End Sub
    End Class
```

地基变形计算

1. 功能

统一坐标系，将基础划分为若干矩形，计算任一点任意深度的地基沉降量。

2. 界面

开发平台：Microsoft Visual Studio 2019。编程语言：VB. net。软件界面如下。

（1）地基变形计算主界面

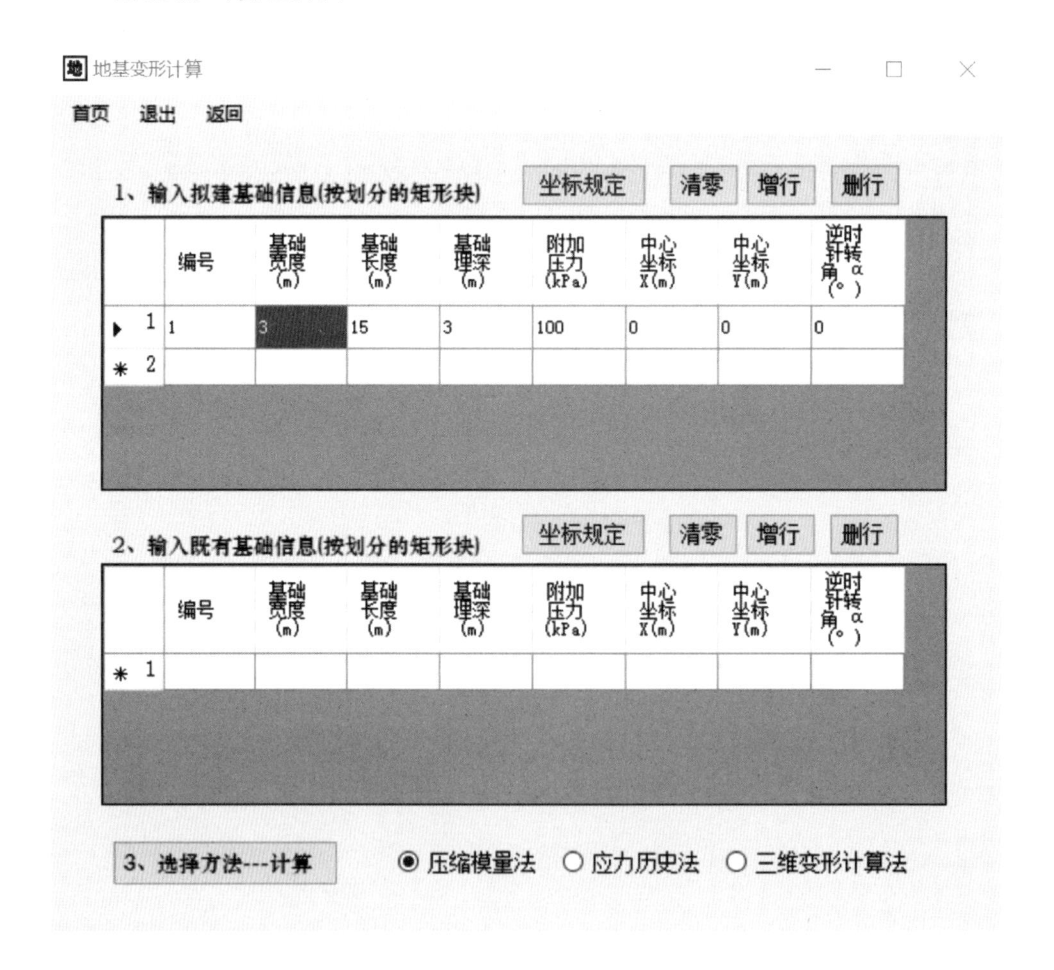

(2) 地基变形计算 E_s 法界面

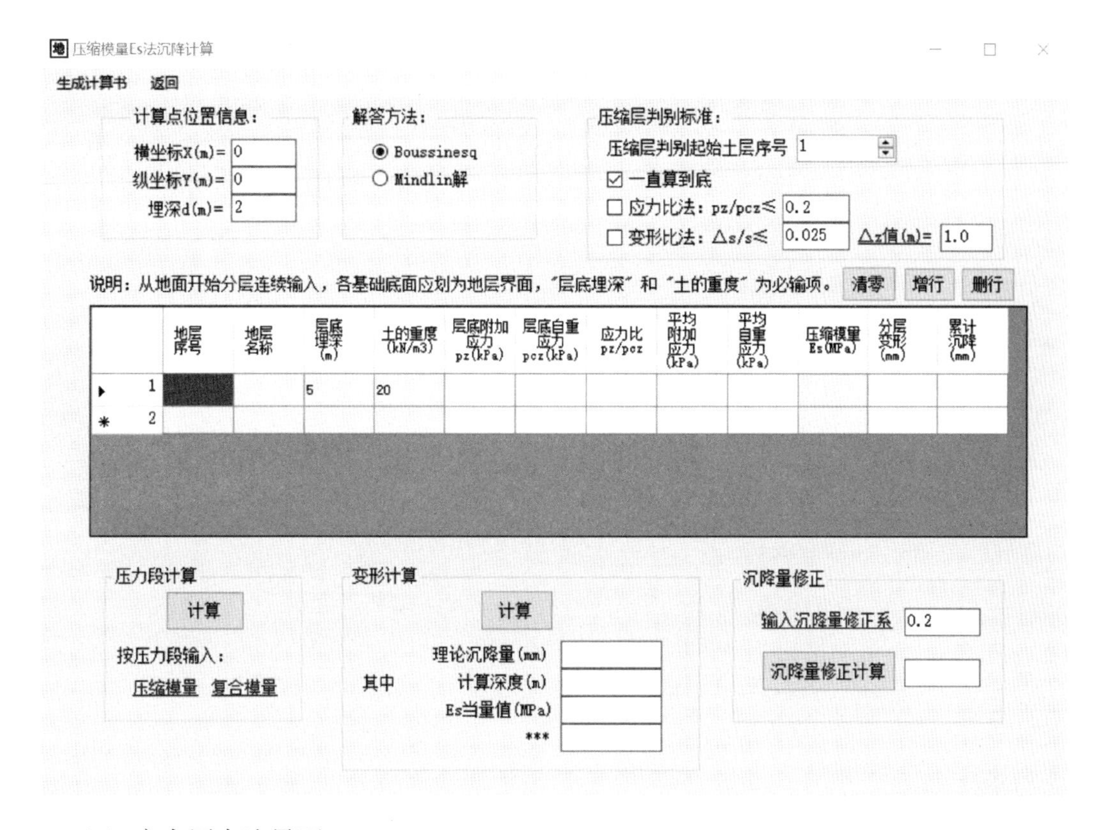

(3) 应力历史法界面

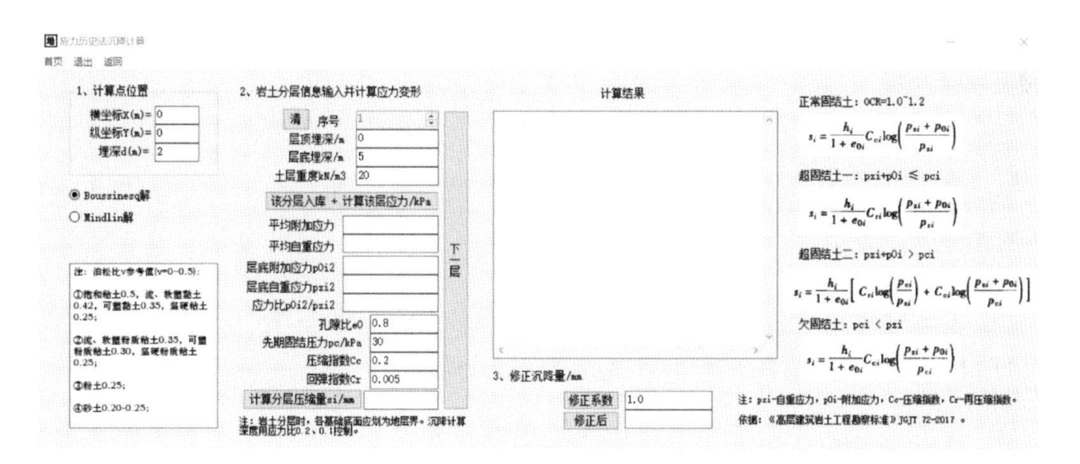

(4) 三维变形法界面

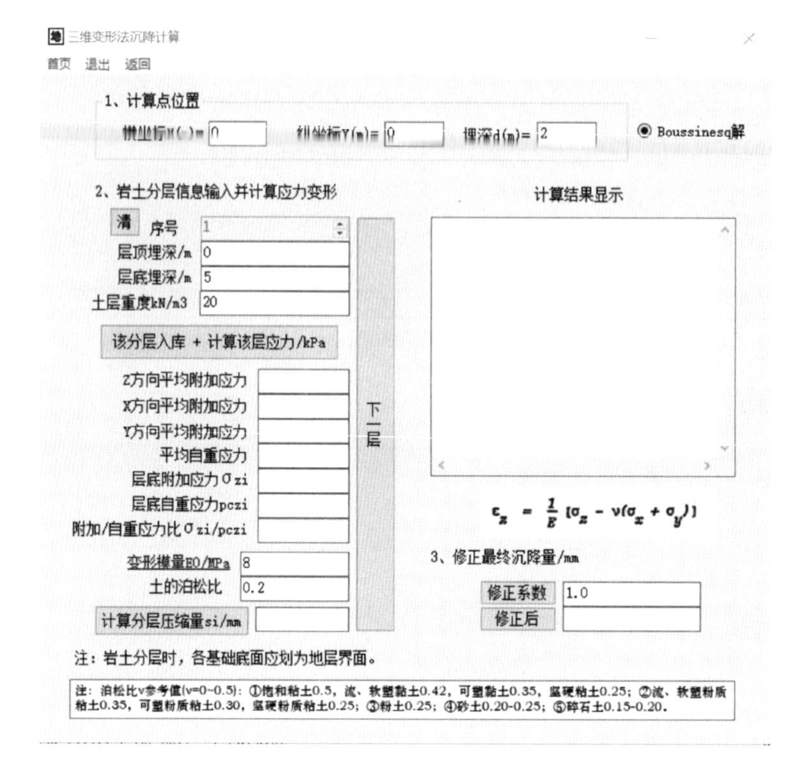

3. 计算原理

参见《建筑地基基础设计规范》GB 50007—2011。

4. 主要控件

界面一：地基变形计算

Button5：坐标规定

Button10：清零

Button11：增行

Button9：删行

DataGridView1：输入拟建基础信息（按划分的矩形块）

Button15：坐标规定

Button12：清零

Button13：增行

Button14：删行

DataGridView3：输入既有基础信息（按划分的矩形块）

RadioButton1：压缩模量法

RadioButton2：应力历史法

RadioButton3：三维变形计算法

Button8：下一步（选择计算方法）
界面二：地基变形计算 E_s 法
TextBox20：计算点横坐标 X（m）＝
TextBox21：计算点纵坐标 Y（m）＝
TextBox22：计算点埋深 d（m）＝
RadioButton1：Boussinesq 解
RadioButton2：Mindlin 解
TextBox18：土的泊松比
NumericUpDown3：压缩层判别起始土层序号
CheckBox3：（沉降稳定标准），一直算下去
CheckBox1：（沉降稳定标准），应力比法：$p_z/p_{cr}\leqslant$。TextBox5：应力比值
CheckBox2：（沉降稳定标准），变形比法：$\Delta s/s\leqslant$，TextBox6：应变比值
TextBox11：Δz 值（m）＝
Button8：清零
Button12：增行
Button13：删行
DataGridView1：输入显示
Button9：应力计算
LinkLabel6：输入压缩模量
LinkLabel5：复合模量计算
Button10：变形计算
TextBox1：理论沉降量（mm）
TextBox7：计算深度（m）
TextBox13：压缩模量 E_s 当量值（MPa）
TextBox9：变形比
LinkLabel1：输入沉降量修正系数
TextBox10：沉降量修正系数
Button5：沉降量修正计算
TextBox17：显示修正后计算结果
界面三：应力历史法
TextBox5：横坐标 X（m）＝
TextBox21：纵坐标 Y（m）＝
TextBox22：埋深 d（m）＝
RadioButton1：Boussinesq 解
RadioButton2：Mindlin 解
TextBox18：土的泊松比输入
Button12：清除
NumericUpDown1：序号
TextBox4：土层重度（kN/m^3）

TextBox1：层顶埋深（m）
TextBox2：层底埋深（m）
Button4：入库
Button1：计算该层应力（kPa）
TextBox3：平均附加应力
TextBox14：平均自重应力
TextBox8：层底附加应力 σ_z
TextBox15：层底自重应力 p_{czi}
TextBox16：应力比 σ_{zi}/p_{czi}
TextBox6：孔隙比 e_0
TextBox11：先期固结压力 p_c(kPa)
TextBox12：压缩指数 C_c
TextBox13：回弹指数 C_s
TextBox7：压缩量 s_i(mm) 计算结果
Button2：计算分层压缩量 S_i(mm)
TextBox9：计算书
TextBox17：修正后
Button5：修正后计算
Button6：修正系数
界面四：三维变形计算法
TextBox20：计算点横坐标 X（m）=
TextBox21：计算点纵坐标 Y（m）=
TextBox22：计算点埋深 d（m）=
RadioButton1：Boussinesq 解
Button3：返回
Button12：清零
NumericUpDown1：序号
TextBox14：土层重度（kN/m^3）
TextBox1：层顶埋深（m）
TextBox2：层底埋深（m）
Button4：入库
Button1：计算该层应力
TextBox3：Z 方向平均附加应力
TextBox4：X 方向平均附加应力
TextBox5：Y 方向平均附加应力
TextBox10：平均自重应力
TextBox8：层底附加应力 σ_{zi}
TextBox11：层底自重应力 p_{czi}
TextBox12：附加/自重应力比 σ_{zi}/p_{czi}

TextBox6：变形模量 E_0(MPa)
TextBox18：土的泊松比
TextBox7：压缩量计算值
Button2：计算分层压缩量 S_i(mm)
TextBox9：计算书
Button6：计算修正系数
TextBox16：修正系数计算值
Button5：修正后
TextBox17：修正后值

5. 源程序

```
界面一:地基变形计算
Public Class 沉降计算
    Private Sub Button5_Click(ByVal sender As System.Object, ByVal e As System.EventArgs) Handles Button5.Click
        Form65.Hide()
        Form65.Show()
        Form65.WindowState = FormWindowState.Normal
    End Sub

    Private Sub Button8_Click(ByVal sender As System.Object, ByVal e As System.EventArgs) Handles Button8.Click
        On Error Resume Next
        '数检
        Dim i As Integer
        For i = 1 To DataGridView1.RowCount - 1 '检查拟建基础信息
            For j = 1 To 7
                If IsNumeric(DataGridView1(j - 1, i - 1).Value) = False Then
                    MsgBox("数检未通过/数据缺失/非数据字符,请检查核对。")
                    GoTo 100
                End If
            Next
        Next

        If DataGridView3.RowCount>1 Then '检查既有基础信息
            For i = 1 To DataGridView3.RowCount - 1
                For j = 1 To 7
                    If IsNumeric(DataGridView3(j - 1, i - 1).Value) = False Then
                        MsgBox("数检未通过/数据缺失/非数据字符,请检查核对。")
                        GoTo 100
                    End If
                Next
            Next
```

```
        End If
        '读入拟建基础信息
        Njch = DataGridView1.RowCount - 1 '拟建基础个数
        For i = 1 To Njch '读取表格中的数据
            b0jch(i) = DataGridView1(1,i - 1).Value
            L0jch(i) = DataGridView1(2,i - 1).Value
            d0jch(i) = DataGridView1(3,i - 1).Value
            p0jch(i) = DataGridView1(4,i - 1).Value
            X0jch(i) = DataGridView1(5,i - 1).Value
            Y0jch(i) = DataGridView1(6,i - 1).Value
            Alpha0jch(i) = DataGridView1(7,i - 1).Value
        Next
        '读入既有基础信息
        Njch1 = DataGridView3.RowCount - 1 '既有基础个数
        For i = 1 To Njch1 '读取表格中的数据
            b0jch1(i) = DataGridView3(1,i - 1).Value
            L0jch1(i) = DataGridView3(2,i - 1).Value
            d0jch1(i) = DataGridView3(3,i - 1).Value
            p0jch1(i) = DataGridView3(4,i - 1).Value
            X0jch1(i) = DataGridView3(5,i - 1).Value
            Y0jch1(i) = DataGridView3(6,i - 1).Value
            Alpha0jch1(i) = DataGridView3(7,i - 1).Value
        Next
        On Error Resume Next
        If RadioButton1.Checked = True Then
            沉降计算 Es 法.Hide()
            沉降计算 Es 法.Show()
            沉降计算 Es 法.WindowState = FormWindowState.Normal
        End If
        If RadioButton2.Checked = True Then '应力历史法
            Form24.Hide()
            Form24.Show()
            Form24.WindowState = FormWindowState.Normal
        End If
        If RadioButton3.Checked = True Then '三维变形法
            Form23.Hide()
            Form23.Show()
            Form23.WindowState = FormWindowState.Normal
        End If
100:
    End Sub

    Private Sub DataGridView1_CellPainting(ByVal sender As Object,ByVal e As System.Windows.Forms.DataGrid-
ViewCellPaintingEventArgs) Handles DataGridView1.CellPainting
        On Error Resume Next
        '显示行顺序号,从 1 开始
```

```
        If e.ColumnIndex<0 And e.RowIndex>=0 Then '判断条件是:满足行数索引号要大于或等于 0 and 列数的索引号时小于 0
            e.Paint(e.ClipBounds,DataGridViewPaintParts.All)
            Dim indexrect As Drawing.Rectangle=e.CellBounds
            indexrect.Inflate(-2,-2) '定义显示的行号的坐标
            '绘画字符串的值
            TextRenderer.DrawText(e.Graphics,(e.RowIndex+1).ToString(),e.CellStyle.Font,indexrect,e.CellStyle.ForeColor,TextFormatFlags.Right)
            e.Handled=True
        End If
    End Sub
    Private Sub DataGridView1_RowsAdded(ByVal sender As Object,ByVal e As System.Windows.Forms.DataGridViewRowsAddedEventArgs) Handles DataGridView1.RowsAdded
        On Error Resume Next
        Njch=DataGridView1.RowCount-1 '基础个数
        Dim i As Integer
        For i=1 To Njch
            DataGridView1(0,i-1).Value=i
        Next
    End Sub
    Private Sub 沉降计算_Load(ByVal sender As System.Object,ByVal e As System.EventArgs) Handles MyBase.Load
        On Error Resume Next
        DataGridView1.ColumnHeadersDefaultCellStyle.Alignment=DataGridViewContentAlignment.MiddleCenter
        DataGridView1.ColumnHeadersDefaultCellStyle.Font=New Font("宋体",9)
        DataGridView1.DefaultCellStyle.Font=New Font("宋体",9)
        DataGridView3.ColumnHeadersDefaultCellStyle.Alignment=DataGridViewContentAlignment.MiddleCenter
        DataGridView3.ColumnHeadersDefaultCellStyle.Font=New Font("宋体",9)
        DataGridView3.DefaultCellStyle.Font=New Font("宋体",9)
        DataGridView1.RowCount=2
        DataGridView1(0,0).Value=1
        DataGridView1(1,0).Value=3
        DataGridView1(2,0).Value=15
        DataGridView1(3,0).Value=3
        DataGridView1(4,0).Value=100
        DataGridView1(5,0).Value=0
        DataGridView1(6,0).Value=0
        DataGridView1(7,0).Value=0
        DataGridView1.CurrentCell=DataGridView1(1,0)
    End Sub
    Private Sub Button10_Click(ByVal sender As System.Object,ByVal e As System.EventArgs) Handles Button10.Click
        On Error Resume Next
        DataGridView1.RowCount=1 '行数
        Dim i As Integer
        For i=1 To DataGridView1.ColumnCount
            DataGridView1(i-1,0).Value="" 'i-1 表示列的索引,0 表示行的索引
```

```
        Next
    End Sub
    Private Sub Button9 _Click(ByVal sender As System.Object,ByVal e As System.EventArgs) Handles Button9.Click
        On Error Resume Next
        For Each r As DataGridViewRow In DataGridView1.SelectedRows
            If Not r.IsNewRow Then
                DataGridView1.Rows.Remove(r)
            End If
        Next
    End Sub
    Private Sub Button11 _Click(ByVal sender As System.Object,ByVal e As System.EventArgs) Handles Button11.Click
        On Error Resume Next
        DataGridView1.RowCount = DataGridView1.RowCount + 1
    End Sub
    Private Sub DataGridView3_CellPainting(ByVal sender As Object,ByVal e As System.Windows.Forms.DataGridViewCellPaintingEventArgs) Handles DataGridView3.CellPainting
        On Error Resume Next
        '显示行顺序号,从 1 开始
        If e.ColumnIndex<0 And e.RowIndex> = 0 Then '判断条件是:满足行数索引号要大于或等于 0 and 列数的索引号时小于 0
            e.Paint(e.ClipBounds,DataGridViewPaintParts.All)
            Dim indexrect As Drawing.Rectangle = e.CellBounds
            indexrect.Inflate( - 2, - 2) '定义显示的行号的坐标
            '绘画字符串的值
            TextRenderer.DrawText(e.Graphics,(e.RowIndex + 1).ToString(),e.CellStyle.Font,indexrect,e.CellStyle.ForeColor,TextFormatFlags.Right)
            e.Handled = True
        End If
    End Sub
    Private Sub DataGridView3_RowsAdded(ByVal sender As Object,ByVal e As System.Windows.Forms.DataGridViewRowsAddedEventArgs) Handles DataGridView3.RowsAdded
        On Error Resume Next
        Njch1 = DataGridView3.RowCount - 1 '既有基础个数
        Dim i As Integer
        For i = 1 To Njch1
            DataGridView3(0,i - 1).Value = i
        Next
    End Sub
    Private Sub Button12 _Click(ByVal sender As System.Object,ByVal e As System.EventArgs) Handles Button12.Click
        On Error Resume Next
        DataGridView3.RowCount = 1 '行数
        Dim i As Integer
        For i = 1 To DataGridView3.ColumnCount
```

```
            DataGridView3(i - 1,0).Value = "" 'i - 1 表示列的索引,0 表示行的索引
        Next
    End Sub
    Private Sub Button13_Click(ByVal sender As System.Object,ByVal e As System.EventArgs) Handles Button13.Click
        On Error Resume Next
        DataGridView3.RowCount = DataGridView3.RowCount + 1
    End Sub
    Private Sub Button14_Click(ByVal sender As System.Object,ByVal e As System.EventArgs) Handles Button14.Click
        On Error Resume Next
        'DataGridView3.RowCount = DataGridView3.RowCount - 1
        On Error Resume Next
        For Each r As DataGridViewRow In DataGridView3.SelectedRows
            If Not r.IsNewRow Then
                DataGridView3.Rows.Remove(r)
            End If
        Next
    End Sub
    Private Sub Button15_Click(ByVal sender As System.Object,ByVal e As System.EventArgs) Handles Button15.Click
        MsgBox("规定:规定:拟建基础、既有基础、计算点等位置统一使用一个坐标系。")
    End Sub
    Private Sub DataGridView1_KeyDown(sender As Object,e As KeyEventArgs) Handles DataGridView1.KeyDown
        'Ctrl + V 快捷键粘贴
        If (e.KeyCode = Keys.V And e.Control) Then
            On Error Resume Next
            If Not DataGridView1.IsCurrentCellInEditMode Then
                If DataGridView1.Focused Then
                    If DataGridView1.CurrentCell.RowIndex<>DataGridView1.RowCount - 1 Then
                        Dim str() As String = Clipboard.GetDataObject.GetData(DataFormats.Text,True).ToString.Split(Chr(13) & Chr(10))
                        Dim xh As Int16
                        For xh = DataGridView1.CurrentCell.RowIndex To DataGridView1.RowCount - 1
                            If xh - DataGridView1.CurrentCell.RowIndex<str.Length - 1 Then
DataGridView1.Item(DataGridView1.CurrentCell.ColumnIndex, xh).Value = str(xh - DataGridView1.CurrentCell.RowIndex).Replace(Chr(13),"").Replace(Chr(10),"")
                            Else
                                Exit For
                            End If
                        Next
                    End If
                End If
            Else
                MsgBox("当前单元格正在编辑,不能进行复制、粘贴操作!")
            End If
```

```
        End If
    End Sub
    Private Sub DataGridView3_KeyDown(sender As Object,e As KeyEventArgs) Handles DataGridView3.KeyDown
        'Ctrl + V 快捷键粘贴
        If (e.KeyCode = Keys.V And e.Control) Then
            On Error Resume Next
            If Not DataGridView1.IsCurrentCellInEditMode Then
                If DataGridView1.Focused Then
                    If DataGridView1.CurrentCell.RowIndex<>DataGridView1.RowCount - 1 Then
                        Dim str() As String = Clipboard.GetDataObject.GetData(DataFormats.Text,True).ToString.Split(Chr(13) & Chr(10))
                        Dim xh As Int16
                        For xh = DataGridView1.CurrentCell.RowIndex To DataGridView1.RowCount - 1
                            If xh - DataGridView1.CurrentCell.RowIndex<str.Length - 1 Then
                                DataGridView1.Item(DataGridView1.CurrentCell.ColumnIndex,xh).Value = str(xh - DataGridView1.CurrentCell.RowIndex).Replace(Chr(13),"").Replace(Chr(10),"")
                            Else
                                Exit For
                            End If
                        Next
                    End If
                End If
            Else
                MsgBox("当前单元格正在编辑,不能进行复制、粘贴操作!")
            End If
        End If
    End Sub
    Private Sub 首页ToolStripMenuItem_Click(sender As Object,e As EventArgs) Handles 首页ToolStripMenuItem.Click
        门户首页.Hide()
        门户首页.Show()
        门户首页.WindowState = FormWindowState.Maximized
    End Sub
    Private Sub 退出ToolStripMenuItem_Click(sender As Object,e As EventArgs) Handles 退出ToolStripMenuItem.Click
        On Error Resume Next
        End
    End Sub
    Private Sub 返回ToolStripMenuItem_Click(sender As Object,e As EventArgs) Handles 返回ToolStripMenuItem.Click
        Me.Hide()
    End Sub
End Class
```

界面二:沉降计算 E_s 法

```
Imports System.IO
```

```
Public Class 沉降计算Es法
    Private Ntc As Integer
    'Private Ntcj As Integer
    'Private Njsd As Integer
    Private i,k As Integer
    Private gama(Ntc + 5),cengding(Ntc + 5),cengdi(Ntc + 5),pzpj(Ntc + 5),pz(Ntc + 5),Es(Ntc + 5),pzx(Ntc + 5),
ss(Ntc + 5),ssi(Ntc + 5),pjzz(Ntc + 5) As Double
    Private s,Ai,AiEsi As Double
    Private ESS As Double '压缩模量当量值
    Private X0jsd,Y0jsd,d0jsd As Double '计算点位置坐标
    Private Sub Form22_Load(ByVal sender As System.Object,ByVal e As System.EventArgs) Handles MyBase.Load
        On Error Resume Next
        If RadioButton1.Checked = True Then
            Label26.Visible = False
            TextBox18.Visible = False
            jieda = "B"
        Else
            Label26.Visible = True
            TextBox18.Visible = True
            jieda = "M"
        End If

        DataGridView1.ColumnHeadersDefaultCellStyle.Alignment = DataGridViewContentAlignment.MiddleCenter
        DataGridView1.ColumnHeadersDefaultCellStyle.Font = New Font("宋体",9)
        DataGridView1.DefaultCellStyle.Font = New Font("宋体",9)
        DataGridView1(0,0).Style.BackColor = Color.AliceBlue
        DataGridView1(1,0).Style.BackColor = Color.AliceBlue
        DataGridView1(2,0).Style.BackColor = Color.AliceBlue
        DataGridView1(3,0).Style.BackColor = Color.AliceBlue
        DataGridView1(9,0).Style.BackColor = Color.AliceBlue
        DataGridView1.RowCount = 2
        DataGridView1(2,0).Value = 5
        DataGridView1(3,0).Value = 20
        TextBox20.Focus()
    End Sub
    Private Sub Button5_Click_1(ByVal sender As System.Object,ByVal e As System.EventArgs) Handles But-
ton5.Click
        On Error Resume Next
        TextBox17.Text = Val(TextBox1.Text) * Val(TextBox10.Text)
    End Sub
    Private Sub RadioButton1_CheckedChanged(ByVal sender As System.Object,ByVal e As System.EventArgs) Han-
dles RadioButton1.CheckedChanged
        If RadioButton1.Checked = True Then
            Label26.Visible = False
            TextBox18.Visible = False
            jieda = "B"
```

```
            End If
        End Sub
        Private Sub RadioButton2_CheckedChanged(ByVal sender As System.Object,ByVal e As System.EventArgs) Han-
dles RadioButton2.CheckedChanged
            If RadioButton2.Checked = True Then
                Label26.Visible = True
                jieda = "M"
                TextBox18.Visible = True
            End If
        End Sub
        Private Sub LinkLabel1_Click(ByVal sender As System.Object,ByVal e As System.EventArgs) Handles LinkLa-
bel1.Click
            Form27.Hide()
            Form27.Show()
            Form27.WindowState = FormWindowState.Normal
        End Sub
        Private Sub NumericUpDown3_ValueChanged(ByVal sender As System.Object,ByVal e As System.EventArgs) Han-
dles NumericUpDown3.ValueChanged
            On Error Resume Next
            i = NumericUpDown3.Value
            If Ntc = 0 Then
                NumericUpDown3.Value = 1
            Else
                If i> = Ntc Then
                    NumericUpDown3.Value = Ntc
                End If
            End If
        End Sub
        Private Sub CheckBox2_CheckedChanged(ByVal sender As System.Object,ByVal e As System.EventArgs) Handles
CheckBox2.CheckedChanged
            On Error Resume Next
            If CheckBox2.Checked = True Then
                CheckBox1.Checked = False
                CheckBox3.Checked = False
                Label11.Text = "变形比"
            End If
            If CheckBox1.Checked = False And CheckBox2.Checked = False Then
                CheckBox3.Checked = True
                Label11.Text = "***"
            End If
        End Sub
        Private Sub CheckBox1_CheckedChanged(ByVal sender As System.Object,ByVal e As System.EventArgs) Handles
CheckBox1.CheckedChanged
            On Error Resume Next
            If CheckBox1.Checked = True Then
                CheckBox2.Checked = False
```

```
            CheckBox3.Checked = False
            Label11.Text = "应力比"
        End If
        If CheckBox1.Checked = False And CheckBox2.Checked = False Then
            CheckBox3.Checked = True
            Label11.Text = " * * * "
        End If
    End Sub
    Private Sub CheckBox3_CheckedChanged(ByVal sender As System.Object,ByVal e As System.EventArgs) Handles CheckBox3.CheckedChanged
        On Error Resume Next
        If CheckBox3.Checked = True Then
            CheckBox2.Checked = False
            CheckBox1.Checked = False
            Label11.Text = " * * * "
        End If
        If CheckBox1.Checked = False And CheckBox2.Checked = False Then
            CheckBox3.Checked = True
            Label11.Text = " * * * "
        End If
    End Sub
    Private Sub LinkLabel1_LinkClicked(ByVal sender As System.Object,ByVal e As System.Windows.Forms.LinkLabelLinkClickedEventArgs) Handles LinkLabel1.LinkClicked
        Form27.Hide()
        Form27.Show()
        Form27.WindowState = FormWindowState.Normal
    End Sub
    Private Sub LinkLabel4_LinkClicked(ByVal sender As System.Object,ByVal e As System.Windows.Forms.LinkLabelLinkClickedEventArgs) Handles LinkLabel4.LinkClicked
        Form105.Hide()
        Form105.Show()
        Form105.WindowState = FormWindowState.Normal
    End Sub
    Private Sub Button9_Click_2(ByVal sender As System.Object,ByVal e As System.EventArgs) Handles Button9.Click
        On Error Resume Next
        '数检
        Dim i As Integer
          If IsNumeric(TextBox20.Text) = False Or IsNumeric(TextBox21.Text) = False Or IsNumeric(TextBox21.Text) = False Then '检查计算点信息
            MsgBox("计算点信息有误,请检查核对。")
            GoTo 100
        End If
        '读入计算点位置信息
        X0jsd = Val(TextBox20.Text) '计算点坐标
        Y0jsd = Val(TextBox21.Text) '计算点坐标
```

```
d0jsd = Val(TextBox22.Text) '计算点坐标埋深
If d0jsd<0 Then
    MsgBox("计算点埋深应为正数")
    GoTo 100
End If
If DataGridView1.RowCount< = 1 Then
    MsgBox("未见地层信息,请检查核对。")
    GoTo 100
End If
For i = 1 To DataGridView1.RowCount - 1 '检查地层信息
    For j = 2 To 3
        If IsNumeric(DataGridView1(j,i - 1).Value) = False Then
            MsgBox("地层信息数检未通过,请检查核对。")
            GoTo 100
        End If
    Next
Next
'读入土层信息
For i = 1 To Ntc
    cengdi(i) = Val(DataGridView1(2,i - 1).Value) '层底埋深
    If cengdi(i)<0 Then
        MsgBox("地层埋深有误")
        GoTo 100
    End If
    If cengdi(i)<cengdi(i - 1) Then
        MsgBox("地层埋深有误")
        GoTo 100
    End If
    gama(i) = Val(DataGridView1(3,i - 1).Value) '重度
Next
'计算各层拟建荷载产生的附加应力
On Error Resume Next
Dim b As Double,l As Double,p0,g As Double,x,x0 As Double,y,y0 As Double,z As Double
Dim d0 As Double
Dim niu0 As Double
Dim z1 As Double,z2 As Double
Dim p0fnkcxyz,p0fnkcp As Double
For j = 1 To Ntc '逐层计算附加应力
    p0fnkcxyz = 0
    p0fnkcp = 0
    For i = 1 To Njch '拟建基础数量
        b = b0jch(i)
        l = L0jch(i)
        p0 = p0jch(i)
        d0 = d0jch(i)
```

```
                x0 = X0jsd - X0jch(i) '坐标转换
                y0 = Y0jsd - Y0jch(i) '坐标转换
                 y0 = (y0 - x0 * Math.Tan(Alpha0jch(i)/180 * 3.14159)) * Math.Cos(Alpha0jch(i)/180 *
3.14159) '坐标转换
                x0 = x0/Math.Cos(Alpha0jch(i)/180 * 3.14159) + y0 * Math.Tan(Alpha0jch(i)/180 * 3.14159) '
坐标转换
                x = x0 + l/2
                y = y0 + b/2

                z1 = Math.Max(cengdi(j - 1),d0jsd) - d0  '层顶【计算点】埋深(从基底算起)
                z2 = cengdi(j) - d0 '层底埋深(从基底算起)
                niu0 = TextBox18.Text

                p0fnkcp = p0 * fnkcp(b,l,x,y,z2,z1,d0,niu0) + p0fnkcp '分层平均附加应力
                p0fnkcxyz = p0 * fnkcxyz(b,l,x,y,z2,d0,niu0) + p0fnkcxyz '层底附加应力
            Next
            pzpj(j) = p0fnkcp '第 j 层平均附加应力
            If cengdi(j)>d0jsd Then
                DataGridView1(7,j - 1).Value = pzpj(j)
            End If
            pz(j) = p0fnkcxyz '第 j 层层底附加应力
            DataGridView1(4,j - 1).Value = pz(j)
        Next
        Dim j1 As Integer
        For j = 1 To Ntc '逐层计算层底自重和既有基础产生的附加应力
            pzx(j) = pzx(j - 1) + (cengdi(j) - cengdi(j - 1)) * gama(j) '层底自重应力
            p0fnkcxyz = 0
            p0fnkcp = 0
            For i = 1 To Njch1 '既有基础数量
                b = b0jch1(i)
                l = L0jch1(i)
                p0 = p0jch1(i)
                d0 = d0jch1(i)
                x0 = X0jsd - X0jch1(i) '坐标转换
                y0 = Y0jsd - Y0jch1(i) '坐标转换
                 y0 = (y0 - x0 * Math.Tan(Alpha0jch1(i)/180 * 3.14159)) * Math.Cos(Alpha0jch1(i)/180 *
3.14159) '坐标转换
                x0 = x0/Math.Cos(Alpha0jch1(i)/180 * 3.14159) + y0 * Math.Tan(Alpha0jch1(i)/180 * 3.14159)
'坐标转换
                x = x0 + l/2
                y = y0 + b/2

                z1 = Math.Max(cengdi(j - 1),d0jsd) - d0  '层顶【计算点】埋深(从基底算起)
                z2 = cengdi(j) - d0 '层底埋深(从基底算起)
                niu0 = Val(TextBox18.Text)
                p0fnkcp = p0 * fnkcp(b,l,x,y,z2,z1,d0,niu0) + p0fnkcp '既有基础产生的分层平均附加应力
```

```
            p0fnkcxyz = p0 * fnkcxyz(b,l,x,y,z2,d0,niu0) + p0fnkcxyz '既有基础产生的层底附加应力
        Next
        DataGridView1(5,j - 1).Value = pzx(j) + p0fnkcxyz '显示层底自重应力
        DataGridView1(6,j - 1).Value = pz(j)/(pzx(j) + p0fnkcxyz) '显示层底应力比
        pjzz(j) = pzx(j) - (cengdi(j) - Math.Max(cengdi(j - 1),d0jsd)) * gama(j)/2 '分层的平均自重应力
        'DataGridView1(8,j - 1).Value = pjzz(j) + p0fnkcp '显示分层平均自重应力
        If cengdi(j)>d0jsd Then
            DataGridView1(8,j - 1).Value = pjzz(j) + p0fnkcp '显示分层平均自重应力
            j1 = j
        End If
    Next

    DataGridView1.CurrentCell = DataGridView1(9,j1 - 1) '设置单元格获取焦点
    DataGridView1.Focus()
100:
    Label1.Text = "其中:"
End Sub
Private Sub DataGridView1_CellPainting(ByVal sender As Object,ByVal e As System.Windows.Forms.DataGrid-
ViewCellPaintingEventArgs) Handles DataGridView1.CellPainting
    On Error Resume Next
    '显示行顺序号,从 1 开始
    If e.ColumnIndex<0 And e.RowIndex> = 0 Then '判断条件是:满足行数索引号要大于或等于 0 and 列数的
索引号时小于 0
        e.Paint(e.ClipBounds,DataGridViewPaintParts.All)
        Dim indexrect As Drawing.Rectangle = e.CellBounds
        indexrect.Inflate( - 2, - 2) '定义显示的行号的坐标
        '绘画字符串的值
        TextRenderer.DrawText(e.Graphics,(e.RowIndex + 1).ToString(),e.CellStyle.Font,indexrect,e.
CellStyle.ForeColor,TextFormatFlags.Right)
        e.Handled = True
    End If
End Sub
Private Sub DataGridView1_RowsAdded(ByVal sender As Object,ByVal e As System.Windows.Forms.DataGridVie-
wRowsAddedEventArgs) Handles DataGridView1.RowsAdded
    On Error Resume Next
    Ntc = DataGridView1.RowCount - 1 '土层个数
    Dim i As Integer
    For i = 1 To Ntc
        'DataGridView1(0,i - 1).Value = i
        DataGridView1(0,i - 1).Style.BackColor = Color.AliceBlue
        DataGridView1(1,i - 1).Style.BackColor = Color.AliceBlue
        DataGridView1(2,i - 1).Style.BackColor = Color.AliceBlue
        DataGridView1(3,i - 1).Style.BackColor = Color.AliceBlue
        DataGridView1(9,i - 1).Style.BackColor = Color.AliceBlue
    Next
End Sub
```

```
    Private Sub 生成计算书ToolStripMenuItem_Click(sender As Object,e As EventArgs) Handles 生成计算书ToolStripMenuItem.Click
        On Error Resume Next '生成计算书
        TextBox19.Text = "沉降计算书" & vbCrLf
        TextBox19.Text += "" & vbCrLf
        TextBox19.Text += "工程名称:" & vbCrLf
        TextBox19.Text += "计算点位置:" & vbCrLf
        TextBox19.Text += "计算者:" & vbCrLf
        TextBox19.Text += "计算日期:" & Date.Now & vbCrLf
        TextBox19.Text += "" & vbCrLf
        TextBox19.Text += "拟建荷载参数:" & vbCrLf
        TextBox19.Text += "" & vbCrLf
        TextBox19.Text += "序号,基础宽度(m),基础长度(m),基础埋深(m),基底附加压力(kPa),中心点坐标X(m),中心点坐标Y(m),基础长边倾角(°)," & vbCrLf
        For i = 1 To Njch
            TextBox19.Text += i & "," & b0jch(i) & "," & L0jch(i) & "," & d0jch(i) & "," & p0jch(i) & "," & X0jch(i) & "," & Y0jch(i) & "," & Alpha0jch(i) & vbCrLf
        Next
        TextBox19.Text += "既有荷载参数:" & vbCrLf
        TextBox19.Text += "" & vbCrLf
        TextBox19.Text += "序号,基础宽度(m),基础长度(m),基础埋深(m),基底附加压力(kPa),中心点坐标X(m),中心点坐标Y(m),基础长边倾角(°)," & vbCrLf
        For i = 1 To Njch1
            TextBox19.Text += i & "," & b0jch1(i) & "," & L0jch1(i) & "," & d0jch1(i) & "," & p0jch1(i) & "," & X0jch1(i) & "," & Y0jch1(i) & "," & Alpha0jch1(i) & vbCrLf
        Next
        TextBox19.Text += "" & vbCrLf
        TextBox19.Text += "土层及应力计算过程参数:" & vbCrLf
        TextBox19.Text += "" & vbCrLf
        TextBox19.Text += "序号,层底埋深(m),重度(kN/m³),层底自重(kPa),层底附加(kPa),平均自重(kPa),平均附加(kPa),压缩模量(MPa),压缩量(mm),累计沉降(mm)" & vbCrLf
        For i = 1 To Ntc
            TextBox19.Text += i & "," & cengdi(i) & "," & gama(i) & "," & DataGridView1(5,i - 1).Value & "," & pz(i) & "," & DataGridView1(8,i - 1).Value & "," & pzpj(i) & "," & Es(i) & "," & ssi(i) & "," & ss(i) & vbCrLf
        Next
        TextBox19.Text += "--------" & vbCrLf
        TextBox19.Text += "计算结果:" & vbCrLf
        TextBox19.Text += "--------" & vbCrLf
        TextBox19.Text += "计算深度 = " & Val(TextBox7.Text) & vbCrLf
        TextBox19.Text += "压缩模量当量值Es(MPa) = " & ESS & vbCrLf
        TextBox19.Text += "沉降量修正系数取值 = " & Val(TextBox10.Text) & vbCrLf
        TextBox19.Text += "最终沉降量(mm) = " & Val(TextBox17.Text) & vbCrLf
        TextBox19.Focus()
        TextBox19.ScrollToCaret()
        On Error Resume Next '保存计算书
        Dim response As MsgBoxResult
```

```
        response = MsgBox("已生成计算书,保存吗?",MsgBoxStyle.YesNo,"特别提示!")
        If response = MsgBoxResult.Yes Then
            Dim filename As String
            Dim filewriter As StreamWriter
            With SaveFileDialog1
                .InitialDirectory = "c:\txt\"
                .Filter = "文本文件(*.txt)|*.txt"
                .RestoreDirectory = True
                .Title = "保存"
            End With
            If SaveFileDialog1.ShowDialog() = Windows.Forms.DialogResult.OK Then
                filename = SaveFileDialog1.FileName
                filewriter = New StreamWriter(filename,False)
                filewriter.Write(TextBox19.Text)
                filewriter.Close()
            End If
        End If
        On Error Resume Next '打开计算书
        Dim response1 As MsgBoxResult
        response1 = MsgBox("已生成计算书,打开吗?",MsgBoxStyle.YesNo,"特别提示!")
        If response1 = MsgBoxResult.Yes Then
        End If
    End Sub
    Private Sub 返回ToolStripMenuItem_Click(sender As Object,e As EventArgs) Handles 返回ToolStripMenu-
Item.Click
        Me.Hide()
    End Sub
    Private Sub Button8_Click_4(ByVal sender As System.Object,ByVal e As System.EventArgs) Handles But-
ton8.Click
        On Error Resume Next
        DataGridView1.RowCount = 1 '数据组数
        For i = 1 To DataGridView1.ColumnCount
            DataGridView1(i - 1,0).Value = "" '0 表示 0 列
        Next
    End Sub
    Private Sub Button10_Click_1(ByVal sender As System.Object,ByVal e As System.EventArgs) Handles But-
ton10.Click
        On Error Resume Next

        Dim j,jk,jjsd As Integer '地层序号
        s = 0
        Ai = 0
        AiEsi = 0

        For j = 1 To Ntc
            If d0jsd> = cengdi(j - 1) And d0jsd<cengdi(j) Then 'j 层土层层顶和基础埋深相等
```

```
            jjsd = j '找到了计算点所在的土层序号
            GoTo 10
        End If
    Next

10:     For j = jjsd To Ntc
            Es(j) = DataGridView1(9,j - 1).Value '读入模量数值
            ssi(j) = pzpj(j)/Es(j) * (cengdi(j) - Math.Max(cengdi(j - 1),d0jsd)) '分层压缩量
            DataGridView1(10,j - 1).Value = ssi(j) '显示
            s = s + ssi(j) '累计沉降量
            ss(j) = s '累计沉降量
            DataGridView1(11,j - 1).Value = ss(j) '显示
            Ai = Ai + pzpj(j) * (cengdi(j) - Math.Max(cengdi(j - 1),d0jsd))
            AiEsi = AiEsi + pzpj(j)/Es(j) * (cengdi(j) - Math.Max(cengdi(j - 1),d0jsd))
            ESS = Ai/AiEsi '压缩模量当量值

            If CheckBox3.Checked = True Then '不判稳,一直算下去
                TextBox7.Text = cengdi(j)
                'k = j
                Label1.Text = "不判稳"
                GoTo 50
            Else '判稳 - 应力比判稳或变形比判稳
                If j> = NumericUpDown3.Value Then '到了起始判别沉降稳定的地层及以下
                    If CheckBox1.Checked = True Then '应力比判别
                        'If pz(j)/pzx(j)< = Val(TextBox5.Text) Then
                        If DataGridView1(6,j - 1).Value< = Val(TextBox5.Text) Then
                            TextBox7.Text = cengdi(j)
                            TextBox9.Text = DataGridView1(6,j - 1).Value '层底应力比
                            'k = j
                            Label1.Text = "沉降稳定"
                            GoTo 100
                        Else
                            Label1.Text = "沉降不稳定"
                            TextBox7.Text = cengdi(j)
                            TextBox9.Text = DataGridView1(6,j - 1).Value '层底应力比
                        End If
                    End If

                    If CheckBox2.Checked = True Then '变形比判别
                        Dim b As Double,l As Double,p0,g As Double,x,x0 As Double,y,y0 As Double,z As Double
                        Dim d0 As Double,niu0 As Double
                        Dim z1 As Double,z2 As Double
                        Dim p0fnkcxyz,p0fnkcp As Double
                        p0fnkcp = 0
                        For i = 1 To Njch '拟建基础数量
                            b = b0jch(i)
```

```
                    l = L0jch(i)
                    p0 = p0jch(i)
                    d0 = d0jch(i)
                    'x0 = X0jch(i)
                    'y0 = Y0jch(i)

                    x0 = X0jsd - X0jch(i) '坐标转换
                    y0 = Y0jsd - Y0jch(i) '坐标转换
                    y0 = (y0 - x0 * Math.Tan(Alpha0jch(i)/180 * 3.14159)) * Math.Cos(Alpha0jch(i)/
180 * 3.14159) '坐标转换
                    x0 = x0/Math.Cos(Alpha0jch(i)/180 * 3.14159) + y0 * Math.Tan(Alpha0jch(i)/180 *
3.14159) '坐标转换


                    x = x0 + l/2
                    y = y0 + b/2

                    z1 = cengdi(j) - Val(TextBox11.Text) - d0 '层顶埋深(从基底算起)

                    If z1<0 Then
                        GoTo 50
                    End If

                    z2 = cengdi(j) - d0 '层底埋深(从基底算起)
                    niu0 = Val(TextBox18.Text)

                    p0fnkcp = p0fnkcp + p0 * fnkcp(b,l,x,y,z2,z1,d0,niu0)  '分层平均附加应力
                Next

                If p0fnkcp/Es(j) * Val(TextBox11.Text)/ss(j)<= Val(TextBox6.Text) Then
                    TextBox7.Text = cengdi(j)
                    TextBox9.Text = p0fnkcp/Es(j) * Val(TextBox11.Text)/ss(j) '计算的变形比
                    'k = j
                    Label1.Text = "沉降稳定"
                    GoTo 100
                Else
                    Label1.Text = "沉降不稳定"
                    TextBox7.Text = cengdi(j)
                    TextBox9.Text = p0fnkcp/Es(j) * Val(TextBox11.Text)/ss(j) '计算的变形比
                End If
            End If
        End If
    End If
50:     Next
100:    TextBox1.Text = s
        TextBox13.Text = ESS
```

```
200:
        End Sub
        Private Sub Button12_Click(ByVal sender As System.Object,ByVal e As System.EventArgs) Handles Button12.Click
            On Error Resume Next
            DataGridView1.RowCount = DataGridView1.RowCount + 1
        End Sub
        Private Sub Button13_Click(ByVal sender As System.Object,ByVal e As System.EventArgs) Handles Button13.Click
            On Error Resume Next
            For Each r As DataGridViewRow In DataGridView1.SelectedRows '选中行进行删除
                If Not r.IsNewRow Then
                    DataGridView1.Rows.Remove(r)
                End If
            Next
        End Sub
        Private Sub LinkLabel5_LinkClicked(ByVal sender As System.Object,ByVal e As System.Windows.Forms.LinkLabelLinkClickedEventArgs) Handles LinkLabel5.LinkClicked
            On Error Resume Next
            Form29.Hide()
            Form29.Show()
            Form29.WindowState = FormWindowState.Normal
        End Sub
        Private Sub LinkLabel6_LinkClicked(ByVal sender As System.Object,ByVal e As System.Windows.Forms.LinkLabelLinkClickedEventArgs) Handles LinkLabel6.LinkClicked
            On Error Resume Next
            Form113.Hide()
            Form113.Show()
            Form113.WindowState = FormWindowState.Normal
        End Sub
        Private Sub TextBox20_KeyDown(ByVal sender As Object,ByVal e As System.Windows.Forms.KeyEventArgs) Handles TextBox20.KeyDown
            If e.KeyCode = Keys.Right Then
                TextBox21.Focus()
            End If
            If e.KeyCode = Keys.Left Then
                TextBox22.Focus()
            End If
            If e.KeyCode = Keys.Enter Then
                TextBox21.Focus()
            End If
        End Sub
        Private Sub TextBox21_KeyDown(ByVal sender As Object,ByVal e As System.Windows.Forms.KeyEventArgs) Handles TextBox21.KeyDown
            If e.KeyCode = Keys.Right Then
                TextBox22.Focus()
```

```
            End If
            If e.KeyCode = Keys.Left Then
                TextBox20.Focus()
            End If
            If e.KeyCode = Keys.Enter Then
                TextBox22.Focus()
            End If
        End Sub
        Private Sub TextBox22_KeyDown(ByVal sender As Object,ByVal e As System.Windows.Forms.KeyEventArgs) Han-
dles TextBox22.KeyDown
            If e.KeyCode = Keys.Right Then
                TextBox20.Focus()
            End If
            If e.KeyCode = Keys.Left Then
                TextBox21.Focus()
            End If
            If e.KeyCode = Keys.Enter Then
                TextBox20.Focus()
            End If
        End Sub
        Private Sub DataGridView1_KeyDown(sender As Object,e As KeyEventArgs) Handles DataGridView1.KeyDown
            'Ctrl + V 快捷键粘贴
            If (e.KeyCode = Keys.V And e.Control) Then
                On Error Resume Next

                If Not DataGridView1.IsCurrentCellInEditMode Then
                    If DataGridView1.Focused Then
                        If DataGridView1.CurrentCell.RowIndex<>DataGridView1.RowCount - 1 Then
                            Dim str() As String = Clipboard.GetDataObject.GetData(DataFormats.Text,True).ToS-
tring.Split(Chr(13) & Chr(10))
                            Dim xh As Int16
                            For xh = DataGridView1.CurrentCell.RowIndex To DataGridView1.RowCount - 1
                                If xh - DataGridView1.CurrentCell.RowIndex<str.Length - 1 Then
                                    DataGridView1.Item(DataGridView1.CurrentCell.ColumnIndex,xh).Value =
str(xh - DataGridView1.CurrentCell.RowIndex).Replace(Chr(13),"").Replace(Chr(10),"")
                                Else
                                    Exit For
                                End If
                            Next
                        End If
                    End If
                Else
                    MsgBox("当前单元格正在编辑,不能进行复制、粘贴操作!")
                End If
            End If
        End Sub
```

```
End Class
```

界面三:应力历史法

```
Public Class Form24
    Private gama2(500),cengding2(500),cengdi2(500) As Double
    Private Ntc2,i As Integer
    Private Sub MenuItem3_Click(ByVal sender As System.Object,ByVal e As System.EventArgs) Handles MenuItem3.Click
        Me.Hide()
    End Sub
    Private Sub Form24_Load(ByVal sender As System.Object,ByVal e As System.EventArgs) Handles MyBase.Load
        Me.MaximizeBox = False
        If RadioButton1.Checked = True Then
            Label26.Visible = False
            TextBox18.Visible = False
            jieda = "B"
        Else
            Label26.Visible = True
            TextBox18.Visible = True
            jieda = "M"
        End If
    End Sub
    Private Sub Button1_Click_1(ByVal sender As System.Object,ByVal e As System.EventArgs) Handles Button1.Click
        On Error Resume Next
        Dim i5 As Integer
        i5 = Val(NumericUpDown1.Value)
        If Ntc2< = i5 Then
            Ntc2 = i5 '基础个数数
        End If
        cengding2(i5) = Val(TextBox1.Text)
        cengdi2(i5) = Val(TextBox2.Text)
        gama2(i5) = Val(TextBox4.Text)
        '读入计算点位置信息
        Dim X0jsd,Y0jsd,d0jsd As Double '计算点位置坐标
        X0jsd = Val(TextBox5.Text) '计算点坐标
        Y0jsd = Val(TextBox21.Text) '计算点坐标
        d0jsd = Val(TextBox22.Text) '计算点坐标埋深
        Dim i As Integer
        Dim b As Double,l As Double,p0,g As Double,x,x0 As Double,y,y0 As Double,z As Double
        Dim d0 As Double,niu0 As Double
        Dim z1 As Double,z2 As Double
        Dim p0fnkcxyz,p0fnkcp As Double
        p0fnkcxyz = 0
        p0fnkcp = 0
        For i = 1 To Njch
```

```
            b = b0jch(i)
            l = L0jch(i)
            p0 = p0jch(i)
            d0 = d0jch(i)
            x0 = X0jsd - X0jch(i) '坐标转换
            y0 = Y0jsd - Y0jch(i) '坐标转换
            y0 = (y0 - x0 * Math.Tan(Alpha0jch(i)/180 * 3.14159)) * Math.Cos(Alpha0jch(i)/180 * 3.14159) '坐标转换
            x0 = x0/Math.Cos(Alpha0jch(i)/180 * 3.14159) + y0 * Math.Tan(Alpha0jch(i)/180 * 3.14159) '坐标转换
            x = x0 + l/2
            y = y0 + b/2
            z1 = Math.Max(Val(TextBox1.Text),d0jsd) - d0 '层顶埋深(从基底算起)
            z2 = Val(TextBox2.Text) - d0 '层底埋深(从基底算起)
            niu0 = TextBox18.Text
            p0fnkcp = p0 * fnkcp(b,l,x,y,z2,z1,d0,niu0) + p0fnkcp
            p0fnkcxyz = p0 * fnkcxyz(b,l,x,y,z2,d0,niu0) + p0fnkcxyz
        Next
        Dim j,i1 As Integer
        Dim pzx(500), p0fnkcxyzj, p0fnkcpj As Double
        j = NumericUpDown1.Value
        pzx(0) = 0
        For i1 = 1 To j
            pzx(i1) = pzx(i1 - 1) + (cengdi2(i1) - cengding2(i1)) * gama2(i1)
        Next
        p0fnkcxyzj = 0
            p0fnkcpj = 0
            For i = 1 To Njch1 '既有基础数量
                b = b0jch1(i)
                l = L0jch1(i)
                p0 = p0jch1(i)
                d0 = d0jch1(i)
                'x0 = X0jch(i)
                'y0 = Y0jch(i)
                x0 = X0jsd - X0jch1(i) '坐标转换
                y0 = Y0jsd - Y0jch1(i) '坐标转换
                y0 = (y0 - x0 * Math.Tan(Alpha0jch1(i)/180 * 3.14159)) * Math.Cos(Alpha0jch1(i)/180 * 3.14159) '坐标转换
                x0 = x0/Math.Cos(Alpha0jch1(i)/180 * 3.14159) + y0 * Math.Tan(Alpha0jch1(i)/180 * 3.14159) '坐标转换
                x = x0 + l/2
                y = y0 + b/2
                z1 = Math.Max(cengdi2(j - 1),d0jsd) - d0  '层顶【计算点】埋深(从基底算起)
                z2 = cengdi2(j) - d0 '层底埋深(从基底算起)
                niu0 = Val(TextBox18.Text)
                p0fnkcpj = p0 * fnkcp(b,l,x,y,z2,z1,d0,niu0) + p0fnkcpj '既有基础产生的分层平均附加应力
```

```
                p0fnkcxyzj = p0 * fnkcxyz(b,l,x,y,z2,d0,niu0) + p0fnkcxyzj '既有基础产生的层底附加应力
            Next
        TextBox3.Text = p0fnkcp '平均附加
        TextBox14.Text = pzx(j) - (cengdi2(j) - Math.Max(cengdi2(j - 1),d0jsd)) * gama2(j)/2 + p0fnkcpj '平均自重应力
        TextBox8.Text = p0fnkcxyz '层底附加
        TextBox15.Text = pzx(j) + p0fnkcxyzj '层底自重
        TextBox16.Text = Val(TextBox8.Text)/Val(TextBox15.Text)
        TextBox7.Text = ""
        TextBox17.Focus()
        TextBox17.ScrollToCaret()
        TextBox6.Focus()
        TextBox6.SelectAll()
100:
    End Sub
    Private Sub Button2_Click_1(ByVal sender As System.Object,ByVal e As System.EventArgs) Handles Button2.Click
        On Error Resume Next
        Dim e0i,pzi,p0i,pci,Cci,Cri As Double
        e0i = TextBox6.Text '孔隙比
        pzi = TextBox14.Text '平均自重应力
        p0i = TextBox3.Text '平均附加应力
        pci = TextBox11.Text
        Cci = TextBox12.Text
        Cri = TextBox13.Text
        Dim z1 As Double,z2 As Double
        z1 = TextBox1.Text
        z2 = TextBox2.Text
        If pci/pzi> = 1.0 And pci/pzi< = 1.2 Then '正常固结土
            TextBox7.Text = (z2 - z1)/(1 + e0i) * Cci * Math.Log10((pzi + p0i)/pzi)
        ElseIf pci<pzi Then
            TextBox7.Text = (z2 - z1)/(1 + e0i) * Cci * Math.Log10((pzi + p0i)/pci)
        Else
            If pzi + p0i< = pci Then
                TextBox7.Text = (z2 - z1)/(1 + e0i) * Cri * Math.Log10((pzi + p0i)/pzi)
            Else
                TextBox7.Text = (z2 - z1)/(1 + e0i) * Cri * Math.Log10(pci/pzi) + (z2 - z1)/(1 + e0i) * Cci * Math.Log10((pzi + p0i)/pci)
            End If
        End If
        On Error Resume Next
        Dim i As Integer
        i = NumericUpDown1.Value
        si(i) = Val(TextBox7.Text)
        ss = 0
        For i = 1 To Ntc2
```

```
            ss = ss + si(i)
        Next
        If NumericUpDown1.Value = 1 Then
            On Error Resume Next '生成计算书
            TextBox9.Text = "计算书" & vbCrLf
            TextBox9.Text += "" & vbCrLf
            TextBox9.Text += "工程名称:" & vbCrLf
            TextBox9.Text += "计算点位置:" & vbCrLf
            TextBox9.Text += "计算者:" & vbCrLf
            TextBox9.Text += "计算日期:" & Date.Now & vbCrLf
            TextBox9.Text += "" & vbCrLf
            TextBox9.Text += "-------" & vbCrLf
            TextBox9.Text += "" & vbCrLf
            TextBox9.Text += "拟建荷载参数:" & vbCrLf
            TextBox9.Text += "" & vbCrLf
            TextBox9.Text += "序号,基础宽度(m),基础长度(m),基础埋深(m),基底附加压力(kPa),中心点坐标 X
(m),中心点坐标 Y(m),基础长边倾角(°)," & vbCrLf
            For i = 1 To Njch
                TextBox9.Text += i & "," & b0jch(i) & "," & L0jch(i) & "," & d0jch(i) & "," & p0jch(i) & "," &
X0jch(i) & "," & Y0jch(i) & "," & Alpha0jch(i) & vbCrLf
            Next
            TextBox9.Text += "既有荷载参数:" & vbCrLf
            TextBox9.Text += "" & vbCrLf
            TextBox9.Text += "序号,基础宽度(m),基础长度(m),基础埋深(m),基底附加压力(kPa),中心点坐标 X
(m),中心点坐标 Y(m),基础长边倾角(°)," & vbCrLf
            For i = 1 To Njch1
                TextBox9.Text += i & "," & b0jch1(i) & "," & L0jch1(i) & "," & d0jch1(i) & "," & p0jch1(i) &
"," & X0jch1(i) & "," & Y0jch1(i) & "," & Alpha0jch1(i) & vbCrLf
            Next
            TextBox9.Text += "-------" & vbCrLf
            TextBox9.Text += "计算结果" & vbCrLf
            TextBox9.Text += "-------" & vbCrLf
            TextBox9.Text += "" & vbCrLf
            TextBox9.Text += "土层序号,层顶埋深(m),层底埋深(m),重度 γ(kN/m³),平均附加应力 p0i(kPa),平
均自重 pzi(kPa),层底附加应力 p0i2(kPa),层底自重 pzi2(kPa),孔隙比 e0,平均自重(kPa),先期固结压力 Pc(kPa),压缩
指数 Cc,再压缩指数 Cr,分层变形量 si(mm),累计变形 s(mm)" & vbCrLf
            If Ntc2 = 0 Then
                GoTo 100
            End If
            i = NumericUpDown1.Value
              TextBox9.Text += i & "," & Val(TextBox1.Text) & "," & Val(TextBox2.Text) & "," & Val
(TextBox4.Text) & "," & Val(TextBox3.Text) & "," & Val(TextBox14.Text) & "," & Val(TextBox8.Text) & "," & Val
(TextBox15.Text) & "," & Val(TextBox6.Text) & "," & Val(TextBox11.Text) & "," & Val(TextBox12.Text) & "," & Val
(TextBox13.Text) & "," & si(i) & "," & ss & vbCrLf
        Else
            i = NumericUpDown1.Value
```

```
                TextBox9.Text += i & "," & Val(TextBox1.Text) & "," & Val(TextBox2.Text) & "," & Val
(TextBox4.Text) & "," & Val(TextBox3.Text) & "," & Val(TextBox14.Text) & "," & Val(TextBox8.Text) & "," & Val
(TextBox15.Text) & "," & Val(TextBox6.Text) & "," & Val(TextBox11.Text) & "," & Val(TextBox12.Text) & "," & Val
(TextBox13.Text) & "," & si(i) & "," & ss & vbCrLf
            End If
    100:
            TextBox9.Focus()
        End Sub
        Private Sub RadioButton1_CheckedChanged_1(ByVal sender As System.Object, ByVal e As System.EventArgs)
Handles RadioButton1.CheckedChanged
            If RadioButton1.Checked = True Then
                Label26.Visible = False
                TextBox18.Visible = False
                jieda = "B"
            End If
        End Sub
        Private Sub RadioButton2_CheckedChanged_1(ByVal sender As System.Object, ByVal e As System.EventArgs)
Handles RadioButton2.CheckedChanged
            If RadioButton2.Checked = True Then
                Label26.Visible = True
                jieda = "M"
                TextBox18.Visible = True
            End If
        End Sub
        Private Sub Button5_Click(ByVal sender As System.Object, ByVal e As System.EventArgs) Handles But-
ton5.Click
            On Error Resume Next
            TextBox17.Text = Val(TextBox10.Text) * ss
        End Sub
        Private Sub Button4_Click(ByVal sender As System.Object, ByVal e As System.EventArgs) Handles But-
ton4.Click
            On Error Resume Next
            i = NumericUpDown1.Value
            If i <= Ntc2 Then
                NumericUpDown1.Value = i + 1
                TextBox1.Text = cengdi2(i)
                TextBox2.Text = ""
                TextBox3.Text = ""
                TextBox14.Text = ""
                TextBox8.Text = ""
                TextBox15.Text = ""
                TextBox16.Text = ""
                TextBox7.Text = ""
                TextBox2.Focus()
            End If
    100:
```

```
End Sub
Private Sub Button12_Click(ByVal sender As System.Object,ByVal e As System.EventArgs) Handles Button12.Click
    On Error Resume Next
    Ntc2 = 0
    NumericUpDown1.Value = 1
    TextBox1.Text = ""
    TextBox2.Text = ""
    TextBox4.Text = ""
    TextBox3.Text = ""
    TextBox14.Text = ""
    TextBox8.Text = ""
    TextBox15.Text = ""
    TextBox16.Text = ""
    TextBox7.Text = ""
    TextBox1.Focus()
End Sub
Private si(500),ss As Double
Private Sub MenuItem1_Click(ByVal sender As System.Object,ByVal e As System.EventArgs) Handles MenuItem1.Click
    门户首页.Hide()
    门户首页.Show()
    门户首页.WindowState = FormWindowState.Maximized
    Me.Hide()
End Sub
Private Sub MenuItem2_Click(ByVal sender As System.Object,ByVal e As System.EventArgs) Handles MenuItem2.Click
    End
End Sub
Private Sub NumericUpDown1_ValueChanged(ByVal sender As System.Object,ByVal e As System.EventArgs) Handles NumericUpDown1.ValueChanged
    On Error Resume Next
    NumericUpDown1.Enabled = False
End Sub
End Class
```

界面四:三维变形计算法

```
Public Class Form23
    Private gama3(500),cengding3(500),cengdi3(500) As Double
    Private Ntc3,i As Integer
    Private Sub MenuItem3_Click(ByVal sender As System.Object,ByVal e As System.EventArgs) Handles MenuItem3.Click
        Me.Hide()
    End Sub
    Private Sub Button1_Click(ByVal sender As System.Object,ByVal e As System.EventArgs) Handles Button1.Click
        On Error Resume Next
```

```
Dim i5 As Integer
i5 = Val(NumericUpDown1.Value)
cengding3(i5) = Val(TextBox1.Text)
cengdi3(i5) = Val(TextBox2.Text)
gama3(i5) = Val(TextBox14.Text)
If Ntc3< = i5 Then
    Ntc3 = i5 '基础个数数
End If
Dim X0jsd,Y0jsd,d0jsd As Double '计算点位置坐标
'读入计算点位置信息
X0jsd = Val(TextBox20.Text) '计算点坐标
Y0jsd = Val(TextBox21.Text) '计算点坐标
d0jsd = Val(TextBox22.Text) '计算点坐标埋深
If d0jsd<0 Then
    MsgBox("计算点埋深应为正数")
    GoTo 100
End If
'jieda = "B" 'Bousinesq 解答
Dim i As Integer
Dim b As Double,l As Double,p0,g As Double,x,x0 As Double,y,y0 As Double,z As Double
Dim d0 As Double,niu0 As Double
Dim z1 As Double,z2 As Double
Dim p0fnkcxyz,p0fnkcp,p0fnkcpx,p0fnkcpy As Double
p0fnkcxyz = 0
p0fnkcp = 0
p0fnkcpx = 0
p0fnkcpy = 0
For i = 1 To Njch
    b = b0jch(i)
    l = L0jch(i)
    p0 = p0jch(i)
    d0 = d0jch(i)
    'x0 = X0jch(i)
    'y0 = Y0jch(i)
    x0 = X0jsd - X0jch(i) '坐标转换
    y0 = Y0jsd - Y0jch(i) '坐标转换
    y0 = (y0 - x0 * Math.Tan(Alpha0jch(i)/180 * 3.14159)) * Math.Cos(Alpha0jch(i)/180 * 3.14159) '坐
标转换
    x0 = x0/Math.Cos(Alpha0jch(i)/180 * 3.14159) + y0 * Math.Tan(Alpha0jch(i)/180 * 3.14159) '坐标
转换
    x = x0 + l/2
    y = y0 + b/2
    z1 = Math.Max(Val(TextBox1.Text),d0jsd) - d0 '层顶埋深(从基底算起)
    z2 = Val(TextBox2.Text) - d0 '层底埋深(从基底算起)
    niu0 = 0.25 'Bousinesq 解答与 niu0 的数值大小无关
    p0fnkcp = p0 * fnkcp(b,l,x,y,z2,z1,d0,niu0) + p0fnkcp
```

```
        p0fnkcpx = p0 * fnkcpx(b,l,x,y,z2,z1) + p0fnkcpx
        p0fnkcpy = p0 * fnkcpy(b,l,x,y,z2,z1) + p0fnkcpy
        p0fnkcxyz = p0 * fnkcxyz(b,l,x,y,z2,d0,niu0) + p0fnkcxyz
    Next
    Dim j,i1 As Integer
    Dim pzx(500),p0fnkcxyzj,p0fnkcpj As Double
    j = NumericUpDown1.Value
    pzx(0) = 0
    For i1 = 1 To j
        pzx(i1) = pzx(i1 - 1) + (cengdi3(i1) - cengding3(i1)) * gama3(i1)
    Next
    p0fnkcxyzj = 0
    p0fnkcpj = 0
        For i = 1 To Njch1 '既有基础数量
            b = b0jch1(i)
            l = L0jch1(i)
            p0 = p0jch1(i)
            d0 = d0jch1(i)
            'x0 = X0jch(i)
            'y0 = Y0jch(i)
            x0 = X0jsd - X0jch1(i) '坐标转换
            y0 = Y0jsd - Y0jch1(i) '坐标转换
            y0 = (y0 - x0 * Math.Tan(Alpha0jch1(i)/180 * 3.14159)) * Math.Cos(Alpha0jch1(i)/180 *
3.14159) '坐标转换
            x0 = x0/Math.Cos(Alpha0jch1(i)/180 * 3.14159) + y0 * Math.Tan(Alpha0jch1(i)/180 * 3.14159)
'坐标转换
            x = x0 + l/2
            y = y0 + b/2
            z1 = Math.Max(cengdi3(j - 1),d0jsd) - d0  '层顶【计算点】埋深(从基底算起)
            z2 = cengdi3(j) - d0 '层底埋深(从基底算起)
            niu0 = Val(TextBox18.Text)
            p0fnkcpj = p0 * fnkcp(b,l,x,y,z2,z1,d0,niu0) + p0fnkcpj '既有基础产生的分层平均附加应力
            p0fnkcxyzj = p0 * fnkcxyz(b,l,x,y,z2,d0,niu0) + p0fnkcxyzj '既有基础产生的层底附加应力
        Next
    TextBox3.Text = p0fnkcp '平均附加,z 方向
    TextBox4.Text = p0fnkcpx '平均附加,x 方向
    TextBox5.Text = p0fnkcpy '平均附加,y 方向
    TextBox10.Text = pzx(j) - (cengdi3(j) - Math.Max(cengdi3(j - 1),d0jsd)) * gama3(j)/2 + p0fnkcpj '平
均自重应力
    TextBox8.Text = p0fnkcxyz '层底附加应力
    TextBox11.Text = pzx(j) + p0fnkcxyzj '层底自重
    TextBox12.Text = Val(TextBox8.Text)/Val(TextBox11.Text)
    TextBox7.Text = ""
    'TextBox13.Text = ""
    TextBox17.Focus()
    TextBox17.ScrollToCaret()
```

```
            TextBox6.Focus()
            TextBox6.SelectAll()
    100:
        End Sub
        Private Sub Button2_Click(ByVal sender As System.Object, ByVal e As System.EventArgs) Handles Button2.Click
            On Error Resume Next
            Dim px As Double,py As Double,pz As Double,E00 As Double,niu As Double
            pz = Val(TextBox3.Text)
            px = Val(TextBox4.Text)
            py = Val(TextBox5.Text)
            E00 = Val(TextBox6.Text)
            niu = Val(TextBox18.Text)
            TextBox7.Text = 1/E00 * (pz - niu * (px + py)) * (Val(TextBox2.Text) - Val(TextBox1.Text))
            On Error Resume Next
            Dim i As Integer
            i = NumericUpDown1.Value
            si(i) = Val(TextBox7.Text)
            ss = 0
            For i = 1 To Ntc3
                ss = ss + si(i)
            Next
            If NumericUpDown1.Value = 1 Then
                On Error Resume Next '生成计算书
                TextBox9.Text = "计算书" & vbCrLf
                TextBox9.Text += "" & vbCrLf
                TextBox9.Text += "工程名称:" & vbCrLf
                TextBox9.Text += "计算点位置:" & vbCrLf
                TextBox9.Text += "计算者:" & vbCrLf
                TextBox9.Text += "计算日期:" & Date.Now & vbCrLf
                TextBox9.Text += "" & vbCrLf
                TextBox9.Text += "拟建荷载参数:" & vbCrLf
                TextBox9.Text += "" & vbCrLf
                TextBox9.Text += "序号,基础宽度(m),基础长度(m),基础埋深(m),基底附加压力(kPa),中心点坐标X(m),中心点坐标Y(m),基础长边倾角(°)," & vbCrLf
                For i = 1 To Njch
                    TextBox9.Text += i & "," & b0jch(i) & "," & L0jch(i) & "," & d0jch(i) & "," & p0jch(i) & "," & X0jch(i) & "," & Y0jch(i) & "," & Alpha0jch(i) & vbCrLf
                Next
                TextBox9.Text += "既有荷载参数:" & vbCrLf
                TextBox9.Text += "" & vbCrLf
                TextBox9.Text += "序号,基础宽度(m),基础长度(m),基础埋深(m),基底附加压力(kPa),中心点坐标X(m),中心点坐标Y(m),基础长边倾角(°)," & vbCrLf
                For i = 1 To Njch1
                    TextBox9.Text += i & "," & b0jch1(i) & "," & L0jch1(i) & "," & d0jch1(i) & "," & p0jch1(i) & "," & X0jch1(i) & "," & Y0jch1(i) & "," & Alpha0jch1(i) & vbCrLf
```

```
                Next
                TextBox9.Text += "-------" & vbCrLf
                TextBox9.Text += "计算结果" & vbCrLf
                TextBox9.Text += "-------" & vbCrLf
                TextBox9.Text += "" & vbCrLf
                TextBox9.Text += "土层序号,层顶埋深(m),层底埋深(m),重度(kN/m³),Z方向平均附加应力(kPa),X方向平均附加应力(kPa),Y方向平均附加应力,平均自重应力(kPa),层底附加应力σzi(kPa),层底自重应力pczi(kPa),变形模量E0(MPa),泊松比,分层变形量si(mm),累计变形s(mm)" & vbCrLf
                If Ntc3 = 0 Then
                    GoTo 100
                End If
                i = NumericUpDown1.Value
                TextBox9.Text += i & "," & Val(TextBox1.Text) & "," & Val(TextBox2.Text) & "," & Val(TextBox14.Text) & "," & Val(TextBox3.Text) & "," & Val(TextBox4.Text) & "," & Val(TextBox5.Text) & "," & Val(TextBox10.Text) & "," & Val(TextBox8.Text) & "," & Val(TextBox11.Text) & "," & Val(TextBox6.Text) & "," & Val(TextBox18.Text) & "," & si(i) & "," & ss & "," & vbCrLf
            Else
                i = NumericUpDown1.Value
                TextBox9.Text += i & "," & Val(TextBox1.Text) & "," & Val(TextBox2.Text) & "," & Val(TextBox14.Text) & "," & Val(TextBox3.Text) & "," & Val(TextBox4.Text) & "," & Val(TextBox5.Text) & "," & Val(TextBox10.Text) & "," & Val(TextBox8.Text) & "," & Val(TextBox11.Text) & "," & Val(TextBox6.Text) & "," & Val(TextBox18.Text) & "," & si(i) & "," & ss & "," & vbCrLf
            End If
100:
            TextBox9.Focus()
        End Sub
        Private Sub RadioButton1_CheckedChanged(ByVal sender As System.Object,ByVal e As System.EventArgs) Handles RadioButton1.CheckedChanged
            If RadioButton1.Checked = True Then
                jieda = "B"
            End If
        End Sub
        Private Sub Form22_Load(ByVal sender As System.Object,ByVal e As System.EventArgs) Handles MyBase.Load
            Me.MaximizeBox = False
            If RadioButton1.Checked = True Then
                jieda = "B"
            End If
        End Sub
        Private Sub Button5_Click(ByVal sender As System.Object, ByVal e As System.EventArgs) Handles Button5.Click
            On Error Resume Next
            TextBox17.Text = Val(TextBox16.Text) * ss
            TextBox17.Focus()
        End Sub
        Private si(500),ss As Double
        Private Sub Button4_Click(ByVal sender As System.Object, ByVal e As System.EventArgs) Handles But-
```

```
ton4.Click
        On Error Resume Next
        i = NumericUpDown1.Value
        If i <= Ntc3 Then
            NumericUpDown1.Value = i + 1
            TextBox1.Text = cengdi3(i)
            TextBox2.Text = ""
            TextBox3.Text = ""
            TextBox4.Text = ""
            TextBox5.Text = ""
            TextBox10.Text = ""
            TextBox8.Text = ""
            TextBox11.Text = ""
            TextBox12.Text = ""
            TextBox7.Text = ""
            TextBox2.Focus()
        End If
    End Sub
    Private Sub Button12_Click(ByVal sender As System.Object, ByVal e As System.EventArgs) Handles Button12.Click
        On Error Resume Next
        Ntc3 = 0
        NumericUpDown1.Value = 1
        TextBox1.Text = ""
        TextBox2.Text = ""
        TextBox14.Text = ""
        TextBox3.Text = ""
        TextBox4.Text = ""
        TextBox5.Text = ""
        TextBox10.Text = ""
        TextBox8.Text = ""
        TextBox11.Text = ""
        TextBox12.Text = ""
        TextBox7.Text = ""
        TextBox1.Focus()
    End Sub
    Private Sub LinkLabel1_LinkClicked(sender As Object, e As LinkLabelLinkClickedEventArgs) Handles LinkLabel1.LinkClicked
        Form127.Show()
    End Sub
    Private Sub MenuItem1_Click(ByVal sender As System.Object, ByVal e As System.EventArgs) Handles MenuItem1.Click
        门户首页.Hide()
        门户首页.Show()
        门户首页.WindowState = FormWindowState.Maximized
        Me.Hide()
```

```
    End Sub
    Private Sub MenuItem2_Click(ByVal sender As System.Object,ByVal e As System.EventArgs) Handles Menu-
Item2.Click
        End
    End Sub
    Private Sub NumericUpDown1_ValueChanged(ByVal sender As System.Object,ByVal e As System.EventArgs) Han-
dles NumericUpDown1.ValueChanged
        On Error Resume Next
        NumericUpDown1.Enabled = False
    End Sub
End Class
```

模块

```
Module Module1
    Public kp,kpx,kpy,R1,R2,R3,z1,RR1,RR2,r4,r52,a1,a2,a3,a4,a5,a6,a7,a8,kc,k1 As Double
    Public ikp As Integer
    Public jieda As String
    '矩形基础角点下x方向应力系数
    Public Function fnkcx(ByVal b As Double,ByVal l As Double,ByVal z As Double)
        R1 = (l ^ 2 + z ^ 2) ^ 0.5
        R2 = (b ^ 2 + z ^ 2) ^ 0.5
        R3 = (l ^ 2 + b ^ 2 + z ^ 2) ^ 0.5
        If z = 0 Then
            z = 0.0001
            fnkcx = 1/(2 * 3.14159) * (Math.Atan(l * b/z/R3) - l * b * z/(R1 ^ 2 * R3))
        ElseIf z<0 Then
            fnkcx = 0
        Else
            fnkcx = 1/(2 * 3.14159) * (Math.Atan(l * b/z/R3) - l * b * z/(R1 ^ 2 * R3))
        End If
    End Function
    '矩形基础下任意点x方向应力系数,以角点为坐标(0,0)点,长边为x轴,短边为y轴
    Public Function fnkcxxyz(ByVal b As Double,ByVal l As Double,ByVal x As Double,ByVal y As Double,ByVal z
As Double)
        If b * l = 0 Then
            fnkcxxyz = 0
        Else
            If x>0 And y>0 Then
                fnkcxxyz = fnkcx(y,x,z) + fnkcx(b - y,x,z) + fnkcx(b - y,l - x,z) + fnkcx(y,l - x,z)
            ElseIf x = 0 And y>0 Then
                fnkcxxyz = fnkcx(b - y,l,z) + fnkcx(y,l,z)
            ElseIf x>0 And y = 0 Then
                fnkcxxyz = fnkcx(b,x,z) + fnkcx(b,l - x,z)
            ElseIf x<0 And y<0 Then
                fnkcxxyz = fnkcx(Math.Abs(y),Math.Abs(x),z) - fnkcx(b - y,Math.Abs(x),z) + fnkcx(b - y,l -
x,z) - fnkcx(Math.Abs(y),l - x,z)
```

```
            ElseIf x>0 And y<0 Then
                fnkcxxyz = - fnkcx(Math.Abs(y),x,z) + fnkcx(b - y,x,z) + fnkcx(b - y,l - x,z) - fnkcx(Math.
Abs(y),l - x,z)
            ElseIf x<0 And y>0 Then
                fnkcxxyz = - fnkcx(y,Math.Abs(x),z) - fnkcx(b - y,Math.Abs(x),z) + fnkcx(b - y,l - x,z) +
fnkcx(y,l - x,z)
            ElseIf x = 0 And y<0 Then
                fnkcxxyz = fnkcx(b - y,l,z) - fnkcx(Math.Abs(y),l,z)
            ElseIf x<0 And y = 0 Then
                fnkcxxyz = - fnkcx(b,Math.Abs(x),z) + fnkcx(b,l - x,z)
            ElseIf x = 0 And y = 0 Then
                fnkcxxyz = fnkcx(b,l,z)
            End If
        End If
    End Function
    '矩形基础下任意点 x 方向平均应力系数,以角点为坐标(0,0)点,长边为 x 轴,短边为 y 轴
    Public Function fnkcpx(ByVal b As Double,ByVal l As Double,ByVal x As Double,ByVal y As Double,ByVal z As
Double,ByVal z0 As Double)
        If z = z0 Then
            fnkcpx = fnkcxxyz(b,l,x,y,z)
        Else
            kpx = 0
            Dim NBN As Integer
            NBN = Math.Max(Fix(z - z0),20)
            For ikp = 1 To NBN
                kpx = fnkcxxyz(b,l,x,y,z0 + (ikp - 0.5) * (z - z0)/NBN) + kpx
            Next ikp
            fnkcpx = kpx/NBN
        End If
    End Function
    '矩形基础角点下 y 方向应力系数
    Public Function fnkcy(ByVal b As Double,ByVal l As Double,ByVal z As Double)
        R1 = (l ^ 2 + z ^ 2) ^ 0.5
        R2 = (b ^ 2 + z ^ 2) ^ 0.5
        R3 = (l ^ 2 + b ^ 2 + z ^ 2) ^ 0.5
        If z = 0 Then
            z = 0.0001
            fnkcy = 1/(2 * 3.14159) * (Math.Atan(l * b/z/R3) - l * b * z/(R2 ^ 2 * R3))
        ElseIf z<0 Then
            fnkcy = 0
        Else
            fnkcy = 1/(2 * 3.14159) * (Math.Atan(l * b/z/R3) - l * b * z/(R2 ^ 2 * R3))
        End If
    End Function
    '矩形基础下任意点 y 方向应力系数,以角点为坐标(0,0)点,长边为 x 轴,短边为 y 轴
    Public Function fnkcyxyz(ByVal b As Double,ByVal l As Double,ByVal x As Double,ByVal y As Double,ByVal z
```

```
As Double)
        If b * l = 0 Then
            fnkcyxyz = 0
        Else
            If x>0 And y>0 Then
                fnkcyxyz = fnkcy(y,x,z) + fnkcy(b - y,x,z) + fnkcy(b - y,l - x,z) + fnkcy(y,l - x,z)
            ElseIf x = 0 And y>0 Then
                fnkcyxyz = fnkcy(b - y,l,z) + fnkcy(y,l,z)
            ElseIf x>0 And y = 0 Then
                fnkcyxyz = fnkcy(b,x,z) + fnkcy(b,l - x,z)
            ElseIf x<0 And y<0 Then
                fnkcyxyz = fnkcy(Math.Abs(y),Math.Abs(x),z) - fnkcy(b - y,Math.Abs(x),z) + fnkcy(b - y,l -
x,z) - fnkcy(Math.Abs(y),l - x,z)
            ElseIf x>0 And y<0 Then
                fnkcyxyz = - fnkcy(Math.Abs(y),x,z) + fnkcy(b - y,x,z) + fnkcy(b - y,l - x,z) - fnkcy(Math.
Abs(y),l - x,z)
            ElseIf x<0 And y>0 Then
                fnkcyxyz = - fnkcy(y,Math.Abs(x),z) - fnkcy(b - y,Math.Abs(x),z) + fnkcy(b - y,l - x,z) +
fnkcy(y,l - x,z)
            ElseIf x = 0 And y<0 Then
                fnkcyxyz = fnkcy(b - y,l,z) - fnkcy(Math.Abs(y),l,z)
            ElseIf x<0 And y = 0 Then
                fnkcyxyz = - fnkcy(b,Math.Abs(x),z) + fnkcy(b,l - x,z)
            ElseIf x = 0 And y = 0 Then
                fnkcyxyz = fnkcy(b,l,z)
            End If
        End If
    End Function
    '矩形基础下任意点 y 方向平均应力系数,以角点为坐标(0,0)点,长边为 x 轴,短边为 y 轴
    Public Function fnkcpy(ByVal b As Double,ByVal l As Double,ByVal x As Double,ByVal y As Double,ByVal z As
Double,ByVal z0 As Double)
        If z = z0 Then
            fnkcpy = fnkcyxyz(b,l,x,y,(z0 + z)/2)
        Else
            kpy = 0
            Dim NBN As Integer
            NBN = Math.Max(Fix(z - z0),20)
            For ikp = 1 To NBN
                kpy = kpy + fnkcyxyz(b,l,x,y,z0 + (ikp - 0.5) * (z - z0)/NBN)
            Next ikp
            fnkcpy = kpy/NBN
        End If
    End Function
    '矩形基础角点下应力系数
    Public Function fnkc(ByVal b As Double,ByVal l As Double,ByVal z As Double,ByVal d0 As Double,ByVal niu0
As Double)
```

```
'z 指荷载作用面以下深度
If jieda = "M" Then 'Mindlin 解
    If Math.Abs(b * l) <= 1/10000000 Then
        fnkc = 0
    ElseIf z < - d0 Then '指地面以上
        fnkc = 0
    Else
        z1 = d0 + z 'Mindlin 解的 z 坐标规定从地面向下算起,所以需要换算
        If z1 - d0 > Math.Abs(50000000000 * b) Then
            fnkc = 0
        Else
            If z1 = d0 Then
                z1 = 1/1000 + d0
            End If
            RR1 = Math.Sqrt(l ^ 2 + b ^ 2 + (z1 - d0) ^ 2)
            RR2 = Math.Sqrt(l ^ 2 + b ^ 2 + (z1 + d0) ^ 2)
            R1 = Math.Sqrt(b ^ 2 + (z1 - d0) ^ 2)
            R2 = Math.Sqrt(b ^ 2 + (z1 + d0) ^ 2)
            R3 = Math.Sqrt(l ^ 2 + (z1 - d0) ^ 2)
            r4 = Math.Sqrt(l ^ 2 + (z1 + d0) ^ 2)
            r52 = (l ^ 2 - (z1 + d0) ^ 2)
            a1 = (1 - niu0) * (Math.Atan(l * b/(z1 - d0)/RR1) + Math.Atan(l * b/(z1 + d0)/RR2))
            a2 = (z1 - d0) * b * RR1/(2 * l * R1 ^ 2)
            a3 = b * (z1 - d0) ^ 3/(2 * l * R3 ^ 2 * RR1)
            a4 = ((3 - 4 * niu0) * z1 * (z1 + d0) - d0 * (5 * z1 - d0)) * b * RR2/2/(z1 + d0)/l/R2 ^ 2
            a5 = ((3 - 4 * niu0) * z1 * (z1 + d0) ^ 2 - d0 * (z1 + d0) * (5 * z1 - d0)) * b/2/l/r4 ^ 2/RR2
            a6 = 2 * d0 * z1 * (z1 + d0) * b * RR2 ^ 3/l ^ 3/R2 ^ 4
            a7 = 3 * d0 * z1 * b * RR2 * r52/(z1 + d0)/l ^ 3/R2 ^ 2
            a8 = d0 * z1 * (z1 + d0) ^ 3 * b/l/r4 ^ 4/RR2 * ((2 * l ^ 2 - (z1 + d0) ^ 2)/l ^ 2 - b ^ 2/RR2 ^ 2)
            kc = 1/(4 * 3.14159 * (1 - niu0)) * (a1 + a2 - a3 + a4 - a5 + a6 + a7 - a8)
            fnkc = kc
        End If
    End If
End If
If jieda = "B" Then 'Bousisinesq 解
    If z = 0 Then
        z = 0.001
        k1 = 1/2/3.14159 * b * l * z * (b ^ 2 + l ^ 2 + 2 * z ^ 2)/(l ^ 2 + z ^ 2)/(b ^ 2 + z ^ 2)
        fnkc = k1/Math.Sqrt(b ^ 2 + l ^ 2 + z ^ 2) + 1/2/3.14159 * Math.Atan(b * l/z/Math.Sqrt(b ^ 2 + l ^
2 + z ^ 2))
    ElseIf z < 0 Then
        fnkc = 0
    Else
        k1 = 1/2/3.14159 * b * l * z * (b ^ 2 + l ^ 2 + 2 * z ^ 2)/(l ^ 2 + z ^ 2)/(b ^ 2 + z ^ 2)
        fnkc = k1/Math.Sqrt(b ^ 2 + l ^ 2 + z ^ 2) + 1/2/3.14159 * Math.Atan(b * l/z/Math.Sqrt(b ^ 2 + l ^
2 + z ^ 2))
```

```
            End If
        End If
    End Function
    '矩形基础下任意点应力系数,以角点为坐标(0,0)点,长边为x轴,短边为y轴,作用面向下为z
    Public Function fnkcxyz(ByVal b As Double,ByVal l As Double,ByVal x As Double,ByVal y As Double,ByVal z As Double,ByVal d0 As Double,ByVal niu0 As Double)
        If b * l = 0 Then
            fnkcxyz = 0
        Else
            If x>0 And y>0 Then
                fnkcxyz = fnkc(y,x,z,d0,niu0) + fnkc(b - y,x,z,d0,niu0) + fnkc(b - y,l - x,z,d0,niu0) + fnkc(y,l - x,z,d0,niu0)
            ElseIf x = 0 And y>0 Then
                fnkcxyz = fnkc(b - y,l,z,d0,niu0) + fnkc(y,l,z,d0,niu0)
            ElseIf x>0 And y = 0 Then
                fnkcxyz = fnkc(b,x,z,d0,niu0) + fnkc(b,l - x,z,d0,niu0)
            ElseIf x<0 And y<0 Then
                fnkcxyz = fnkc(Math.Abs(y),Math.Abs(x),z,d0,niu0) - fnkc(b - y,Math.Abs(x),z,d0,niu0) + fnkc(b - y,l - x,z,d0,niu0) - fnkc(Math.Abs(y),l - x,z,d0,niu0)
            ElseIf x>0 And y<0 Then
                fnkcxyz = - fnkc(Math.Abs(y),x,z,d0,niu0) + fnkc(b - y,x,z,d0,niu0) + fnkc(b - y,l - x,z,d0,niu0) - fnkc(Math.Abs(y),l - x,z,d0,niu0)
            ElseIf x<0 And y>0 Then
                fnkcxyz = - fnkc(y,Math.Abs(x),z,d0,niu0) - fnkc(b - y,Math.Abs(x),z,d0,niu0) + fnkc(b - y,l - x,z,d0,niu0) + fnkc(y,l - x,z,d0,niu0)
            ElseIf x = 0 And y<0 Then
                fnkcxyz = fnkc(b - y,l,z,d0,niu0) - fnkc(Math.Abs(y),l,z,d0,niu0)
            ElseIf x<0 And y = 0 Then
                fnkcxyz = - fnkc(b,Math.Abs(x),z,d0,niu0) + fnkc(b,l - x,z,d0,niu0)
            ElseIf x = 0 And y = 0 Then
                fnkcxyz = fnkc(b,l,z,d0,niu0)
            End If
        End If
    End Function
    '矩形基础下任意点平均应力系数,以角点为坐标(0,0)点,长边为x轴,短边为y轴,作用面向下为z
    Public Function fnkcp(ByVal b As Double,ByVal l As Double,ByVal x As Double,ByVal y As Double,ByVal z As Double,ByVal z0 As Double,ByVal d0 As Double,ByVal niu0 As Double)
        If z = z0 Then
            fnkcp = fnkcxyz(b,l,x,y,z,d0,niu0)
        Else
            kp = 0
            Dim NBN As Integer
            NBN = Math.Max(Fix(z - z0),20)
            For ikp = 1 To NBN
                kp = fnkcxyz(b,l,x,y,z0 + (ikp - 0.5) * (z - z0)/NBN,d0,niu0) + kp
            Next ikp
```

```
            fnkcp = kp/NBN
        End If
    End Function
    '环形基础下中心点下平均应力系数,b1、L1 表示大矩形边长,b2、L2 表示小矩形边长,从作用面中点向下为 z0,再到向下为 z,以中点为坐标(0,0)点,长边为 x 轴,短边为 y 轴
    Public Function fnkchp(ByVal b1 As Double,ByVal L1 As Double,ByVal b2 As Double,ByVal L2 As Double,ByVal x As Double,ByVal y As Double,ByVal z As Double,ByVal z0 As Double,ByVal d0 As Double,ByVal niu0 As Double)
        If z = z0 Then
            fnkchp = fnkcxyz(b1,L1,L1/2 + x,b1/2 + y,z,d0,niu0) - fnkcxyz(b2,L2,L2/2 + x,b2/2 + y,z,d0,niu0)
        Else
            kp = 0
            Dim NBN As Integer
            NBN = Math.Max(Fix(z - z0),20)
            For ikp = 1 To NBN
                Dim zz As Double
                zz = z0 + (ikp - 0.5) * (z - z0)/NBN
                kp = fnkcxyz(b1,L1,L1/2 + x,b1/2 + y,zz,d0,niu0) - fnkcxyz(b2,L2,L2/2 + x,b2/2 + y,zz,d0,niu0) + kp
            Next ikp
            fnkchp = kp/NBN
        End If
    End Function
End Module

Module Module2
    Public xh(0 To 500),qtsd(0 To 500),qtcd(0 To 500),dcmc(0 To 500),sylb(0 To 500),sysd(0 To 500),scjs(0 To 500),grsd(0 To 500),gc(0 To 500),sm(0 To 500),zzsj(0 To 500) As String
    Public j,N,N1 As Integer
    Public word As String '复制使用
    Public jh As String '记号
    Public Njch,Njch1 As Integer ' Njch,Njch1 分别表示拟建基础个数、既有基础个数
    Public d0jch(100),b0jch(100),L0jch(100),p0jch(100),X0jch(100),Y0jch(100),Alpha0jch(100) As Double '拟建基础
    Public d0jch1(100),b0jch1(100),L0jch1(100),p0jch1(100),X0jch1(100),Y0jch1(100),Alpha0jch1(100) As Double '既有基础
End Module
```

复合地基置换率

1. 功能

计算复合地基的桩间距和置换率。

2. 界面

开发平台：Microsoft Visual Studio 2019。编程语言：VB. net。软件界面如下。

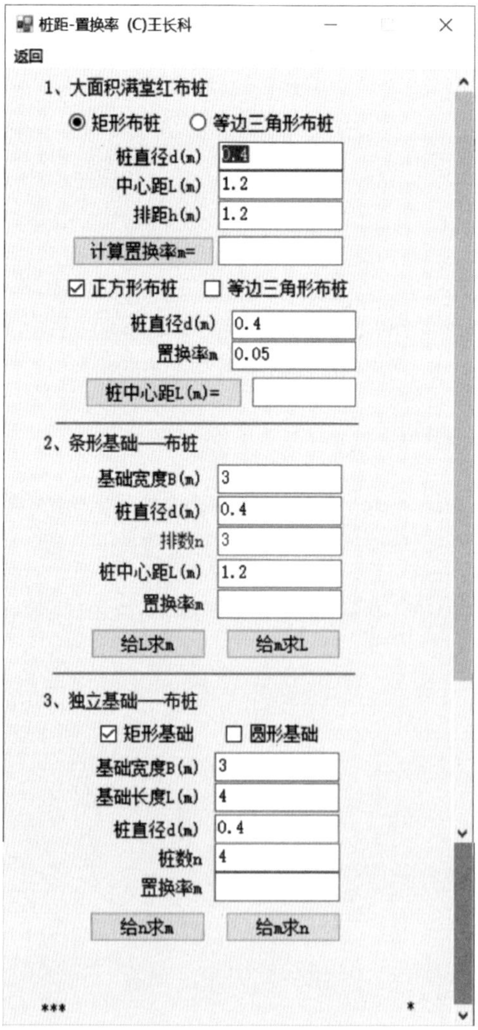

3. 计算原理

复合地基布桩置换率公式参见《复合地基技术规范》GB/T 50783—2012。

4. 主要控件

RadioButton1：矩形布桩
RadioButton2：等边三角形布桩
TextBox3：桩直径 d（m）
TextBox1：中心距 L（m）
TextBox2：排距 h（m）
TextBox4：置换率计算值
Button1：计算置换率 m=
CheckBox1：正方形布桩
CheckBox2：等边三角形布桩
TextBox6：桩直径 d（m）
TextBox5：置换率 m
TextBox7：桩中心距计算值
Button2：桩中心距 L（m）=
TextBox9：基础宽度 B（m）
TextBox10：桩直径 d（m）
TextBox12：排数 n
TextBox8：桩中心距 L（m）
TextBox11：置换率 m
Button4：给 L 求 m
Button3：给 m 求 L
CheckBox3：矩形基础
CheckBox4：圆形基础
TextBox17：基础宽度 B（m）
TextBox16：基础长度 L（m）
TextBox13：桩直径 d（m）
TextBox14：桩数 n
TextBox15：置换率 m
Button6：给 n 求 m
Button5：给 m 求 n

5. 源程序

```
Public Class Form69
    Private Sub MenuItem1_Click(ByVal sender As System.Object,ByVal e As System.EventArgs)Handles Menu-
```

```
Item1.Click
        On Error Resume Next
        Me.Hide()
    End Sub
    Private Sub Button1_Click(ByVal sender As System.Object,ByVal e As System.EventArgs)Handles Button1.Click
        On Error Resume Next
        Dim d,L,h,m As Double
        If RadioButton1.Checked = True Then '矩形布桩
            d = Val(TextBox3.Text)
            L = Val(TextBox1.Text)
            h = Val(TextBox2.Text)
            m = Math.PI * d^2/4/(L * h)
        End If
        If RadioButton2.Checked = True Then '等边三角形布桩
            d = Val(TextBox3.Text)
            L = Val(TextBox1.Text)
            h = L * Math.Sin(60/180 * Math.PI)
            m = Math.PI * d^2/4/(L * h)
        End If
        TextBox4.Text = Fix(1000000 * m)/1000000
        TextBox4.Focus()
    End Sub
    Private Sub RadioButton1_CheckedChanged(ByVal sender As System.Object,ByVal e As System.EventArgs)Han-
dles RadioButton1.CheckedChanged
        On Error Resume Next
        If RadioButton1.Checked = True Then '矩形布桩
            Label1.Enabled = True
            TextBox2.Enabled = True
        End If
    End Sub
    Private Sub RadioButton2_CheckedChanged(ByVal sender As System.Object,ByVal e As System.EventArgs)Han-
dles RadioButton2.CheckedChanged
        On Error Resume Next
        If RadioButton2.Checked = True Then '等边三角形布桩
            Label1.Enabled = False
            TextBox2.Enabled = False
        End If
    End Sub
    Private Sub Button2_Click(ByVal sender As System.Object,ByVal e As System.EventArgs)Handles Button2.Click
        On Error Resume Next
        Dim d,L,h,m As Double
        If CheckBox1.Checked = True Then '正方形布桩
            d = Val(TextBox6.Text)
            m = Val(TextBox5.Text)
            L = (Math.PI * d^2/4/m)^0.5
        End If
```

```
        If CheckBox2.Checked = True Then '等边三角形布桩
            d = Val(TextBox6.Text)
            m = Val(TextBox5.Text)
            L = (Math.PI * d^2/4/(m * Math.Sin(60/180 * Math.PI)))^0.5
        End If
        TextBox7.Text = Fix(1000000 * L)/1000000
        TextBox7.Focus()
    End Sub
    Private Sub CheckBox1_CheckStateChanged(ByVal sender As System.Object,ByVal e As System.EventArgs)Han-
dles CheckBox1.CheckStateChanged
        On Error Resume Next
        If CheckBox1.Checked = True Then
            CheckBox2.Checked = False
        End If
        If CheckBox1.Checked = False Then
            CheckBox2.Checked = True
        End If
    End Sub
    Private Sub CheckBox2_CheckStateChanged(ByVal sender As System.Object,ByVal e As System.EventArgs)Han-
dles CheckBox2.CheckStateChanged
        On Error Resume Next
        If CheckBox2.Checked = True Then
            CheckBox1.Checked = False
        End If
        If CheckBox2.Checked = False Then
            CheckBox1.Checked = True
        End If
    End Sub
    Private Sub Form69_Load(ByVal sender As System.Object,ByVal e As System.EventArgs)Handles MyBase.Load
        Me.MaximizeBox = False
        TextBox3.Text = "0.4"
    End Sub
    Private Sub Button3_Click(ByVal sender As System.Object,ByVal e As System.EventArgs)Handles Button3.Click
        On Error Resume Next
        Dim B,d,m,L,nn As Double
        B = Val(TextBox9.Text)
        d = Val(TextBox10.Text)
        m = Val(TextBox11.Text)
        nn = Val(TextBox12.Text)
        L = nn * Math.PI * d^2/4/B/m
        TextBox8.Text = L
        TextBox8.Focus()
    End Sub
    Private Sub Button4_Click(ByVal sender As System.Object,ByVal e As System.EventArgs)Handles Button4.Click
        On Error Resume Next
        Dim B,d,m,L,nn As Double
```

```
        B = Val(TextBox9.Text)
        d = Val(TextBox10.Text)
        nn = Val(TextBox12.Text)
        L = Val(TextBox8.Text)
        m = nn * Math.PI * d^2/4/B/L
        TextBox11.Text = m
        TextBox11.Focus()
    End Sub
    Private Sub Button6_Click(ByVal sender As System.Object, ByVal e As System.EventArgs) Handles Button6.
Click
        On Error Resume Next
        If CheckBox3.Checked = True Then
            Dim B, L, d, m, nn As Double
            B = Val(TextBox17.Text)
            L = Val(TextBox16.Text)
            d = Val(TextBox13.Text)
            nn = Val(TextBox14.Text)
            TextBox15.Text = nn * Math.PI * d^2/4/B/L
            TextBox15.Focus()
        End If
        If CheckBox4.Checked = True Then
            Dim DD, d, m, nn As Double
            DD = Val(TextBox17.Text)
            d = Val(TextBox13.Text)
            nn = Val(TextBox14.Text)
            TextBox15.Text = nn * Math.PI * d^2/4/(Math.PI * DD^2/4)
            TextBox15.Focus()
        End If
    End Sub
    Private Sub Button5_Click(ByVal sender As System.Object, ByVal e As System.EventArgs) Handles Button5.
Click
        On Error Resume Next
        If CheckBox3.Checked = True Then
            Dim B, L, d, m, nn As Double
            B = Val(TextBox17.Text)
            L = Val(TextBox16.Text)
            d = Val(TextBox13.Text)
            m = Val(TextBox15.Text)
            TextBox14.Text = m * L * B/(Math.PI * d^2/4)
            TextBox14.Focus()
        End If
        If CheckBox4.Checked = True Then
            Dim DD, d, m, nn As Double
            DD = Val(TextBox17.Text)
            d = Val(TextBox13.Text)
            m = Val(TextBox15.Text)
```

```
            TextBox14.Text = m * DD^2/d^2
            TextBox14.Focus()
        End If
    End Sub
    Private Sub CheckBox4_CheckStateChanged(ByVal sender As System.Object,ByVal e As System.EventArgs)Han-
dles CheckBox4.CheckStateChanged
        On Error Resume Next
        If CheckBox4.Checked = True Then
            CheckBox3.Checked = False
        End If
        If CheckBox4.Checked = False Then
            CheckBox3.Checked = True
        End If
        Label16.Text = "基础直径 D(mm)"
        Label20.Enabled = False
        TextBox16.Enabled = False
    End Sub
    Private Sub CheckBox3_CheckStateChanged(ByVal sender As System.Object,ByVal e As System.EventArgs)Han-
dles CheckBox3.CheckStateChanged
        On Error Resume Next
        If CheckBox3.Checked = True Then
            CheckBox4.Checked = False
        End If
        If CheckBox3.Checked = False Then
            CheckBox4.Checked = True
        End If
        Label16.Text = "基础宽度 B(m)"
        Label20.Enabled = True
        TextBox16.Enabled = True
    End Sub
End Class
```

复合地基承载力

1. 功能

对复合地基设计中的几个参数互为求取计算，方便各种复合地基设计。

2. 界面

开发平台：Microsoft Visual Studio 2019。编程语言：VB. net。软件界面如下。

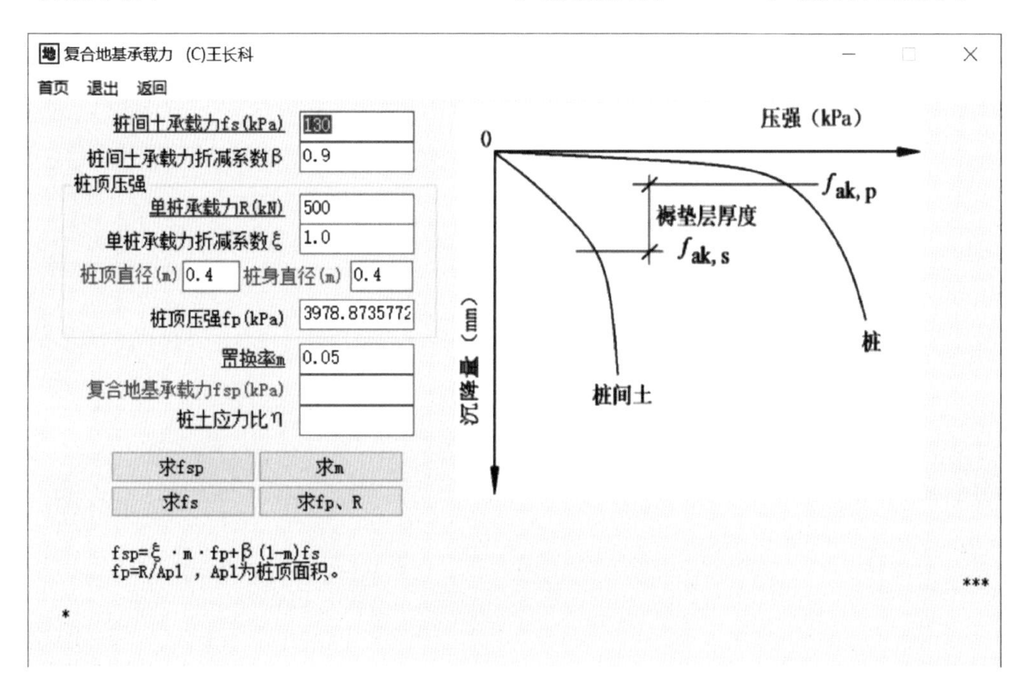

3. 计算原理

计算公式见软件界面。

4. 主要控件

TextBox1：桩间土承载力 f_s（kPa）

TextBox2：桩间土承载力折减系数 β

TextBox3：单桩承载力 R（kN）
TextBox8：单桩承载力折减系数 ξ
TextBox4：桩顶直径（m）
TextBox5：桩身直径（m）
TextBox6：桩顶压强 f_P（kPa）
TextBox9：置换率 m
TextBox10：复合地基承载力 f_{sp}（kPa）
TextBox7：桩土应力比 η
Button1：求 f_{sp}
Button2：求 m
Button3：求 f_s
Button5：求 f_p、R

5. 源程序

```
Public Class 复合地基
    Private Sub Button1_Click(ByVal sender As System.Object,ByVal e As System.EventArgs)Handles Button1.Click
        Dim fak,bata,Rak,D,A,fp,ksi,m,fsp As Double
        On Error Resume Next
        fak = Val(TextBox1.Text)
        bata = Val(TextBox2.Text)
        Rak = Val(TextBox3.Text)
        A = Math.PI * Val(TextBox4.Text)^2/4
        fp = Val(TextBox6.Text)
        ksi = Val(TextBox8.Text)
        m = Val(TextBox9.Text)
        TextBox10.Text = m * ksi * fp + (1 - m) * bata * fak
        TextBox7.Text = Val(TextBox6.Text)/(Val(TextBox1.Text) * bata)
    End Sub
    Private Sub TextBox4_TextChanged(ByVal sender As System.Object,ByVal e As System.EventArgs)Handles
TextBox4.TextChanged
        On Error Resume Next
        'TextBox6.Text = Val(TextBox3.Text) * Val(TextBox8.Text)/(Math.PI * Val(TextBox4.Text)^2/4)
        TextBox6.Text = Val(TextBox3.Text)/(Math.PI * Val(TextBox4.Text)^2/4)
    End Sub
    Private Sub Button2_Click(ByVal sender As System.Object,ByVal e As System.EventArgs)Handles Button2.Click
        Dim fak,bata,Rak,D,A,fp,ksi,m,fsp As Double
        On Error Resume Next
        fak = Val(TextBox1.Text)
        bata = Val(TextBox2.Text)
        Rak = Val(TextBox3.Text)
        A = Math.PI * Val(TextBox4.Text)^2/4
        fp = Val(TextBox6.Text)
        ksi = Val(TextBox8.Text)
```

```
        m = Val(TextBox9.Text)
        fsp = Val(TextBox10.Text)
        TextBox9.Text = (fsp - bata * fak)/(ksi * fp - bata * fak)
        TextBox7.Text = Val(TextBox6.Text)/(Val(TextBox1.Text) * bata)
    End Sub
    Private Sub TextBox3_TextChanged(ByVal sender As System.Object, ByVal e As System.EventArgs) Handles
TextBox3.TextChanged
        On Error Resume Next
        'TextBox6.Text = Val(TextBox3.Text) * Val(TextBox8.Text)/(Math.PI * Val(TextBox4.Text)^2/4)
        TextBox6.Text = Val(TextBox3.Text)/(Math.PI * Val(TextBox4.Text)^2/4)
    End Sub
    Private Sub Button3_Click(ByVal sender As System.Object,ByVal e As System.EventArgs)Handles Button3.Click
        On Error Resume Next
        Dim fak,bata,Rak,D,A,fp,ksi,m,fsp As Double
        On Error Resume Next
        fak = Val(TextBox1.Text)
        bata = Val(TextBox2.Text)
        Rak = Val(TextBox3.Text)
        A = (Math.PI * Val(TextBox4.Text)^2/4)
        fp = Val(TextBox6.Text)
        ksi = Val(TextBox8.Text)
        m = Val(TextBox9.Text)
        fsp = Val(TextBox10.Text)
        TextBox1.Text = (fsp - m * fp)/((1 - m) * bata)
        TextBox7.Text = Val(TextBox6.Text)/(Val(TextBox1.Text) * bata)
    End Sub
    Private Sub TextBox8_TextChanged(ByVal sender As System.Object, ByVal e As System.EventArgs) Handles
TextBox8.TextChanged
        On Error Resume Next
        TextBox6.Text = Val(TextBox3.Text) * Val(TextBox8.Text)/(Math.PI * Val(TextBox4.Text)^2/4)
    End Sub
    Private Sub Button5_Click(ByVal sender As System.Object,ByVal e As System.EventArgs)Handles Button5.Click
        On Error Resume Next
        Dim fak,bata,Rak,D,A,fp,ksi,m,fsp As Double
        fak = Val(TextBox1.Text)
        bata = Val(TextBox2.Text)
        Rak = Val(TextBox3.Text)
        ksi = Val(TextBox8.Text)
        A = (Math.PI * Val(TextBox4.Text)^2/4)
        fp = Val(TextBox6.Text)
        m = Val(TextBox9.Text)
        fsp = Val(TextBox10.Text)
        TextBox6.Text = (fsp  - (1 - m) * bata * fak)/m
        TextBox3.Text = (fsp  - (1 - m) * bata * fak)/m * A
        TextBox7.Text = Val(TextBox6.Text)/(Val(TextBox1.Text) * bata)
    End Sub
```

```
    Private Sub MenuItem6_Click(ByVal sender As System.Object,ByVal e As System.EventArgs)Handles Menu-
Item6.Click
        Me.Hide()
    End Sub
    Private Sub LinkLabel1_Click(ByVal sender As System.Object,ByVal e As System.EventArgs)Handles LinkLa-
bel1.Click
        单桩承载力.Show()
        单桩承载力.WindowState = FormWindowState.Normal
    End Sub
    Private Sub LinkLabel2_Click(ByVal sender As System.Object,ByVal e As System.EventArgs)Handles LinkLa-
bel2.Click
        Form2.Show()
        Form2.WindowState = FormWindowState.Normal
    End Sub
    Private Sub TextBox5_TextChanged(ByVal sender As System.Object,ByVal e As System.EventArgs)
    End Sub
    Private Sub LinkLabel3_Click(ByVal sender As System.Object,ByVal e As System.EventArgs)Handles LinkLa-
bel3.Click
        On Error Resume Next
        Form69.Show()
        Form69.WindowState = FormWindowState.Normal
    End Sub
    Private Sub MenuItem1_Click(ByVal sender As System.Object,ByVal e As System.EventArgs)Handles Menu-
Item1.Click
        门户首页.Hide()
        门户首页.Show()
        门户首页.WindowState = FormWindowState.Maximized
    End Sub
    Private Sub MenuItem2_Click(ByVal sender As System.Object,ByVal e As System.EventArgs)Handles Menu-
Item2.Click
        End
    End Sub
    Private Sub 复合地基_Load(ByVal sender As System.Object,ByVal e As System.EventArgs)Handles MyBase.Load
        Me.MaximizeBox = False
    End Sub
    Private Sub LinkLabel2_LinkClicked(sender As Object,e As LinkLabelLinkClickedEventArgs)Handles LinkLa-
bel2.LinkClicked
    End Sub
    Private Sub LinkLabel3_LinkClicked(sender As Object,e As LinkLabelLinkClickedEventArgs)Handles LinkLa-
bel3.LinkClicked
        On Error Resume Next
        Form69.Show()
        Form69.WindowState = FormWindowState.Normal
    End Sub
End Class
```

长短桩复合地基承载力

1. 功能

计算长短组合桩复合地基的承载力。

2. 界面

开发平台：Microsoft Visual Studio 2019。编程语言：VB. net。软件界面如下。

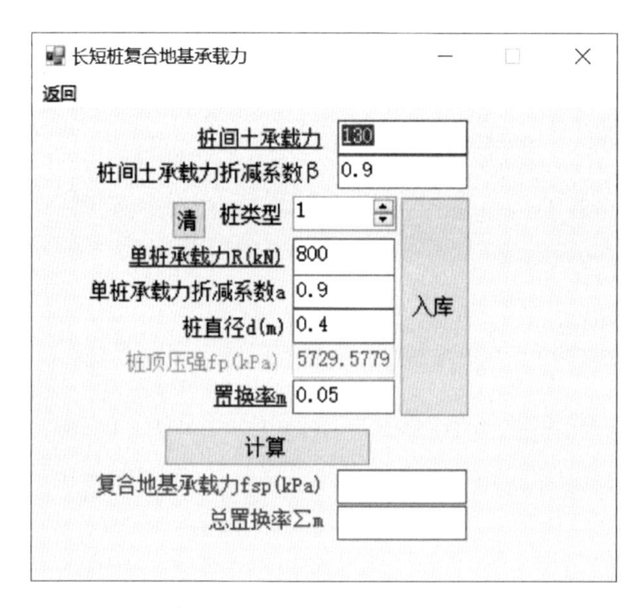

3. 计算原理

参见：王长科．岩土工程热点问题解析——王长科论文选集（二）[M]．北京：中国建筑工业出版社，2021。

4. 主要控件

TextBox1：桩间土承载力
TextBox2：桩间土承载力折减系数 β
Button3：清零

NumericUpDown1：桩类型

TextBox11：单桩承载力 R（kN）

TextBox12：单桩承载力折减系数 a

TextBox13：桩直径 d（m）

TextBox14：桩顶压强 f_p（kPa）

TextBox15：置换率 m

Button1：计算

TextBox10：复合地基承载力 f_{sp}（kPa）

TextBox3：总置换率 $\sum m$

5. 源程序

```
Public Class Form68
    Private R(10),a(10),d(10),m(10)As Double
    Private N As Integer
    Private Sub MenuItem2_Click(ByVal sender As System.Object,ByVal e As System.EventArgs)Handles Menu-
Item2.Click
        Me.Hide()
    End Sub
    Private Sub TextBox11_TextChanged(ByVal sender As System.Object,ByVal e As System.EventArgs)Handles
TextBox11.TextChanged
        On Error Resume Next
        TextBox14.Text = Val(TextBox11.Text) * Val(TextBox12.Text)/(Val(TextBox13.Text)^2 * Math.PI/4)
    End Sub
    Private Sub TextBox12_TextChanged(ByVal sender As System.Object,ByVal e As System.EventArgs)Handles
TextBox12.TextChanged
        On Error Resume Next
        TextBox14.Text = Val(TextBox11.Text) * Val(TextBox12.Text)/(Val(TextBox13.Text)^2 * Math.PI/4)
    End Sub
    Private Sub TextBox13_TextChanged_1(ByVal sender As System.Object,ByVal e As System.EventArgs)Handles
TextBox13.TextChanged
        On Error Resume Next
        TextBox14.Text = Val(TextBox11.Text) * Val(TextBox12.Text)/(Val(TextBox13.Text)^2 * Math.PI/4)
    End Sub
    Private Sub Button2_Click_1(ByVal sender As System.Object,ByVal e As System.EventArgs)Handles Button2.
Click
        On Error Resume Next
        Dim i As Integer
        If Val(NumericUpDown1.Value)> = 10 Then
            MsgBox("样品个数超过 10 限制。")
            GoTo 100
        End If
        If IsNumeric(TextBox1.Text) = True And IsNumeric(TextBox2.Text) = True Then
            i = NumericUpDown1.Value
```

```
                R(i) = Val(TextBox11.Text)
                a(i) = Val(TextBox12.Text)
                d(i) = Val(TextBox13.Text)
                m(i) = Val(TextBox15.Text)
                If i> = N Then
                    N = i
                    NumericUpDown1.Value = NumericUpDown1.Value + 1
                    TextBox11.Text = ""
                    TextBox12.Text = "1.0"
                    TextBox13.Text = "0.4"
                    TextBox14.Text = ""
                    TextBox15.Text = ""
                    TextBox11.Focus()
                    GoTo 100
                Else
                    NumericUpDown1.Value = NumericUpDown1.Value + 1
                    i = NumericUpDown1.Value
                    TextBox11.Text = R(i)
                    TextBox12.Text = a(i)
                    TextBox13.Text = d(i)
                    TextBox15.Text = m(i)
                    TextBox11.Focus()
                End If
            End If
            TextBox11.Focus()
    100:
        End Sub
        Private Sub Form68_Load(ByVal sender As System.Object,ByVal e As System.EventArgs)Handles MyBase.Load
            Me.MaximizeBox = False
            N = 0
            TextBox1.Focus()
        End Sub
        Private Sub Button1_Click(ByVal sender As System.Object,ByVal e As System.EventArgs)Handles Button1.
Click
            On Error Resume Next
            Dim mm,fsp,fs,bata As Double
            fs = Val(TextBox1.Text)
            bata = Val(TextBox2.Text)
            Dim i As Integer
            mm = 0
            fsp = 0
            For i = 1 To N
                mm = mm + m(i)
                fsp = fsp + m(i) * R(i) * a(i)/(d(i)^2 * Math.PI/4)
            Next
            fsp = fsp + (1 - mm) * fs * bata
```

```
            TextBox10.Text = fsp
            TextBox3.Text = mm
            TextBox10.Focus()
        End Sub
        Private Sub NumericUpDown1_ValueChanged(ByVal sender As System.Object,ByVal e As System.EventArgs)Han-
dles NumericUpDown1.ValueChanged
            On Error Resume Next
            If N<>0 Then
                Dim i As Integer
                i = NumericUpDown1.Value
                If i< = N Then
                    TextBox11.Text = R(i)
                    TextBox12.Text = a(i)
                    TextBox13.Text = d(i)
                    TextBox15.Text = m(i)
                Else
                    NumericUpDown1.Value = N + 1
                    TextBox11.Text = ""
                    TextBox12.Text = "1.0"
                    TextBox13.Text = "0.4"
                    TextBox15.Text = "0"
                End If
                TextBox11.Focus()
            End If
        End Sub
        Private Sub Button3_Click(ByVal sender As System.Object,ByVal e As System.EventArgs)Handles Button3.Click
            On Error Resume Next
            TextBox11.Text = ""
            TextBox12.Text = ""
            TextBox13.Text = ""
            TextBox15.Text = ""
            N = 0
            NumericUpDown1.Value = 1
            TextBox11.Focus()
        End Sub
        Private Sub LinkLabel2_LinkClicked(sender As Object,e As LinkLabelLinkClickedEventArgs)Handles LinkLa-
bel2.LinkClicked
            On Error Resume Next
            Form2.Show()
            Form2.WindowState = FormWindowState.Normal
        End Sub
        Private Sub LinkLabel1_LinkClicked(sender As Object,e As LinkLabelLinkClickedEventArgs)Handles LinkLa-
bel1.LinkClicked
            On Error Resume Next
            单桩承载力.Show()
            单桩承载力.WindowState = FormWindowState.Normal
```

```
    End Sub
    Private Sub LinkLabel3_LinkClicked(sender As Object,e As LinkLabelLinkClickedEventArgs)Handles LinkLa-
bel3.LinkClicked
        On Error Resume Next
        Form69.Show()
        Form69.WindowState = FormWindowState.Normal
    End Sub
End Class
```

复合地基沉降

1. 功能

计算复合地基沉降量。

2. 界面

开发平台：Microsoft Visual Studio 2019。编程语言：VB. net。软件界面如下。

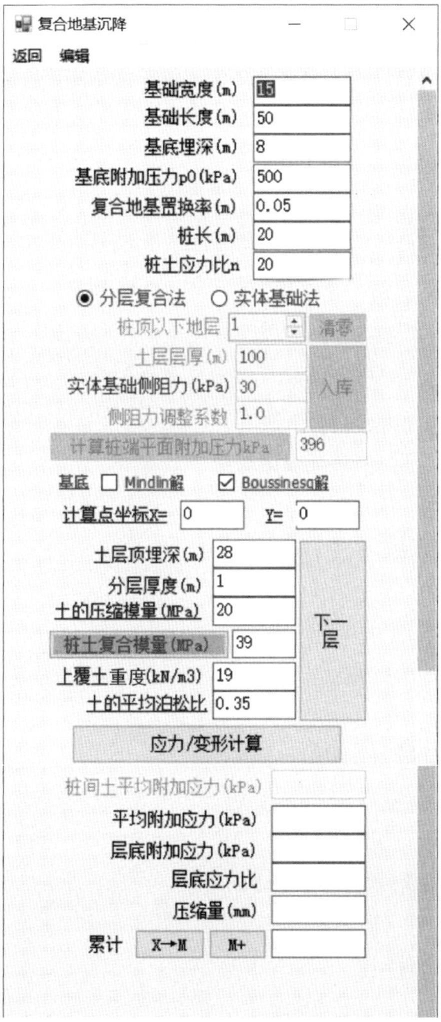

复合地基沉降

返回 编辑

基础宽度(m) 15

基础长度(m) 50

基底埋深(m) 8

基底附加压力p0(kPa) 500

复合地基置换率(m) 0.05

桩长(m) 20

桩土应力比n 20

◉ 分层复合法 ○ 实体基础法

桩顶以下地层 1 清零

土层层厚(m) 100

实体基础侧阻力(kPa) 30 入库

侧阻力调整系数 1.0

计算桩端平面附加压力kPa 396

基底 ☐ Mindlin解 ☑ Boussinesq解

计算点坐标X= 0 Y= 0

土层顶埋深(m) 28

分层厚度(m) 1

土的压缩模量(MPa) 20

桩土复合模量(MPa) 39 下一层

上覆土重度(kN/m3) 19

土的平均泊松比 0.35

应力/变形计算

桩间土平均附加应力(kPa)

平均附加应力(kPa)

层底附加应力(kPa)

层底应力比

压缩量(mm)

累计 X→M M+

3. 计算原理

分层复合法：桩土段采用复合模量计算，桩端以下采用天然土的压缩模量计算。

实体基础法：扣减侧摩阻力后得到实体基础法基底附加压力，向下采用分层总和法计算沉降量。

4. 主要控件

TextBox24：基础宽度（m）
TextBox8：基础长度（m）
TextBox16：基底埋深（m）
TextBox6：基底附加压力 p_0（kPa）
TextBox12：复合地基置换率 m
TextBox11：桩长（m）
TextBox4：桩土应力比 n
RadioButton3：分层复合法
RadioButton4：实体基础法
NumericUpDown1：序号
TextBox1：土层层厚（m）
TextBox2：实体基础侧阻力（kPa）
TextBox3：侧阻力调整系数
Button2：清零
Button1：入库
TextBox9：桩端平面附加应力计算值
Button4：计算桩端平面附加应力（kPa）
CheckBox1：Mindlin 解
CheckBox2：Boussinesq 解
TextBox25：计算点坐标 $X=$
TextBox26：计算点坐标 $Y=$
TextBox13：土层顶埋深（m）
TextBox14：分层厚度（m）
TextBox5：土的压缩模量（MPa）
TextBox15：桩土复合模量（MPa）
Button3：桩土复合模量（MPa）
Button4：计算桩端平面附加压力（kPa）
TextBox21：上覆土重度（kN/m^3）
TextBox18：土的平均泊松比
Button10：下一层

Button9：应力/变形计算
TextBox7：桩间土平均附加应力（kPa）
TextBox17：平均附加应力（kPa）
TextBox19：层底附加应力（kPa）
TextBox20：层底应力比
TextBox22：压缩量（mm）
Button12：存入
Button13：累计

5. 源程序

```
Public Class Form64
    Private Sub MenuItem3_Click(ByVal sender As System.Object,ByVal e As System.EventArgs)Handles Menu-
Item3.Click
        Me.Hide()
    End Sub
    Private L,D,A,R,RR,H1,H2 As Double
    Private H(100),qs(100),psiqs(100),qa(100),psiqa(100)As Double
    Private HH(100)As Double
    Private Ns As Integer
    Private Sub 单桩承载力_Load(ByVal sender As System.Object,ByVal e As System.EventArgs)Handles MyBase.Load
        Me.MaximizeBox = False
        On Error Resume Next
        Ns = 0
        NumericUpDown1.Value = 1
        H(0) = 99999999999999
        TextBox24.Focus()
    End Sub
    Private Sub Button1_Click(ByVal sender As System.Object,ByVal e As System.EventArgs)Handles Button1.Click
        On Error Resume Next
        If Val(NumericUpDown1.Value)> = 100 Then
            MsgBox("土层数目达到最大容许值 100。")
            GoTo 200
        End If
        Dim i As Integer
        i = Val(NumericUpDown1.Value)
        If Ns< = i Then
            Ns = i '土层数
        End If
        H1 = - Val(TextBox16.Text)'桩顶和基底标高相同
        H2 = H1 - Val(TextBox11.Text)
        H(1) = - Val(TextBox16.Text)'第 1 层层顶标高和基底标高相同
        HH(i) = Val(TextBox1.Text)'土层厚度读入
        For j = 1 To Ns
```

```
            H(j + 1) = H(j) - HH(j)'标高换算
        Next
        qs(i) = Val(TextBox2.Text)
        psiqs(i) = Val(TextBox3.Text)
        'H(Ns + 1) = - 9999999999999999
        NumericUpDown1.Value = i + 1
        TextBox1.Focus()
200:
    End Sub
    Private Sub Button2_Click(ByVal sender As System.Object,ByVal e As System.EventArgs)Handles Button2.
Click
        On Error Resume Next
        Ns = 0
        NumericUpDown1.Value = 1
        TextBox1.Text = ""
        TextBox2.Text = ""
        TextBox3.Text = ""
        TextBox6.Text = ""
        TextBox8.Text = ""
        TextBox1.Focus()
    End Sub
    Private Sub NumericUpDown1_ValueChanged(ByVal sender As System.Object,ByVal e As System.EventArgs)Han-
dles NumericUpDown1.ValueChanged
        On Error Resume Next
        Dim i As Integer
        i = Val(NumericUpDown1.Value)
        If Ns<>0 Then
            If i< = Ns Then
                TextBox1.Text = HH(i)
                TextBox2.Text = qs(i)
                TextBox3.Text = psiqs(i)
            Else
                NumericUpDown1.Value = Ns + 1
                TextBox1.Text = ""
            End If
        End If
        TextBox1.Focus()
    End Sub
    Private Sub TextBox11_TextChanged(ByVal sender As System.Object,ByVal e As System.EventArgs)Handles
TextBox11.TextChanged,TextBox12.TextChanged,TextBox4.TextChanged
        On Error Resume Next
    End Sub

    Private Sub MenuItem11_Click(ByVal sender As System.Object,ByVal e As System.EventArgs)
        Me.Hide()
    End Sub
```

```
    Private Sub Button9_Click(ByVal sender As System.Object,ByVal e As System.EventArgs)Handles Button9.
Click
        On Error Resume Next
        jieda = "M"
        Dim z1,z2,niu0,H10,p0 As Double
        H1 = - Val(TextBox16.Text)'桩顶和基底标高相同
        H2 = H1 - Val(TextBox11.Text)
        If RadioButton3.Checked = True Then '分层复合法
            H2 = H1 '设定实体基础高度为 0
            Ns = 1
            H(1) = - Val(TextBox16.Text)
            H(2) = - 99999999999
            qs(1) = 0
            psiqs(1) = 0
            TextBox9.Text = Val(TextBox6.Text)
        ElseIf RadioButton4.Checked = True Then '实体基础法
            H2 = H2 '考虑桩长为实体基础高度
        End If
        If H1>H(1)Or H2< = H(Ns + 1)Then
            MsgBox("地层厚度、桩端、桩顶标高有误")
            TextBox7.Text = ""
            TextBox17.Text = ""
            TextBox19.Text = ""
            TextBox20.Text = ""
            TextBox22.Text = ""
            GoTo 100
        End If
        H10 = Val(TextBox16.Text)'桩顶埋深
        z1 = Val(TextBox13.Text)  '压缩层顶埋深,
        z2 = z1 + Val(TextBox14.Text)'压缩层底埋深
        niu0 = Val(TextBox18.Text)
        p0 = Val(TextBox6.Text)
        TextBox17.Focus()
        TextBox17.ScrollToCaret()
        TextBox7.Text = "稍等..."
        TextBox17.Text = "稍等..."
        TextBox19.Text = "稍等..."
        TextBox20.Text = "稍等..."
        TextBox22.Text = "稍等..."
        Dim i,j,k,jj As Integer
        For i = 1 To Ns
            If H(i)> = H1 And H(i + 1)<H1 Then
                GoTo 10
            End If
        Next
  10:
```

```
    For j = 1 To Ns
        If H(j)> = H2 And H(j + 1)<H2 Then
            GoTo 20
        End If
    Next
20:
    Dim b,L,x,y As Double
    b = Val(TextBox24.Text)
    L = Val(TextBox8.Text)
    x = Val(TextBox25.Text)
    y = Val(TextBox26.Text)
    If Math.Abs(x)<L/2 And Math.Abs(y)<b/2 Then '桩端以下或基础边缘以外
        If z1<H10 + Val(TextBox11.Text)And z2>H10 + Val(TextBox11.Text)Then
            TextBox7.Text = ""
            TextBox17.Text = ""
            TextBox19.Text = ""
            TextBox20.Text = ""
            TextBox22.Text = ""
            MsgBox("桩端平面应该是分层界限")
            GoTo 100
        End If
    End If
    Dim qsk,ss,ss2,d0 As Double
    ss = 0 '平均附加应力
    ss2 = 0 '层底附加应力
    If z2> = H10 + H1 - H2 Or Math.Abs(x)> = L/2 Or Math.Abs(y)> = b/2 Then '桩端以下或基础边缘以外
        Dim dz,b1,L1,b2,L2,qs0,qs00 As Double '将摩阻段分为10份积分
        qs00 = 0
        For k = i To j
            qsk = (2 * b + 2 * L) * (Math.Min(H1,H(k)) - Math.Max(H2,H(k + 1))) * qs(k) * psiqs(k)'总摩阻力
            Dim NNN As Integer
            NNN = Math.Max(1,Fix(Math.Min(H1,H(k)) - Math.Max(H2,H(k + 1))))'每米一份,将摩阻段分为
NNN份
            NNN = Math.Min(NNN,10)'将摩阻段分为N份,最多不超过10份
            dz = (Math.Min(H1,H(k)) - Math.Max(H2,H(k + 1)))/NNN
            b1 = b + 0.05
            L1 = L + 0.05
            b2 = b - 0.05
            L2 = L - 0.05
            qs0 = qsk/(b1 * L1 - b2 * L2)/NNN
            For jj = 1 To NNN
                qs00 = qs00 + qsk/NNN
                If qs00>p0 * b * L Then
                    GoTo 34
                End If
                '计算平均附加应力
```

```
                    d0 = H10 + H1 - Math.Min(H1,H(k)) + (jj - 0.5) * dz '等效埋深
                    ss = ss + qs0 * fnkchp(b1,L1,b2,L2,x,y,z2 - d0,z1 - d0,d0,niu0)
                    '计算层底附加应力
                    ss2 = ss2 + qs0 * fnkcxyz(b1,L1,L1/2 + x,b1/2 + y,z2 - d0,d0,niu0) - qs0 * fnkcxyz(b2,L2,
L2/2 + x,b2/2 + y,z2 - d0,d0,niu0)
                Next
            Next
34:
            If CheckBox1.Checked = True Then
                jieda = "M"
            ElseIf CheckBox2.Checked = True Then
                jieda = "B"
            End If
            d0 = H10 + H1 - H2 '桩端埋深
            Dim p00 As Double
            'p00 = Math.Max(0,(p0 * b * L - qsk)/(b * L))
            p00 = Val(TextBox9.Text)
            ss = ss + p00 * fnkcp(b,L,L/2 + x,b/2 + y,z2 - d0,z1 - d0,d0,niu0)
            ss2 = ss2 + p00 * fnkcxyz(b,L,L/2 + x,b/2 + y,z2 - d0,d0,niu0)
        Else '加固区间深度范围内
            If z2<H10 Or z1<H10 Then
                MsgBox("计算点埋深小于基底埋深。")
                TextBox7.Text = ""
                TextBox17.Text = ""
                TextBox19.Text = ""
                TextBox20.Text = ""
                TextBox22.Text = ""
                GoTo 100
            End If
            Dim H11,H22 As Double
            Dim i2,j2 As Integer
            H11 = - z1 '计算区间顶标高
            H22 = - z2 '计算区间底标高
            For i2 = 1 To Ns
                If H(i2)> = H11 And H(i2 + 1)<H11 Then
                    GoTo 110
                End If
            Next
110:
            For j2 = 1 To Ns
                If H(j2)> = H22 And H(j2 + 1)<H22 Then
                    GoTo 220
                End If
            Next
220:
            Dim qsk2,qsk1 As Double
```

```
            For k = i2 To j2 '计算段摩阻力
                qsk2 = (2 * b + 2 * L) * (Math.Min(H11,H(k)) - Math.Max(H22,H(k + 1))) * qs(k) * psiqs(k)'总摩
阻力
            Next
            For k = i To i2 '上段摩阻力
                qsk1 = (2 * b + 2 * L) * (Math.Min(H1,H(k)) - Math.Max(H22,H(k + 1))) * qs(k) * psiqs(k)'总摩
阻力
            Next
            ss2 = p0  - (qsk1 + qsk2)/(b * L)
            ss = (p0 - qsk1/(b * L) + ss2)/2
            If ss2<0 Then
                MsgBox("基底压力小,传不到这个深度。计算结果错误。")
            End If
        End If
        Dim mm,mn,Esp,Es As Double
        mm = Val(TextBox12.Text)
        mn = Val(TextBox4.Text)
        Es = Val(TextBox5.Text)
        Esp = Val(TextBox15.Text)
        TextBox17.Text = ss
        TextBox19.Text = ss2
        TextBox20.Text = ss2/(z2 * Val(TextBox21.Text))
        If z1> = H10 + Val(TextBox11.Text)Or Math.Abs(x)> = L/2 Or Math.Abs(y)> = b/2 Then '桩端以下或基
础边缘以外
            TextBox7.Text = "桩端以下..."
            TextBox22.Text = ss/Es * Val(TextBox14.Text)
        Else '桩端以上
            TextBox7.Text = Fix(ss/(mm * mn + (1 - mm)))
            TextBox22.Text = ss/Esp * Val(TextBox14.Text)
        End If
        TextBox23.Focus()
        TextBox23.ScrollToCaret()
        TextBox22.Focus()
  100:
    End Sub
    Private Sub Button10_Click(ByVal sender As System.Object,ByVal e As System.EventArgs)Handles Button10.
Click
        On Error Resume Next
        TextBox13.Text = Val(TextBox13.Text) + Val(TextBox14.Text)
        TextBox13.Focus()
        TextBox13.ScrollToCaret()
        TextBox14.Focus()
        TextBox14.SelectAll()
    End Sub
    Private Sub LinkLabel1_Click(ByVal sender As System.Object,ByVal e As System.EventArgs)Handles LinkLa-
bel1.Click
```

```
        MsgBox("松砂 0.2～0.4,中密砂 0.25～0.4,密砂 0.3～0.45;粉土质砂 0.2～0.4,软黏土 0.15～0.25,中硬黏土 0.2～0.5")
    End Sub
    Private Sub Button12_Click(ByVal sender As System.Object,ByVal e As System.EventArgs)Handles Button12.Click
        TextBox23.Text = Val(TextBox22.Text)
        TextBox22.Text = ""
        TextBox23.Focus()
    End Sub
    Private Sub Button13_Click(ByVal sender As System.Object,ByVal e As System.EventArgs)Handles Button13.Click
        TextBox23.Text = Val(TextBox22.Text) + Val(TextBox23.Text)
        TextBox22.Text = ""
        TextBox23.Focus()
    End Sub
    Private Sub MenuItem2_Click(ByVal sender As System.Object,ByVal e As System.EventArgs)
        Me.Hide()
    End Sub
    Private Sub RadioButton2_CheckedChanged(ByVal sender As System.Object,ByVal e As System.EventArgs)
        On Error Resume Next
    End Sub
    Private Sub RadioButton3_CheckedChanged(ByVal sender As System.Object,ByVal e As System.EventArgs)
        On Error Resume Next
    End Sub
    Private Sub CheckBox1_CheckStateChanged(ByVal sender As System.Object,ByVal e As System.EventArgs)Handles CheckBox1.CheckStateChanged
        On Error Resume Next
        If CheckBox1.Checked = True Then
            CheckBox2.Checked = False
        End If
    End Sub
    Private Sub CheckBox2_CheckStateChanged(ByVal sender As System.Object,ByVal e As System.EventArgs)Handles CheckBox2.CheckStateChanged
        On Error Resume Next
        If CheckBox2.Checked = True Then
            CheckBox1.Checked = False
        End If
    End Sub
    Private Sub LinkLabel2_Click(ByVal sender As System.Object,ByVal e As System.EventArgs)Handles LinkLabel2.Click
        On Error Resume Next
        Form42.Show()
        Form42.WindowState = FormWindowState.Normal
    End Sub
    Private Sub LinkLabel3_Click(ByVal sender As System.Object,ByVal e As System.EventArgs)
        On Error Resume Next
```

```
        End Sub
        Private Sub LinkLabel4_Click(ByVal sender As System.Object,ByVal e As System.EventArgs)Handles LinkLabel4.Click
            MsgBox("规定:以基础平面中心点为坐标原点(0,0),长边方向为x轴,短边方向为y轴")
        End Sub
        Private Sub LinkLabel5_Click(ByVal sender As System.Object,ByVal e As System.EventArgs)Handles LinkLabel5.Click
            MsgBox("规定:以基础平面中心点为坐标原点(0,0),长边方向为x轴,短边方向为y轴")
        End Sub
        Private Sub MenuItem13_Click(ByVal sender As System.Object,ByVal e As System.EventArgs)Handles MenuItem13.Click
            On Error Resume Next
            Dim response As MsgBoxResult
            response = MsgBox("真要插入新土层?",MsgBoxStyle.YesNo,"特别提示!")
            If response = MsgBoxResult.Yes Then
                If NumericUpDown1.Focus = True Or TextBox1.Focus = True Or TextBox2.Focus = True Or TextBox3.Focus = True Then
                    Dim i As Integer
                    For i = Ns To Val(NumericUpDown1.Value)Step -1
                        H(i + 1) = H(i)'土层层顶标高
                        qs(i + 1) = qs(i)
                        psiqs(i + 1) = psiqs(i)
                        qa(i + 1) = qa(i)
                        psiqa(i + 1) = psiqa(i)
                    Next
                    Ns = Ns + 1
                    TextBox1.Text = ""
                    TextBox2.Text = ""
                    TextBox3.Text = "1.0"
                    H(Ns + 1) = -9999999999999999
                    TextBox1.Focus()
                Else
                    MsgBox("光标定在当前土层参数输入框内")
                End If
            End If
        End Sub
        Private Sub MenuItem14_Click(ByVal sender As System.Object,ByVal e As System.EventArgs)Handles MenuItem14.Click
            On Error Resume Next
            Dim response As MsgBoxResult
            response = MsgBox("真要插入新土层?",MsgBoxStyle.YesNo,"特别提示!")
            If response = MsgBoxResult.Yes Then
                If NumericUpDown1.Focus = True Or TextBox1.Focus = True Or TextBox2.Focus = True Or TextBox3.Focus = True Then
                    Ns = Ns - 1
                    Dim i As Integer
```

```
            For i = Val(NumericUpDown1.Value)To Ns
                H(i) = H(i + 1)'土层层顶标高
                HH(i) = HH(i + 1)'土层厚度
                qs(i) = qs(i + 1)
                psiqs(i) = psiqs(i + 1)
                qa(i) = qa(i + 1)
                psiqa(i) = psiqa(i + 1)
            Next
            i = Val(NumericUpDown1.Value)
            If i = 1 Then
                NumericUpDown1.Value = 1
            ElseIf i = Ns + 1 Then
                NumericUpDown1.Value = Ns
            Else
                NumericUpDown1.Value = i
            End If
            NumericUpDown1.Value = i + 1
            NumericUpDown1.Value = i
            H(Ns + 1) = -9999999999999999
            TextBox1.Focus()
        Else
            MsgBox("光标定在当前土层参数输入框内")
        End If
    End If
End Sub
Private Sub RadioButton1_CheckedChanged(ByVal sender As System.Object,ByVal e As System.EventArgs)
    On Error Resume Next
    Button3.Enabled = True
    TextBox15.Enabled = True
    Dim i,j,k,jj As Integer
    For i = 1 To Ns
        If H(i)> = H1 And H(i + 1)<H1 Then
            GoTo 10
        End If
    Next
10:
    For j = 1 To Ns
        If H(j)> = H2 And H(j + 1)<H2 Then
            GoTo 20
        End If
    Next
20:
End Sub
Private Sub RadioButton2_CheckedChanged_1(ByVal sender As System.Object,ByVal e As System.EventArgs)
    On Error Resume Next
    Button3.Enabled = False
```

```
            TextBox15.Enabled = False
            Dim i,j,k,jj As Integer
            For i = 1 To Ns
                If H(i)> = H1 And H(i + 1)<H1 Then
                    GoTo 10
                End If
            Next
    10:
            For j = 1 To Ns
                If H(j)> = H2 And H(j + 1)<H2 Then
                    GoTo 20
                End If
            Next
    20:
        End Sub
        Private Sub Button3_Click_1(ByVal sender As System.Object,ByVal e As System.EventArgs)Handles Button3.
Click
            On Error Resume Next
            Dim b,L,x,y,H10,z1 As Double
            b = Val(TextBox24.Text)
            L = Val(TextBox8.Text)
            x = Val(TextBox25.Text)
            y = Val(TextBox26.Text)
            H10 = Val(TextBox16.Text)'桩顶埋深
            z1 = Val(TextBox13.Text)  '压缩层顶埋深
            If z1> = H10 + Val(TextBox11.Text)Or Math.Abs(x)> = L/2 Or Math.Abs(y)> = b/2 Then '桩端以下或基
础边缘以外
                Dim mm,mn,Ep,Es As Double
                mm = 0 '桩端以下置换率为 0
                mn = Val(TextBox4.Text)
                Es = Val(TextBox5.Text)
                TextBox15.Text = mm * mn * Es + (1 - mm) * Es
                MsgBox("桩端以下不需要计算复合模量")
            Else
                Dim mm,mn,Ep,Es As Double
                mm = Val(TextBox12.Text)
                mn = Val(TextBox4.Text)
                Es = Val(TextBox5.Text)
                TextBox15.Text = mm * mn * Es + (1 - mm) * Es
            End If
            TextBox15.Focus()
        End Sub
        Private Sub RadioButton4_CheckedChanged(ByVal sender As System.Object,ByVal e As System.EventArgs)Han-
dles RadioButton4.CheckedChanged
            On Error Resume Next
            If RadioButton4.Checked = True Then
```

```
            Label1.Enabled = True
            Label6.Enabled = True
            Label4.Enabled = True
            LinkLabel2.Enabled = True
            TextBox1.Enabled = True
            TextBox2.Enabled = True
            TextBox3.Enabled = True
            NumericUpDown1.Enabled = True
            Button1.Enabled = True
            Button2.Enabled = True
            Button4.Enabled = True
            TextBox9.Enabled = True
            Label21.Text = "桩底"
            MsgBox("实体基础法:将复合地基加固深度区间视为实体基础,基底压力荷载减去实体基础侧面摩阻力等于桩端平面平均压力荷载。实体基础侧阻力引起的土中附加应力采用Mindlin解答,桩端平面平均压力引起的土中附加应力采用的解答请计算者选择。")
        Else
            Label1.Enabled = False
            Label6.Enabled = False
            Label4.Enabled = False
            LinkLabel2.Enabled = False
            TextBox1.Enabled = False
            TextBox2.Enabled = False
            TextBox3.Enabled = False
            NumericUpDown1.Enabled = False
            Button1.Enabled = False
            Button2.Enabled = False
            Button4.Enabled = False
            TextBox9.Enabled = False
            Label21.Text = "基底"
            MsgBox("分层复合法:将复合地基加固深度区间按天然地基土层分层,其中压缩模量改用复合模量。其余计算原理方法和天然地基相同。基底附加压力引起土中附加应力采用的解答请计算者选择。")
        End If
    End Sub
    Private Sub Button4_Click_1(ByVal sender As System.Object,ByVal e As System.EventArgs)Handles Button4.Click
        On Error Resume Next
        jieda = "M"
        Dim z1,z2,niu0,H10,p0 As Double
        H1 = -Val(TextBox16.Text)'桩顶和基底标高相同
        H2 = H1 - Val(TextBox11.Text)
        If H1>H(1)Or H2<= H(Ns + 1)Then
            MsgBox("地层厚度、桩端、桩顶标高有误")
            TextBox7.Text = ""
            TextBox17.Text = ""
            TextBox19.Text = ""
```

```
            TextBox20.Text = ""
            TextBox22.Text = ""
            GoTo 100
        End If
        H10 = Val(TextBox16.Text)'桩顶埋深
        z1 = Val(TextBox13.Text)  '压缩层顶埋深
        z2 = z1 + Val(TextBox14.Text)'压缩层底埋深
        niu0 = Val(TextBox18.Text)
        p0 = Val(TextBox6.Text)
        Dim i,j,k,jj As Integer
        For i = 1 To Ns
            If H(i)> = H1 And H(i + 1)<H1 Then
                GoTo 10
            End If
        Next
10:
        For j = 1 To Ns
            If H(j)> = H2 And H(j + 1)<H2 Then
                GoTo 20
            End If
        Next
20:
        Dim b,L,x,y As Double
        b = Val(TextBox24.Text)
        L = Val(TextBox8.Text)
        x = Val(TextBox25.Text)
        y = Val(TextBox26.Text)
        Dim qsk,d0 As Double
        Dim dz,b1,L1,b2,L2,qs0,qs00 As Double '将摩阻段分为 10 份积分
        qs00 = 0
        For k = i To j
            qsk = (2 * b + 2 * L) * (Math.Min(H1,H(k)) - Math.Max(H2,H(k + 1))) * qs(k) * psiqs(k)'总摩阻力
            Dim NNN As Integer
            NNN = Math.Max(1,Fix(Math.Min(H1,H(k)) - Math.Max(H2,H(k + 1))))'每米一份,将摩阻段分为 NNN 份
            NNN = Math.Min(NNN,10)'将摩阻段分为 NNN 份,最多不超过 10 份
            dz = (Math.Min(H1,H(k)) - Math.Max(H2,H(k + 1)))/NNN
            b1 = b + 0.05
            L1 = L + 0.05
            b2 = b - 0.05
            L2 = L - 0.05
            qs0 = qsk/(b1 * L1 - b2 * L2)/NNN
            For jj = 1 To NNN
                qs00 = qs00 + qsk/NNN
                If qs00>p0 * b * L Then
                    GoTo 34
                End If
```

```
            Next
        Next
34:
        TextBox9.Text = Math.Max(0,(p0 * b * L - qs00)/(b * L))
100:
    End Sub
    Private Sub LinkLabel3_Click_1(ByVal sender As System.Object,ByVal e As System.EventArgs)Handles LinkLabel3.Click
        Form113.Hide()
        Form113.Show()
    End Sub
End Class
```

基础底面压应力计算

1. 功能

计算基础底面任意点的压应力。

2. 界面

开发平台：Microsoft Visual Studio 2019。编程语言：VB. net。软件界面如下。

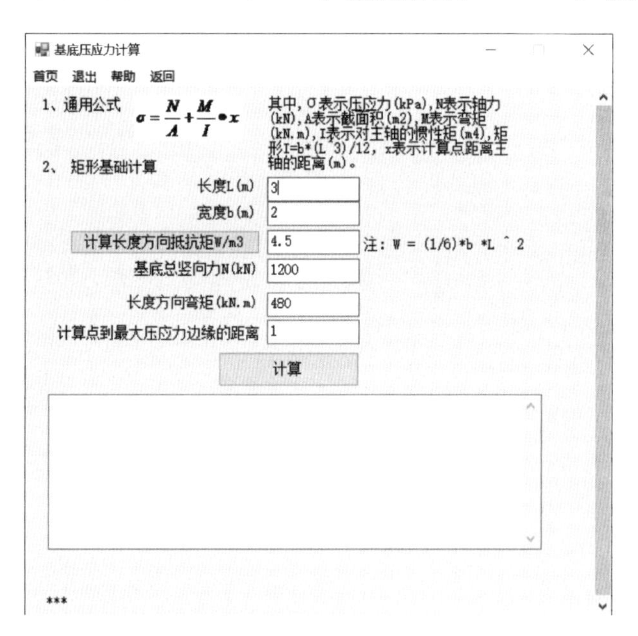

3. 计算原理

（1）偏心距

$e=M_k/(F_k+G_k)$，其中 M_k 表示基础底面的力矩（kN・m），F_k+G_k 表示作用于基础底面的力（kN）。

（2）小偏心计算

当 $e<=L/6$ 时，成为小偏心 $p_{kmin}>=0$，基底最大、最小压力计算公式为：

基底最大压力 $p_{kmax}=(F_k+G_k)/A+M_k/W=(F_k+G_k)/A\cdot(1+6\cdot e/L)$，$A$ 表示基础底面（m），e 表示偏心距（m），L 表示荷载偏心方向的基础长度（m），W 表示截面系

数，矩形基础 $W=(1/6)\cdot b\cdot L^2$，b 表示和偏心方向相垂直的另一个方向长度。

基底最小压力 $p_{kmin}=(F_k+G_k)/A-M_k/W=(F_k+G_k)/A\cdot(1-6\cdot e/L)$，$A$ 表示基础底面（m），e 表示偏心距（m），L 表示荷载偏心方向的基础长度（m），W 表示截面系数，矩形基础 $W=(1/6)\cdot b\cdot L^2$，b 表示和偏心方向相垂直的另一个方向长度。圆形基础 $W=(1/32)\cdot\pi d^3$。

（3）大偏心计算

当 $e>L/6$ 时，为大偏心。

基底最大压力 $p_{kmax}=2\cdot(F_k+G_k)/(3\cdot b\cdot a)$，$b$ 表示与 L 对应的另一个方向基础长度。

这时，基础在荷载偏心方向的有效作用宽度（长度）为 $(3a)=3\cdot(L/2-e)$，a 表示作用力到基础边缘的距离。

4. 主要控件

TextBox8：基础长度 L（m）

TextBox9：基础宽度 b

TextBox10：计算长度方向抵抗矩

TextBox6：基底总竖向力 N（kN）

TextBox11：长度方向弯矩（kN·m）

TextBox1：计算点到最大压应力边缘的距离

Button4：计算

TextBox12：计算结果

5. 源程序

```
Public Class Form45
    Private Sub Form45_Load(ByVal sender As System.Object,ByVal e As System.EventArgs)Handles MyBase.Load
        Me.MaximizeBox = False
        On Error Resume Next
        TextBox8.Text = "3"
        TextBox9.Text = "2"
        TextBox6.Focus()
    End Sub
    Private Sub MenuItem1_Click(ByVal sender As System.Object,ByVal e As System.EventArgs)Handles Menu-
Item1.Click
        Form7.Show()
        Form7.WindowState = FormWindowState.Normal
    End Sub
    Private Sub Button4_Click(ByVal sender As System.Object,ByVal e As System.EventArgs)Handles Button4.
Click
        On Error Resume Next
        Dim a,b,L,N,Ix,Wy,MMx,eex,pmax,pmin,p As Double
```

```
        L = Val(TextBox8.Text)
        b = Val(TextBox9.Text)
        N = Val(TextBox6.Text)
        Wy = Val(TextBox10.Text)
        MMx = Val(TextBox11.Text)
        a = Val(TextBox1.Text)
        eex = MMx/N
        If eex>L/2 Then
            TextBox12.Text = "受力重心到了面积之外,超级大偏心,基础倾倒。"
            GoTo 189
        End If
        If eex<L/6 Then
            TextBox12.Text = "小偏心(e< = L/6):偏心距(m) = " & eex & vbCrLf
            TextBox12.Text += "" & vbCrLf
            pmax = N/(b * L) + MMx/Wy
            pmin = N/(b * L) - MMx/Wy
            TextBox12.Text += "最大基底压应力(kPa) = " & pmax & vbCrLf
            TextBox12.Text += "最小基底压应力(kPa) = " & pmin & vbCrLf
            TextBox12.Text += "计算点的基底压应力(kPa) = " & pmin + (pmax - pmin) * (L - a)/L
        ElseIf eex> = b/6 Then
            TextBox12.Text = "大偏心(e>L/6):偏心距(m) = " & eex & vbCrLf
            TextBox12.Text += "" & vbCrLf
            pmax = 2 * N/(3 * b)/(L/2 - eex)
            TextBox12.Text += "最大基底压应力(kPa) = " & pmax & vbCrLf
            TextBox12.Text += "" & vbCrLf
            TextBox12.Text += "有效作用宽度(m)为:" & 3 * (L/2 - eex)& vbCrLf
            If a< = 3 * (L/2 - eex)Then
                TextBox12.Text += "计算点的基底压应力(kPa) = " &((L/2 - eex) - a)/(L/2 - eex) * pmax
            Else
                TextBox12.Text += "计算点的基底压应力(kPa) = 0"
            End If
        End If
    189:
        TextBox12.Focus()
    End Sub
    Private Sub Button1_Click(ByVal sender As System.Object,ByVal e As System.EventArgs)
    End Sub
    Private Sub MenuItem2_Click(ByVal sender As System.Object,ByVal e As System.EventArgs)Handles Menu-
Item2.Click
        Me.Hide()
    End Sub
    Private Sub Button1_Click_1(ByVal sender As System.Object,ByVal e As System.EventArgs)Handles Button1.
Click
        On Error Resume Next
        Dim b,L,Wy As Double
        b = Val(TextBox8.Text)
```

```
        L = Val(TextBox9.Text)
        Wy = L * b^2/6
        TextBox10.Text = Wy
    End Sub
    Private Sub MenuItem3_Click(ByVal sender As System.Object, ByVal e As System.EventArgs) Handles Menu-
Item3.Click
        门户首页.Hide()
        门户首页.Show()
        门户首页.WindowState = FormWindowState.Maximized
    End Sub
    Private Sub MenuItem4_Click(ByVal sender As System.Object, ByVal e As System.EventArgs) Handles Menu-
Item4.Click
        End
    End Sub
End Class
```

地基附加应力计算

1. 功能

分别采用 Boussinesq 解答和 Mindlin 解答，计算矩形荷载下地基中任一点的附加应力和平均附加应力。

2. 界面

开发平台：Microsoft Visual Studio 2019。编程语言：VB. net。软件界面如下。

3. 计算原理

分别采用 Boussinesq 集中力解答和 Mindlin 集中力解答，进行积分求取。

4. 主要控件

TextBox1：荷载宽度（m）
TextBox2：荷载长度（m）
TextBox4：附加压力（kPa）
Button3：计算点位置
TextBox5：X 坐标（m）
TextBox6：Y 坐标（m）
TextBox7：作用面向下 Z 坐标（m）
RadioButton1：Bossinesq 解
RadioButton2：Mindlin 解
TextBox17：荷载埋深
TextBox18：土的泊松比
Button1：点击计算附加应力
TextBox8：Z 方向 σ_z（kPa）
TextBox9：X 方向 σ_x（kPa）
TextBox10：Y 方向 σ_y（kPa）
TextBox3：Z 坐标，从
TextBox14：Z 坐标，到
Button2：计算平均附加应力
TextBox11：Z 方向平均应力（kPa）
TextBox15：X 方向平均应力（kPa）
TextBox16：Y 方向平均应力（kPa）

5. 源程序

```
Public Class Form20
    Private Sub Button1_Click(ByVal sender As System.Object,ByVal e As System.EventArgs)Handles Button1.
Click
        On Error Resume Next
        Dim b,l,p0,x,x0,y,y0,z As Double
        Dim d0,niu0 As Double
        b = TextBox1.Text
        l = TextBox2.Text
        p0 = TextBox4.Text
```

```
        x0 = TextBox5.Text
        y0 = TextBox6.Text
        x = x0 + l/2
        y = y0 + b/2
        z = TextBox7.Text
        d0 = TextBox17.Text
        niu0 = TextBox18.Text
        If b<0 Or l<0 Or d0<0 Or niu0<0 Then
            MsgBox("数据有误。")
            GoTo 100
        End If
        'If RadioButton2.Checked = True Then
        'z = TextBox7.Text + d0
        'End If
        TextBox8.Text = fnkcxyz(b,l,x,y,z,d0,niu0) * p0
        If RadioButton1.Checked = True Then
            TextBox9.Text = fnkcxxyz(b,l,x,y,z) * p0
            TextBox10.Text = fnkcyxyz(b,l,x,y,z) * p0
        End If
        If RadioButton2.Checked = True Then
            TextBox9.Text = ""
            TextBox10.Text = ""
        End If
        TextBox10.Focus()
100:
    End Sub
    Private Sub Button2_Click(ByVal sender As System.Object,ByVal e As System.EventArgs)Handles Button2.
Click
        On Error Resume Next
        Dim b,l,p0,x,x0,y,y0,z As Double
        b = TextBox1.Text
        l = TextBox2.Text
        p0 = TextBox4.Text
        x0 = TextBox5.Text
        y0 = TextBox6.Text
        x = x0 + l/2
        y = y0 + b/2
        Dim z1,z2 As Double
        z1 = TextBox3.Text
        z2 = TextBox14.Text
        Dim d0,niu0 As Double
        d0 = TextBox17.Text
        niu0 = TextBox18.Text
        If b<0 Or l<0 Or d0<0 Or niu0<0 Or z1>z2 Then
            MsgBox("数据有误。")
            GoTo 100
```

```
            End If
            TextBox11.Text = p0 * fnkcp(b,l,x,y,z2,z1,d0,niu0)
            If RadioButton1.Checked = True Then
                TextBox15.Text = p0 * fnkcpx(b,l,x,y,z2,z1)
                TextBox16.Text = p0 * fnkcpy(b,l,x,y,z2,z1)
            End If
            If RadioButton2.Checked = True Then
                TextBox15.Text = ""
                TextBox16.Text = ""
            End If
            TextBox16.Focus()
    100:
        End Sub
        Private Sub TextBox7_TextChanged(ByVal sender As System.Object,ByVal e As System.EventArgs) Handles
TextBox7.TextChanged
            TextBox14.Text = TextBox7.Text
        End Sub
        Private Sub RadioButton2_CheckedChanged(ByVal sender As System.Object,ByVal e As System.EventArgs)Han-
dles RadioButton2.CheckedChanged
            If RadioButton2.Checked = True Then
                Label25.Visible = True
                Label26.Visible = True
                TextBox17.Visible = True
                TextBox18.Visible = True
                jieda = "M"
            End If
        End Sub
        Private Sub RadioButton1_CheckedChanged(ByVal sender As System.Object,ByVal e As System.EventArgs)Han-
dles RadioButton1.CheckedChanged
            If RadioButton1.Checked = True Then
                Label25.Visible = False
                Label26.Visible = False
                TextBox17.Visible = False
                TextBox18.Visible = False
                jieda = "B"
            End If
        End Sub
        Private Sub Form20_Load(ByVal sender As System.Object,ByVal e As System.EventArgs)Handles MyBase.Load
            Me.MaximizeBox = False
            If RadioButton1.Checked = True Then
                Label25.Visible = False
                Label26.Visible = False
                TextBox17.Visible = False
                TextBox18.Visible = False
                jieda = "B"
            Else
```

```
            Label25.Visible = True
            Label26.Visible = True
            TextBox17.Visible = True
            TextBox18.Visible = True
            jieda = "M"
        End If
    End Sub
    Private Sub Button3_Click_1(ByVal sender As System.Object,ByVal e As System.EventArgs)Handles Button3.
Click
        MsgBox("规定:以基底平面中心点为坐标原点(0,0,0),长边方向为X正轴,短边方向为Y正轴,向下方向为
Z正轴,向上方向为Z负轴。")
    End Sub
    Private Sub MenuItem7_Click(ByVal sender As System.Object,ByVal e As System.EventArgs)Handles Menu-
Item7.Click
        Me.Hide()
    End Sub
    Private Sub MenuItem1_Click(ByVal sender As System.Object,ByVal e As System.EventArgs)Handles Menu-
Item1.Click
        门户首页.Hide()
        门户首页.Show()
        门户首页.WindowState = FormWindowState.Maximized
        Me.Hide()
    End Sub
    Private Sub MenuItem2_Click_1(ByVal sender As System.Object,ByVal e As System.EventArgs)Handles Menu-
Item2.Click
        End
    End Sub
End Class

Module Module1
    Public kp,kpx,kpy,R1,R2,R3,z1,RR1,RR2,r4,r52,a1,a2,a3,a4,a5,a6,a7,a8,kc,k1 As Double
    Public ikp As Integer
    Public jieda As String
    '矩形基础角点下x方向应力系数
    Public Function fnkcx(ByVal b As Double,ByVal l As Double,ByVal z As Double)
        R1 = (l^2 + z^2)^0.5
        R2 = (b^2 + z^2)^0.5
        R3 = (l^2 + b^2 + z^2)^0.5
        If z = 0 Then
            z = 0.0001
            fnkcx = 1/(2 * 3.14159) * (Math.Atan(l * b/z/R3) - l * b * z/(R1^2 * R3))
        ElseIf z<0 Then
            fnkcx = 0
        Else
            fnkcx = 1/(2 * 3.14159) * (Math.Atan(l * b/z/R3) - l * b * z/(R1^2 * R3))
        End If
```

```
End Function
'矩形基础下任意点x方向应力系数,以角点为坐标(0,0)点,长边为x轴,短边为y轴
Public Function fnkcxxyz(ByVal b As Double,ByVal l As Double,ByVal x As Double,ByVal y As Double,ByVal z As Double)
    If b * l = 0 Then
        fnkcxxyz = 0
    Else
        If x>0 And y>0 Then
            fnkcxxyz = fnkcx(y,x,z) + fnkcx(b - y,x,z) + fnkcx(b - y,l - x,z) + fnkcx(y,l - x,z)
        ElseIf x = 0 And y>0 Then
            fnkcxxyz = fnkcx(b - y,l,z) + fnkcx(y,l,z)
        ElseIf x>0 And y = 0 Then
            fnkcxxyz = fnkcx(b,x,z) + fnkcx(b,l - x,z)
        ElseIf x<0 And y<0 Then
            fnkcxxyz = fnkcx(Math.Abs(y),Math.Abs(x),z) - fnkcx(b - y,Math.Abs(x),z) + fnkcx(b - y,l - x,z) - fnkcx(Math.Abs(y),l - x,z)
        ElseIf x>0 And y<0 Then
            fnkcxxyz = - fnkcx(Math.Abs(y),x,z) + fnkcx(b - y,x,z) + fnkcx(b - y,l - x,z) - fnkcx(Math.Abs(y),l - x,z)
        ElseIf x<0 And y>0 Then
            fnkcxxyz = - fnkcx(y,Math.Abs(x),z) - fnkcx(b - y,Math.Abs(x),z) + fnkcx(b - y,l - x,z) + fnkcx(y,l - x,z)
        ElseIf x = 0 And y<0 Then
            fnkcxxyz = fnkcx(b - y,l,z) - fnkcx(Math.Abs(y),l,z)
        ElseIf x<0 And y = 0 Then
            fnkcxxyz = - fnkcx(b,Math.Abs(x),z) + fnkcx(b,l - x,z)
        ElseIf x = 0 And y = 0 Then
            fnkcxxyz = fnkcx(b,l,z)
        End If
    End If
End Function
'矩形基础下任意点x方向平均应力系数,以角点为坐标(0,0)点,长边为x轴,短边为y轴
Public Function fnkcpx(ByVal b As Double,ByVal l As Double,ByVal x As Double,ByVal y As Double,ByVal z As Double,ByVal z0 As Double)
    If z = z0 Then
        fnkcpx = fnkcxxyz(b,l,x,y,z)
    Else
        kpx = 0
        Dim NBN As Integer
        NBN = Math.Max(Fix(z - z0),20)
        For ikp = 1 To NBN
            kpx = fnkcxxyz(b,l,x,y,z0 + (ikp - 0.5) * (z - z0)/NBN) + kpx
        Next ikp
        fnkcpx = kpx/NBN
    End If
End Function
```

```
'矩形基础角点下y方向应力系数
Public Function fnkcy(ByVal b As Double,ByVal l As Double,ByVal z As Double)
    R1 = (l^2 + z^2)^0.5
    R2 = (b^2 + z^2)^0.5
    R3 = (l^2 + b^2 + z^2)^0.5
    If z = 0 Then
        z = 0.0001
        fnkcy = 1/(2 * 3.14159) * (Math.Atan(l * b/z/R3) - l * b * z/(R2^2 * R3))
    ElseIf z<0 Then
        fnkcy = 0
    Else
        fnkcy = 1/(2 * 3.14159) * (Math.Atan(l * b/z/R3) - l * b * z/(R2^2 * R3))
    End If
End Function
'矩形基础下任意点y方向应力系数,以角点为坐标(0,0)点,长边为x轴,短边为y轴
Public Function fnkcyxyz(ByVal b As Double,ByVal l As Double,ByVal x As Double,ByVal y As Double,ByVal z As Double)
    If b * l = 0 Then
        fnkcyxyz = 0
    Else
        If x>0 And y>0 Then
            fnkcyxyz = fnkcy(y,x,z) + fnkcy(b - y,x,z) + fnkcy(b - y,l - x,z) + fnkcy(y,l - x,z)
        ElseIf x = 0 And y>0 Then
            fnkcyxyz = fnkcy(b - y,l,z) + fnkcy(y,l,z)
        ElseIf x>0 And y = 0 Then
            fnkcyxyz = fnkcy(b,x,z) + fnkcy(b,l - x,z)
        ElseIf x<0 And y<0 Then
            fnkcyxyz = fnkcy(Math.Abs(y),Math.Abs(x),z) - fnkcy(b - y,Math.Abs(x),z) + fnkcy(b - y,l - x,z) - fnkcy(Math.Abs(y),l - x,z)
        ElseIf x>0 And y<0 Then
            fnkcyxyz = - fnkcy(Math.Abs(y),x,z) + fnkcy(b - y,x,z) + fnkcy(b - y,l - x,z) - fnkcy(Math.Abs(y),l - x,z)
        ElseIf x<0 And y>0 Then
            fnkcyxyz = - fnkcy(y,Math.Abs(x),z) - fnkcy(b - y,Math.Abs(x),z) + fnkcy(b - y,l - x,z) + fnkcy(y,l - x,z)
        ElseIf x = 0 And y<0 Then
            fnkcyxyz = fnkcy(b - y,l,z) - fnkcy(Math.Abs(y),l,z)
        ElseIf x<0 And y = 0 Then
            fnkcyxyz = - fnkcy(b,Math.Abs(x),z) + fnkcy(b,l - x,z)
        ElseIf x = 0 And y = 0 Then
            fnkcyxyz = fnkcy(b,l,z)
        End If
    End If
End Function
'矩形基础下任意点y方向平均应力系数,以角点为坐标(0,0)点,长边为x轴,短边为y轴
Public Function fnkcpy(ByVal b As Double,ByVal l As Double,ByVal x As Double,ByVal y As Double,ByVal z As
```

```
Double,ByVal z0 As Double)
            If z = z0 Then
                fnkcpy = fnkcyxyz(b,l,x,y,(z0 + z)/2)
            Else
                kpy = 0
                Dim NBN As Integer
                NBN = Math.Max(Fix(z - z0),20)
                For ikp = 1 To NBN
                    kpy = kpy + fnkcyxyz(b,l,x,y,z0 + (ikp - 0.5) * (z - z0)/NBN)
                Next ikp
                fnkcpy = kpy/NBN
            End If
        End Function
        '矩形基础角点下应力系数
        Public Function fnkc(ByVal b As Double,ByVal l As Double,ByVal z As Double,ByVal d0 As Double,ByVal niu0
As Double)
            'z 指荷载作用面以下深度
            If jieda = "M" Then 'Mindlin 解
                If Math.Abs(b * l)< = 1/10000000 Then
                    fnkc = 0
                ElseIf z< - d0 Then '指地面以上
                    fnkc = 0
                Else
                    z1 = d0 + z 'Mindlin 解的 z 坐标规定从地面向下算起,所以需要换算
                    If z1 - d0>Math.Abs(50000000000 * b)Then
                        fnkc = 0
                    Else
                        If z1 = d0 Then
                            z1 = 1/1000 + d0
                        End If
                        RR1 = Math.Sqrt(l^2 + b^2 + (z1 - d0)^2)
                        RR2 = Math.Sqrt(l^2 + b^2 + (z1 + d0)^2)
                        R1 = Math.Sqrt(b^2 + (z1 - d0)^2)
                        R2 = Math.Sqrt(b^2 + (z1 + d0)^2)
                        R3 = Math.Sqrt(l^2 + (z1 - d0)^2)
                        r4 = Math.Sqrt(l^2 + (z1 + d0)^2)
                        r52 = (l^2  - (z1 + d0)^2)
                        a1 = (1 - niu0) * (Math.Atan(l * b/(z1 - d0)/RR1) + Math.Atan(l * b/(z1 + d0)/RR2))
                        a2 = (z1 - d0) * b * RR1/(2 * l * R1^2)
                        a3 = b * (z1 - d0)^3/(2 * l * R3^2 * RR1)
                        a4 = ((3 - 4 * niu0) * z1 * (z1 + d0) - d0 * (5 * z1 - d0)) * b * RR2/2/(z1 + d0)/l/R2^2
                        a5 = ((3 - 4 * niu0) * z1 * (z1 + d0)^2 - d0 * (z1 + d0) * (5 * z1 - d0)) * b/2/l/r4^2/RR2
                        a6 = 2 * d0 * z1 * (z1 + d0) * b * RR2^3/l^3/R2^4
                        a7 = 3 * d0 * z1 * b * RR2 * r52/(z1 + d0)/l^3/R2^2
                        a8 = d0 * z1 * (z1 + d0)^3 * b/l/r4^4/RR2 * ((2 * l^2  - (z1 + d0)^2)/l^2 - b^2/RR2^2)
                        kc = 1/(4 * 3.14159 * (1 - niu0)) * (a1 + a2 - a3 + a4 - a5 + a6 + a7 - a8)
```

```
                    fnkc = kc
                End If
            End If
        End If
        If jieda = "B" Then 'Boussinesq解
            If z = 0 Then
                z = 0.001
                k1 = 1/2/3.14159 * b * l * z * (b^2 + l^2 + 2 * z^2)/(l^2 + z^2)/(b^2 + z^2)
                fnkc = k1/Math.Sqrt(b^2 + l^2 + z^2) + 1/2/3.14159 * Math.Atan(b * l/z/Math.Sqrt(b^2 + l^2 + z^2))
            ElseIf z<0 Then
                fnkc = 0
            Else
                k1 = 1/2/3.14159 * b * l * z * (b^2 + l^2 + 2 * z^2)/(l^2 + z^2)/(b^2 + z^2)
                fnkc = k1/Math.Sqrt(b^2 + l^2 + z^2) + 1/2/3.14159 * Math.Atan(b * l/z/Math.Sqrt(b^2 + l^2 + z^2))
            End If
        End If
    End Function
    '矩形基础下任意点应力系数,以角点为坐标(0,0)点,长边为x轴,短边为y轴,作用面向下为z
    Public Function fnkcxyz(ByVal b As Double,ByVal l As Double,ByVal x As Double,ByVal y As Double,ByVal z As Double,ByVal d0 As Double,ByVal niu0 As Double)
        If b * l = 0 Then
            fnkcxyz = 0
        Else
            If x>0 And y>0 Then
                fnkcxyz = fnkc(y,x,z,d0,niu0) + fnkc(b - y,x,z,d0,niu0) + fnkc(b - y,l - x,z,d0,niu0) + fnkc(y,l - x,z,d0,niu0)
            ElseIf x = 0 And y>0 Then
                fnkcxyz = fnkc(b - y,l,z,d0,niu0) + fnkc(y,l,z,d0,niu0)
            ElseIf x>0 And y = 0 Then
                fnkcxyz = fnkc(b,x,z,d0,niu0) + fnkc(b,l - x,z,d0,niu0)
            ElseIf x<0 And y<0 Then
                fnkcxyz = fnkc(Math.Abs(y),Math.Abs(x),z,d0,niu0) - fnkc(b - y,Math.Abs(x),z,d0,niu0) + fnkc(b - y,l - x,z,d0,niu0) - fnkc(Math.Abs(y),l - x,z,d0,niu0)
            ElseIf x>0 And y<0 Then
                fnkcxyz = - fnkc(Math.Abs(y),x,z,d0,niu0) + fnkc(b - y,x,z,d0,niu0) + fnkc(b - y,l - x,z,d0,niu0) - fnkc(Math.Abs(y),l - x,z,d0,niu0)
            ElseIf x<0 And y>0 Then
                fnkcxyz = - fnkc(y,Math.Abs(x),z,d0,niu0) - fnkc(b - y,Math.Abs(x),z,d0,niu0) + fnkc(b - y,l - x,z,d0,niu0) + fnkc(y,l - x,z,d0,niu0)
            ElseIf x = 0 And y<0 Then
                fnkcxyz = fnkc(b - y,l,z,d0,niu0) - fnkc(Math.Abs(y),l,z,d0,niu0)
            ElseIf x<0 And y = 0 Then
                fnkcxyz = - fnkc(b,Math.Abs(x),z,d0,niu0) + fnkc(b,l - x,z,d0,niu0)
            ElseIf x = 0 And y = 0 Then
                fnkcxyz = fnkc(b,l,z,d0,niu0)
            End If
```

```
        End If
    End Function
    '矩形基础下任意点平均应力系数,以角点为坐标(0,0)点,长边为 x 轴,短边为 y 轴,作用面向下为 z
    Public Function fnkcp(ByVal b As Double,ByVal l As Double,ByVal x As Double,ByVal y As Double,ByVal z As Double,ByVal z0 As Double,ByVal d0 As Double,ByVal niu0 As Double)
        If z = z0 Then
            fnkcp = fnkcxyz(b,l,x,y,z,d0,niu0)
        Else
            kp = 0
            Dim NBN As Integer
            NBN = Math.Max(Fix(z - z0),20)
            For ikp = 1 To NBN
                kp = fnkcxyz(b,l,x,y,z0 + (ikp - 0.5) * (z - z0)/NBN,d0,niu0) + kp
            Next ikp
            fnkcp = kp/NBN
        End If
    End Function
    '环形基础下中心点下平均应力系数,b1、L1 表示大矩形边长,b2、L2 表示小矩形边长,从作用面中点向下为 z0,再到向下为 z,以中点为坐标(0,0)点,长边为 x 轴,短边为 y 轴
    Public Function fnkchp(ByVal b1 As Double,ByVal L1 As Double,ByVal b2 As Double,ByVal L2 As Double,ByVal x As Double,ByVal y As Double,ByVal z As Double,ByVal z0 As Double,ByVal d0 As Double,ByVal niu0 As Double)
        If z = z0 Then
            fnkchp = fnkcxyz(b1,L1,L1/2 + x,b1/2 + y,z,d0,niu0) - fnkcxyz(b2,L2,L2/2 + x,b2/2 + y,z,d0,niu0)
        Else
            kp = 0
            Dim NBN As Integer
            NBN = Math.Max(Fix(z - z0),20)
            For ikp = 1 To NBN
                Dim zz As Double
                zz = z0 + (ikp - 0.5) * (z - z0)/NBN
                kp = fnkcxyz(b1,L1,L1/2 + x,b1/2 + y,zz,d0,niu0) - fnkcxyz(b2,L2,L2/2 + x,b2/2 + y,zz,d0,niu0) + kp
            Next ikp
            fnkchp = kp/NBN
        End If
    End Function
End Module
```

压 力 扩 散

1. 功能

计算基础底面附加压力扩散至下卧层顶面的附加应力。

2. 界面

开发平台：Microsoft Visual Studio 2019。编程语言：VB. net。软件界面如下。

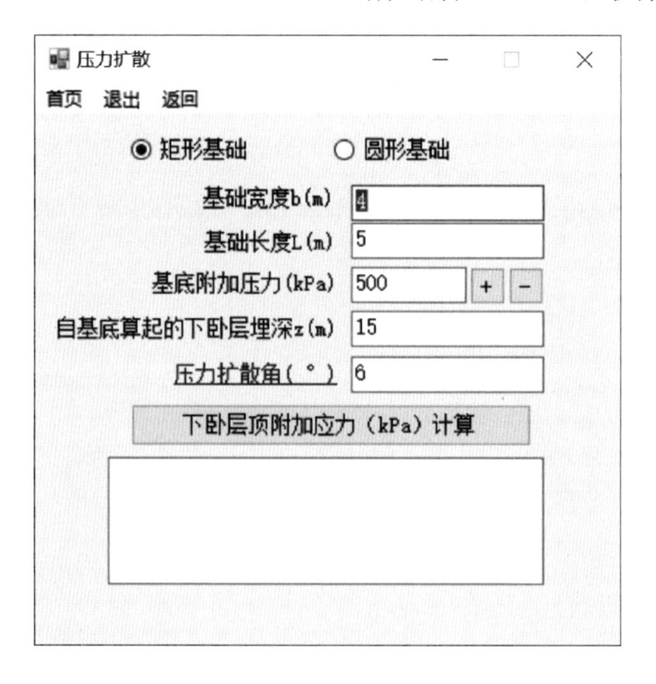

3. 计算原理

考虑应力扩散角，利用总的力不变原理，计算基础底面附加压力扩散至下卧层顶面的附加应力。

4. 主要控件

RadioButton1：矩形基础

RadioButton2：圆形基础
TextBox2：基础宽度 b（m）
TextBox3：基础长度 L（m）
TextBox1：基底附加压力（kPa）
TextBox4：自基底算起的下卧层埋深 z（m）
TextBox5：压力扩散角（°）
Button1：下卧层顶附加应力（kPa）计算
TextBox6：计算结果

5. 源程序

```
Public Class Form40
    Private Sub MenuItem1_Click(ByVal sender As System.Object,ByVal e As System.EventArgs)Handles Menu-
Item1.Click
        Me.Hide()
    End Sub
    Private Sub Button1_Click(ByVal sender As System.Object,ByVal e As System.EventArgs)Handles Button1.Click
        Dim p0,b,d,L,z,sita As Double
        If RadioButton2.Checked = True Then '圆形
            p0 = Val(TextBox1.Text)
            d = Val(TextBox2.Text)
            z = Val(TextBox4.Text)
            sita = Val(TextBox5.Text)/180 * Math.PI
            TextBox6.Text = p0 * Math.PI * (d/2)^2/(Math.PI * (d/2 + z * Math.Tan(sita))^2)
            TextBox6.Focus()
        Else
            p0 = Val(TextBox1.Text)
            b = Val(TextBox2.Text)
            d = Val(TextBox2.Text)
            L = Val(TextBox3.Text)
            z = Val(TextBox4.Text)
            sita = Val(TextBox5.Text)/180 * Math.PI
            TextBox6.Text = p0 * b * L/((b + 2 * z * Math.Tan(sita)) * (L + 2 * z * Math.Tan(sita)))
            TextBox6.Focus()
        End If
    End Sub
    Private Sub LinkLabel1_Click(ByVal sender As System.Object,ByVal e As System.EventArgs)Handles LinkLa-
bel1.Click
        Form58.Show()
        Form58.WindowState = FormWindowState.Normal
    End Sub
    Private Sub Button2_Click(ByVal sender As System.Object,ByVal e As System.EventArgs)Handles Button2.Click
        TextBox1.Text = Val(TextBox1.Text) + 10
        TextBox1.Focus()
```

```
    End Sub
    Private Sub Button3_Click(ByVal sender As System.Object,ByVal e As System.EventArgs)Handles Button3.Click
        TextBox1.Text = Val(TextBox1.Text) - 10
        TextBox1.Focus()
    End Sub
    Private Sub RadioButton2_CheckedChanged(ByVal sender As System.Object,ByVal e As System.EventArgs)Han-
dles RadioButton2.CheckedChanged
        On Error Resume Next
        If RadioButton2.Checked = True Then
            Label2.Text = "直径 d(m)"
            Label3.Visible = False
            TextBox3.Enabled = False
        Else
            Label2.Text = "基础宽度 b(m)"
            Label3.Visible = True
            TextBox3.Enabled = True
        End If
    End Sub
    Private Sub RadioButton1_CheckedChanged(ByVal sender As System.Object,ByVal e As System.EventArgs)Han-
dles RadioButton1.CheckedChanged
        On Error Resume Next
        If RadioButton2.Checked = True Then
            Label2.Text = "直径 d(m)"
            Label3.Visible = False
            TextBox3.Enabled = False
        Else
            Label2.Text = "基础宽度 b(m)"
            Label3.Visible = True
            TextBox3.Enabled = True
        End If
    End Sub
    Private Sub MenuItem2_Click(ByVal sender As System.Object,ByVal e As System.EventArgs)Handles Menu-
Item2.Click
        门户首页.Hide()
        门户首页.Show()
        门户首页.WindowState = FormWindowState.Maximized
    End Sub
    Private Sub MenuItem3_Click(ByVal sender As System.Object,ByVal e As System.EventArgs)Handles Menu-
Item3.Click
        End
    End Sub
    Private Sub Form40_Load(ByVal sender As System.Object,ByVal e As System.EventArgs)Handles MyBase.Load
        Me.MaximizeBox = False
    End Sub
End Class
```

土的固结系数换算

1. 功能

用渗透系数和压缩模量，换算固结系数。

2. 界面

开发平台：Microsoft Visual Studio 2019。编程语言：VB. net。软件界面如下。

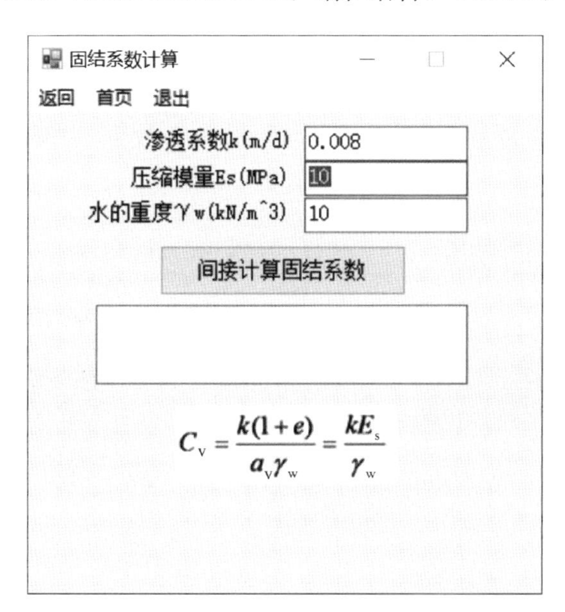

3. 计算原理

换算公式见软件界面。

4. 主要控件

TextBox1：渗透系数 k（m/d）
TextBox2：压缩模量 E_s（MPa）
TextBox4：水的重度 γ_w（kN/m^3）
Button1：间接计算固结系数

TextBox3：计算结果

5. 源程序

```
Public Class Form84
    Private Sub Form84_Load(ByVal sender As System.Object,ByVal e As System.EventArgs)Handles MyBase.Load
        Me.MaximizeBox = False
    End Sub
    Private Sub Button1_Click(ByVal sender As System.Object,ByVal e As System.EventArgs)Handles Button1.Click
        On Error Resume Next
        Dim k,Es,rw,Cv As Double
        k = Val(TextBox1.Text)
        Es = Val(TextBox2.Text)
        rw = Val(TextBox4.Text)
        Cv = k * Es * 1000/rw
        TextBox3.Text = "固结系数 Cv(m^2/d) = " & Cv
        Form83.TextBox2.Text = Cv
        TextBox3.Focus()
    End Sub
    Private Sub MenuItem2_Click(ByVal sender As System.Object,ByVal e As System.EventArgs)Handles Menu-
Item2.Click
        Me.Hide()
    End Sub
    Private Sub MenuItem1_Click(ByVal sender As System.Object,ByVal e As System.EventArgs)Handles Menu-
Item1.Click
        门户首页.Hide( )
        门户首页.Show( )
        门户首页.WindowState = FormWindowState.Maximized
    End Sub
    Private Sub MenuItem3_Click(ByVal sender As System.Object,ByVal e As System.EventArgs)Handles Menu-
Item3.Click
        End
    End Sub
End Class
```

土层一维固结度计算

1. 功能

运用 Terzaghi 一维固结方程，计算土层的平均固结度。

2. 界面

开发平台：Microsoft Visual Studio 2019。编程语言：VB. net。软件界面如下。

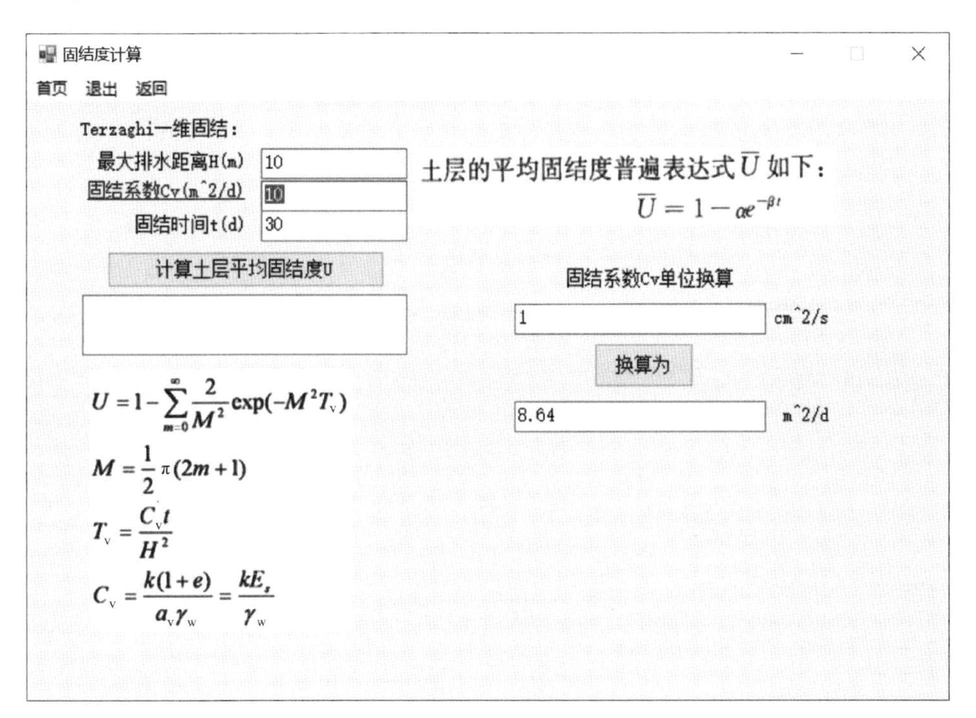

3. 计算原理

计算公式见软件界面。

4. 主要控件

TextBox1：最大排水距离 H（m）

TextBox2：固结系数 C_v（m^2/d）

TextBox3：固结时间 t（d）

Button1：计算土层平均固结度 U

TextBox4：计算结果

TextBox5：固结系数（cm^2/s）

TextBox6：固结系数（m^2/d）

5. 源程序

```
Public Class Form83
    Private Sub MenuItem2_Click(ByVal sender As System.Object,ByVal e As System.EventArgs)Handles Menu-
Item2.Click
        Me.Hide()
    End Sub
    Private Sub Button1_Click(ByVal sender As System.Object,ByVal e As System.EventArgs)Handles Button1.
Click
        On Error Resume Next
        Dim H,Cv,t,Tv,a,U,M2 As Double
        H = Val(TextBox1.Text)
        Cv = Val(TextBox2.Text)
        t = Val(TextBox3.Text)
        Tv = Cv * t/H^2
        a = 0
        Dim m As Integer
        For m = 0 To 100 Step 1
            M2 = (0.5 * Math.PI * (2 * m + 1))^2
            a = a + 2/M2 * Math.Exp( - M2 * Tv)
        Next
        U = 1 - a
        TextBox4.Text = "土层平均固结度 = " & U
        TextBox4.Focus()
    End Sub
    Private Sub LinkLabel1_Click(ByVal sender As System.Object,ByVal e As System.EventArgs)Handles LinkLa-
bel1.Click
        Form84.Show()
        Form84.WindowState = FormWindowState.Normal
    End Sub
    Private Sub MenuItem1_Click(ByVal sender As System.Object,ByVal e As System.EventArgs)Handles Menu-
Item1.Click
        门户首页.Hide()
        门户首页.Show()
        门户首页.WindowState = FormWindowState.Maximized
    End Sub
    Private Sub MenuItem3_Click(ByVal sender As System.Object,ByVal e As System.EventArgs)Handles Menu-
Item3.Click
```

```
        End
    End Sub
    Private Sub Form83_Load(ByVal sender As System.Object,ByVal e As System.EventArgs)Handles MyBase.Load
        Me.MaximizeBox = False
    End Sub
    Private Sub Button2_Click(sender As Object,e As EventArgs)Handles Button2.Click
        On Error Resume Next
        TextBox6.Text = Val(TextBox5.Text)/100/100 * 24 * 3600
    End Sub
End Class
```

单桩承载力

1. 功能

运用土的侧摩阻力和端阻力，以及考虑后压浆作用，计算多层土的单桩承载力。

2. 界面

开发平台：Microsoft Visual Studio 2019。编程语言：VB. net。软件界面如下。

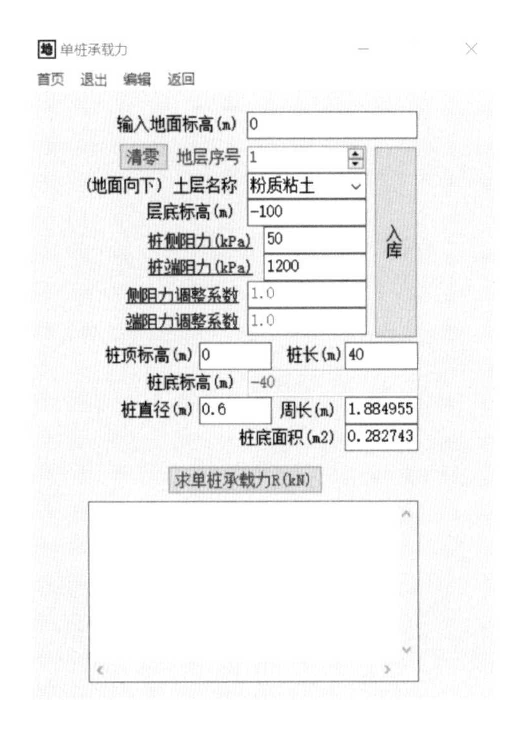

3. 计算原理

参见《建筑桩基技术规范》JGJ 94—2008。

4. 主要控件

TextBox8：输入地面标高

NumericUpDown1：地层序号

ComboBox1：土层名称：淤泥、淤泥质土、黏土、粉质黏土、粉土、粉砂、细砂、中砂、粗砂、砾砂、砾石、卵石、全风化岩、强风化岩

TextBox1：层底标高/埋深（m）

TextBox2：桩侧摩阻力（kPa）

TextBox3：侧阻力调整系数

TextBox4：桩端阻力（kPa）

TextBox5：端阻力调整系数

Button1：入库

TextBox7：桩顶标高（m）

TextBox11：桩长（m）

TextBox10：桩底标高（m）

TextBox6：桩身直径（m）

TextBox13：桩周长（m）

TextBox12：桩端面积（m^2）

Button7：计算单桩承载力 R(kN)

TextBox9：计算结果

5. 源程序

```
Public Class 单桩承载力
    Private D,A,R,RR,H1,H2 As Double
    Private qs(200),psiqs(200),qa(200),psiqa(200) As Double
    Private Hp0,Hs(200),HH(200) As Double
    Private Ns As Integer
    Private Soil(200) As String
    Private Sub 单桩承载力_Load(ByVal sender As System.Object,ByVal e As System.EventArgs) Handles MyBase.Load
        On Error Resume Next
        Me.MaximizeBox = False
        ComboBox1.Text = "粉质黏土"
        Button7.Text = "求单桩承载力 R(kN)"
        TextBox6.Enabled = True
        Ns = 0
        NumericUpDown1.Value = 1
        TextBox8.Focus()
    End Sub
    Private Sub Button1_Click(ByVal sender As System.Object,ByVal e As System.EventArgs) Handles But-
ton1.Click
        On Error Resume Next
        If IsNumeric(TextBox1.Text) = False Then
            GoTo 100
        End If
        Dim i As Integer
```

```
        i = Val(NumericUpDown1.Value)
        If Ns< = i Then
            Ns = i '土层数
        End If
        Hs(i) = Val(TextBox1.Text) '层底标高读入
        Hp0 = Val(TextBox7.Text) '桩顶标高
        Hs(0) = Val(TextBox8.Text) '地面标高
        Dim j As Integer
            For j = 1 To Ns
                HH(j) = Hs(j - 1) - Hs(j)
                If HH(j)<0 Then
                    MsgBox("层底标高有误。")
                    GoTo 100
                End If
            Next
        qs(i) = Val(TextBox2.Text)
        psiqs(i) = Val(TextBox3.Text)
        qa(i) = Val(TextBox4.Text)
        psiqa(i) = Val(TextBox5.Text)
        Soil(i) = ComboBox1.Text
        NumericUpDown1.Value = i + 1
100:
        TextBox1.Focus()
    End Sub
    Private Sub Button2_Click(ByVal sender As System.Object, ByVal e As System.EventArgs) Handles Button2.Click
        On Error Resume Next
        Ns = 0
        NumericUpDown1.Value = 1
        TextBox1.Text = ""
        TextBox2.Text = ""
        TextBox3.Text = ""
        TextBox4.Text = ""
        TextBox5.Text = ""
        TextBox6.Text = ""
        TextBox7.Text = ""
        TextBox8.Text = ""
        TextBox9.Text = ""
        ComboBox1.Text = ""
        TextBox8.Focus()
    End Sub
    Private Sub NumericUpDown1_ValueChanged(ByVal sender As System.Object, ByVal e As System.EventArgs) Handles NumericUpDown1.ValueChanged
        On Error Resume Next
        Dim i As Integer
        i = Val(NumericUpDown1.Value)
```

```
            If Ns<>0 Then
                If i<=Ns Then
                    TextBox2.Text=qs(i)
                    TextBox4.Text=qa(i)
                    TextBox3.Text=psiqs(i)
                    TextBox5.Text=psiqa(i)
                    ComboBox1.Text=Soil(i)
                    TextBox1.Text=Hs(i) '层底标高读入
                Else
                    NumericUpDown1.Value=Ns+1
                    TextBox1.Text=""
                    ComboBox1.Text=""
                End If
            End If
            TextBox1.Focus()
            TextBox1.SelectAll()
        End Sub
        Private Sub TextBox9_TextChanged(ByVal sender As System.Object,ByVal e As System.EventArgs) Handles 
TextBox9.TextChanged
            On Error Resume Next
        End Sub
        Private Sub TextBox6_TextChanged(ByVal sender As System.Object,ByVal e As System.EventArgs) Handles 
TextBox6.TextChanged
            On Error Resume Next
            TextBox12.Text=1/4*Math.PI*Val(TextBox6.Text)^2
            TextBox13.Text=Math.PI*Val(TextBox6.Text)
            Button7.Focus()
        End Sub
        Private Sub MenuItem11_Click(ByVal sender As System.Object,ByVal e As System.EventArgs)
            Me.Hide()
        End Sub
        Private Sub Button7_Click(ByVal sender As System.Object,ByVal e As System.EventArgs) Handles But-
ton7.Click
            On Error Resume Next
            Dim i,j,k As Integer
            Dim Lp As Double
            D=Val(TextBox6.Text)
            A=Val(TextBox12.Text)
            Lp=Val(TextBox11.Text) '桩长
            Hs(0)=Val(TextBox8.Text) '地面标高
            Hp0=Val(TextBox7.Text) '桩顶标高
            For i=1 To Ns
                HH(i)=Hs(i-1)-Hs(i)
                If HH(i)<0 Then
                    MsgBox("层底标高有误。")
                    GoTo 100
```

```
        End If
    Next
    '进行地层排序
    Dim Hs1(200),qs1(200),psiqs1(200),qa11(200),psiqa1(200),lHs,lqs,lpsiqs,lqa1,lpsiqa As Double '
排序数据
    Dim Soil1(200),lSoil As String
    For i = 1 To Ns
        Hs1(i) = Hs(i)
        qs1(i) = qs(i)
        psiqs1(i) = psiqs(i)
        qa11(i) = qa(i)
        psiqa1(i) = psiqa(i)
        Soil1(i) = Soil(i)
    Next
    For i = 1 To Ns
        For j = i + 1 To Ns
            If Hs1(j)>Hs1(i) Then
                lHs = Hs1(i)
                lqs = qs1(i)
                lpsiqs = psiqs1(i)
                lqa1 = qa11(i)
                lpsiqa = psiqa1(i)
                lSoil = Soil1(i)
                Hs1(i) = Hs1(j)
                qs1(i) = qs1(j)
                psiqs1(i) = psiqs1(j)
                qa11(i) = qa11(j)
                psiqa1(i) = psiqa1(j)
                Soil1(i) = Soil1(j)
                Hs1(j) = lHs
                qs1(j) = lqs
                psiqs1(j) = lpsiqs
                qa11(j) = lqa1
                psiqa1(j) = lpsiqa
                Soil1(j) = lSoil
            End If
        Next
    Next
    For i = 1 To Ns
        Hs(i) = Hs1(i)
        qs(i) = qs1(i)
        psiqs(i) = psiqs1(i)
        qa(i) = qa11(i)
        psiqa(i) = psiqa1(i)
        Soil(i) = Soil1(i)
    Next
```

```
        NumericUpDown1.Value = Ns + 1
        For i = 1 To Ns '寻找桩顶所在层位
                If Hp0< = Hs(i - 1) Then '
                    GoTo 10
                End If
            Next
            MsgBox("桩顶标高不应大于地面标高。")
            GoTo 100
    10:
            For j = 1 To Ns '寻找桩端所在层位
                If Hp0 - Hs(j)> = Lp Then
                    GoTo 20
                End If
            Next
        MsgBox("地层厚度不够。")
        GoTo 100
    20:
            RR = 0
        For k = i To j
            'RR = RR + Math.PI * D * (Math.Min(Hp0,Hs(k - 1)) - Math.Max(Hp0 - Lp,Hs(k))) * qs(k) * psiqs(k)
            RR = RR + Val(TextBox13.Text) * (Math.Min(Hp0,Hs(k - 1)) - Math.Max(Hp0 - Lp,Hs(k))) * qs(k) *
psiqs(k)
        Next
        RR = RR + qa(j) * psiqa(j) * A
        TextBox9.Text = "计算书" & vbCrLf
        TextBox9.Text + = "" & vbCrLf
        TextBox9.Text + = "---地层信息---" & vbCrLf
        TextBox9.Text + = "" & vbCrLf
        TextBox9.Text + = "地面标高(m):" & Hs(0) & vbCrLf
        For i = 1 To Ns
            TextBox9.Text + = "序号,土层名称,层底标高(m),桩侧阻力(kPa),桩端阻力(kPa),侧阻力调整系数,
端阻力调整系数" & vbCrLf
            TextBox9.Text + = i & "," & Soil(i) & "," & Hs(i) & "," & qs(i) & "," & qa(i) & "," & psiqs(i) & ","
& psiqa(i) & vbCrLf
        Next
        TextBox9.Text + = "" & vbCrLf
        TextBox9.Text + = "---桩信息---" & vbCrLf
        TextBox9.Text + = "" & vbCrLf
        TextBox9.Text + = "桩顶标高(m):" & Hp0 & vbCrLf
        TextBox9.Text + = "桩长(m):" & Lp & vbCrLf
        TextBox9.Text + = "桩底标高(m):" & Hp0 - Lp & vbCrLf
        TextBox9.Text + = "桩直径(m):" & D & vbCrLf
        TextBox9.Text + = "桩周长(m):" & Val(TextBox13.Text) & vbCrLf
        TextBox9.Text + = "桩底面积(m2):" & Val(TextBox12.Text) & vbCrLf
        TextBox9.Text + = "" & vbCrLf
        TextBox9.Text + = "---计算结果:---" & vbCrLf
```

```
            TextBox9.Text += "" & vbCrLf
            TextBox9.Text += "单桩承载力/(kN) = " & RR & vbCrLf
            TextBox9.Text += " 总侧阻力(kN) = " & RR - qa(j) * psiqa(j) * A & vbCrLf
            TextBox9.Text += " 总端阻力(kN) = " & qa(j) * psiqa(j) * A & vbCrLf
            TextBox9.Text += " 总端阻力/单桩承载力 = " & qa(j) * psiqa(j) * A/RR & vbCrLf
            TextBox9.Text += "" & vbCrLf
            TextBox9.Text += "桩端进入" & j & "层 " & Soil(j) & ": " & Lp - (Hp0 - Hs(j - 1)) & "m" & vbCrLf
            TextBox9.Text += "桩端标高(m):" & Hp0 - Lp & vbCrLf
            TextBox9.Text += "" & vbCrLf
            TextBox9.Text += "计算结束时间:" & Now & vbCrLf
            TextBox9.Focus()
                TextBox9.ScrollToCaret()
    100:
        End Sub
        Private Sub LinkLabel1_Click(ByVal sender As System.Object,ByVal e As System.EventArgs)
            MsgBox("松砂 0.2~0.4,中密砂 0.25~0.4,密砂 0.3~0.45;粉土质砂 0.2~0.4,软黏土 0.15~0.25,中硬
黏土 0.2~0.5")
        End Sub
        Private Sub Button11_Click(ByVal sender As System.Object,ByVal e As System.EventArgs)
            Form62.Show()
            Form62.WindowState = FormWindowState.Normal
        End Sub
        Private Sub MenuItem2_Click(ByVal sender As System.Object,ByVal e As System.EventArgs) Handles Menu-
Item2.Click
            Me.Hide()
        End Sub
        Private Sub MenuItem6_Click(ByVal sender As System.Object,ByVal e As System.EventArgs) Handles Menu-
Item6.Click
            On Error Resume Next
            Dim response As MsgBoxResult
            response = MsgBox("真要插入新土层?",MsgBoxStyle.YesNo,"特别提示!")
            If response = MsgBoxResult.Yes Then
                  If NumericUpDown1.Focus = True Or TextBox1.Focus = True Or TextBox2.Focus = True Or Text-
Box3.Focus = True Or TextBox4.Focus = True Or TextBox5.Focus = True Then
                    Dim i As Integer
                    For i = Ns To Val(NumericUpDown1.Value) Step - 1
                        HH(i + 1) = HH(i)
                        qs(i + 1) = qs(i)
                        psiqs(i + 1) = psiqs(i)
                        qa(i + 1) = qa(i)
                        psiqa(i + 1) = psiqa(i)
                        Soil(i + 1) = Soil(i)
                    Next
                    Ns = Ns + 1
                    TextBox1.Text = ""
                    TextBox1.Focus()
```

```
            Else
                MsgBox("光标定在当前土层参数输入框内")
            End If
        End If
    End Sub
    Private Sub MenuItem10_Click(ByVal sender As System.Object,ByVal e As System.EventArgs) Handles MenuItem10.Click
        On Error Resume Next
        Dim response As MsgBoxResult
        response = MsgBox("真要删除当前土层?",MsgBoxStyle.YesNo,"特别提示!")
        If response = MsgBoxResult.Yes Then
            If NumericUpDown1.Focus = True Or TextBox1.Focus = True Or TextBox2.Focus = True Or TextBox3.Focus = True Or TextBox4.Focus = True Or TextBox5.Focus = True Then
                Dim i As Integer
                For i = Val(NumericUpDown1.Value) To Ns - 1
                    HH(i) = HH(i + 1) '土层厚度
                    qs(i) = qs(i + 1)
                    psiqs(i) = psiqs(i + 1)
                    qa(i) = qa(i + 1)
                    psiqa(i) = psiqa(i + 1)
                    Soil(i) = Soil(i + 1)
                Next
                Ns = Ns - 1
                i = Val(NumericUpDown1.Value)
                If i = 1 Then
                    NumericUpDown1.Value = 1
                ElseIf i = Ns + 1 Then
                    NumericUpDown1.Value = Ns
                Else
                    NumericUpDown1.Value = i
                End If
                TextBox1.Focus()
            Else
                MsgBox("光标定在当前土层参数输入框内")
            End If
        End If
    End Sub
    Private Sub LinkLabel2_Click(ByVal sender As System.Object,ByVal e As System.EventArgs) Handles LinkLabel2.Click
        On Error Resume Next
        Form42.Show()
        Form42.WindowState = FormWindowState.Normal
    End Sub
    Private Sub LinkLabel3_Click(ByVal sender As System.Object,ByVal e As System.EventArgs) Handles LinkLabel3.Click
        On Error Resume Next
```

```
        Form42.Show()
        Form42.WindowState = FormWindowState.Normal
    End Sub
    Private Sub LinkLabel4_Click(ByVal sender As System.Object,ByVal e As System.EventArgs)
        MsgBox("规定:以基础平面中心点为坐标原点(0,0),长边方向为 x 轴,短边方向为 y 轴")
    End Sub
    Private Sub LinkLabel5_Click(ByVal sender As System.Object,ByVal e As System.EventArgs)
        MsgBox("规定:以基础平面中心点为坐标原点(0,0),长边方向为 x 轴,短边方向为 y 轴")
    End Sub
    Private Sub LinkLabel6_Click(ByVal sender As System.Object,ByVal e As System.EventArgs)
        Form21.Show()
        Form21.WindowState = FormWindowState.Normal
    End Sub
    Private Sub LinkLabel7_Click(ByVal sender As System.Object,ByVal e As System.EventArgs)
        Form113.Hide()
        Form113.Show()
        Form113.WindowState = FormWindowState.Normal
    End Sub
    Private Sub LinkLabel1_Click_1(ByVal sender As System.Object,ByVal e As System.EventArgs) Handles Lin-
kLabel1.Click
        Form38.Show()
        Form38.WindowState = FormWindowState.Normal
    End Sub
    Private Sub LinkLabel4_Click_1(ByVal sender As System.Object,ByVal e As System.EventArgs) Handles Lin-
kLabel4.Click
        Form38.Show()
        Form38.WindowState = FormWindowState.Normal
    End Sub
    Private Sub TextBox11_TextChanged(sender As Object,e As EventArgs) Handles TextBox11.TextChanged
        On Error Resume Next
        TextBox10.Text = Val(TextBox7.Text) - Val(TextBox11.Text)
    End Sub
    Private Sub ComboBox1_SelectedIndexChanged_1(ByVal sender As System.Object,ByVal e As System.EventArgs)
Handles ComboBox1.SelectedIndexChanged
        On Error Resume Next
        TextBox1.Focus()
    End Sub
    Private Sub TextBox7_TextChanged_1(ByVal sender As System.Object,ByVal e As System.EventArgs) Handles
TextBox7.TextChanged,TextBox10.TextChanged
        On Error Resume Next
        TextBox10.Text = Val(TextBox7.Text) - Val(TextBox11.Text)
    End Sub
    Private Sub MenuItem1_Click_1(ByVal sender As System.Object,ByVal e As System.EventArgs) Handles Menu-
Item1.Click
        门户首页.Hide()
        门户首页.Show()
```

```
        门户首页.WindowState = FormWindowState.Maximized
    End Sub
    Private Sub MenuItem4_Click(ByVal sender As System.Object, ByVal e As System.EventArgs) Handles Menu-
Item4.Click
        End
    End Sub
End Class
```

螺旋筋长度计算

1. 功能

计算钢筋笼分别为圆柱形、圆锥形时的螺旋钢筋下料长度。

2. 界面

开发平台：Microsoft Visual Studio 2019。编程语言：VB. net。软件界面如下。

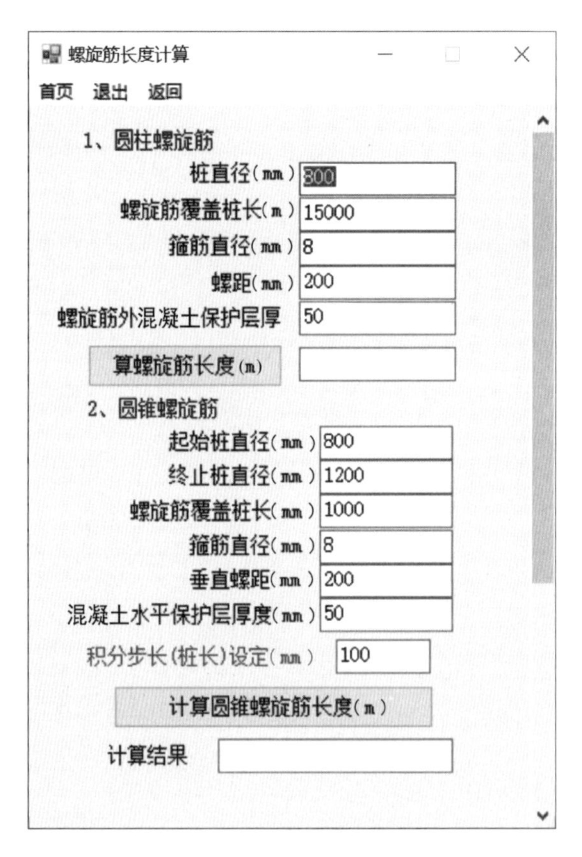

3. 计算原理

圆柱形螺旋筋长度按照数学公式，见《数学手册》(《数学手册》编写组．数学手册[M]．北京：高等教育出版社，1999)。圆锥形螺旋筋长度计算时采用积分法。

4. 主要控件

TextBox1：桩直径（mm）
TextBox3：螺旋筋覆盖桩长（m）
TextBox4：箍筋直径（mm）
TextBox5：螺距（mm）
TextBox2：螺旋筋外混凝土保护层厚度（mm）
Button1：算螺旋筋长度（m）
TextBox6：计算结果
TextBox7：起始桩直径（mm）
TextBox8：终止桩直径（mm）
TextBox10：螺旋筋覆盖桩长（mm）
TextBox11：箍筋直径（mm）
TextBox12：垂直螺距（mm）
TextBox9：混凝土水平保护层厚度（mm）
TextBox14：积分步长（桩长）设定（mm）
Button2：计算圆锥螺旋筋长度（m）
TextBox13：计算结果

5. 源程序

```
Public Class Form25
    Private Sub Button1_Click(ByVal sender As System.Object,ByVal e As System.EventArgs)Handles Button1.
Click
        On Error Resume Next
        Dim D,c,L,dd,s As Double
        D = Val(TextBox1.Text)
        c = Val(TextBox2.Text)
        L = Val(TextBox3.Text) * 1000
        dd = Val(TextBox4.Text)
        s = Val(TextBox5.Text)
        TextBox6.Text = (L/s * ((s)^2 + (Math.PI * (D - 2 * c - dd))^2)^0.5)/1000
        TextBox6.Focus()
        TextBox6.ScrollToCaret()
    End Sub
    Private Sub MenuItem2_Click(ByVal sender As System.Object,ByVal e As System.EventArgs)
        Me.Hide()
    End Sub
    Private Sub Form25_Load(ByVal sender As System.Object,ByVal e As System.EventArgs)Handles MyBase.Load
        Me.MaximizeBox = False
    End Sub
```

```
    Private Sub MenuItem4_Click(ByVal sender As System.Object,ByVal e As System.EventArgs)Handles Menu-
Item4.Click
        Me.Hide()
    End Sub
    Private Sub Button2_Click(ByVal sender As System.Object,ByVal e As System.EventArgs)Handles Button2.
Click
        On Error Resume Next
        Dim D1,D2,D,c,h,hi,dd,s,dh,ss As Double
        D1 = Val(TextBox7.Text)'起始桩直径
        D2 = Val(TextBox8.Text)'终止桩直径
        c = Val(TextBox9.Text)'水平保护层厚度
        h = Val(TextBox10.Text)'桩长
        dd = Val(TextBox11.Text)'箍筋直径
        s = Val(TextBox12.Text)'垂直螺距
        'c = c * (h^2 + (D2 - D1)^2)^0.5/h
        ss = 0 '弧长
        dh = Val(TextBox14.Text)
        hi = 0
10:     hi = hi + dh
        D = D1 + (D2 - D1)/h * (hi - dh/2)
        ss = ss + dh/s * (s^2 + (Math.PI * (D - 2 * c - dd))^2)^0.5
        If hi<h Then
            GoTo 10
        End If
        TextBox13.Text = ss/1000
        TextBox13.Focus()
        TextBox13.ScrollToCaret()
    End Sub
    Private Sub MenuItem1_Click_1(ByVal sender As System.Object,ByVal e As System.EventArgs)Handles Menu-
Item1.Click
        门户首页.Hide()
        门户首页.Show()
        门户首页.WindowState = FormWindowState.Maximized
        Me.Hide()
    End Sub
    Private Sub MenuItem2_Click_1(ByVal sender As System.Object,ByVal e As System.EventArgs)Handles Menu-
Item2.Click
        End
    End Sub
End Class
```

单桩竖向载荷试验 Q-s 曲线反分析

1. 功能

根据单桩载荷试验 Q-s 曲线，反分析计算桩长范围各段桩侧摩阻力。

2. 界面

开发平台：Microsoft Visual Studio 2019。编程语言：VB. net。软件界面如下。

界面一：

界面二：

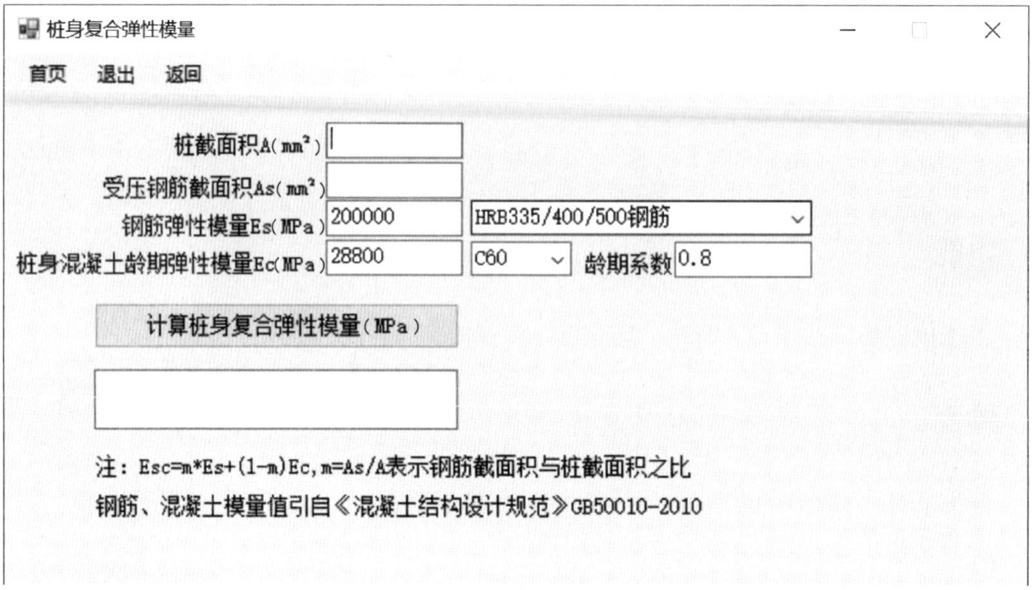

桩身复合弹性模量

首页 退出 返回

桩截面积A(mm²)

受压钢筋截面积As(mm²)

钢筋弹性模量Es(MPa) 200000 HRB335/400/500钢筋

桩身混凝土龄期弹性模量Ec(MPa) 28800 C60 龄期系数 0.8

计算桩身复合弹性模量(MPa)

注：Esc=m*Es+(1-m)Ec, m=As/A表示钢筋截面积与桩截面积之比

钢筋、混凝土模量值引自《混凝土结构设计规范》GB50010-2010

3. 计算原理

参见：王长科．岩土工程热点问题解析——王长科论文选集（二）[M]．北京：中国建筑工业出版社，2021。关键公式见软件界面。

4. 主要控件

（1）界面一

NumericUpDown1：桩分段序号

TextBox11：桩分段桩长（m）

TextBox3：桩轴向弹性模量 E_{cs}（MPa）

LinkLabel1：计算桩轴向弹性模量 E_{cs}（MPa）

TextBox15：桩身截面积 A_b（m^2）

TextBox13：桩侧阻周长 U（m）

TextBox1：桩端阻面积 A_p（m^2）

Button4：入库

CheckBox5：圆桩

CheckBox6：方桩

CheckBox7：管桩

TextBox15：外径

TextBox16：壁厚 t

Button8：计算

TextBox19：截面积

TextBox18：端面积

TextBox20：外周长

TextBox21：内周长

CheckBox2：按实际加荷等级加荷

CheckBox1：按插值加荷等级加荷

CheckBox3：计算某荷载下，荷载值 Q_i（kN）

RadioButton2：线性插值：折线法

RadioButton1：抛物线插值：一元三点

RadioButton3：拉格朗日多项式插值

TextBox9：幂次数 $n=$

RadioButton5：三次自然样条函数插值

TextBox10：数据行数

Button7：数据入库并计算

TextBox22：显示摩阻力的桩长深度间隔最小值（m）

DataGridView1：数据表

Button5：给 E_c、d、Q、s、q_a、s_p，求 L、q_s

Button6：给 E_c、d、Q、s、L、q_s，求 q_a、s_p

Button1：给 d、Q、s、L、q_a、s_p，反求 E_c

Button3：给 d、Q、L、q_a，求 q_s

Button2：给 d、Q、q_s、q_a，求 L

TextBox23：桩截面周长 U（m）

TextBox25：桩身截面积 A_b（m^2）

TextBox26：桩端面积 A_p（m^2）

TextBox24：桩身轴向弹性模量 E_{cs}（MPa）

TextBox4：桩顶荷载 Q（kN）

TextBox6：桩顶沉降量 s（mm）

TextBox2：桩端压强 q_a（kPa）

TextBox7：桩端沉降量 s_p（mm）

TextBox5：传递段桩长 L（m）

TextBox8：桩侧平均摩阻力 q_s（kPa）

（2）界面二

TextBox1：桩截面积 A（mm^2）

TextBox2：受压钢筋截面积 A_s（mm^2）

TextBox3：钢筋弹性模量 E_s（MPa）

TextBox4：桩身混凝土龄期弹性模量 E_c（MPa）

ComboBox2：HPB300 钢筋、HRB335/400/500 钢筋、HRBF335/400/500 钢筋、HRB400 钢筋

ComboBox1：C15、C20、C25、C30、C35、C40、C45、C50、C55、C60、C65、

C70、C75、C80

TextBox6：龄期系数

Button1：计算桩身复合弹性模量（MPa）

TextBox5：计算结果

5. 源程序

界面一：

```
Public Class Form96
    Private N0 As Double
    Private NLi As Integer '桩分段数量
    Private Li(100),Eci(100)As Double '桩顶向下桩长、弹性模量(复合)
    Private Sub MenuItem2_Click(ByVal sender As System.Object,ByVal e As System.EventArgs)
        Me.Hide()
    End Sub
    Private Sub Form96_Load(ByVal sender As System.Object,ByVal e As System.EventArgs)Handles MyBase.Load
        Me.MaximizeBox = False
        On Error Resume Next
        'ComboBox1.Text = "C60"
    End Sub
    Private Sub Button5_Click(ByVal sender As System.Object,ByVal e As System.EventArgs)Handles Button5.
Click
        On Error Resume Next
        Dim Q,D,Ec,L,s,qs,qa,sp As Double
        Dim Ap,Ab,U As Double
        U = Val(TextBox23.Text)'周长
        Ab = Val(TextBox25.Text)'桩身截面积'
        Ap = Val(TextBox26.Text)'桩端面积'
        Ec = Val(TextBox24.Text) * 1000 '桩身混凝土轴心弹性模量'
        Q = Val(TextBox4.Text)
        s = Val(TextBox6.Text)/1000
        qa = Val(TextBox2.Text)
        sp = Val(TextBox7.Text)/1000
        L = 2 * (s - sp) * Ec * Ab/(Q - qa * Ap)
        qs = (Q - qa * Ap)/(U * L)
        TextBox5.Text = String.Format("{0:f3}",L)
        TextBox8.Text = String.Format("{0:f3}",qs)
        TextBox8.Focus()
    End Sub
    Private Sub Button6_Click(ByVal sender As System.Object,ByVal e As System.EventArgs)Handles Button6.
Click
        On Error Resume Next
        Dim Q,D,Ec,L,s,qs,qa,sp As Double
        Dim Ap,Ab,u As Double
        'D = Val(TextBox1.Text)/1000
```

```
        u = Val(TextBox23.Text)
        Ab = Val(TextBox25.Text)
        Ap = Val(TextBox26.Text)
        Ec = Val(TextBox24.Text) * 1000
        Q = Val(TextBox4.Text)
        s = Val(TextBox6.Text)/1000
        L = Val(TextBox5.Text)
        qs = Val(TextBox8.Text)
        qa = (Q - qs * u * L)/Ap
        If qa< = 0 Then
            qa = 0
            sp = 0
            TextBox2.Text = String.Format("{0:f3}",qa)
            TextBox7.Text = String.Format("{0:f3}",sp * 1000)
            TextBox7.Focus()
        Else
            TextBox2.Text = String.Format("{0:f3}",qa)
            sp = s  - (Q - qa * Ap)/(2 * Ab * Ec) * L
            If sp<0 Then
                MsgBox("qs 给值不合理。建议不小于" & String.Format("{0:f3}",(2 * Q * L - 2 * Ab * Ec * s)/(L
^2 * u)))
                ''TextBox2.Text = ""
                ''TextBox7.Focus()
                TextBox8.SelectAll()
            Else
                TextBox7.Text = String.Format("{0:f3}",sp * 1000)
            End If
        End If
    End Sub
    Private Sub Button1_Click_1(ByVal sender As System.Object,ByVal e As System.EventArgs)Handles Button1.
Click
        On Error Resume Next
        Dim Q,D,Ec,L,s,qs,qa,sp As Double
        Dim Ap,Ab,u As Double
        u = Val(TextBox23.Text)
        Ab = Val(TextBox25.Text)
        Ap = Val(TextBox26.Text)
        L = Val(TextBox5.Text)
        Q = Val(TextBox4.Text)
        s = Val(TextBox6.Text)/1000
        qa = Val(TextBox2.Text)
        sp = Val(TextBox7.Text)/1000
        Ec = (Q - qa * Ap)/2/Ab/((s - sp)/L)
        TextBox24.Text = String.Format("{0:f3}",Ec/1000)
        TextBox24.SelectAll()
    End Sub
```

```
        Private Sub Button2_Click_1(ByVal sender As System.Object,ByVal e As System.EventArgs)Handles Button2.
Click
            On Error Resume Next
            Dim Q,D,Ec,L,s,qs,qa,sp As Double
            Dim Ap,Ab,u As Double
            'D = Val(TextBox1.Text)/1000
            u = Val(TextBox23.Text)
            Ab = Val(TextBox25.Text)
            Ap = Val(TextBox26.Text)
            Ec = Val(TextBox24.Text) * 1000
            Q = Val(TextBox4.Text)
            s = Val(TextBox6.Text)/1000
            qs = Val(TextBox8.Text)
            qa = Val(TextBox2.Text)
            sp = Val(TextBox7.Text)/1000
            L = (Q - qa * Ap)/(u * qs)
            TextBox5.Text = String.Format("{0:f3}",L)
            TextBox5.Focus()
        End Sub
        Private Sub Button3_Click_1(ByVal sender As System.Object,ByVal e As System.EventArgs)Handles Button3.
Click
            On Error Resume Next
            Dim Q,D,Ec,L,s,qs,qa,sp As Double
            Dim Ap,Ab,u As Double
            'D = Val(TextBox1.Text)/1000
            u = Val(TextBox23.Text)
            Ab = Val(TextBox25.Text)
            Ap = Val(TextBox26.Text)
            Ec = Val(TextBox24.Text) * 1000
            Q = Val(TextBox4.Text)
            s = Val(TextBox6.Text)/1000
            qa = Val(TextBox2.Text)
            L = Val(TextBox5.Text)
            sp = Val(TextBox7.Text)/1000
            qs = (Q - qa * Ap)/(u * L)
            TextBox8.Text = String.Format("{0:f3}",qs)
            TextBox8.Focus()
        End Sub
        Private Sub LinkLabel1_LinkClicked(ByVal sender As System.Object,ByVal e As System.Windows.Forms.Lin-
kLabelLinkClickedEventArgs)Handles LinkLabel1.LinkClicked
            Form22.Hide()
            Form22.Show()
            Form22.WindowState = FormWindowState.Normal
            'Form22.ComboBox1.Text = Me.ComboBox1.Text
        End Sub
        Private Sub MenuItem1_Click(ByVal sender As System.Object,ByVal e As System.EventArgs)
```

```
        门户首页.Hide()
        门户首页.Show()
        门户首页.WindowState = FormWindowState.Maximized
    End Sub
    Private Sub MenuItem3_Click(ByVal sender As System.Object,ByVal e As System.EventArgs)
        End
    End Sub
    Private Sub DataGridView1_CellPainting(ByVal sender As Object,ByVal e As System.Windows.Forms.DataGrid-
ViewCellPaintingEventArgs)Handles DataGridView1.CellPainting
        On Error Resume Next
        '显示行顺序号,从 1 开始
        If e.ColumnIndex<0 And e.RowIndex> = 0 Then '判断条件是:满足行数索引号要大于或等于 0 且列数的索
引号小于 0
            e.Paint(e.ClipBounds,DataGridViewPaintParts.All)
            Dim indexrect As Drawing.Rectangle = e.CellBounds
            indexrect.Inflate( - 2, - 2)'定义显示的行号的坐标
            '绘画字符串的值
            TextRenderer.DrawText(e.Graphics,(e.RowIndex + 1).ToString(),e.CellStyle.Font,indexrect,e.
CellStyle.ForeColor,TextFormatFlags.Right)
            e.Handled = True
        End If
        'NO = DataGridView1.RowCount - 1
    End Sub
    Private Sub TextBox10_KeyDown(ByVal sender As Object,ByVal e As System.Windows.Forms.KeyEventArgs)Han-
dles TextBox10.KeyDown
        On Error Resume Next
        If e.KeyCode = Keys.Enter Then
            DataGridView1.RowCount = Val(TextBox10.Text) + 1
            DataGridView1.Focus()
            DataGridView1.CurrentCell = DataGridView1(0,0)
        End If
    End Sub
    Private Sub Button7_Click_1(ByVal sender As System.Object,ByVal e As System.EventArgs)Handles Button7.
Click
        On Error Resume Next
        If NLi = 0 Then '桩长分段数量为 0,至少为 1
            MsgBox("桩分段的弹性模量值未入库")
            TextBox11.Focus()
            GoTo 100
        End If
        Dim i,j As Integer
        For i = 1 To NLi
            For j = i + 1 To NLi
                If Li(i)> = Li(j)Then
                    MsgBox("《桩顶向下桩长》填写有误,为正,不能为负。注意是指桩顶向下的总桩长,不是分段
桩长值。")
```

```
                GoTo 100
            End If
        Next
    Next
    If CheckBox1.Checked = False Then
        If CheckBox2.Checked = False Then
            If CheckBox3.Checked = False Then
                MsgBox("请选择一种反分析计算方法")
                GoTo 100
            End If
        End If
    End If
    If N0<>0 Then '重新计算,清理,计数,N0 为 0 表示开机初次计算
        DataGridView1.ColumnCount = 2
        DataGridView1.RowCount = N0 + 1
    End If
    '数检
    For i = 1 To DataGridView1.RowCount - 1
        For j = 0 To 1
            If IsNumeric(DataGridView1(j,i - 1).Value) = False Then
                MsgBox("数检未通过/数据缺失/非数据字符,请检查核对。")
                GoTo 100
            End If
        Next
    Next
    For j = 0 To 1
        If IsNumeric(DataGridView1(j,DataGridView1.RowCount - 1).Value) = True Then '最后一行有字符
            MsgBox("数检未通过/最后一行有字符,请检查核对。")
            GoTo 100
        End If
    Next
    N = DataGridView1.RowCount - 1 '数据组数,P - s 原始输入数据
    If N0 = 0 Then '计数,初次计算
        N0 = N
    End If
    Dim Xi(N),Yi(N)As Double
    For i = 1 To N  '读取表格中的数据
        Xi(i) = DataGridView1(0,i - 1).Value '1 表示 0 列,i 表示行索引
        Yi(i) = DataGridView1(1,i - 1).Value
    Next
    For i = 1 To N '检查自变量 x 值重复
        For j = i + 1 To N
            If Xi(j) = Xi(i)Then
                MsgBox("自变量 x 值重复")
                GoTo 100
            End If
```

```
        Next
    Next
    Dim Xii(N),Yii(N)As Double
    For i = 1 To N  '换变量储存
        Xii(i) = Xi(i)
        Yii(i) = Yi(i)
    Next
    DataGridView1.ColumnCount = 8
    DataGridView1.Columns(2).HeaderText = "桩顶荷载计算值 Qi(i)/(kN)"
    DataGridView1.Columns(3).HeaderText = "桩顶沉降计算值 si(i)/(mm)"
    DataGridView1.Columns(4).HeaderText = "桩顶向下桩长 z/(m)"
    DataGridView1.Columns(5).HeaderText = "分层侧阻力 qsi(i)/(kPa)"
    DataGridView1.Columns(6).HeaderText = "桩端阻力 qp(i)/(kPa)"
    DataGridView1.Columns(7).HeaderText = "桩端沉降量 sp(i)/(mm)"
    Dim id As Integer
    Dim iLL As Integer
    Dim zhuangduan As String '力进入桩端标注
    Dim zhuangduaniLL As String
    zhuangduan = "No"
    zhuangduaniLL = "No"
    If IsNumeric(TextBox12.Text) = False Then
        MsgBox("插值加荷等级级数应是数字")
        GoTo 100
    End If
    '中间参数
    Dim QiLL(Val(TextBox12.Text) + 1)As Double '桩顶荷载
    Dim siLL(Val(TextBox12.Text) + 1)As Double '桩顶沉降
    Dim LLiLL(Val(TextBox12.Text) + 1)As Double '桩长
    Dim qsiLL(Val(TextBox12.Text) + 1)As Double '平均侧阻
    id = 1
    Dim x As Double
    If CheckBox3.Checked = True Then '只计算某一个荷载下
        x = Val(TextBox14.Text)
        If x<Xii(1)Or x>Xii(N)Then
            MsgBox("内插数据超出 x 数据范围。")
            GoTo 100
        End If
    Else
        x = Xii(1)
    End If
5:
    If x<Xii(1)Or x>Xii(N)Then
        GoTo 100
    End If
    Dim Min,Max,xdy,y As Double
    Dim dy0dx As Double '一阶导数 y' = dy/dx
```

```
        Dim d2y0dx2 As Double '二阶导数 y" = d2y/dx2
        If N = 1 Then
            If x = Xii(1)Then
                y = Yii(1)
                GoTo 30
            End If
        End If
        If RadioButton2.Checked = True Then '线性插值:折线法,拉格朗日一次多项式
            For i = 1 To N - 1
                If x> = Xii(i)And x< = Xii(i + 1)Then
                    y = Yii(i) + (x - Xii(i))/(Xii(i + 1) - Xii(i)) * (Yii(i + 1) - Yii(i))
                    If x<>Xii(i)And x<>Xii(i + 1)Then
                        dy0dx = (1)/(Xii(i + 1) - Xii(i)) * (Yii(i + 1) - Yii(i))
                        d2y0dx2 = 0
                    End If
                    GoTo 30
                End If
            Next
        End If
        If RadioButton1.Checked = True Then ' 抛物线插值:一元三点法,拉格朗日二次多项式
            Dim iMin1,iMin2,iMin3 As Integer
            If N<3 Then
                MsgBox("试验数据不能小于 3 组。")
                GoTo 100
            End If
            For j = 1 To N - 1
                If x> = Xii(j)And x< = Xii(j + 1)Then
                    GoTo 230
                End If
            Next
230:        iMin1 = j
            iMin2 = j + 1
            For i = 1 To N
                If i = 1 Then
                    Max = Math.Abs(x - Xii(i))
                Else
                    If Math.Abs(x - Xii(i))> = Max Then
                        Max = Math.Abs(x - Xii(i))'最大值
                    End If
                End If
            Next
            Min = Max
            For i = 1 To N
                If i<>iMin1 And i<>iMin2 Then
                    If Math.Abs(x - Xii(i))< = Min Then
                        iMin3 = i
```

```
                    Min = Math.Abs(x - Xii(i))'最小值
                End If
            End If
        Next
        Dim k As Integer
        k = Math.Min(iMin1, iMin2)
        k = Math.Min(k, iMin3)
        '第一项 i = k
        y = (x - Xii(k + 1))/(Xii(k) - Xii(k + 1)) * (x - Xii(k + 2))/(Xii(k) - Xii(k + 2)) * Yii(k)
        dy0dx = (1)/(Xii(k) - Xii(k + 1)) * (x - Xii(k + 2))/(Xii(k) - Xii(k + 2)) * Yii(k) + (x - Xii(k +
1))/(Xii(k) - Xii(k + 1)) * (1)/(Xii(k) - Xii(k + 2)) * Yii(k)
        d2y0dx2 = (1)/(Xii(k) - Xii(k + 1)) * (1)/(Xii(k) - Xii(k + 2)) * Yii(k) + (1)/(Xii(k) - Xii(k +
1)) * (1)/(Xii(k) - Xii(k + 2)) * Yii(k)
        '第二项 i = k + 1
        y = y + (x - Xii(k))/(Xii(k + 1) - Xii(k)) * (x - Xii(k + 2))/(Xii(k + 1) - Xii(k + 2)) * Yii(k + 1)
        dy0dx = dy0dx + (1)/(Xii(k + 1) - Xii(k)) * (x - Xii(k + 2))/(Xii(k + 1) - Xii(k + 2)) * Yii(k + 1) +
(x - Xii(k))/(Xii(k + 1) - Xii(k)) * (1)/(Xii(k + 1) - Xii(k + 2)) * Yii(k + 1)
        d2y0dx2 = d2y0dx2 + (1)/(Xii(k + 1) - Xii(k)) * (1)/(Xii(k + 1) - Xii(k + 2)) * Yii(k + 1) + (1)/
(Xii(k + 1) - Xii(k)) * (1)/(Xii(k + 1) - Xii(k + 2)) * Yii(k + 1)
        '第三项 i = k + 2
        y = y + (x - Xii(k))/(Xii(k + 2) - Xii(k)) * (x - Xii(k + 1))/(Xii(k + 2) - Xii(k + 1)) * Yii(k + 2)
        dy0dx = dy0dx + (1)/(Xii(k + 2) - Xii(k)) * (x - Xii(k + 1))/(Xii(k + 2) - Xii(k + 1)) * Yii(k + 2) +
(x - Xii(k))/(Xii(k + 2) - Xii(k)) * (1)/(Xii(k + 2) - Xii(k + 1)) * Yii(k + 2)
        d2y0dx2 = d2y0dx2 + (1)/(Xii(k + 2) - Xii(k)) * (1)/(Xii(k + 2) - Xii(k + 1)) * Yii(k + 2) + (1)/
(Xii(k + 2) - Xii(k)) * (1)/(Xii(k + 2) - Xii(k + 1)) * Yii(k + 2)
        GoTo 30
    End If
    If RadioButton3.Checked = True Then '拉格朗日任意次(nL 次)多项式
        Dim nL As Integer
        nL = Val(TextBox9.Text)
        If N<nL + 1 Then
            MsgBox("试验数据少,多项式次数选择不能大于" & N - 1 & "次")
            TextBox9.Focus()
            TextBox9.SelectAll()
            GoTo 100
        End If
        Dim iMin(nL + 1)As Integer '寻找距离 x 最近的 nL + 1 个点
        For j = 1 To N - 1
            If x> = Xii(j)And x< = Xii(j + 1)Then
                GoTo 903
            End If
        Next
903:
        iMin(1) = j
        iMin(2) = j + 1
        'Dim Min,Max As Double
```

```
For i = 1 To N
    If i = 1 Then
        Max = Math.Abs(x - Xii(i))
    Else
        If Math.Abs(x - Xii(i))> = Max Then
            Max = Math.Abs(x - Xii(i))'最大值
        End If
    End If
Next
Dim k As Integer
For j = 3 To nL + 1
    Min = Max
    For i = 1 To N
        For k = 1 To j - 1
            If i = iMin(k)Then
                GoTo 20
            End If
        Next
        If Math.Abs(x - Xii(i))< = Min Then
            iMin(j) = i
            Min = Math.Abs(x - Xii(i))'最小值
        End If
20:     Next
Next
Dim jk As Integer
jk = N
For i = 1 To nL + 1 '找最小序号
    jk = Math.Min(jk,iMin(i))
Next
'Dim k As Integer
Dim y1 As Double
Dim y1dy0dx As Double
Dim dy0dx1 As Double
Dim dy0dx2 As Double
y = 0
dy0dx = 0
d2y0dx2 = 0
For k = jk To jk + nL
    y1 = 1
    y1dy0dx = 1
    For i = jk To jk + nL
        If i = k Then
            GoTo 908
        End If
        If(x - Xii(i)) = 0 Then
            y1dy0dx = y1dy0dx * 1/(Xii(k) - Xii(i))
```

```
                Else
                    y1dy0dx = y1dy0dx * (x - Xii(i))/(Xii(k) - Xii(i))
                End If
                y1 = y1 * (x - Xii(i))/(Xii(k) - Xii(i))
908:        Next
            y = y + y1 * Yii(k)
            dy0dx1 = 0
            For i = jk To jk + nL
                If i = k Then
                    GoTo 909
                End If
                If(x - Xii(i)) = 0 Then
                    dy0dx1 = dy0dx1 + y1dy0dx
                Else
                    dy0dx1 = dy0dx1 + y1/((x - Xii(i))/(Xii(k) - Xii(i))) * (1/(Xii(k) - Xii(i)))
                End If
                'dy0dx1 = dy0dx1 + y1/((x - Xii(i))/(Xii(k) - Xii(i))) * (1/(Xii(k) - Xii(i)))
909:        Next
            dy0dx = dy0dx + dy0dx1 * Yii(k)
            dy0dx2 = 0
            For i = jk To jk + nL
                If i = k Then
                    GoTo 9090
                End If
                dy0dx2 = dy0dx2 + y1 * ( - 1) * (x - Xii(i))^( - 2) * (Xii(k) - Xii(i)) * (1/(Xii(k) - Xii
(i))) + dy0dx1/(x - Xii(i)) * (Xii(k) - Xii(i)) * (1/(Xii(k) - Xii(i)))
9090:       Next
            d2y0dx2 = d2y0dx2 + dy0dx2 * Yii(k)'该公式有错
        Next
        GoTo 30
    End If
    If RadioButton5.Checked = True Then '三次自然样条函数
        Dim l As Double
        'Dim y As Double
        Dim a(N + 10,N + 10)As Double '增量矩阵
        Dim Vi(N + 10),ai(N + 10),Bi(N + 10)As Double 'Vi---γi;ai---αi;Bi---βi
        Dim m,mm,k As Integer
        Dim Mi(N + 10)As Double '增量矩阵,M0 = Mn = 0
        Dim hi(N + 10)As Double
        For i = 2 To N
            hi(i) = Xii(i) - Xii(i - 1)
        Next
        For i = 2 To N - 1
            Vi(i) = hi(i + 1)/(hi(i) + hi(i + 1))
            ai(i) = 1 - Vi(i)
        Next
```

```
For i = 2 To N - 1
    Bi(i) = 6/(hi(i) + hi(i + 1)) * ((Yii(i + 1) - Yii(i))/hi(i + 1) - (Yii(i) - Yii(i - 1))/hi(i))
Next
'读入增广矩阵
For i = 1 To N - 1
    If i = 1 Then 'γ1 * M(0) + 2 * M(1) + α1 * M(2) = β(1),M(0) = 0
        a(1,1) = 2
        a(1,2) = ai(1)
        For j = 3 To N - 1
            a(1,j) = 0
        Next
        a(1,N) = Bi(1)
    ElseIf i = N - 1 Then 'γ(n - 1) * M(n - 2) + 2 * M(n - 1) + α(n - 1) * M(n) = β(n - 1),M(n) = 0
        For j = 1 To N - 3
            a(N - 1,j) = 0
        Next
        a(N - 1,N - 2) = Vi(N - 1)
        a(N - 1,N - 1) = 2
        a(N - 1,N) = Bi(N - 1)
    Else 'γi * M(i - 1) + 2 * M(i) + αi * M(i + 1) = β(i)
        For j = 1 To i - 2
            a(i,j) = 0
        Next
        a(i,i - 1) = Vi(i)
        a(i,i) = 2
        a(i,i + 1) = ai(i)
        For j = i + 2 To N - 1
            a(i,j) = 0
        Next
        a(i,N) = Bi(i)
    End If
Next
Dim zmax,hmax As Double
'消元的过程
Dim NX As Integer
NX = N - 1 '自然样条函数,只有 N - 1 个方程
For i = 1 To NX - 1
    '比较每行的系数绝对值大小,如果后一个比前一个大,则记住最大的行号
    zmax = Math.Abs(a(i,i))
    hmax = i
    For j = i + 1 To NX
        If(Math.Abs(a(j,i))>zmax)Then
            hmax = j
            zmax = Math.Abs(a(j,i))
        End If
    Next j
```

```
                '比较 hmax 和 i,如不相等则交换该两行各元素
                If(hmax<>i)Then
                    For m = i To NX + 1
                        l = a(hmax,m)
                        a(hmax,m) = a(i,m)
                        a(i,m) = l
                    Next m
                End If
                '将增广矩阵变换为上三角矩阵
                For j = i + 1 To NX
                    y = a(j,i)/a(i,i)
                    For k = i To NX + 1
                        a(j,k) = a(j,k) - a(i,k) * y
                    Next k
                Next j
            Next i
            '回代的过程
            Mi(NX) = a(NX,NX + 1)/a(NX,NX)'Mi()表示多元一次方程的根,比如 x1、x2,等
            For i = NX - 1 To 1 Step - 1
                y = 0
                For j = NX To i + 1 Step - 1
                    y = y + a(i,j) * Mi(j)
                Next j
                Mi(i) = (a(i,NX + 1) - y)/a(i,i)
            Next i
            '计算插值 y
            For i = 2 To N
                If x> = Xii(i - 1)And x< = Xii(i)Then
                    y = Mi(i - 1)/(6 * hi(i)) * (Xii(i) - x)^3 + Mi(i)/(6 * hi(i)) * (x - Xii(i - 1))^3 + (Yii
(i - 1)/hi(i) - Mi(i - 1)/6 * hi(i)) * (Xii(i) - x) + (Yii(i)/hi(i) - Mi(i)/6 * hi(i)) * (x - Xii(i - 1))
                    '计算一阶导数 y' = dy0dx
                    dy0dx = 3 * ( - 1) * Mi(i - 1)/(6 * hi(i)) * (Xii(i) - x)^2 + 3 * Mi(i)/(6 * hi(i)) * (x - Xii
(i - 1))^2 + (Yii(i - 1)/hi(i) - Mi(i - 1)/6 * hi(i)) * ( - 1) + (Yii(i)/hi(i) - Mi(i)/6 * hi(i)) * (1)
                    '计算二阶导数 y'' = d2y0dx2
                    d2y0dx2 = 2 * ( - 1) * 3 * ( - 1) * Mi(i - 1)/(6 * hi(i)) * (Xii(i) - x)^1 + 2 * 3 * Mi(i)/
(6 * hi(i)) * (x - Xii(i - 1))^1
                    GoTo 30
                End If
            Next
        End If
    30:
        Dim Q,Ec,s,LL,qs,qa,sa As Double
        Dim AAs,AAp,U As Double 'AAs - 桩身截面积;AAp - 桩端阻面积;U - 周长
        If id>N Then '插值计算点数超过原始 P - s 曲线点数
            DataGridView1.RowCount = DataGridView1.RowCount + 1
        End If
```

```
DataGridView1(2,id - 1).Value = x '插值点的桩顶压力计算值 Qi/kN
DataGridView1(3,id - 1).Value = y '插值点的桩顶沉降计算值 si/mm
AAs = Val(TextBox15.Text)'桩身截面积
AAp = Val(TextBox1.Text)'桩端面积
U = Val(TextBox13.Text)'周长
Q = x
s = y/1000
qa = 0
sa = 0
If x = 0 Then
    LL = 0
    qs = 0
Else
    Dim LL1 = 0.01 '从桩长 0.01 开始,试算开始,找到与 LL 相匹配的 Ec 加权平均值
6767:
    For i = 1 To NLi '桩长分段数量,主要考虑桩身分段配筋情况
        If LL1> = Li(i - 1)And LL1< = Li(i)Then
            Ec = 0
            For j = 1 To i
                Ec = Ec + Eci(j) * (Math.Min(Li(j),LL1) - Li(j - 1))
            Next
            Ec = Ec/LL1
        End If
    Next
    'LL = 2 * Ec * AAs/(Q + qa * AAp) * (s - sa)'轴力传递桩长
    LL = 2 * Ec * AAs/(Q - qa * AAp) * (s - sa)'轴力传递桩长
    If Math.Abs(LL - LL1)<0.1 Or LL> = Li(NLi)Then
    Else
        LL1 = LL1 + 0.01
        GoTo 6767
    End If
    qs = (Q - qa * AAp)/(U * LL)'平均摩阻力
End If
If CheckBox3.Checked = True Then '只计算某一个荷载下
    DataGridView1.ColumnCount = 6
    DataGridView1.Columns(4).HeaderText = "轴力传递桩长计算值 Lz(m)"
    DataGridView1.Columns(5).HeaderText = "平均摩阻力计算值 qs(kPa)"
    DataGridView1(4,0).Value = LL '传递桩长计算值
    DataGridView1(5,0).Value = qs '平均摩阻力计算值
    GoTo 100
End If
Dim LL0,qs0 As Double
Dim Q0,s0 As Double '桩顶荷载传到桩端时的 Q,s
If id = 1 Then
    iLL = 1
    LLiLL(iLL) = LL
```

```
            qsiLL(iLL) = qs
            If LL>Li(NLi)Then '轴力传递桩长超过了实际桩长
                MsgBox("第 1 级荷载太大,直接传到了桩端,无法反分析给出侧阻力")
                GoTo 100
            Else
                DataGridView1(4,iLL - 1).Value = LL '桩顶下传递桩长 z/m
                If qs<>0 Then
                    DataGridView1(5,iLL - 1).Value = qs '分层摩阻力 = 平均摩阻力
                End If
                DataGridView1(4,iLL - 1).Style.BackColor = Color.AliceBlue
                DataGridView1(5,iLL - 1).Style.BackColor = Color.AliceBlue
            End If
        Else
            If IsNumeric(TextBox22.Text) = False Or Val(TextBox22.Text)<0.1 Or Val(TextBox22.Text)> = Li
(NLi)Then
                MsgBox("显示摩阻力的深度间隔取值,填写有误")
                GoTo 100
            End If
            If LL - LLiLL(iLL)> = Val(TextBox22.Text)Then '显示摩阻力的深度间隔取值
                iLL = iLL + 1
                QiLL(iLL) = x
                siLL(iLL) = y
                LLiLL(iLL) = LL
                qsiLL(iLL) = qs
                If LL< = Li(NLi)Then
                    DataGridView1(4,iLL - 1).Value = LL '桩顶下深度 z(m)
                    '分层摩阻力
                    DataGridView1(5,iLL - 1).Value = (LL * qs - LLiLL(iLL - 1) * qsiLL(iLL - 1))/(LL - LLiLL
(iLL - 1))
                    DataGridView1(4,iLL - 1).Style.BackColor = Color.AliceBlue
                    DataGridView1(5,iLL - 1).Style.BackColor = Color.AliceBlue
                Else
                    If zhuangduaniLL<>"yes" Then
                        LL0 = Li(NLi)
                        qs0 = (LL0 - LLiLL(iLL - 1))/(LL - LLiLL(iLL - 1)) * (qs - qsiLL(iLL - 1)) + qsiLL(iLL - 1)
                        Q0 = (LL0 - LLiLL(iLL - 1))/(LL - LLiLL(iLL - 1)) * (x - QiLL(iLL - 1)) + QiLL(iLL - 1)
                        s0 = (LL0 - LLiLL(iLL - 1))/(LL - LLiLL(iLL - 1)) * (y - siLL(iLL - 1)) + siLL(iLL - 1)
                        DataGridView1(4,iLL - 1).Value = LL0 '桩顶下深度 z/m
                        '分层摩阻力
                        DataGridView1(5,iLL - 1).Value = (LL0 * qs0 - LLiLL(iLL - 1) * qsiLL(iLL - 1))/(LL0 -
LLiLL(iLL - 1))
                        DataGridView1(4,iLL - 1).Style.BackColor = Color.AliceBlue
                        DataGridView1(5,iLL - 1).Style.BackColor = Color.AliceBlue
                        zhuangduaniLL = "yes"
                    End If
                End If
```

```
            End If
        End If
        If zhuangduaniLL = "yes" Then '力的传递首次进入桩端
            DataGridView1(6,id - 1).Value = (DataGridView1(2,id - 1).Value - Q0)/AAp  '端阻力
            DataGridView1(7,id - 1).Value = DataGridView1(3,id - 1).Value - s0 '桩端沉降
            DataGridView1(6,id - 1).Style.BackColor = Color.AliceBlue
            DataGridView1(7,id - 1).Style.BackColor = Color.AliceBlue
        Else
            DataGridView1(6,id - 1).Value = 0 '端阻力
            DataGridView1(7,id - 1).Value = 0 '桩端沉降
            DataGridView1(6,id - 1).Style.BackColor = Color.AliceBlue
            DataGridView1(7,id - 1).Style.BackColor = Color.AliceBlue
        End If
        If CheckBox1.Checked = True Then '按照插值加荷
            If x> = Xii(N)Then
                GoTo 100
            Else
                x = Xii(1) + id * (Xii(N) - Xii(1))/Val(TextBox12.Text)'插值,等份增加
                id = id + 1
                GoTo 5
            End If
        End If
        If CheckBox2.Checked = True Then '按照实际加荷等级
            If x> = Xii(N)Then
                GoTo 100
            Else
                x = Xii(id + 1)
                id = id + 1
                GoTo 5
            End If
        End If
100:
    End Sub
    Private Sub CheckBox1_CheckedChanged(ByVal sender As System.Object,ByVal e As System.EventArgs)Handles
CheckBox1.CheckedChanged
        If CheckBox1.Checked = True Then
            CheckBox2.Checked = False
            CheckBox3.Checked = False
        End If
    End Sub
    Private Sub CheckBox2_CheckedChanged(ByVal sender As System.Object,ByVal e As System.EventArgs)Handles
CheckBox2.CheckedChanged
        If CheckBox2.Checked = True Then
            CheckBox1.Checked = False
            CheckBox3.Checked = False
        End If
```

```
    End Sub
    Private Sub CheckBox3_CheckedChanged(ByVal sender As System.Object,ByVal e As System.EventArgs)Handles
CheckBox3.CheckedChanged
        If CheckBox3.Checked = True Then
            CheckBox1.Checked = False
            CheckBox2.Checked = False
        End If
    End Sub
    Private Sub TextBox9_GotFocus(ByVal sender As Object,ByVal e As System.EventArgs)Handles TextBox9.Got-
Focus
        RadioButton3.Checked = True
        RadioButton3.Focus()
    End Sub
    Private Sub Button10_Click(ByVal sender As System.Object,ByVal e As System.EventArgs)Handles Button10.Click
        TextBox9.Text = Val(TextBox9.Text) + 1
        RadioButton3.Checked = True
    End Sub
    Private Sub Button11_Click(ByVal sender As System.Object,ByVal e As System.EventArgs)Handles Button11.Click
        If Val(TextBox9.Text)>1 Then
            TextBox9.Text = Val(TextBox9.Text) - 1
        End If
        RadioButton3.Checked = True
    End Sub
    Private Sub Button8_Click_2(ByVal sender As System.Object,ByVal e As System.EventArgs)Handles Button8.
Click
        If CheckBox7.Checked = True Then '管桩
            Dim D,t As Double
            D = Val(TextBox16.Text)
            t = Val(TextBox17.Text)
            TextBox18.Text = 0.25 * Math.PI * D^2
            TextBox19.Text = 0.25 * Math.PI * D^2 - 0.25 * Math.PI * (D - t - t)^2
            TextBox20.Text = Math.PI * D
            TextBox21.Text = Math.PI * (D - t - t)
        End If
        If CheckBox6.Checked = True Then '方桩
            Dim b As Double
            b = Val(TextBox16.Text)
            TextBox18.Text = b^2
            TextBox19.Text = b^2
            TextBox20.Text = 4 * b
        End If
        If CheckBox5.Checked = True Then '圆桩
            Dim D As Double
            D = Val(TextBox16.Text)
            TextBox18.Text = 0.25 * Math.PI * D^2
            TextBox19.Text = 0.25 * Math.PI * D^2
```

```
            TextBox20.Text = Math.PI * D
        End If
        TextBox15.Text = Val(TextBox19.Text)'截面积
        TextBox1.Text = Val(TextBox18.Text)'端面积
        TextBox13.Text = Val(TextBox20.Text)'周长
        TextBox25.Text = Val(TextBox19.Text)'截面积
        TextBox26.Text = Val(TextBox18.Text)'端面积
        TextBox23.Text = Val(TextBox20.Text)'周长
    End Sub
    Private Sub DataGridView1_RowsAdded(ByVal sender As Object,ByVal e As System.Windows.Forms.DataGridVie-
wRowsAddedEventArgs)Handles DataGridView1.RowsAdded
        On Error Resume Next
        Dim NDataGridView1Rows As Integer
        NDataGridView1Rows = DataGridView1.RowCount - 1 '土层个数
        Dim i As Integer
        For i = 1 To NDataGridView1Rows
            DataGridView1(0,i - 1).Style.BackColor = Color.AliceBlue
            DataGridView1(1,i - 1).Style.BackColor = Color.AliceBlue
        Next
    End Sub
    Private Sub CheckBox5_CheckedChanged(ByVal sender As System.Object,ByVal e As System.EventArgs)Handles
CheckBox5.CheckedChanged
        If CheckBox5.Checked = True Then
            CheckBox6.Checked = False
            CheckBox7.Checked = False
            Label19.Text = "外径"
            TextBox17.Enabled = False
            TextBox21.Enabled = False
        End If
    End Sub
    Private Sub CheckBox6_CheckedChanged(ByVal sender As System.Object,ByVal e As System.EventArgs)Handles
CheckBox6.CheckedChanged
        If CheckBox6.Checked = True Then
            CheckBox5.Checked = False
            CheckBox7.Checked = False
            Label19.Text = "边长"
            TextBox17.Enabled = False
            TextBox21.Enabled = False
        End If
    End Sub
    Private Sub CheckBox7_CheckedChanged(ByVal sender As System.Object,ByVal e As System.EventArgs)Handles
CheckBox7.CheckedChanged
        If CheckBox7.Checked = True Then
            CheckBox5.Checked = False
            CheckBox6.Checked = False
            Label19.Text = "外径"
```

```
            TextBox17.Enabled = True
            TextBox21.Enabled = True
        End If
    End Sub
    Private Sub Button4_Click_3(ByVal sender As System.Object,ByVal e As System.EventArgs)Handles Button4.
Click
        On Error Resume Next
        Dim i As Integer
        If IsNumeric(TextBox11.Text) = True And IsNumeric(TextBox3.Text) = True Then
            i = NumericUpDown1.Value
            Li(i) = Val(TextBox11.Text)
            Eci(i) = Val(TextBox3.Text) * 1000
            If NLi< = i Then
                NLi = i
                NumericUpDown1.Value = NumericUpDown1.Value + 1
                TextBox11.Text = ""
                TextBox3.Text = ""
                TextBox11.Focus()
                GoTo 100
            Else
                NumericUpDown1.Value = NumericUpDown1.Value + 1
                i = NumericUpDown1.Value
                TextBox11.Text = Li(i)
                TextBox3.Text = Eci(i)/1000
                TextBox11.Focus()
            End If
        End If
  100:
    End Sub
    Private Sub NumericUpDown1_ValueChanged(ByVal sender As System.Object,ByVal e As System.EventArgs)Han-
dles NumericUpDown1.ValueChanged
        On Error Resume Next
        If NLi<>0 Then
            Dim i As Integer
            i = NumericUpDown1.Value
            If i< = NLi Then
                TextBox11.Text = Li(i)
                TextBox3.Text = Eci(i)/1000
            Else
                NumericUpDown1.Value = NLi + 1
                TextBox11.Text = ""
                TextBox3.Text = ""
            End If
            TextBox11.Focus()
        End If
    End Sub
```

```
    Private Sub 新建 ToolStripMenuItem_Click(sender As Object,e As EventArgs)Handles 新建 ToolStripMenu-
Item.Click
        On Error Resume Next
        DataGridView1.ColumnCount = 2
        DataGridView1.RowCount = 1 '行数
        Dim i As Integer
        For i = 1 To DataGridView1.ColumnCount
            DataGridView1(i - 1,0).Value = "" 'i - 1 表示列的索引,0 表示行的索引
        Next
        TextBox10.Text = 0
        TextBox10.Focus()
    End Sub
    Private Sub 列粘贴 ToolStripMenuItem_Click(sender As Object,e As EventArgs)Handles 列粘贴 ToolStrip-
MenuItem.Click
        On Error Resume Next
        If Not DataGridView1.IsCurrentCellInEditMode Then
            If DataGridView1.Focused Then
                If DataGridView1.CurrentCell.RowIndex<>DataGridView1.RowCount - 1 Then
                    Dim str()As String = Clipboard.GetDataObject.GetData(DataFormats.Text,True).ToS-
tring.Split(Chr(13)& Chr(10))
                    Dim xh As Int16
                    For xh = DataGridView1.CurrentCell.RowIndex To DataGridView1.RowCount - 1
                        If xh - DataGridView1.CurrentCell.RowIndex<str.Length - 1 Then
                            DataGridView1.Item(DataGridView1.CurrentCell.ColumnIndex,xh).Value = str(xh
- DataGridView1.CurrentCell.RowIndex).Replace(Chr(13),"").Replace(Chr(10),"")
                        Else
                            Exit For
                        End If
                    Next
                End If
            End If
        Else
            MsgBox("当前单元格正在编辑,不能进行复制、粘贴操作!")
        End If
    End Sub
    Private Sub 单元格粘贴 ToolStripMenuItem_Click(sender As Object,e As EventArgs)Handles 单元格粘贴 Tool-
StripMenuItem.Click
        On Error Resume Next
        DataGridView1.SelectedCells(0).Value = Clipboard.GetText()
    End Sub
    Private Sub 增加行 ToolStripMenuItem_Click(sender As Object,e As EventArgs)Handles 增加行 ToolStrip-
MenuItem.Click
        On Error Resume Next
        Me.DataGridView1.Rows.Add()
    End Sub
    Private Sub 删除行 ToolStripMenuItem_Click(sender As Object,e As EventArgs)Handles 删除行 ToolStrip-
```

```
MenuItem.Click
        On Error Resume Next
        For Each r As DataGridViewRow In DataGridView1.SelectedRows '选中行进行删除
            If Not r.IsNewRow Then
                DataGridView1.Rows.Remove(r)
            End If
        Next
    End Sub
    Private Sub 删除ToolStripMenuItem_Click(sender As Object,e As EventArgs)Handles 删除ToolStripMenu-
Item.Click
        On Error Resume Next
        DataGridView1.CurrentCell.Value = ""
        Dim i As Integer
        For i = 0 To DataGridView1.RowCount
            For j = 0 To DataGridView1.ColumnCount
                If DataGridView1(j,i).Selected = True Then
                    DataGridView1(j,i).Value = ""
                End If
            Next
        Next
    End Sub
    Private Sub 返回ToolStripMenuItem_Click(sender As Object,e As EventArgs)Handles 返回ToolStripMenu-
Item.Click
        Me.Hide()
    End Sub
    Private Sub 退出ToolStripMenuItem_Click(sender As Object,e As EventArgs)Handles 退出ToolStripMenu-
Item.Click
        End
    End Sub
    Private Sub 首页ToolStripMenuItem_Click(sender As Object,e As EventArgs)Handles 首页ToolStripMenu-
Item.Click
        门户首页.Hide()
        门户首页.Show()
        门户首页.WindowState = FormWindowState.Maximized
    End Sub
    Private Sub 新建ToolStripMenuItem1_Click(sender As Object,e As EventArgs)Handles 新建ToolStripMenu-
Item1.Click
        On Error Resume Next
        DataGridView1.ColumnCount = 2
        DataGridView1.RowCount = 1 '行数
        Dim i As Integer
        For i = 1 To DataGridView1.ColumnCount
            DataGridView1(i - 1,0).Value = "" 'i - 1 表示列的索引,0 表示行的索引
        Next
        TextBox10.Text = 0
        TextBox10.Focus()
```

```
    End Sub
    Private Sub 列粘贴ToolStripMenuItem1_Click(sender As Object,e As EventArgs)Handles 列粘贴ToolStrip-
MenuItem1.Click
        On Error Resume Next
        If Not DataGridView1.IsCurrentCellInEditMode Then
            If DataGridView1.Focused Then
                If DataGridView1.CurrentCell.RowIndex<>DataGridView1.RowCount - 1 Then
                    Dim str()As String = Clipboard.GetDataObject.GetData(DataFormats.Text,True).ToS-
tring.Split(Chr(13)& Chr(10))
                    Dim xh As Int16
                    For xh = DataGridView1.CurrentCell.RowIndex To DataGridView1.RowCount - 1
                        If xh - DataGridView1.CurrentCell.RowIndex<str.Length - 1 Then
                            DataGridView1.Item(DataGridView1.CurrentCell.ColumnIndex,xh).Value = str(xh
- DataGridView1.CurrentCell.RowIndex).Replace(Chr(13),"").Replace(Chr(10),"")
                        Else
                            Exit For
                        End If
                    Next
                End If
            End If
        Else
            MsgBox("当前单元格正在编辑,不能进行复制、粘贴操作!")
        End If
    End Sub
    Private Sub 单元格粘贴ToolStripMenuItem1_Click(sender As Object,e As EventArgs)Handles 单元格粘贴
ToolStripMenuItem1.Click
        On Error Resume Next
        DataGridView1.SelectedCells(0).Value = Clipboard.GetText()
    End Sub
    Private Sub 增加行ToolStripMenuItem1_Click(sender As Object,e As EventArgs)Handles 增加行ToolStrip-
MenuItem1.Click
        On Error Resume Next
        Me.DataGridView1.Rows.Add()
    End Sub
    Private Sub 删除行ToolStripMenuItem1_Click(sender As Object,e As EventArgs)Handles 删除行ToolStrip-
MenuItem1.Click
        On Error Resume Next
        For Each r As DataGridViewRow In DataGridView1.SelectedRows '选中行进行删除
            If Not r.IsNewRow Then
                DataGridView1.Rows.Remove(r)
            End If
        Next
    End Sub
    Private Sub 删除ToolStripMenuItem1_Click(sender As Object,e As EventArgs)Handles 删除ToolStripMenu-
Item1.Click
        On Error Resume Next
```

```
            DataGridView1.CurrentCell.Value = ""
            Dim i As Integer
            For i = 0 To DataGridView1.RowCount
                For j = 0 To DataGridView1.ColumnCount
                    If DataGridView1(j,i).Selected = True Then
                        DataGridView1(j,i).Value = ""
                    End If
                Next
            Next
        End Sub
        Private Sub Button9_Click_1(ByVal sender As System.Object,ByVal e As System.EventArgs)Handles Button9.
Click
            On Error Resume Next
            TextBox11.Text = ""
            TextBox3.Text = ""
            NLi = 0
            NumericUpDown1.Value = 1
            TextBox11.Focus()
        End Sub
        Private Sub LinkLabel2_LinkClicked(sender As Object,e As LinkLabelLinkClickedEventArgs)Handles LinkLa-
bel2.LinkClicked
            Form22.Hide()
            Form22.Show()
            Form22.WindowState = FormWindowState.Normal
            'Form22.ComboBox1.Text = Me.ComboBox1.Text
        End Sub
        Private Sub DataGridView1_KeyDown(sender As Object,e As KeyEventArgs)Handles DataGridView1.KeyDown
            If(e.KeyCode = Keys.V And e.Control)Then
                On Error Resume Next
                If Not DataGridView1.IsCurrentCellInEditMode Then
                    If DataGridView1.Focused Then
                        If DataGridView1.CurrentCell.RowIndex<>DataGridView1.RowCount - 1 Then
                            Dim str()As String = Clipboard.GetDataObject.GetData(DataFormats.Text,True).ToS-
tring.Split(Chr(13)& Chr(10))
                            Dim xh As Int16
                            For xh = DataGridView1.CurrentCell.RowIndex To DataGridView1.RowCount - 1
                                If xh - DataGridView1.CurrentCell.RowIndex<str.Length - 1 Then
                                    DataGridView1.Item(DataGridView1.CurrentCell.ColumnIndex,xh).Value =
str(xh - DataGridView1.CurrentCell.RowIndex).Replace(Chr(13),"").Replace(Chr(10),"")
                                Else
                                    Exit For
                                End If
                            Next
                        End If
                    End If
                Else
```

```
            MsgBox("当前单元格正在编辑,不能进行复制、粘贴操作!")
        End If
    End If
  End Sub
End Class
```

2)界面二

```
Public Class Form22
    Private Sub Form22_Load(ByVal sender As System.Object,ByVal e As System.EventArgs)Handles MyBase.Load
        Me.MaximizeBox = False
        On Error Resume Next
        'TextBox1.Text = Form96.TextBox1.Text
        ComboBox1.Text = "C60"
        ComboBox2.Text = "HRB335/400/500 钢筋"
    End Sub
    Private Sub Button1_Click(ByVal sender As System.Object,ByVal e As System.EventArgs)Handles Button1.Click
        On Error Resume Next
        Dim AA,Asteel,Esteel,Econcr,m As Double
        AA = Val(TextBox1.Text)
        Asteel = Val(TextBox2.Text)
        Esteel = Val(TextBox3.Text)
        Econcr = Val(TextBox4.Text)
        'm = Asteel/(0.25 * 3.14159 * d^2)
        m = Asteel/AA
        TextBox5.Text = m * Esteel + (1 - m) * Econcr
        TextBox5.SelectAll()
    End Sub
    Private Sub 返回ToolStripMenuItem_Click(ByVal sender As System.Object,ByVal e As System.EventArgs)Han-
dles 返回ToolStripMenuItem.Click
        Me.Hide()
    End Sub
    Private Sub ComboBox1_SelectedIndexChanged(ByVal sender As System.Object,ByVal e As System.EventArgs)
Handles ComboBox1.SelectedIndexChanged
        Dim Ec As Double
        If ComboBox1.Text = "C15" Then
            Ec = 2.2
        ElseIf ComboBox1.Text = "C20" Then
            Ec = 2.55
        ElseIf ComboBox1.Text = "C25" Then
            Ec = 2.8
        ElseIf ComboBox1.Text = "C30" Then
            Ec = 3
        ElseIf ComboBox1.Text = "C35" Then
            Ec = 3.15
        ElseIf ComboBox1.Text = "C40" Then
            Ec = 3.25
```

```
        ElseIf ComboBox1.Text = "C45" Then
            Ec = 3.35
        ElseIf ComboBox1.Text = "C50" Then
            Ec = 3.45
        ElseIf ComboBox1.Text = "C55" Then
            Ec = 3.55
        ElseIf ComboBox1.Text = "C60" Then
            Ec = 3.6
        ElseIf ComboBox1.Text = "C65" Then
            Ec = 3.65
        ElseIf ComboBox1.Text = "C70" Then
            Ec = 3.7
        ElseIf ComboBox1.Text = "C75" Then
            Ec = 3.75
        ElseIf ComboBox1.Text = "C80" Then
            Ec = 3.8
        End If
        TextBox4.Text = Ec * 10^4 * Val(TextBox6.Text)
    End Sub
    Private Sub ComboBox2_SelectedIndexChanged(ByVal sender As System.Object,ByVal e As System.EventArgs)
Handles ComboBox2.SelectedIndexChanged
        On Error Resume Next
        If ComboBox2.Text = "HPB300 钢筋" Then
            TextBox3.Text = 2.1 * 10^5
        End If
        If ComboBox2.Text = "HRB335/400/500 钢筋" Then
            TextBox3.Text = 2.0 * 10^5
        End If
        If ComboBox2.Text = "HRBF335/400/500 钢筋" Then
            TextBox3.Text = 2.0 * 10^5
        End If
        If ComboBox2.Text = "HRB400 钢筋" Then
            TextBox3.Text = 2.0 * 10^5
        End If
    End Sub
    Private Sub 首页 ToolStripMenuItem_Click(ByVal sender As System.Object,ByVal e As System.EventArgs)Han-
dles 首页 ToolStripMenuItem.Click
        门户首页.Hide()
        门户首页.Show()
        门户首页.WindowState = FormWindowState.Maximized
        Me.Hide()
    End Sub
    Private Sub 退出 ToolStripMenuItem_Click(ByVal sender As System.Object,ByVal e As System.EventArgs)Han-
dles 退出 ToolStripMenuItem.Click
        End
    End Sub
```

```
    Private Sub TextBox6_TextChanged(sender As Object, e As EventArgs) Handles TextBox6.TextChanged
        Dim Ec As Double
        If ComboBox1.Text = "C15" Then
            Ec = 2.2
        ElseIf ComboBox1.Text = "C20" Then
            Ec = 2.55
        ElseIf ComboBox1.Text = "C25" Then
            Ec = 2.8
        ElseIf ComboBox1.Text = "C30" Then
            Ec = 3
        ElseIf ComboBox1.Text = "C35" Then
            Ec = 3.15
        ElseIf ComboBox1.Text = "C40" Then
            Ec = 3.25
        ElseIf ComboBox1.Text = "C45" Then
            Ec = 3.35
        ElseIf ComboBox1.Text = "C50" Then
            Ec = 3.45
        ElseIf ComboBox1.Text = "C55" Then
            Ec = 3.55
        ElseIf ComboBox1.Text = "C60" Then
            Ec = 3.6
        ElseIf ComboBox1.Text = "C65" Then
            Ec = 3.65
        ElseIf ComboBox1.Text = "C70" Then
            Ec = 3.7
        ElseIf ComboBox1.Text = "C75" Then
            Ec = 3.75
        ElseIf ComboBox1.Text = "C80" Then
            Ec = 3.8
        End If
        TextBox4.Text = Ec * 10^4 * Val(TextBox6.Text)
    End Sub
End Class
```

浆 液 配 制

1. 功能

对多种掺入材料的水泥浆进行配合比计算。

2. 界面

开发平台：Microsoft Visual Studio 2019。编程语言：VB. net。软件界面如下。

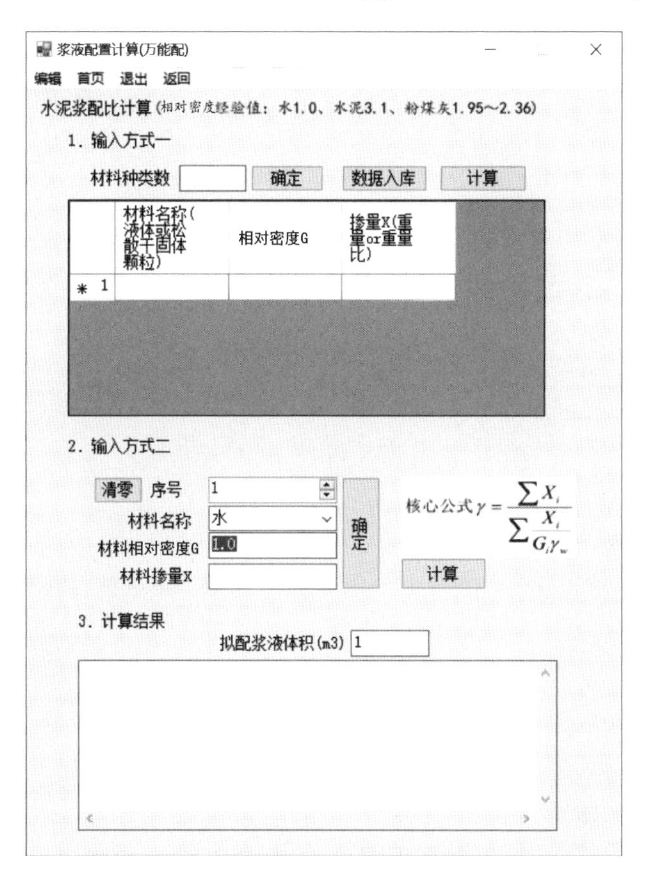

3. 计算原理

核心公式见软件界面。

4. 主要控件

TextBox4：材料种类数
Button5：确定
DataGridView1：输入表
Button4：数据入库
Form108：计算
NumericUpDown1：序号
ComboBox1：材料名称
TextBox2：材料相对密度 G
TextBox3：材料掺量 X
Button1：确定
Button6：计算
TextBox1：拟配浆液体积（m^3）
TextBox9：计算结果显示

5. 源程序

```
Public Class Form108
    Private Mi(100)As String
    Private Gi(100),Xi(100)As Double
    Private N As Integer
    Private shujian As String

    Private Sub MenuItem1_Click(ByVal sender As System.Object,ByVal e As System.EventArgs)Handles Menu-
Item1.Click
        End
    End Sub
    Private Sub MenuItem2_Click(ByVal sender As System.Object,ByVal e As System.EventArgs)Handles Menu-
Item2.Click
        Me.Hide()
    End Sub
    Private Sub MenuItem3_Click(ByVal sender As System.Object,ByVal e As System.EventArgs)Handles Menu-
Item3.Click
        门户首页.Hide()
        门户首页.Show()
        门户首页.WindowState = FormWindowState.Maximized
        Me.Hide()
    End Sub
    Private Sub Form108_Load(ByVal sender As System.Object,ByVal e As System.EventArgs)Handles MyBase.Load
        Me.MaximizeBox = False
        Me.AutoScroll = True
```

```
        On Error Resume Next
        ComboBox1.Items.Clear()
        ComboBox1.Items.Add("水")
        ComboBox1.Items.Add("水泥")
        ComboBox1.Items.Add("粉煤灰")
        ComboBox1.Items.Add("矿粉")
        ComboBox1.Items.Add("黏土粉")
        ComboBox1.Items.Add("水玻璃")
        ComboBox1.Text = "水"
    End Sub
    Private Sub Button1_Click(ByVal sender As System.Object,ByVal e As System.EventArgs)Handles Button1.
Click
        Dim i As Integer
        i = Val(NumericUpDown1.Value)
        If N< = i Then
            N = i '材料数量
        End If
        Mi(i) = ComboBox1.Text '材料名称
        Gi(i) = Val(TextBox2.Text)'材料相对密度
        Xi(i) = Val(TextBox3.Text)'材料掺量(重量)
        NumericUpDown1.Value = i + 1
        ComboBox1.Focus()
        ComboBox1.SelectAll()
    End Sub
    Private Sub NumericUpDown1_ValueChanged(ByVal sender As System.Object,ByVal e As System.EventArgs)Han-
dles NumericUpDown1.ValueChanged
        On Error Resume Next
        Dim i As Integer
        i = Val(NumericUpDown1.Value)
        If N<>0 Then
            If i< = N Then
                ComboBox1.Text = Mi(i)'材料名称
                TextBox2.Text = Gi(i)'材料相对密度
                TextBox3.Text = Xi(i)'材料掺量
            Else
                NumericUpDown1.Value = N + 1
                ComboBox1.Text = ""
            End If
        End If
    End Sub
    Private Sub Button2_Click(ByVal sender As System.Object,ByVal e As System.EventArgs)Handles Button2.
Click
        On Error Resume Next
        Dim i As Integer
        Dim rouw,a,w,rou As Double
        rouw = 1 '取水的质量密度 ρw = 1t/m3
```

```
            a = 0
            w = 0
            For i = 1 To N
                a = a + Xi(i)/(Gi(i) * rouw)'体积
                w = w + Xi(i)'总质量
            Next
            rou = w/a '浆液质量密度
            TextBox9.Text = "输出数据" & vbCrLf
            TextBox9.Text += "- - - - -" & vbCrLf
            TextBox9.Text += "浆液质量密度 ρ(t/m3) = " & rou & vbCrLf
            TextBox9.Text += "" & vbCrLf
            TextBox9.Text += "材料配量(t)【配置" & Val(TextBox1.Text)& "m3 浆液需要的各材料重量】:" & vbCrLf
            TextBox9.Text += "- - - - -" & vbCrLf
            For i = 1 To N
                TextBox9.Text += "材料" & i & "," & Mi(i)& ":  " & Val(TextBox1.Text) * rou * Xi(i)/w & vbCrLf
            Next
            TextBox9.Text += "" & vbCrLf
            TextBox9.Text += "输入数据" & vbCrLf
            TextBox9.Text += "- - - - -" & vbCrLf
            TextBox9.Text += "材料名称,相对密度,掺量" & vbCrLf
            For i = 1 To N
                TextBox9.Text += Mi(i)& "," & Gi(i)& "," & Xi(i)& vbCrLf
            Next
            DataGridView1.ColumnCount = 4
            DataGridView1.Columns(3).HeaderText = "配 1 方浆的材料配重量(t)"
            For i = 1 To N
                DataGridView1(3,i - 1).Value = rou * 1 * Xi(i)/w & vbCrLf
            Next
    100:
        End Sub
        Private Sub ComboBox1_SelectedIndexChanged(ByVal sender As System.Object,ByVal e As System.EventArgs)
Handles ComboBox1.SelectedIndexChanged
            On Error Resume Next
            If ComboBox1.Text = "水" Then
                TextBox2.Text = "1.0"
                TextBox2.Focus()
                TextBox2.SelectAll()
            End If
            If ComboBox1.Text = "水泥" Then
                TextBox2.Text = "3.1"
                TextBox2.Focus()
                TextBox2.SelectAll()
            End If
            If ComboBox1.Text = "粉煤灰" Then
                TextBox2.Text = "1.95～2.36"
                TextBox2.Focus()
```

```
            TextBox2.SelectAll()
        End If
        If ComboBox1.Text = "矿粉" Then
            TextBox2.Text = "2.9"
            TextBox2.Focus()
            TextBox2.SelectAll()
        End If
        If ComboBox1.Text = "黏土粉" Then
            TextBox2.Text = "2.7"
            TextBox2.Focus()
            TextBox2.SelectAll()
        End If
        If ComboBox1.Text = "水玻璃" Then
            TextBox2.Text = "1.3"
            TextBox2.Focus()
            TextBox2.SelectAll()
        End If
    End Sub
    Private Sub Button3_Click(ByVal sender As System.Object, ByVal e As System.EventArgs) Handles Button3.
Click
        On Error Resume Next
        N = 0
        NumericUpDown1.Value = 1
        ComboBox1.Text = "水"
        TextBox2.Text = ""
        TextBox3.Text = ""

        TextBox2.Focus()
    End Sub
    Private Sub MenuItem5_Click(ByVal sender As System.Object, ByVal e As System.EventArgs) Handles Menu-
Item5.Click
        On Error Resume Next
        DataGridView1.RowCount = DataGridView1.RowCount + 1
    End Sub
    Private Sub MenuItem6_Click(ByVal sender As System.Object, ByVal e As System.EventArgs) Handles Menu-
Item6.Click
        On Error Resume Next
        For Each r As DataGridViewRow In DataGridView1.SelectedRows '选中行进行删除
            If Not r.IsNewRow Then
                DataGridView1.Rows.Remove(r)
            End If
        Next
    End Sub
    Private Sub MenuItem7_Click(ByVal sender As System.Object, ByVal e As System.EventArgs) Handles Menu-
Item7.Click
        On Error Resume Next
```

```
            DataGridView1.SelectedCells(0).Value = Clipboard.GetText()
        End Sub
        Private Sub MenuItem8_Click(ByVal sender As System.Object, ByVal e As System.EventArgs) Handles Menu-
Item8.Click
            On Error Resume Next
            If Not DataGridView1.IsCurrentCellInEditMode Then
                If DataGridView1.Focused Then
                    If DataGridView1.CurrentCell.RowIndex<>DataGridView1.RowCount - 1 Then
                        Dim str() As String = Clipboard.GetDataObject.GetData(DataFormats.Text, True).ToS-
tring.Split(Chr(13)& Chr(10))
                        Dim xh As Int16
                        For xh = DataGridView1.CurrentCell.RowIndex To DataGridView1.RowCount - 1
                            If xh - DataGridView1.CurrentCell.RowIndex<str.Length - 1 Then
                                DataGridView1.Item(DataGridView1.CurrentCell.ColumnIndex, xh).Value = str(xh
- DataGridView1.CurrentCell.RowIndex).Replace(Chr(13), "").Replace(Chr(10), "")
                            Else
                                Exit For
                            End If
                        Next
                    End If
                End If
            Else
                MsgBox("当前单元格正在编辑,不能进行复制、粘贴操作!")
            End If
        End Sub
        Private Sub MenuItem9_Click(ByVal sender As System.Object, ByVal e As System.EventArgs) Handles Menu-
Item9.Click
            On Error Resume Next
            DataGridView1.CurrentCell.Value = ""
            Dim i As Integer
            For i = 0 To DataGridView1.RowCount
                For j = 0 To DataGridView1.ColumnCount
                    If DataGridView1(j, i).Selected = True Then
                        DataGridView1(j, i).Value = ""
                    End If
                Next
            Next
        End Sub
        Private Sub MenuItem10_Click(ByVal sender As System.Object, ByVal e As System.EventArgs) Handles Menu-
Item10.Click
            On Error Resume Next
            DataGridView1.ColumnCount = 3
            DataGridView1.RowCount = 1 '行数
            Dim i As Integer
            For i = 1 To DataGridView1.ColumnCount
                DataGridView1(i - 1, 0).Value = "" 'i - 1 表示列的索引,0 表示行的索引
```

```
            Next
            TextBox4.Text = 0
            TextBox4.Focus()
        End Sub
        Private Sub DataGridView1_CellPainting(ByVal sender As Object,ByVal e As System.Windows.Forms.DataGrid-
ViewCellPaintingEventArgs)Handles DataGridView1.CellPainting
            On Error Resume Next
            If e.ColumnIndex<0 And e.RowIndex> = 0 Then '判断条件是:满足行数索引号要大于或等于 0 且列数的索
引号小于 0
                e.Paint(e.ClipBounds,DataGridViewPaintParts.All)
                Dim indexrect As Drawing.Rectangle = e.CellBounds
                indexrect.Inflate( - 2, - 2)'定义显示的行号的坐标
                '绘画字符串的值
                TextRenderer.DrawText(e.Graphics,(e.RowIndex + 1).ToString(),e.CellStyle.Font,indexrect,e.
CellStyle.ForeColor,TextFormatFlags.Right)
                e.Handled = True
            End If
        End Sub
        Private Sub Button4_Click(ByVal sender As System.Object,ByVal e As System.EventArgs)Handles Button4.
Click
            On Error Resume Next
            '数检
            Dim i As Integer
            For i = 1 To DataGridView1.RowCount - 1
                For j = 1 To 2
                    If IsNumeric(DataGridView1(j,i - 1).Value) = False Then
                        MsgBox("数检未通过/数据缺失/非数据字符,请检查核对。")
                        GoTo 100
                    End If
                Next
            Next
            For j = 0 To 1
                If IsNumeric(DataGridView1(j,DataGridView1.RowCount - 1).Value) = True Then '最后一行有字符
                    MsgBox("数检未通过/最后一行有字符,请检查核对。")
                    GoTo 100
                End If
            Next
            N = DataGridView1.RowCount - 1 '数据组数
            For i = 1 To N  '读取表格中的数据
                Mi(i) = DataGridView1(0,i - 1).Value '1 表示 0 列,i 表示行索引
                Gi(i) = DataGridView1(1,i - 1).Value
                Xi(i) = DataGridView1(2,i - 1).Value
            Next
            shujian = "数检成功"
    100:
        End Sub
```

```
    Private Sub TextBox4_KeyDown(ByVal sender As Object,ByVal e As System.Windows.Forms.KeyEventArgs)Handles TextBox4.KeyDown
        On Error Resume Next
        If e.KeyCode = Keys.Enter Then
            DataGridView1.RowCount = Val(TextBox4.Text) + 1
            DataGridView1.Focus()
            DataGridView1.CurrentCell = DataGridView1(0,0)
        End If
    End Sub
    Private Sub Button5_Click(ByVal sender As System.Object,ByVal e As System.EventArgs)Handles Button5.Click
        On Error Resume Next
        DataGridView1.RowCount = Val(TextBox4.Text) + 1
        DataGridView1.Focus()
        DataGridView1.CurrentCell = DataGridView1(0,0)
    End Sub
    Private Sub Button6_Click(sender As Object,e As EventArgs)Handles Button6.Click
        On Error Resume Next
        Dim i As Integer
        Dim rouw,a,w,rou As Double
        rouw = 1 '取水的质量密度ρw = 1t/m3
        a = 0
        w = 0
        For i = 1 To N
            a = a + Xi(i)/(Gi(i) * rouw)'体积
            w = w + Xi(i)'总质量
        Next
        rou = w/a '浆液质量密度
        TextBox9.Text = "输出数据" & vbCrLf
        TextBox9.Text += "- - - -" & vbCrLf
        TextBox9.Text += "浆液质量密度ρ(t/m3) = " & rou & vbCrLf
        TextBox9.Text += "" & vbCrLf
        TextBox9.Text += "材料配量(t)【配置" & Val(TextBox1.Text)& "m3浆液需要的各材料重量】:" & vbCrLf
        TextBox9.Text += "- - - - - - - - - - - - - - -" & vbCrLf
        For i = 1 To N
            TextBox9.Text += "材料" & i & "," & Mi(i)& ":  " & Val(TextBox1.Text) * rou * Xi(i)/w & vbCrLf
        Next
        TextBox9.Text += "" & vbCrLf
        TextBox9.Text += "输入数据" & vbCrLf
        TextBox9.Text += "- - - -" & vbCrLf
        TextBox9.Text += "材料名称,相对密度,掺量" & vbCrLf
        For i = 1 To N
            TextBox9.Text += Mi(i)& "," & Gi(i)& "," & Xi(i)& vbCrLf
        Next
200:
    End Sub
End Class
```

第4篇 边坡及基坑支护

朗肯土压力

1. 功能

计算主动、被动、静止土压力。

2. 界面

开发平台：Microsoft Visual Studio 2019。编程语言：VB. net。软件界面如下。

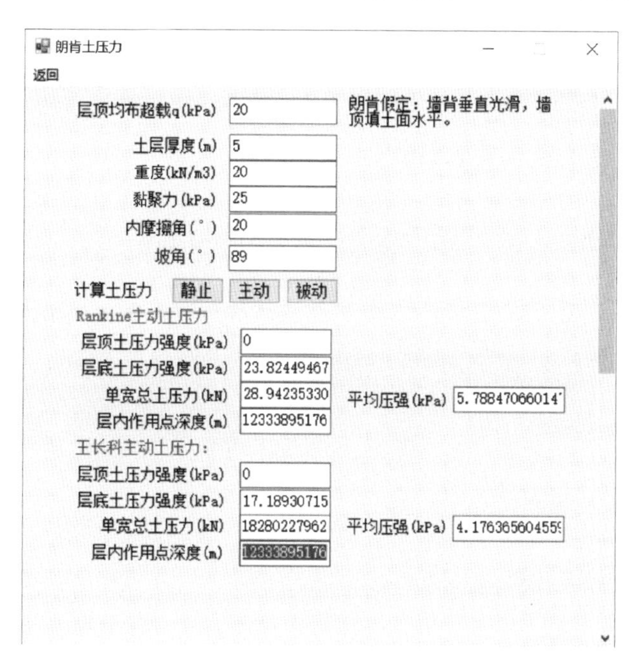

3. 计算原理

朗肯土压力理论参见土力学教科书，王长科土压力理论参见：王长科．工程建设中的土力学及岩土工程问题［M］．北京：中国建筑工业出版社，2018。

4. 主要控件

TextBox4：层顶均布超载 q（kPa）

TextBox6：土层厚度（m）
TextBox1：重度（kN/m^3）
TextBox2：黏聚力（kPa）
TextBox3：内摩擦角（°）
TextBox8：坡角（°）
Button5：计算静止土压力
Button1：计算朗肯、王长科主动土压力
Button2：计算朗肯被动土压力
TextBox9：层顶土压力强度（kPa）
TextBox5：层底土压力强度（kPa）
TextBox11：单宽总土压力（kN）
TextBox10：平均压强（kPa）
TextBox12：层内作用点深度（m）
TextBox7：层顶土压力强度（kPa）
TextBox13：层底土压力强度（kPa）
TextBox14：单宽总土压力（kN）
TextBox16：平均压强（kPa）
TextBox15：层内作用点深度（m）

5. 源程序

```
Public Class Form9
    Private Sub Button1_Click(ByVal sender As System.Object,ByVal e As System.EventArgs)Handles Button1.
Click
        On Error Resume Next
        Label7.Visible = False
        Label6.Visible = False
        Label16.Visible = False
        Label13.Visible = False
        Label17.Visible = False
        Label22.Visible = False
        TextBox7.Visible = False
        TextBox14.Visible = False
        TextBox13.Visible = False
        TextBox15.Visible = False
        TextBox16.Visible = False
        If Val(TextBox8.Text)>90 Or Val(TextBox8.Text)<0 Then
            MsgBox("请将坡角设置为 90°。")
            GoTo 10
        End If
        If Val(TextBox6.Text)<0 Then
            MsgBox("埋深数据不协调。")
```

```
    GoTo 10
End If
Label4.Text = "Rankine 主动土压力"
Dim g,c,f,q,a,ka,pa,kp,pp,z,z0,acr,pa1,pa2 As Double
g = Val(TextBox1.Text)
c = Val(TextBox2.Text)
f = Val(TextBox3.Text)
a = Val(TextBox8.Text)
q = Val(TextBox4.Text)
z = Val(TextBox6.Text) - 0
ka = (Math.Tan((45 - Val(TextBox3.Text)/2)/180 * Math.PI))^2
'朗肯主动土压力
pa1 = q * ka - 2 * c * Math.Sqrt(ka)
pa2 = (q + g * z) * ka - 2 * c * Math.Sqrt(ka)
If pa1<0 Then
    TextBox9.Text = 0
Else
    TextBox9.Text = pa1
End If
If pa2<0 Then
    TextBox5.Text = 0
Else
    TextBox5.Text = pa2
End If
If pa1> = 0 Then
    TextBox11.Text = (pa1 + pa2) * z/2
    If z = 0 Then
        TextBox12.Text = Val(0)
    Else
        TextBox12.Text = Val(0) + (pa1 * z/2 * z + (pa2 - pa1)/2 * z * 2/3 * z)/Val(TextBox11.Text)
    End If
Else
    z0 = (2 * c * Math.Sqrt(ka)/ka - q)/g
    If z0<z Then
        TextBox11.Text = 0.5 * pa2 * (z - z0)
        TextBox12.Text = z0 + (z - z0) * 2/3 + Val(0)
    Else
        TextBox11.Text = 0
        TextBox12.Text = "无作用点"
    End If
End If
TextBox10.Text = Val(TextBox11.Text)/Val(TextBox6.Text)'平均压强
TextBox12.Focus()
TextBox12.ScrollToCaret()
If Val(TextBox8.Text)<90 Then '坡角小于 90°
    '王长科主动土压力
```

```
Label7.Visible = True
Label6.Visible = True
Label16.Visible = True
Label13.Visible = True
Label17.Visible = True
Label22.Visible = True
TextBox7.Visible = True
TextBox14.Visible = True
TextBox13.Visible = True
TextBox15.Visible = True
TextBox16.Visible = True
acr = Math.Min(90,f + 2 * Math.Atan(Math.PI * c/(g * z + q))/Math.PI * 180)
If acr<90 Then
    If a< = acr Then
        pa1 = 0
        pa2 = 0
    Else
        pa1 = pa1 * (a - acr)/(90 - acr)
        pa2 = pa2 * (a - acr)/(90 - acr)
    End If
ElseIf acr = 90 Then
    pa1 = 0
    pa2 = 0
End If
If pa1<0 Then
    TextBox7.Text = 0
Else
    TextBox7.Text = pa1
End If
If pa2<0 Then
    TextBox13.Text = 0
Else
    TextBox13.Text = pa2
End If
If pa1> = 0 Then
    TextBox14.Text = (pa1 + pa2) * z/2
    If z = 0 Then
        TextBox15.Text = 0
    Else
        TextBox15.Text = 0 + (pa1 * z/2 * z + (pa2 - pa1)/2 * z * 2/3 * z)/Val(TextBox14.Text)
    End If
Else
    z0 = (2 * c * Math.Sqrt(ka)/ka - q)/g
    If z0<z Then
        TextBox14.Text = 0.5 * pa2 * (z - z0)
        TextBox15.Text = Val(0) + z0 + (z - z0) * 2/3
```

```
            Else
                TextBox14.Text = 0
                TextBox15.Text = "无作用点"
            End If
        End If
    End If
    TcxtBox16.Text = Val(TextBox14.Text)/Val(TextBox6.Text)
    TextBox15.ScrollToCaret()
    TextBox14.Focus()
    TextBox15.Focus()
10:
End Sub
Private Sub Button2_Click(ByVal sender As System.Object,ByVal e As System.EventArgs)Handles Button2.
Click
    On Error Resume Next
    If Val(TextBox8.Text)<>90 Then
        MsgBox("请将坡角设置为 90°。")
        TextBox8.Focus()
        TextBox8.SelectAll()
        GoTo 10
    End If
    Label7.Visible = False
    Label6.Visible = False
    Label16.Visible = False
    Label13.Visible = False
    Label17.Visible = False
    Label22.Visible = False
    TextBox7.Visible = False
    TextBox14.Visible = False
    TextBox13.Visible = False
    TextBox15.Visible = False
    TextBox16.Visible = False
    If Val(TextBox6.Text)<0 Then
        MsgBox("墙高、埋深、层厚数据不协调。")
        GoTo 10
    End If
    Label4.Text = "Rankine 被动土压力"
    Dim g,c,f,q,a,pa,kp,z,pp1,pp2 As Double
    g = Val(TextBox1.Text)
    c = Val(TextBox2.Text)
    f = Val(TextBox3.Text)
    a = Val(TextBox8.Text)
    q = Val(TextBox4.Text)
    z = Val(TextBox6.Text) - 0
    kp = (Math.Tan((45 + Val(TextBox3.Text)/2)/180 * Math.PI))^2
    '朗肯被动土压力
```

```
            pp1 = q * kp + 2 * c * Math.Sqrt(kp)
            pp2 = (q + g * z) * kp + 2 * c * Math.Sqrt(kp)
            TextBox9.Text = pp1
            TextBox5.Text = pp2
            TextBox11.Text = (pp1 + pp2) * z/2
            TextBox10.Text = Val(TextBox11.Text)/Val(TextBox6.Text)
            If z = 0 Then
                TextBox12.Text = 0
            Else
                TextBox12.Text = 0 + (pp1 * z/2 * z + (pp2 - pp1)/2 * z * 2/3 * z)/Val(TextBox11.Text)
            End If
            TextBox12.Focus()
            TextBox12.ScrollToCaret()
    10:
        End Sub
        Private Sub Button5_Click_1(ByVal sender As System.Object,ByVal e As System.EventArgs)Handles Button5.
Click
            On Error Resume Next
            If Val(TextBox8.Text)<>90 Then
                MsgBox("请将坡角设置为 90°。")
                TextBox8.Focus()
                TextBox8.SelectAll()
                GoTo 10
            End If
            Label7.Visible = False
            Label6.Visible = False
            Label16.Visible = False
            Label13.Visible = False
            Label17.Visible = False
            Label22.Visible = False
            TextBox7.Visible = False
            TextBox14.Visible = False
            TextBox13.Visible = False
            TextBox15.Visible = False
            TextBox16.Visible = False
            If Val(TextBox6.Text)<0 Then
                MsgBox("埋深数据不协调。")
                GoTo 10
            End If
            Label4.Text = "静止土压力"
            Dim g,c,f,q,a,pa,k0,z,p01,p02 As Double
            g = Val(TextBox1.Text)
            c = Val(TextBox2.Text)
            f = Val(TextBox3.Text)
            a = Val(TextBox8.Text)
            q = Val(TextBox4.Text)
```

```
        z = Val(TextBox6.Text)
        k0 = 1 - Math.Sin(Val(TextBox3.Text) * Math.PI/180)
        '静止土压力
        p01 = q * k0
        p02 = (q + g * z) * k0
        TextBox9.Text = p01
        TextBox5.Text = p02
        TextBox11.Text = (p01 + p02) * z/2
        TextBox10.Text = Val(TextBox11.Text)/Val(TextBox6.Text)'平均压强'
        If z = 0 Then
            TextBox12.Text = 0
        Else
            TextBox12.Text = 0 + (p01 * z/2 * z + (p02 - p01)/2 * z * 2/3 * z)/Val(TextBox11.Text)
        End If
        TextBox12.Focus()
        TextBox12.ScrollToCaret()
10:
    End Sub
    Private Sub Form9_Load(ByVal sender As System.Object,ByVal e As System.EventArgs)Handles MyBase.Load
        Me.MaximizeBox = False
        On Error Resume Next
        Label7.Visible = False
        Label6.Visible = False
        Label16.Visible = False
        Label13.Visible = False
        Label17.Visible = False
        Label22.Visible = False
        TextBox7.Visible = False
        TextBox14.Visible = False
        TextBox13.Visible = False
        TextBox15.Visible = False
        TextBox16.Visible = False
    End Sub
End Class
```

库仑土压力

1. 功能

计算库仑土压力。

2. 界面

开发平台：Microsoft Visual Studio 2019。编程语言：VB. net。软件界面如下：

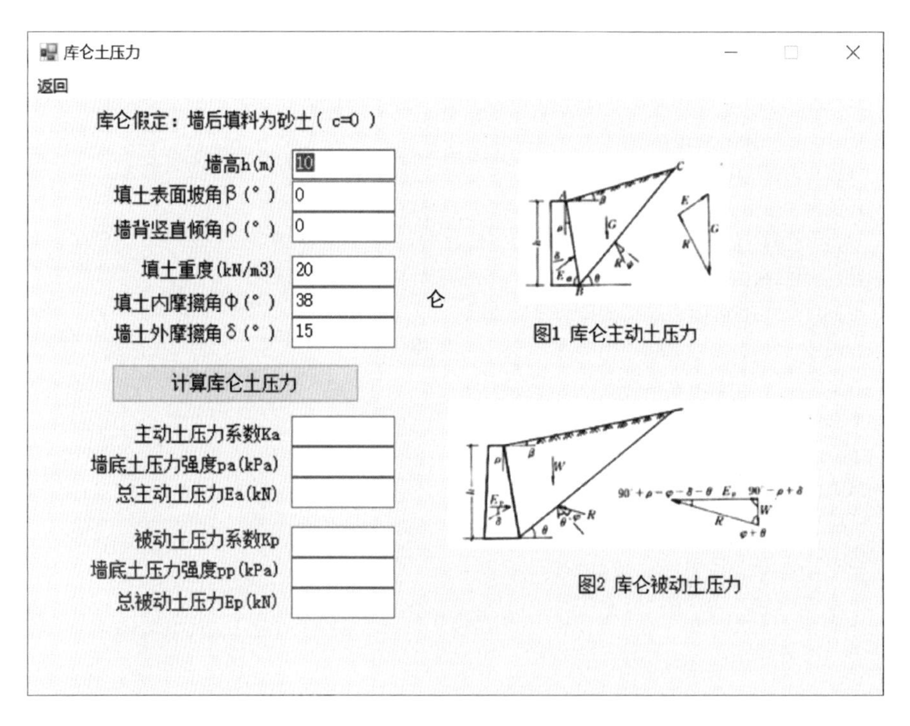

3. 计算原理

参见土力学教科书。

4. 主要控件

TextBox1：墙高 h（m）

TextBox2：填土表面坡角 β（°）
TextBox3：墙背竖直倾角 ρ（°）
TextBox6：填土重度（kN/m^3）
TextBox4：填土内摩擦角 φ（°）
TextBox5：墙土外摩擦角 δ（°）
Button1：计算库仑土压力
TextBox7：主动土压力系数 K_a
TextBox8：墙底土压力强度 p_a（kPa）
TextBox9：总主动土压力 E_a（kN）
TextBox10：被动土压力系数 K_p
TextBox11：墙底土压力强度 p_p（kPa）
TextBox12：总被动土压力 E_p（kN）

5. 源程序

```
Public Class Form48
    Private Sub MenuItem2_Click(ByVal sender As System.Object,ByVal e As System.EventArgs)Handles Menu-
Item2.Click
        Me.Hide()
    End Sub
    Private Sub Button1_Click(ByVal sender As System.Object,ByVal e As System.EventArgs)Handles Button1.Click
        On Error Resume Next
        Dim h,bata,rou,g,fai,data,Ka,pa,Ea,Kp,pp,Ep As Doublc
        h = Val(TextBox1.Text)
        bata = Val(TextBox2.Text)/180 * Math.PI
        rou = Val(TextBox3.Text)/180 * Math.PI
        fai = Val(TextBox4.Text)/180 * Math.PI
        data = Val(TextBox5.Text)/180 * Math.PI
        g = Val(TextBox6.Text)
        Dim a,b,c,d As Double
        a = (Math.Cos(fai - rou))^2
        b = (Math.Cos(rou))^2
        c = Math.Cos(rou + data)
        d = (Math.Sin(fai + data) * Math.Sin(fai - bata)/Math.Cos(rou + data)/Math.Cos(rou - bata))^0.5
        Ka = a/(b * c * (1 + d)^2)
        'Ka = (Math.Cos(fai - rou))^2/(Math.Cos(rou))^2/Math.Cos(rou + data)/(1 + (Math.Sin(fai + data) *
Math.Sin(fai - bata)/Math.Cos(rou + data)/Math.Cos(rou - bata))^0.5)^2
        pa = Ka * g * h
        Ea = 0.5 * g * h ^ 2 * Ka
        TextBox7.Text = Ka
        TextBox8.Text = pa
        TextBox9.Text = Ea
        Kp = (Math.Cos(fai + rou))^2/((Math.Cos(rou))^2 * Math.Cos(rou - data) * (1 - (Math.Sin(fai + data) *
Math.Sin(fai + bata)/Math.Cos(rou - data)/Math.Cos(rou - bata))^0.5)^2)
```

```
        pp = Kp * g * h
        Ep = 0.5 * g * h^2 * Kp
        TextBox10.Text = Kp
        TextBox11.Text = pp
        TextBox12.Text = Ep
        TextBox12.Focus()
        TextBox12.ScrollToCaret()
    End Sub
    Private Sub Form48_Load(ByVal sender As System.Object,ByVal e As System.EventArgs)Handles MyBase.Load
        Me.MaximizeBox = False
    End Sub
End Class
```

边坡直立高度反分析

1. 功能

根据直立高度，反分析土的抗剪强度参数。

2. 界面

开发平台：Microsoft Visual Studio 2019。编程语言：VB. net。软件界面如下。

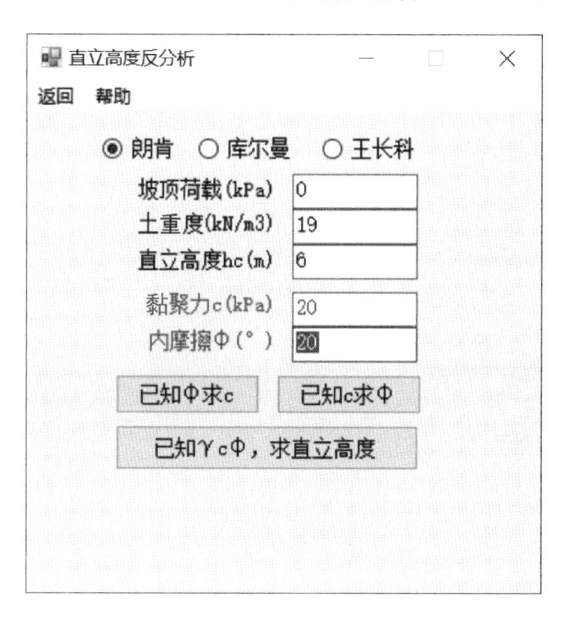

3. 计算原理

朗肯、库尔曼理论参见土力学教科书。王长科理论参见：王长科．工程建设中的土力学及岩土工程问题［M］．北京：中国建筑工业出版社，2018。

4. 主要控件

RadioButton2：朗肯理论
RadioButton1：库尔曼理论
RadioButton3：王长科理论

TextBox5：坡顶荷载（kPa）
TextBox1：土重度（kN/m^3）
TextBox8：直立高度 h_c（m）
TextBox2：黏聚力 c（kPa）
TextBox3：内摩擦角 φ（°）
Button4：已知 φ 求 c
Button5：已知 c 求 φ
Button1：已知 γ、c、φ，求直立高度

5. 源程序

```
Public Class Form72
    Private Sub Button2_Click(ByVal sender As System.Object,ByVal e As System.EventArgs)
        On Error Resume Next
        Dim g,c,f,hc,q As Double
        q = Val(TextBox5.Text)
        g = Val(TextBox1.Text)
        hc = Val(TextBox8.Text)
        c = Val(TextBox2.Text)
        f = Val(TextBox3.Text)
        '库尔曼
        If RadioButton2.Checked = True Then '已知 ϕ 求 c
            c = (g * hc + q) * Math.Tan((45 - f/2)/180 * Math.PI)/4
            TextBox2.Text = c
            TextBox2.Focus()
        Else '已知 c 求 ϕ
            f = 45 - Math.Atan(4 * c/(g * hc + q))/Math.PI * 180
            f = 2 * f
            TextBox3.Text = f
            TextBox3.Focus()
        End If
    End Sub
    Private Sub Button3_Click(ByVal sender As System.Object,ByVal e As System.EventArgs)
        On Error Resume Next
        Dim g,c,f,hc,q As Double
        q = Val(TextBox5.Text)
        g = Val(TextBox1.Text)
        hc = Val(TextBox8.Text)
        c = Val(TextBox2.Text)
        f = Val(TextBox3.Text)
        '王长科
        'TextBox7.Text = (Math.PI * c/Math.Tan((a/2 - f/2)/180 * Math.PI) - q)/g
        If RadioButton2.Checked = True Then '已知 ϕ 求 c
            c = (g * hc + q) * Math.Tan((45 - f/2)/180 * Math.PI)/3.14
```

```
            TextBox2.Text = c
        Else '已知c求ϕ
            f = 45 - Math.Atan(3.14 * c/(g * hc + q))/Math.PI * 180
            f = 2 * f
            TextBox3.Text = f
        End If
    End Sub
    Private Sub MenuItem1_Click(ByVal sender As System.Object,ByVal e As System.EventArgs)
        门户首页.Hide()
        门户首页.Show()
        门户首页.WindowState = FormWindowState.Maximized
    End Sub
    Private Sub MenuItem2_Click(ByVal sender As System.Object,ByVal e As System.EventArgs)Handles Menu-
Item2.Click
        Me.Hide()
    End Sub
    Private Sub Button4_Click(ByVal sender As System.Object,ByVal e As System.EventArgs)Handles Button4.
Click
        On Error Resume Next
        Dim g,c,f,hc,q As Double
        q = Val(TextBox5.Text)
        g = Val(TextBox1.Text)
        hc = Val(TextBox8.Text)
        c = Val(TextBox2.Text)
        f = Val(TextBox3.Text)
        'hc = (2 * c/Math.Tan((45 - f/2)/180 * Math.PI) - q)/g
        If RadioButton2.Checked = True Then '已知ϕ求c'朗肯
            c = (g * hc + q) * Math.Tan((45 - f/2)/180 * Math.PI)/2
            TextBox2.Text = c
        End If
        If RadioButton1.Checked = True Then '已知ϕ求c'库尔曼
            c = (g * hc + q) * Math.Tan((45 - f/2)/180 * Math.PI)/4
            TextBox2.Text = c
        End If
        If RadioButton3.Checked = True Then '已知ϕ求c'王长科
            c = (g * hc + q) * Math.Tan((45 - f/2)/180 * Math.PI)/3.14
            TextBox2.Text = c
        End If
        TextBox2.Focus()
    End Sub
    Private Sub Button5_Click(ByVal sender As System.Object,ByVal e As System.EventArgs)Handles Button5.
Click
        On Error Resume Next
        Dim g,c,f,hc,q As Double
        q = Val(TextBox5.Text)
        g = Val(TextBox1.Text)
```

```
        hc = Val(TextBox8.Text)
        c = Val(TextBox2.Text)
        f = Val(TextBox3.Text)
        'hc = (2 * c/Math.Tan((45 - f/2)/180 * Math.PI) - q)/g
        If RadioButton2.Checked = True Then '已知c求φ'朗肯
            f = 45 - Math.Atan(2 * c/(g * hc + q))/Math.PI * 180
            f = 2 * f
            TextBox3.Text = f
            TextBox3.Focus()
        End If
        If RadioButton1.Checked = True Then '已知c求φ'库尔曼
            f = 45 - Math.Atan(4 * c/(g * hc + q))/Math.PI * 180
            f = 2 * f
            TextBox3.Text = f
            TextBox3.Focus()
        End If
        If RadioButton3.Checked = True Then '已知c求φ'王长科
            f = 45 - Math.Atan(3.14 * c/(g * hc + q))/Math.PI * 180
            f = 2 * f
            TextBox3.Text = f
            TextBox3.Focus()
        End If
    End Sub
    Private Sub Form72_Load(ByVal sender As System.Object,ByVal e As System.EventArgs)Handles MyBase.Load
        Me.MaximizeBox = False
        TextBox3.Focus()
    End Sub
    Private Sub Button1_Click(ByVal sender As System.Object,ByVal e As System.EventArgs)Handles Button1.
Click
        On Error Resume Next
        Dim g,c,f,hc,q As Double
        q = Val(TextBox5.Text)
        g = Val(TextBox1.Text)
        'hc = Val(TextBox8.Text)
        c = Val(TextBox2.Text)
        f = Val(TextBox3.Text)
        'hc = (2 * c/Math.Tan((45 - f/2)/180 * Math.PI) - q)/g
        If RadioButton2.Checked = True Then '已知φ求c'朗肯
            'c = (g * hc + q) * Math.Tan((45 - f/2)/180 * Math.PI)/2
            TextBox8.Text = (2 * c/Math.Tan((45 - f/2)/180 * Math.PI) - q)/g
        End If
        If RadioButton1.Checked = True Then '已知φ求c'库尔曼
            'c = (g * hc + q) * Math.Tan((45 - f/2)/180 * Math.PI)/4
            TextBox8.Text = (4 * c/Math.Tan((45 - f/2)/180 * Math.PI) - q)/g
        End If
        If RadioButton3.Checked = True Then '已知φ求c'王长科
```

```
            'c = (g * hc + q) * Math.Tan((45 - f/2)/180 * Math.PI)/3.14
            TextBox8.Text = (Math.PI * c/Math.Tan((45 - f/2)/180 * Math.PI) - q)/g
        End If
        TextBox8.Focus()
    End Sub
End Class
```

临 界 坡 高

1. 功能

计算稳定安全系数为 1.0 时的相应于一定坡角的边坡临界高度。

2. 界面

开发平台：Microsoft Visual Studio 2019。编程语言：VB. net。软件界面如下：

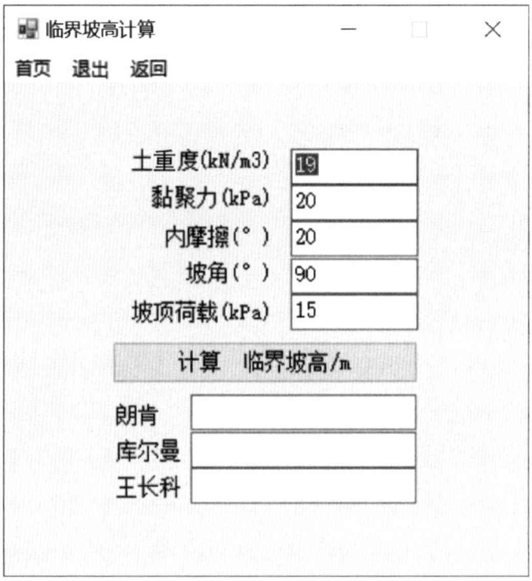

3. 计算原理

朗肯、库尔曼理论参见土力学教科书。王长科理论参见：王长科．工程建设中的土力学及岩土工程问题［M］．北京：中国建筑工业出版社，2018。

4. 主要控件

TextBox1：土重度（kN/m^3）
TextBox2：黏聚力（kPa）
TextBox3：内摩擦角（°）

TextBox8：坡角（°）

TextBox5：坡顶荷载（kPa）

5. 源程序

```
Public Class Form43
    Private Sub Button1_Click(ByVal sender As System.Object,ByVal e As System.EventArgs)Handles Button1.
Click
        On Error Resume Next
        Dim g,c,f,h,q,a As Double
        g = TextBox1.Text
        c = TextBox2.Text
        f = TextBox3.Text
        q = TextBox5.Text
        a = TextBox8.Text
        '朗肯
        If a = 90 Then
            TextBox6.Text = (2 * c/Math.Tan((45 - f/2)/180 * Math.PI) - q)/g
        Else
            TextBox6.Text = "?"
        End If
        '库尔曼
        If a = 90 Then
            TextBox4.Text = (4 * c/Math.Tan((45 - f/2)/180 * Math.PI) - q)/g
        Else
            TextBox4.Text = "?"
        End If
        '王长科
        TextBox7.Text = (Math.PI * c/Math.Tan((a/2 - f/2)/180 * Math.PI) - q)/g
        TextBox7.Focus()
    End Sub
    Private Sub MenuItem2_Click(ByVal sender As System.Object,ByVal e As System.EventArgs)Handles Menu-
Item2.Click
        Me.Hide()
    End Sub
    Private Sub MenuItem1_Click(ByVal sender As System.Object,ByVal e As System.EventArgs)Handles Menu-
Item1.Click
        门户首页.Hide()
        门户首页.Show()
        门户首页.WindowState = FormWindowState.Maximized
    End Sub
    Private Sub MenuItem3_Click(ByVal sender As System.Object,ByVal e As System.EventArgs)Handles Menu-
Item3.Click
        End
    End Sub
```

```
    Private Sub Form43_Load(ByVal sender As System.Object,ByVal e As System.EventArgs)Handles MyBase.Load
        Me.MaximizeBox = False
    End Sub
End Class
```

临 界 坡 角

1. 功能

计算稳定安全系数为 1.0 时的相应于一定坡高的边坡临界坡角。

2. 界面

开发平台：Microsoft Visual Studio 2019。编程语言：VB. net。软件界面如下：

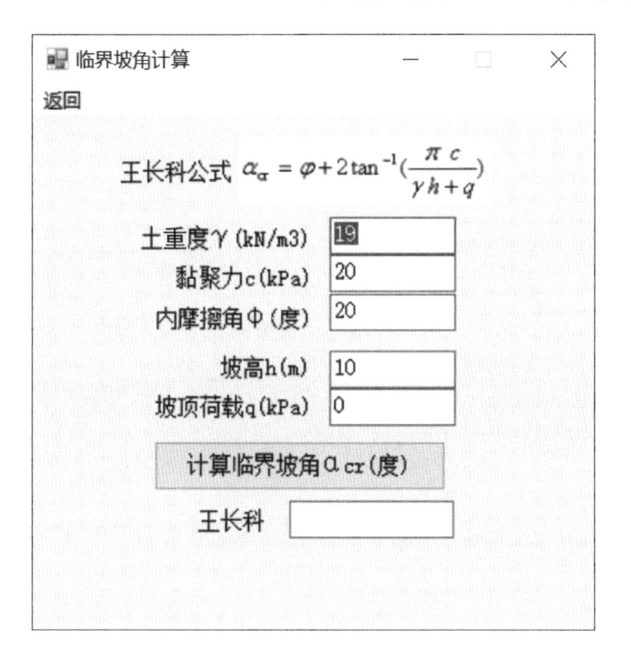

3. 计算原理

参见：王长科．工程建设中的土力学及岩土工程问题［M］．北京：中国建筑工业出版社，2018。

4. 主要控件

TextBox1：土重度（kN/m^3）
TextBox2：黏聚力（kPa）

TextBox3：内摩擦角（°）
TextBox4：坡高 h（m）
TextBox5：坡顶荷载 q（kPa）
Button1：计算临界坡角 α_{cr}（°）

5. 源程序

```
Public Class Form8
    Private Sub Button1_Click(ByVal sender As System.Object,ByVal e As System.EventArgs)Handles Button1.
Click
        On Error Resume Next
        Dim g,c,f,h,q,acr As Double
        g = TextBox1.Text
        c = TextBox2.Text
        f = TextBox3.Text
        h = TextBox4.Text
        q = TextBox5.Text
        acr = f + 2 * Math.Atan(Math.PI * c/(g * h + q))/Math.PI * 180
        If acr>90 Then
            acr = 90
        End If
        TextBox6.Text = acr
        TextBox6.Focus()
    End Sub
    Private Sub MenuItem4_Click(ByVal sender As System.Object,ByVal e As System.EventArgs)
        门户首页.Hide()
        门户首页.Show()
        门户首页.WindowState = FormWindowState.Maximized
    End Sub

    Private Sub MenuItem1_Click(ByVal sender As System.Object,ByVal e As System.EventArgs)Handles Menu-
Item1.Click
        Me.Hide()
    End Sub
    Private Sub Form8_Load(ByVal sender As System.Object,ByVal e As System.EventArgs)Handles MyBase.Load
        Me.MaximizeBox = False
    End Sub
End Class
```

护坡桩抗剪

1. 功能

计算护坡桩箍筋的容许剪力。

2. 界面

开发平台：Microsoft Visual Studio 2019。编程语言：VB. net。软件界面如下。

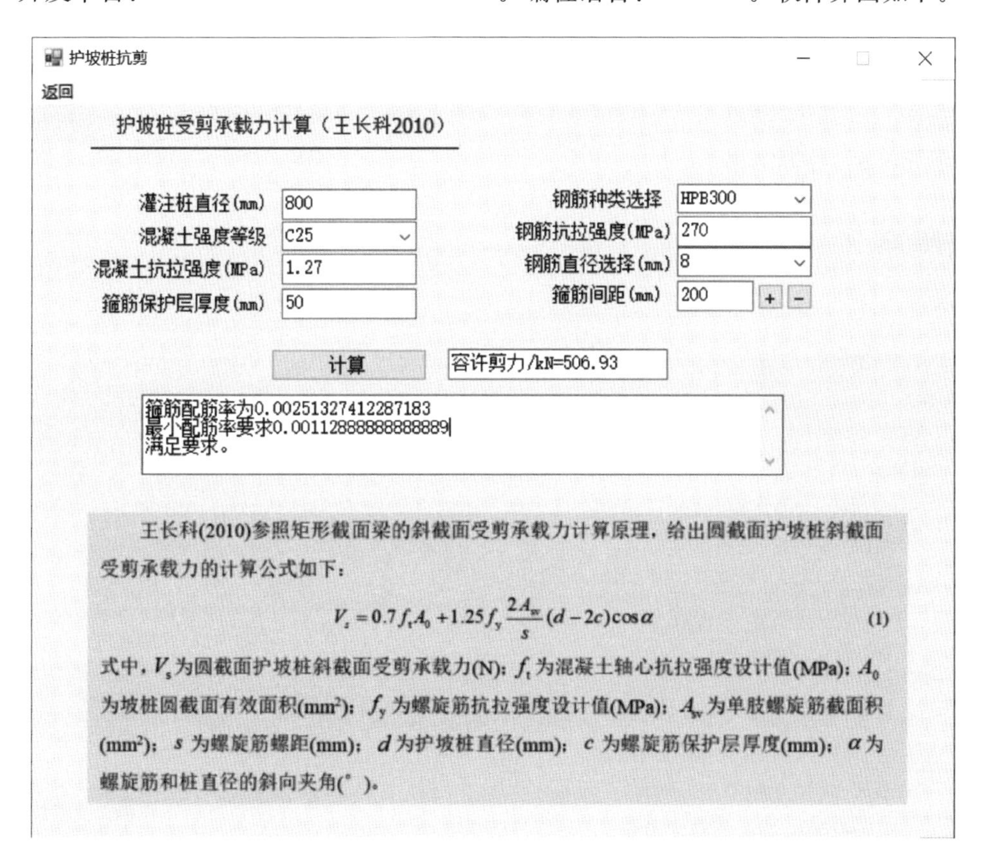

3. 计算原理

参见：王长科．工程建设中的土力学及岩土工程问题［M］．北京：中国建筑工业出版社，2018。核心公式见软件界面。

4. 主要控件

TextBox1：灌注桩直径（mm）

ComboBox1：混凝土强度等级，C15、C20、C25、C30、C35、C40、C45、C50、C55、C60、C65、C70、C75、C80

TextBox11：混凝土抗拉强度（MPa）

TextBox4：箍筋保护层厚度（mm）

ComboBox2：钢筋种类选择，HPB300、HRB335、HRB400、RRB400

TextBox12：钢筋抗拉强度（MPa）

ComboBox3：钢筋直径选择（mm），6、6.5、8、8.2、10、12、14、16、18、20、22、25、28、32、36、40、50

TextBox3：箍筋间距（mm）

Button2：+

Button3：−

Button1：计算

TextBox2：计算结果

TextBox5：计算结果

5. 源程序

```
Public Class Form85
    Private Sub MenuItem2_Click(ByVal sender As System.Object,ByVal e As System.EventArgs)Handles Menu-
Item2.Click
        Me.Hide()
    End Sub
    Private Sub Form85_Load(ByVal sender As System.Object,ByVal e As System.EventArgs)Handles MyBase.Load
        Me.MaximizeBox = False
        ComboBox1.Text = "C25"
        ComboBox2.Text = "HPB300"
        ComboBox3.Text = "8"
    End Sub
    Private Sub ComboBox1_SelectedIndexChanged_1(ByVal sender As System.Object,ByVal e As System.EventArgs)
Handles ComboBox1.SelectedIndexChanged
        Dim ft As Double
        If ComboBox1.Text = "C15" Then
            ft = 0.91
        ElseIf ComboBox1.Text = "C20" Then
            ft = 1.1
        ElseIf ComboBox1.Text = "C25" Then
            ft = 1.27
        ElseIf ComboBox1.Text = "C30" Then
```

```
            ft = 1.43
        ElseIf ComboBox1.Text = "C35" Then
            ft = 1.57
        ElseIf ComboBox1.Text = "C40" Then
            ft = 1.71
        ElseIf ComboBox1.Text = "C45" Then
            ft = 1.8
        ElseIf ComboBox1.Text = "C50" Then
            ft = 1.89
        ElseIf ComboBox1.Text = "C55" Then
            ft = 1.96
        ElseIf ComboBox1.Text = "C60" Then
            ft = 2.04
        ElseIf ComboBox1.Text = "C65" Then
            ft = 2.09
        ElseIf ComboBox1.Text = "C70" Then
            ft = 2.14
        ElseIf ComboBox1.Text = "C75" Then
            ft = 2.18
        ElseIf ComboBox1.Text = "C80" Then
            ft = 2.22
        End If
        TextBox11.Text = ft
    End Sub
    Private Sub ComboBox2_SelectedIndexChanged_1(ByVal sender As System.Object,ByVal e As System.EventArgs)
Handles ComboBox2.SelectedIndexChanged
        Dim fy As Double
        If ComboBox2.Text = "HPB300" Then
            fy = 270
        ElseIf ComboBox2.Text = "HRB335" Then
            fy = 300
        ElseIf ComboBox2.Text = "HRB400" Then
            fy = 360
        ElseIf ComboBox2.Text = "RRB400" Then
            fy = 360
        End If
        TextBox12.Text = fy
    End Sub
    Private Sub Button1_Click(ByVal sender As System.Object,ByVal e As System.EventArgs)Handles Button1.
Click
        Dim D,fy,ft,fai,A,s,ds,Vs,p,pmin As Double
        '读取数据
        D = Val(TextBox1.Text)'灌注桩直径
        ft = Val(TextBox11.Text)'混凝土抗拉强度
        fy = Val(TextBox12.Text)'箍筋抗拉强度
        fai = ComboBox3.Text '箍筋直径
```

```
        s = Val(TextBox3.Text)'箍筋间距
        ds = Val(TextBox4.Text)'保护层厚度
        A = Math.PI * (D/2 - ds/2)^2
        Dim alfa As Double
        alfa = Math.Atan(s/(D - 2 * ds))
        Vs = 0.7 * ft * A + 1.25 * 2 * fy * Math.PI * (fai/2)^2 * (D - 2 * ds)/s * Math.Cos(alfa)
        TextBox2.Text = "容许剪力/kN = " & String.Format("{0:f2}",Vs/1000)
        p = 2 * Math.PI * (fai/2)^2 * D/s/(D * s)'箍筋配筋率
        pmin = 0.24 * ft/fy '最小配筋率要求
        If p> = pmin Then
            TextBox5.Text = "箍筋配筋率为" & p & vbCrLf
            TextBox5.Text += "最小配筋率要求" & pmin & vbCrLf
            TextBox5.Text += "满足要求。"
        Else
            TextBox5.Text = "箍筋配筋率为" & p & vbCrLf
            TextBox5.Text += "最小配筋率要求" & pmin & vbCrLf
            TextBox5.Text += "不满足要求。"
        End If
        TextBox2.Focus()
    End Sub
    Private Sub Button2_Click(ByVal sender As System.Object,ByVal e As System.EventArgs)Handles Button2.
Click
        TextBox3.Text = Val(TextBox3.Text) + 10
    End Sub
    Private Sub Button3_Click(ByVal sender As System.Object,ByVal e As System.EventArgs)Handles Button3.
Click
        TextBox3.Text = Val(TextBox3.Text) - 10
    End Sub
End Class
```

圆截面护坡桩均匀配筋

1. 功能

圆截面护坡桩均匀配筋计算，给弯矩求配筋，给配筋求弯矩。

2. 界面

开发平台：Microsoft Visual Studio 2019。编程语言：VB. net。软件界面如下。

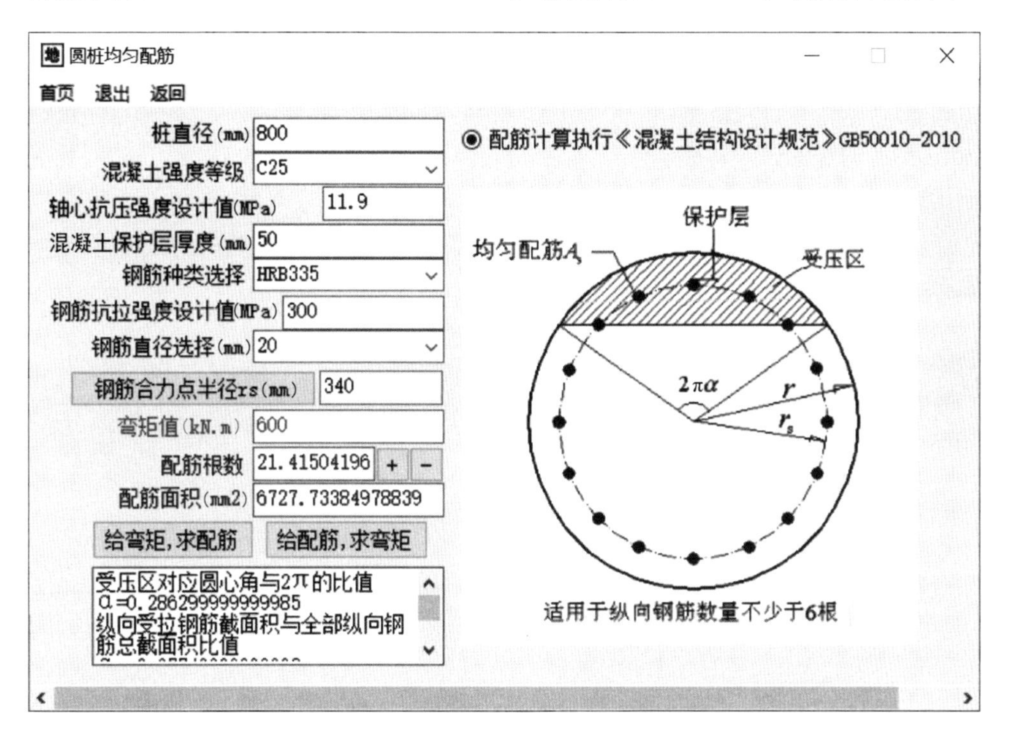

3. 计算原理

参见《混凝土结构设计规范》GB 50010—2010。

4. 主要控件

TextBox1：桩直径（mm）

ComboBox1：混凝土强度等级，C15、C20、C25、C30、C35、C40、C45、C50、C55、C60、C65、C70、C75、C80

TextBox11：混凝土轴心抗压强度设计值（MPa）

TextBox2：混凝土保护层厚度（mm）

ComboBox2：钢筋种类，HPB300、HRB335、HRBF335、HRB400、HRBF400、RRB400、HRB500、HRBF500

TextBox12：钢筋抗拉强度设计值（MPa）

ComboBox3：钢筋直径选择（mm），6、8、10、12、14、16、18、20、22、25、28、32、36、40、50

TextBox5：钢筋合力点半径 r_s（mm）

Button2：钢筋合力点半径 r_s（mm）

TextBox3：弯矩值（kN·m）

TextBox6：配筋根数

Button4：+

Button5：−

TextBox4：配筋面积（mm^2）

Button1：给弯矩，求配筋

Button3：给配筋，求弯矩

TextBox8：计算结果

5. 源程序

```
Public Class 圆桩均匀配筋
    Private Sub MenuItem3_Click(ByVal sender As System.Object,ByVal e As System.EventArgs)Handles Menu-
Item3.Click
        Me.Hide()
    End Sub
    Private Sub Button1_Click(ByVal sender As System.Object,ByVal e As System.EventArgs)Handles Button1.Click
        On Error Resume Next
        Dim D,fy,fc,fai,A,rs,M,alfa,alfat,Asr,X1,X2,alfa1 As Double
        '读取数据
        D = Val(TextBox1.Text)
        fy = Val(TextBox12.Text)
        fc = Val(TextBox11.Text)
        fai = ComboBox3.Text
        A = 3.14 * (D/2)^2
        rs = Val(TextBox5.Text)
        M = Val(TextBox3.Text) * 1000000
        '试算求 α
        alfa = 0.0001
A:      If alfa>0.625 Then
            alfat = 0
```

```
            Else
                alfat = 1.25 - 2 * alfa
            End If
            Asr = (M - 2/3 * fc * A * D/2 * (Math.Sin(3.14159 * alfa))^3/3.14159)/(fy * rs * (Math.Sin(3.14159 * alfa) + Math.Sin(3.14159 * alfat))/3.14159)
            X1 = fc * A * (1 - Math.Sin(2 * 3.14159 * alfa)/(2 * 3.14159 * alfa)) + fy * Asr
            X2 = alfat * fy * Asr
            alfa1 = X2/X1
            If Math.Abs(alfa - alfa1)<0.001 Then
                GoTo b
            Else
                alfa = alfa + 0.0001
                GoTo A
            End If
            '显示钢筋面积、根数
    b:
            TextBox4.Text = Asr '理论配筋面积
            TextBox6.Text = Asr/(0.25 * Math.PI * fai^2)'理论配筋根数
            TextBox8.Text = "受压区对应圆心角与2π的比值α = " & alfa & vbCrLf
            TextBox8.Text += "纵向受拉钢筋截面积与全部纵向钢筋总截面积比值αt = " & alfat & vbCrLf
            Dim nb As Double
            If Fix(Val(TextBox6.Text))<>Val(TextBox6.Text)Then
                nb = Fix(TextBox6.Text) + 1
            Else
                nb = Fix(Val(TextBox6.Text))
            End If
            TextBox8.Text += "布置1圈钢筋的钢筋净间距(mm) = " & Math.PI * 2 * Val(TextBox5.Text)/nb - Val(ComboBox3.Text)
    c:
            TextBox8.Focus()
            TextBox8.ScrollToCaret()
        End Sub
        Private Sub 配筋计算_Load(ByVal sender As System.Object,ByVal e As System.EventArgs)Handles MyBase.Load
            Me.MaximizeBox = False
            TextBox1.Text = 800
            TextBox2.Text = 50
            TextBox3.Text = 600
            TextBox4.Text = ""
            TextBox6.Text = "6"
            TextBox8.Text = ""
            ComboBox1.Text = "C25"
            ComboBox2.Text = "HRB335"
            ComboBox3.Text = "20"
            Dim D,fai As Double
            D = Val(TextBox1.Text)
            fai = ComboBox3.Text
```

```
            TextBox5.Text = D/2 - Val(TextBox2.Text) - fai/2
        End Sub
        Private Sub Button2_Click(ByVal sender As System.Object,ByVal e As System.EventArgs)Handles Button2.Click
            On Error Resume Next
            Dim D,fai As Double
            D = Val(TextBox1.Text)
            fai = ComboBox3.Text
            TextBox5.Text = D/2 - Val(TextBox2.Text) - fai/2
        End Sub
        Private Sub ComboBox1_SelectedIndexChanged(ByVal sender As System.Object,ByVal e As System.EventArgs)
Handles ComboBox1.SelectedIndexChanged
            Dim fc As Double
            If ComboBox1.Text = "C15" Then
                fc = 7.2
            ElseIf ComboBox1.Text = "C20" Then
                fc = 9.6
            ElseIf ComboBox1.Text = "C25" Then
                fc = 11.9
            ElseIf ComboBox1.Text = "C30" Then
                fc = 14.3
            ElseIf ComboBox1.Text = "C35" Then
                fc = 16.7
            ElseIf ComboBox1.Text = "C40" Then
                fc = 19.1
            ElseIf ComboBox1.Text = "C45" Then
                fc = 21.1
            ElseIf ComboBox1.Text = "C50" Then
                fc = 23.1 * 1.0#
            ElseIf ComboBox1.Text = "C55" Then
                fc = 25.3 * 0.99
            ElseIf ComboBox1.Text = "C60" Then
                fc = 27.5 * 0.98
            ElseIf ComboBox1.Text = "C65" Then
                fc = 29.7 * 0.97
            ElseIf ComboBox1.Text = "C70" Then
                fc = 31.8 * 0.96
            ElseIf ComboBox1.Text = "C75" Then
                fc = 33.8 * 0.95
            ElseIf ComboBox1.Text = "C80" Then
                fc = 35.9 * 0.94
            End If
            TextBox11.Text = fc
        End Sub
        Private Sub ComboBox2_SelectedIndexChanged(ByVal sender As System.Object,ByVal e As System.EventArgs)
Handles ComboBox2.SelectedIndexChanged
            Dim fy As Double
```

```
        If ComboBox2.Text = "HPB300" Then
            fy = 270
        ElseIf ComboBox2.Text = "HRB335" Or ComboBox2.Text = "HRBF335" Then
            fy = 300
        ElseIf ComboBox2.Text = "HRB400" Or ComboBox2.Text = "HRBF400" Or ComboBox2.Text = "RRB400" Then
            fy = 360
        ElseIf ComboBox2.Text = "HRB500" Or ComboBox2.Text = "HRBF500" Then
            fy = 435
        End If
        TextBox12.Text = fy
    End Sub
    Private Sub Button3_Click(ByVal sender As System.Object,ByVal e As System.EventArgs)Handles Button3.Click
        On Error Resume Next
        Dim D,fy,fc,fai,A,rs,Asr,M,alfa,alfat,X1,X2,alfa1 As Double
        '读取数据
        D = Val(TextBox1.Text)
        fy = Val(TextBox12.Text)
        fc = Val(TextBox11.Text)
        fai = Val(ComboBox3.Text)
        A = 3.14 * (D/2)^2
        rs = Val(TextBox5.Text)
        'Asr = 1/4 * Math.PI * fai^2 * Val(TextBox6.Text)
        Asr = Val(TextBox4.Text)
        TextBox6.Text = Val(TextBox4.Text)/(0.25 * Math.PI * (Val(ComboBox3.Text))^2)'理论配筋根数
        '开始计算
        alfa = 0.0001
A:      If alfa>0.625 Then
            alfat = 0
        Else
            alfat = 1.25 - 2 * alfa
        End If
        X1 = fc * A * (1 - Math.Sin(2 * 3.14159 * alfa)/(2 * 3.14159 * alfa)) + fy * Asr
        X2 = alfat * fy * Asr
        alfa1 = X2/X1
        If Math.Abs(alfa - alfa1)<0.001 Then
            GoTo b
        Else
            alfa = alfa + 0.0001
            GoTo A
        End If
b:      M = (2/3) * fc * A * D/2 * (Math.Sin(3.14159 * alfa))^3/3.14159 + fy * Asr * rs * (Math.Sin(3.14159 *
alfa) + Math.Sin(3.14159 * alfat))/3.14159
        TextBox3.Text = M/1000000 '显示弯矩
        TextBox8.Text = "受压区对应圆心角 2πα/deg = " & alfa * 360 & vbCrLf
        Dim nb As Double
        If Fix(Val(TextBox6.Text))<>Val(TextBox6.Text)Then
```

```
            nb = Fix(TextBox6.Text) + 1
        Else
            nb = Fix(Val(TextBox6.Text))
        End If
        TextBox8.Text += "布置 1 圈钢筋的钢筋净间距(mm) = " & Math.PI * 2 * Val(TextBox5.Text)/nb - Val(ComboBox3.Text)
c:
        TextBox8.Focus()
        TextBox8.ScrollToCaret()
    End Sub
    Private Sub TextBox6_TextChanged(ByVal sender As System.Object, ByVal e As System.EventArgs) Handles TextBox6.TextChanged
        On Error Resume Next
        TextBox4.Text = Val(TextBox6.Text) * (0.25 * Math.PI * (Val(ComboBox3.Text))^2)'理论配筋根数
    End Sub
    Private Sub TextBox4_TextChanged(ByVal sender As System.Object, ByVal e As System.EventArgs) Handles TextBox4.TextChanged
        On Error Resume Next
        'TextBox6.Text = Val(TextBox4.Text)/(0.25 * Math.PI * (Val(ComboBox3.Text))^2)'理论配筋根数
    End Sub
    Private Sub ComboBox3_SelectedIndexChanged(ByVal sender As System.Object, ByVal e As System.EventArgs) Handles ComboBox3.SelectedIndexChanged
        On Error Resume Next
        TextBox4.Text = Val(TextBox6.Text) * (0.25 * Math.PI * (Val(ComboBox3.Text))^2)'理论配筋根数
    End Sub
    Private Sub Button4_Click(ByVal sender As System.Object, ByVal e As System.EventArgs)Handles Button4.Click
        On Error Resume Next
        TextBox6.Text = Val(TextBox6.Text) + 1
        TextBox6.Focus()
    End Sub
    Private Sub Button5_Click(ByVal sender As System.Object, ByVal e As System.EventArgs)Handles Button5.Click
        On Error Resume Next
        TextBox6.Text = Val(TextBox6.Text) - 1
        TextBox6.Focus()
    End Sub
    Private Sub MenuItem1_Click(ByVal sender As System.Object, ByVal e As System.EventArgs) Handles MenuItem1.Click
        门户首页.Hide()
        门户首页.Show()
        门户首页.WindowState = FormWindowState.Maximized
    End Sub
    Private Sub MenuItem2_Click(ByVal sender As System.Object, ByVal e As System.EventArgs) Handles MenuItem2.Click
        End
    End Sub
End Class
```

圆截面护坡桩非均匀配筋

1. 功能

圆截面护坡桩非均匀配筋计算，给出非均匀配筋，计算护坡桩的抗弯能力。

2. 界面

开发平台：Microsoft Visual Studio 2019。编程语言：VB. net。软件界面如下。

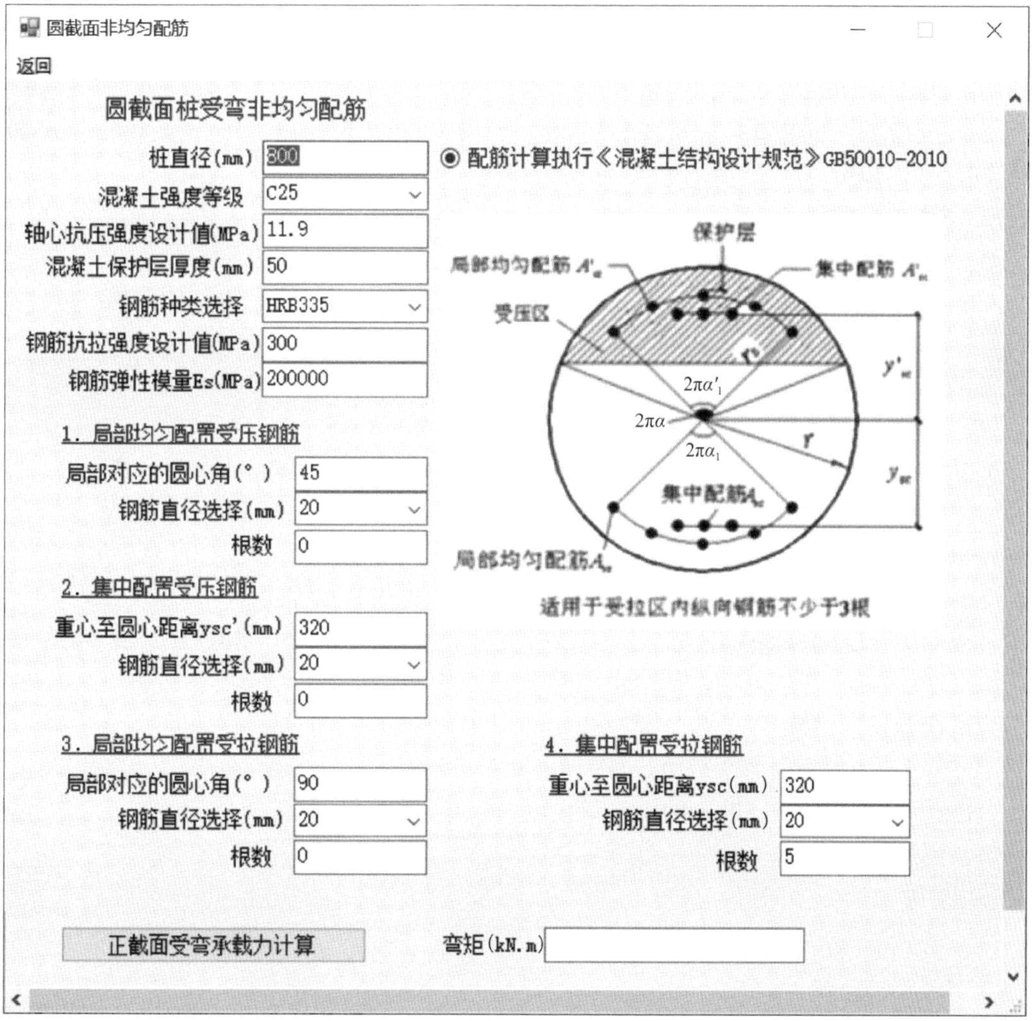

圆截面非均匀配筋

返回

圆截面桩受弯非均匀配筋

桩直径(mm) 800

混凝土强度等级 C25

轴心抗压强度设计值(MPa) 11.9

混凝土保护层厚度(mm) 50

钢筋种类选择 HRB335

钢筋抗拉强度设计值(MPa) 300

钢筋弹性模量Es(MPa) 200000

◉ 配筋计算执行《混凝土结构设计规范》GB50010-2010

保护层

局部均匀配筋 A'_{sr}

集中配筋 A'_{sc}

受压区

y'_{sc}

$2\pi\alpha'_1$

$2\pi\alpha$

$2\pi\alpha_1$

r

y_{sc}

集中配筋A_{sc}

局部均匀配筋A_{sr}

适用于受拉区内纵向钢筋不少于3根

1. 局部均匀配置受压钢筋

局部对应的圆心角(°) 45

钢筋直径选择(mm) 20

根数 0

2. 集中配置受压钢筋

重心至圆心距离ysc'(mm) 320

钢筋直径选择(mm) 20

根数 0

3. 局部均匀配置受拉钢筋

局部对应的圆心角(°) 90

钢筋直径选择(mm) 20

根数 0

4. 集中配置受拉钢筋

重心至圆心距离ysc(mm) 320

钢筋直径选择(mm) 20

根数 5

正截面受弯承载力计算

弯矩(kN.m)

3. 计算原理

参见《混凝土结构设计规范》GB 50010—2010。

4. 主要控件

TextBox1：桩直径（mm）

ComboBox1：混凝土强度等级，C15、C20、C25、C30、C35、C40、C45、C50、C55、C60、C65、C70、C75、C80

TextBox11：混凝土轴心抗压强度设计值（MPa）

TextBox2：混凝土保护层厚度（mm）

ComboBox2：钢筋种类选择，HPB300、HRB335、HRBF335、HRB400、HRBF400、RRB400、HRB500、HRBF500

TextBox12：钢筋抗拉强度设计值（MPa）

TextBox3：钢筋弹性模量 E_s（MPa）

TextBox4：局部对应的圆心角（°）

ComboBox3：钢筋直径选择（mm），6、8、10、12、14、16、18、20、22、25、28、32、36、40、50

TextBox5：根数

TextBox6：重心至圆心距离 y'_{sc}（mm）

ComboBox4：钢筋直径选择（mm），6、8、10、12、14、16、18、20、22、25、28、32、36、40、50

TextBox7：根数

TextBox8：局部对应的圆心角（°）

ComboBox5：钢筋直径选择（mm），6、8、10、12、14、16、18、20、22、25、28、32、36、40、50

TextBox9：根数

TextBox10：重心至圆心距离 y_{sc}（mm）

ComboBox6：钢筋直径选择（mm），6、8、10、12、14、16、18、20、22、25、28、32、36、40、50

TextBox13：根数

Button1：正截面受弯承载力计算

TextBox14：弯矩（kN·m）

5. 源程序

```
Public Class Form74
    Private Sub MenuItem2_Click(ByVal sender As System.Object,ByVal e As System.EventArgs)Handles Menu-
```

```
Item2.Click
            Me.Hide()
        End Sub

        Private Sub ComboBox1_SelectedIndexChanged_1(ByVal sender As System.Object,ByVal e As System.EventArgs)
Handles ComboBox1.SelectedIndexChanged
            Dim fc As Double
            If ComboBox1.Text = "C15" Then
                fc = 7.2
            ElseIf ComboBox1.Text = "C20" Then
                fc = 9.6
            ElseIf ComboBox1.Text = "C25" Then
                fc = 11.9
            ElseIf ComboBox1.Text = "C30" Then
                fc = 14.3
            ElseIf ComboBox1.Text = "C35" Then
                fc = 16.7
            ElseIf ComboBox1.Text = "C40" Then
                fc = 19.1
            ElseIf ComboBox1.Text = "C45" Then
                fc = 21.1
            ElseIf ComboBox1.Text = "C50" Then
                fc = 23.1 * 1.0#
            ElseIf ComboBox1.Text = "C55" Then
                fc = 25.3 * 0.99
            ElseIf ComboBox1.Text = "C60" Then
                fc = 27.5 * 0.98
            ElseIf ComboBox1.Text = "C65" Then
                fc = 29.7 * 0.97
            ElseIf ComboBox1.Text = "C70" Then
                fc = 31.8 * 0.96
            ElseIf ComboBox1.Text = "C75" Then
                fc = 33.8 * 0.95
            ElseIf ComboBox1.Text = "C80" Then
                fc = 35.9 * 0.94
            End If
            TextBox11.Text = fc
        End Sub
        Private Sub ComboBox2_SelectedIndexChanged_1(ByVal sender As System.Object,ByVal e As System.EventArgs)
Handles ComboBox2.SelectedIndexChanged
            Dim fy,Es As Double
            If ComboBox2.Text = "HPB300" Then
                fy = 270
                Es = 210000
            ElseIf ComboBox2.Text = "HRB335" Or ComboBox2.Text = "HRBF335" Then
                fy = 300
```

```
        Es = 200000
    ElseIf ComboBox2.Text = "HRB400" Or ComboBox2.Text = "HRBF400" Or ComboBox2.Text = "RRB400" Then
        fy = 360
        Es = 200000
    ElseIf ComboBox2.Text = "HRB500" Or ComboBox2.Text = "HRBF500" Then
        fy = 435
        Es = 200000
    End If
    TextBox12.Text = fy
    TextBox3.Text = Es
End Sub
Private Sub Button1_Click(ByVal sender As System.Object,ByVal e As System.EventArgs)Handles Button1.Click
    Dim D,A,fc,fcuk,fy,Es,r,rs,M,fai,num,Asr,faic,numc,Ascc,faip,nump As Double
    Dim Asrp As Double
    Dim faicp,numcp,Asccp As Double
    '清零
    TextBox14.Text = ""
    Label21.Text = " * * * "
    '读取数据
    D = Val(TextBox1.Text)
    fc = Val(TextBox11.Text)
    fy = Val(TextBox12.Text)
    Es = Val(TextBox3.Text)
    '数检
    If D< = 0 Then
        MsgBox("桩直径数据有误,请核对。",0,"数检提示!")
        GoTo c
    End If
    If 0.5 * Val(TextBox1.Text)< = Val(TextBox2.Text)Then
        MsgBox("请检查桩直径和混凝土保护层数据!",0,"数检提示!")
        GoTo c
    End If
    If Val(TextBox2.Text)< = 0 Then
        MsgBox("混凝土保护层数据有误,请核对。",0,"数检提示!")
        GoTo c
    End If
    If fc< = 0 Then
        MsgBox("混凝土强度有误,请核对。",0,"数检提示!")
        GoTo c
    End If
    If fy< = 0 Then
        MsgBox("钢筋强度有误,请核对。",0,"数检提示!")
        GoTo c
    End If
    If Es< = 0 Then
        MsgBox("钢筋模量数据有误,请核对。",0,"数检提示!")
```

```
        GoTo c
    End If
    If Val(TextBox9.Text)<=0 And Val(TextBox13.Text)<=0 Then
        MsgBox("请检查受拉钢筋配置。",0,"数检提示!")
        GoTo c
    End If
    If Val(TextBox8.Text)<=0 Then
        MsgBox("均布受拉筋对应圆心角应大于零。",0,"数检提示!")
        TextBox8.Text=90
        GoTo c
    End If
    If Val(TextBox4.Text)<=0 Then
        MsgBox("均布受压筋对应圆心角应大于零。",0,"数检提示!")
        TextBox4.Text=45
        GoTo c
    End If
    '继续读取数
    '受拉侧局部均匀配筋
    Dim alfas As Double
    fai=Val(ComboBox5.Text)
    num=Val(TextBox9.Text)
    Asr=num*0.25*3.14159*fai^2
    alfas=Val(TextBox8.Text)/180*3.14159/(2*3.14159)
    '数检
    If num>0 Then
        If alfas<1/6 Or alfas>1/3 Then
            MsgBox("均布受拉钢筋对应圆心角取值太小,建议取90°",0,"数检提示!")
        ElseIf alfas>1/3 Then
            MsgBox("均布受拉钢筋对应圆心角取值太大,建议取90°",0,"数检提示!")
        End If
    End If
    '受拉侧集中配筋
    Dim ysc As Double
    ysc=Val(TextBox10.Text)
    faic=Val(ComboBox6.Text)
    numc=Val(TextBox13.Text)
    Ascc=numc*0.25*3.14159*faic^2
    '数检
    If numc>0 Then
        If ysc<(D/2-Val(TextBox2.Text)-faic/2)*Math.Cos(3.14159*alfas)Or ysc>D/2-Val(Text-
Box2.Text)-faic/2 Then
            Label21.Text="建议 ysc="& Fix((D/2-Val(TextBox2.Text)-faic/2)*Math.Cos(3.14159*
alfas))&"~"& D/2-Val(TextBox2.Text)-faic/2 &"mm"
            MsgBox("ysc 选值不符合规范要求!   请重新选定",0,"数检提示!")
            GoTo c
        End If
```

```
End If
'受压侧局部均匀配筋
Dim alfasp As Double
alfasp = Val(TextBox4.Text)/180 * 3.14159/(2 * 3.14159)
faip = Val(ComboBox3.Text)
nump = Val(TextBox5.Text)
Asrp = nump * 0.25 * 3.14159 * faip^2
'数检
If nump>0 Then
    If alfasp>0.5 * alfas Then
        MsgBox("均布受压钢筋对应圆心角取值太大。",0,"数检提示!")
    End If
End If
'受压侧集中配筋
Dim yscp As Double
yscp = Val(TextBox6.Text)
faicp = Val(ComboBox4.Text)
numcp = Val(TextBox7.Text)
Asccp = numcp * 0.25 * 3.14159 * faicp^2
'数检
If numcp>0 Then
    If yscp<(D/2 - Val(TextBox2.Text) - faicp/2) * Math.Cos(3.14159 * alfasp)Or yscp>D/2 - Val
(TextBox2.Text) - faicp/2 Then
        Label21.Text = "建议 ysc' = " & Fix((D/2 - Val(TextBox2.Text) - faicp/2) * Math.Cos(3.14159 *
alfasp))& "~" & D/2 - Val(TextBox2.Text) - faicp/2 & "mm"
        MsgBox("ysc'选值不符合规范要求!    请重新选定",0,"数检提示!")
        GoTo c
    End If
End If
'开始计算
Dim alfa,alfa1,X1,X2 As Double
alfa = 0.0001
A = 3.14 * (D/2)^2
20:  X1 = fc * A * (1 - Math.Sin(2 * 3.14159 * alfa)/(2 * 3.14159 * alfa))
X2 = - fy * (Asrp + Asccp - Asr - Ascc)
alfa1 = X2/X1
If alfa>= 1 Then
    MsgBox("混凝土受压区太大,不符合规范要求!请重新设计。",0,"数检提示!")
    GoTo c
End If
If Math.Abs(alfa - alfa1)<0.001 Then
    Label21.Text = "混凝土受压区对应圆心角/deg = " & alfa * 360
    GoTo 10
Else
    alfa = alfa + 0.0001
    GoTo 20
```

```
        End If
10:
        '计算 εcu  (用 ecu 表示)
        Dim ecu,b1 As Double
        ecu = 0.0033 - (fcuk - 50)/100000
        If ecu>0.0033 Then
            ecu = 0.0033
        End If
        '确定 β1  (用 b1 表示)
        If ComboBox1.Text = "C50" Then
            b1 = 0.8
        ElseIf ComboBox1.Text = "C55" Then
            b1 = 0.79
        ElseIf ComboBox1.Text = "C60" Then
            b1 = 0.78
        ElseIf ComboBox1.Text = "C65" Then
            b1 = 0.77
        ElseIf ComboBox1.Text = "C70" Then
            b1 = 0.76
        ElseIf ComboBox1.Text = "C75" Then
            b1 = 0.75
        ElseIf ComboBox1.Text = "C80" Then
            b1 = 0.74
        Else
            b1 = 0.8
        End If
        '计算 ξb  (用 ksib 表示)
        Dim ksib As Double
        ksib = b1/(1 + fy/(ecu * Es))
        'Print "  (普通热轧钢筋情况)相对界限受压高度计算值 ξb = "; ksib
        "Print
        'INPUT "   修改 ξb 值吗(y?)"; ch$
        'If ch$ = "y" Or ch$ = "Y" Then
        'INPUT " ξb = "; ksib
        'Else
        'End If
        '验算混凝土受压区
        r = D/2
        rs = r - Val(TextBox2.Text) - fai/2
        If Math.Cos(3.14159 * alfa)<1 - (1 + rs/r * Math.Cos(3.14159 * alfas)) * ksib Then
            MsgBox("混凝土受压区太大,不符合规范要求!请重新设计。",0,"数检提示!")
            GoTo c
        End If
        '计算
        If alfa<1/3.5 Then
            M = (2/3) * fc * A * r * (Math.Sin(3.14159 * alfa))^3/3.14159 + fy * Asr * rs * (Math.Sin(3.14159 *
```

```
alfas))/(3.14159 * alfas) + fy * Ascc * ysc + fy * Asrp * rs * Math.Sin(3.14159 * alfasp)/(3.14159 * alfasp) + fy *
Asccp * yscp
            Else
                M = fy * Asr * (0.78 * r + rs * Math.Sin(3.14159 * alfas)/(3.14159 * alfas)) + fy * Ascc * (0.78 *
r + ysc)
            End If
            TextBox14.Text = M/1000000
            TextBox14.Focus()
            TextBox14.ScrollToCaret()
    c:
        End Sub
        Private Sub Form74_Load(ByVal sender As System.Object,ByVal e As System.EventArgs)Handles MyBase.Load
            Me.MaximizeBox = False
            On Error Resume Next
            TextBox1.Text = "800"
            ComboBox1.Text = "C25"
            ComboBox2.Text = "HRB335"
            ComboBox3.Text = "20"
            ComboBox4.Text = "20"
            ComboBox5.Text = "20"
            ComboBox6.Text = "20"
        End Sub
        Private Sub TextBox1_TextChanged(ByVal sender As System.Object, ByVal e As System.EventArgs) Handles
TextBox1.TextChanged
            On Error Resume Next
            TextBox6.Text = Fix(0.4 * Val(TextBox1.Text))
            TextBox10.Text = Fix(0.4 * Val(TextBox1.Text))
        End Sub
    End Class
```

矩形截面偏心受压

1. 功能

矩形截面偏心受压，给轴力、配筋，求弯矩承载力。

2. 界面

开发平台：Microsoft Visual Studio 2019。编程语言：VB. net。软件界面如下。

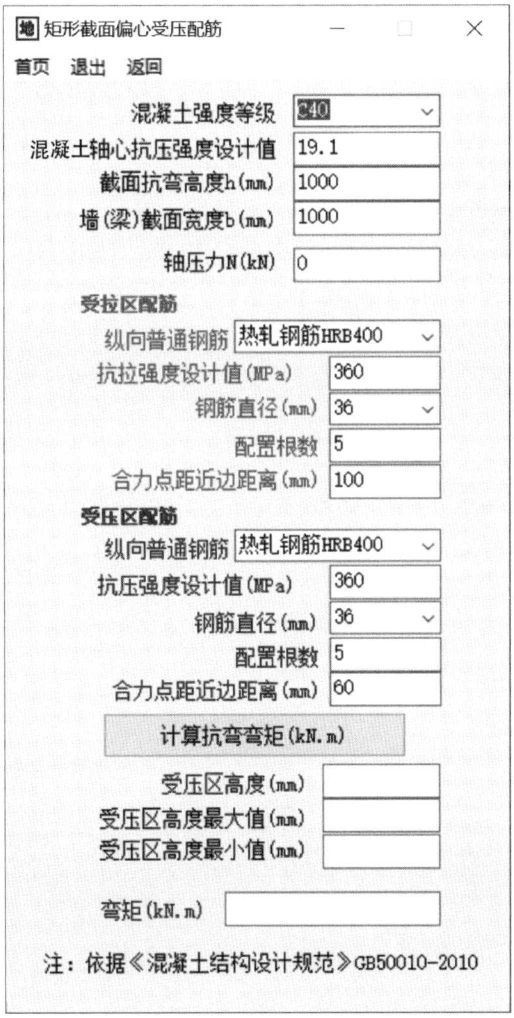

矩形截面偏心受压配筋

首页 退出 返回

混凝土强度等级 C40

混凝土轴心抗压强度设计值 19.1

截面抗弯高度h(mm) 1000

墙(梁)截面宽度b(mm) 1000

轴压力N(kN) 0

受拉区配筋

纵向普通钢筋 热轧钢筋HRB400

抗拉强度设计值(MPa) 360

钢筋直径(mm) 36

配置根数 5

合力点距近边距离(mm) 100

受压区配筋

纵向普通钢筋 热轧钢筋HRB400

抗压强度设计值(MPa) 360

钢筋直径(mm) 36

配置根数 5

合力点距近边距离(mm) 60

计算抗弯弯矩(kN.m)

受压区高度(mm)

受压区高度最大值(mm)

受压区高度最小值(mm)

弯矩(kN.m)

注：依据《混凝土结构设计规范》GB50010-2010

3. 计算原理

参见《混凝土结构设计规范》GB 50010—2010。

4. 主要控件

ComboBox1：混凝土强度等级，C15、C20、C25、C30、C35、C40、C45、C50、C55、C60、C65、C70、C75、C80

TextBox1：混凝土轴心抗压强度设计值（MPa）

TextBox3：截面抗弯高度 h（mm）

TextBox2：墙（梁）截面宽度 b（mm）

TextBox14：墙（梁）截面宽度 N（kN）

ComboBox2：纵向普通钢筋，钢筋种类，HPB300、HRB335、HRBF335、HRB400、HRBF400、RRB400、HRB500、HRBF500

TextBox4：抗拉强度设计值（MPa）

ComboBox4：钢筋直径（mm），6、8、10、12、14、16、18、20、22、25、28、32、36、40、50

TextBox5：配置根数

TextBox6：合力点至近边距离（mm）

ComboBox3：纵向普通钢筋，钢筋种类，HPB300、HRB335、HRBF335、HRB400、HRBF400、RRB400、HRB500、HRBF500

TextBox7：抗压强度设计值（MPa）

ComboBox5：钢筋直径（mm），6、8、10、12、14、16、18、20、22、25、28、32、36、40、50

TextBox8：配置根数

TextBox9：合力点距近边距离（mm）

Button1：计算抗弯弯矩（kN·m）

TextBox11：受压区高度（mm）

TextBox12：受压区高度最大值（mm）

TextBox13：受压区高度最小值（mm）

TextBox10：弯矩（kN·m）

5. 源程序

```
Public Class 矩形截面配筋
    Private Sub MenuItem2_Click(ByVal sender As System.Object,ByVal e As System.EventArgs)Handles Menu-
Item2.Click
        Me.Hide()
    End Sub
    Private Sub ComboBox1_SelectedIndexChanged(ByVal sender As System.Object,ByVal e As System.EventArgs)
```

```
Handles ComboBox1.SelectedIndexChanged
            On Error Resume Next
            Dim fc As Double
            If ComboBox1.Text = "C15" Then
                fc = 7.2
            ElseIf ComboBox1.Text = "C20" Then
                fc = 9.6
            ElseIf ComboBox1.Text = "C25" Then
                fc = 11.9
            ElseIf ComboBox1.Text = "C30" Then
                fc = 14.3
            ElseIf ComboBox1.Text = "C35" Then
                fc = 16.7
            ElseIf ComboBox1.Text = "C40" Then
                fc = 19.1
            ElseIf ComboBox1.Text = "C45" Then
                fc = 21.1
            ElseIf ComboBox1.Text = "C50" Then
                fc = 23.1 * 1.0#
            ElseIf ComboBox1.Text = "C55" Then
                fc = 25.3 * 0.99
            ElseIf ComboBox1.Text = "C60" Then
                fc = 27.5 * 0.98
            ElseIf ComboBox1.Text = "C65" Then
                fc = 29.7 * 0.97
            ElseIf ComboBox1.Text = "C70" Then
                fc = 31.8 * 0.96
            ElseIf ComboBox1.Text = "C75" Then
                fc = 33.8 * 0.95
            ElseIf ComboBox1.Text = "C80" Then
                fc = 35.9 * 0.94
            End If
            TextBox1.Text = fc
        End Sub
        Private Sub ComboBox2_SelectedIndexChanged(ByVal sender As System.Object,ByVal e As System.EventArgs)
Handles ComboBox2.SelectedIndexChanged
            On Error Resume Next
            If ComboBox2.Text = "HPB300" Then
                TextBox4.Text = 270
            ElseIf ComboBox2.Text = "HRB335" Or ComboBox2.Text = "HRBF335" Then
                TextBox4.Text = 300
            ElseIf ComboBox2.Text = "HRB400" Or ComboBox2.Text = "HRBF400" Or ComboBox2.Text = "RRB400" Then
                TextBox4.Text = 360
            ElseIf ComboBox2.Text = "HRB500" Or ComboBox2.Text = "HRBF500" Then
                TextBox4.Text = 436
            Else
```

```
            TextBox4.Text = ""
        End If
    End Sub
    Private Sub ComboBox3_SelectedIndexChanged(ByVal sender As System.Object, ByVal e As System.EventArgs)
Handles ComboBox3.SelectedIndexChanged
        On Error Resume Next
        If ComboBox3.Text = "HPB300" Then
            TextBox7.Text = 270
        ElseIf ComboBox3.Text = "HRB335" Or ComboBox3.Text = "HRBF335" Then
            TextBox7.Text = 300
        ElseIf ComboBox3.Text = "HRB400" Or ComboBox3.Text = "HRBF400" Or ComboBox3.Text = "RRB400" Then
            TextBox7.Text = 360
        ElseIf ComboBox3.Text = "HRB500" Or ComboBox3.Text = "HRBF500" Then
            TextBox7.Text = 436
        Else
            TextBox7.Text = ""
        End If
    End Sub
    Private Sub Button1_Click(ByVal sender As System.Object, ByVal e As System.EventArgs) Handles Button1.
Click
        On Error Resume Next
        Dim fc, b, h, P, fy, Ass, a, fy2, Ass2, a2, h0, alfa1, bata1, eb, Es, ecu, fcuk As Double
        Dim x, M As Double
        fc = Val(TextBox1.Text)
        b = Val(TextBox2.Text)
        h = Val(TextBox3.Text)
        P = Val(TextBox14.Text) * 1000 'kN 变为 N(牛顿)
        fy = Val(TextBox4.Text)'受拉区
        Ass = Val(TextBox5.Text) * 0.25 * Math.PI * (Val(ComboBox4.Text))^2 '钢筋截面积
        a = Val(TextBox6.Text)
        fy2 = Val(TextBox7.Text)'受压区
        Ass2 = Val(TextBox8.Text) * 0.25 * Math.PI * (Val(ComboBox5.Text))^2
        a2 = Val(TextBox9.Text)
        h0 = h - a '截面有效高度
        If fc <= 23.1 Then
            alfa1 = 1
        Else
            alfa1 = 1 - (fc - 23.1)/(35.9 - 23.1) * (1 - 0.94)
        End If
        If fc <= 23.1 Then
            bata1 = 0.8
        Else
            bata1 = 0.8 - (fc - 23.1)/(35.9 - 23.1) * (0.8 - 0.74)
        End If
        If ComboBox1.Text = "C15" Then
            fcuk = 15 '混凝土立方体抗压强度标准值 MPa
```

```
ElseIf ComboBox1.Text = "C20" Then
    fcuk = 20
ElseIf ComboBox1.Text = "C25" Then
    fcuk = 25
ElseIf ComboBox1.Text = "C30" Then
    fcuk = 30
ElseIf ComboBox1.Text = "C35" Then
    fcuk = 35
ElseIf ComboBox1.Text = "C40" Then
    fcuk = 40
ElseIf ComboBox1.Text = "C45" Then
    fcuk = 45
ElseIf ComboBox1.Text = "C50" Then
    fcuk = 50
ElseIf ComboBox1.Text = "C55" Then
    fcuk = 55
ElseIf ComboBox1.Text = "C60" Then
    fcuk = 60
ElseIf ComboBox1.Text = "C65" Then
    fcuk = 65
ElseIf ComboBox1.Text = "C70" Then
    fcuk = 70
ElseIf ComboBox1.Text = "C75" Then
    fcuk = 75
ElseIf ComboBox1.Text = "C80" Then
    fcuk = 80
End If
If ComboBox3.Text = "热轧钢筋 HPB235" Then
    Es = 2.1 * 100000 '钢筋弹性模量 MPa
ElseIf ComboBox3.Text = "热轧钢筋 HRB335" Then
    Es = 2.0 * 100000
ElseIf ComboBox3.Text = "热轧钢筋 HRB400" Then
    Es = 2.0 * 100000
End If
ecu = Math.Min(0.0033,0.0033 - (fcuk - 50) * 10^( - 5))'计算 εcu,用 ecu 表示
eb = bata1/(1 + fy/Es/ecu)'计算 ξb,用 eb 表示
x = (P + fy * Ass - fy2 * Ass2)/alfa1/fc/b '混凝土受压区高度,P 表示轴压力
TextBox11.Text = x
TextBox12.Text = eb * h0
TextBox13.Text = 2 * a2
M = alfa1 * fc * b * x * (h0 - x/2) + fy2 * Ass2 * (h0 - a2)'弯矩,单位 N·mm
M = M/1000/1000 '单位变为 kN·m
TextBox10.Text = M
TextBox10.Focus()
TextBox10.ScrollToCaret()
'N = alfa1 * fc * b * x   - fy * Ass   '受压,单位 N
```

```
    End Sub
    Private Sub 抗滑桩配筋_Load(ByVal sender As System.Object,ByVal e As System.EventArgs)Handles MyBase.Load
        Me.MaximizeBox = False
        On Error Resume Next
        ComboBox1.Text = "C40"
        ComboBox2.Text = "热轧钢筋 HRB400"
        TextBox4.Text = "360"
        ComboBox4.Text = "36"
        ComboBox3.Text = "热轧钢筋 HRB400"
        TextBox7.Text = "360"
        ComboBox5.Text = "36"
    End Sub
    Private Sub MenuItem1_Click(ByVal sender As System.Object,ByVal e As System.EventArgs)Handles MenuItem1.Click
        门户首页.Hide()
        门户首页.Show()
        门户首页.WindowState = FormWindowState.Maximized
    End Sub
    Private Sub MenuItem3_Click(ByVal sender As System.Object,ByVal e As System.EventArgs)Handles MenuItem3.Click
        End
    End Sub
End Class
```

锚固计算

1. 功能

计算锚固力和配筋。

2. 界面

开发平台：Microsoft Visual Studio 2019。编程语言：VB. net。软件界面如下。

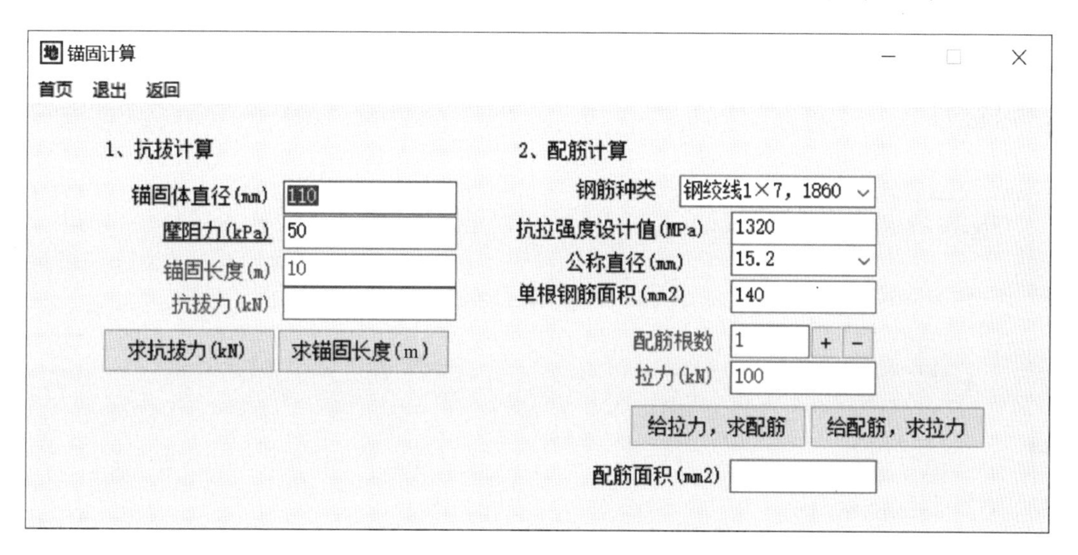

3. 计算原理

锚固体的抗拔力等于锚固体侧面积与摩阻力的乘积。配筋计算参见《混凝土结构设计规范》GB 50010—2010。

4. 主要控件

TextBox14：锚固体直径（mm）
TextBox16：摩阻力（kPa）
TextBox15：锚固长度（m）
TextBox17：抗拔力（kN）

Button3：求抗拔力（kN）

Button6：求锚固长度（m）

ComboBox1：钢筋种类，热轧钢筋 HPB300、热轧钢筋 HRB335、热轧钢筋 HRB400、热轧钢筋 HRB500、钢绞线 1×3，1960、钢绞线 1×3，1860、钢绞线 1×3，1570、钢绞线 1×7，1960、钢绞线 1×7，1860、钢绞线 1×7，1720、其他

TextBox2：抗拉强度设计值（MPa）

ComboBox2：公称直径（mm）

TextBox7：单根钢筋面积（mm^2）

TextBox5：配筋根数

Button4：+

Button5：—

TextBox1：拉力（kN）

Button1：给拉力，求配筋

Button2：给配筋，求拉力

TextBox4：配筋面积（mm^2）

5. 源程序

```
Public Class 锚固
    Private Sub Button1_Click(ByVal sender As System.Object,ByVal e As System.EventArgs)Handles Button1.
Click
        On Error Resume Next
        Dim NNN,fy As Double
        NNN = Val(TextBox1.Text) * 1000
        fy = Val(TextBox2.Text)
        TextBox5.Text = NNN/fy/(Val(TextBox7.Text))
        TextBox4.Text = NNN/fy
        TextBox5.Focus()
        TextBox5.SelectionLength = 0
    End Sub
    Private Sub ComboBox1_SelectedIndexChanged(ByVal sender As System.Object,ByVal e As System.EventArgs)
Handles ComboBox1.SelectedIndexChanged
        TextBox7.Text = ""
        If ComboBox1.Text = "热轧钢筋 HPB300" Or ComboBox1.Text = "热轧钢筋 HRB335" Or ComboBox1.Text = "热
轧钢筋 HRB400" Or ComboBox1.Text = "热轧钢筋 HRB500" Then
            ComboBox2.Items.Clear()
            ComboBox2.Items.Add("6")
            ComboBox2.Items.Add("8")
            ComboBox2.Items.Add("10")
            ComboBox2.Items.Add("12")
            ComboBox2.Items.Add("14")
            ComboBox2.Items.Add("16")
            ComboBox2.Items.Add("18")
```

```
        ComboBox2.Items.Add("20")
        ComboBox2.Items.Add("22")
        ComboBox2.Items.Add("25")
        ComboBox2.Items.Add("28")
        ComboBox2.Items.Add("32")
        ComboBox2.Items.Add("36")
        ComboBox2.Items.Add("40")
        ComboBox2.Items.Add("50")
        ComboBox2.Text = "6"
    ElseIf ComboBox1.Text = "钢绞线 1×3,1860" Or ComboBox1.Text = "钢绞线 1×3,1960" Or ComboBox1.
Text = "钢绞线 1×3,1570" Then
        ComboBox2.Items.Clear()
        ComboBox2.Items.Add("8.6")
        ComboBox2.Items.Add("10.8")
        ComboBox2.Items.Add("12.9")
        ComboBox2.Text = "8.6"
    ElseIf ComboBox1.Text = "钢绞线 1×7,1860" Or ComboBox1.Text = "钢绞线 1×7,1720" Or ComboBox1.Text = "
钢绞线 1×7,1960" Then
        ComboBox2.Items.Clear()
        ComboBox2.Items.Add("9.5")
        ComboBox2.Items.Add("12.7")
        ComboBox2.Items.Add("15.2")
        ComboBox2.Items.Add("17.8")
        ComboBox2.Items.Add("21.6")
        ComboBox2.Text = "9.6"
    Else
        ComboBox2.Items.Clear()
    End If
    If ComboBox1.Text = "热轧钢筋 HPB300" Then
        TextBox2.Text = 270
    ElseIf ComboBox1.Text = "热轧钢筋 HRB335" Then
        TextBox2.Text = 300
    ElseIf ComboBox1.Text = "热轧钢筋 HRB400" Then
        TextBox2.Text = 360
    ElseIf ComboBox1.Text = "热轧钢筋 HRB500" Then
        TextBox2.Text = 435
    ElseIf ComboBox1.Text = "钢绞线 1×3,1860" Then
        TextBox2.Text = 1320
    ElseIf ComboBox1.Text = "钢绞线 1×3,1570" Then
        TextBox2.Text = 1110
    ElseIf ComboBox1.Text = "钢绞线 1×3,1960" Then
        TextBox2.Text = 1390
    ElseIf ComboBox1.Text = "钢绞线 1×7,1860" Then
        TextBox2.Text = 1320
    ElseIf ComboBox1.Text = "钢绞线 1×7,1720" Then
        TextBox2.Text = 1220
```

```
        ElseIf ComboBox1.Text = "钢绞线 1×7,1960" Then
            TextBox2.Text = 1390
        Else
            TextBox2.Text = ""
        End If
    End Sub
    Private Sub Form6_Load(ByVal sender As System.Object,ByVal e As System.EventArgs)Handles MyBase.Load
        Me.MaximizeBox = False
        ComboBox1.Text = "钢绞线 1×7,1860"
        ComboBox2.Text = "15.2"
    End Sub
    Private Sub ComboBox2_SelectedIndexChanged(ByVal sender As System.Object,ByVal e As System.EventArgs)
Handles ComboBox2.SelectedIndexChanged
        If ComboBox2.Text = "8.6" Then
            TextBox7.Text = 37.7
        ElseIf ComboBox2.Text = "10.8" Then
            TextBox7.Text = 58.9
        ElseIf ComboBox2.Text = "12.9" Then
            TextBox7.Text = 84.8
        ElseIf ComboBox2.Text = "9.5" Then
            TextBox7.Text = 54.8
        ElseIf ComboBox2.Text = "12.7" Then
            TextBox7.Text = 98.7
        ElseIf ComboBox2.Text = "15.2" Then
            TextBox7.Text = 140
        ElseIf ComboBox2.Text = "17.8" Then
            TextBox7.Text = 191
        ElseIf ComboBox2.Text = "21.6" Then
            TextBox7.Text = 285
        Else
            TextBox7.Text = 1/4 * Math.PI * (Val(ComboBox2.Text))^2
        End If
    End Sub
    Private Sub Button2_Click(ByVal sender As System.Object,ByVal e As System.EventArgs)Handles Button2.
Click
        On Error Resume Next
        Dim fy As Double
        fy = Val(TextBox2.Text)
        TextBox1.Text = Val(TextBox5.Text) * fy * Val(TextBox7.Text)/1000
        TextBox4.Text = Val(TextBox5.Text) * Val(TextBox7.Text)
        TextBox1.Focus()
    End Sub
    Private Sub Button3_Click(ByVal sender As System.Object,ByVal e As System.EventArgs)Handles Button3.
Click
        On Error Resume Next
        TextBox17.Text = Math.PI * Val(TextBox14.Text)/1000 * Val(TextBox15.Text) * Val(TextBox16.Text)
```

```
        TextBox17.Focus()
        TextBox17.ScrollToCaret()
    End Sub
    Private Sub MenuItem2_Click(ByVal sender As System.Object, ByVal e As System.EventArgs) Handles Menu-
Item2.Click
        Me.Hide()
    End Sub
    Private Sub Button4_Click(ByVal sender As System.Object, ByVal e As System.EventArgs) Handles Button4.
Click
        On Error Resume Next
        TextBox5.Text = Val(TextBox5.Text) + 1
        TextBox5.Focus()
    End Sub
    Private Sub Button5_Click(ByVal sender As System.Object, ByVal e As System.EventArgs) Handles Button5.
Click
        On Error Resume Next
        TextBox5.Text = Val(TextBox5.Text) - 1
        TextBox5.Focus()
    End Sub
    Private Sub Button6_Click(ByVal sender As System.Object, ByVal e As System.EventArgs) Handles Button6.
Click
        On Error Resume Next
        TextBox15.Text = Val(TextBox17.Text)/(Math.PI * Val(TextBox14.Text)/1000 * Val(TextBox16.Text))
        TextBox15.Focus()
        TextBox15.ScrollToCaret()
    End Sub
    Private Sub TextBox2_TextChanged(ByVal sender As System.Object, ByVal e As System.EventArgs) Handles
TextBox2.TextChanged
    End Sub
    Private Sub MenuItem1_Click(ByVal sender As System.Object, ByVal e As System.EventArgs) Handles Menu-
Item1.Click
        门户首页.Hide()
        门户首页.Show()
        门户首页.WindowState = FormWindowState.Maximized
    End Sub
    Private Sub MenuItem3_Click_1(ByVal sender As System.Object, ByVal e As System.EventArgs) Handles Menu-
Item3.Click
        End
    End Sub
    Private Sub LinkLabel1_LinkClicked(ByVal sender As System.Object, ByVal e As System.Windows.Forms.Lin-
kLabelLinkClickedEventArgs) Handles LinkLabel1.LinkClicked
        Form88.Show()
        Form88.WindowState = FormWindowState.Normal
    End Sub
End Class
```

围檩（腰梁）计算

1. 功能

计算腰梁弯矩，选择型钢规格尺寸。

2. 界面

开发平台：Microsoft Visual Studio 2019。编程语言：VB. net。软件界面如下。

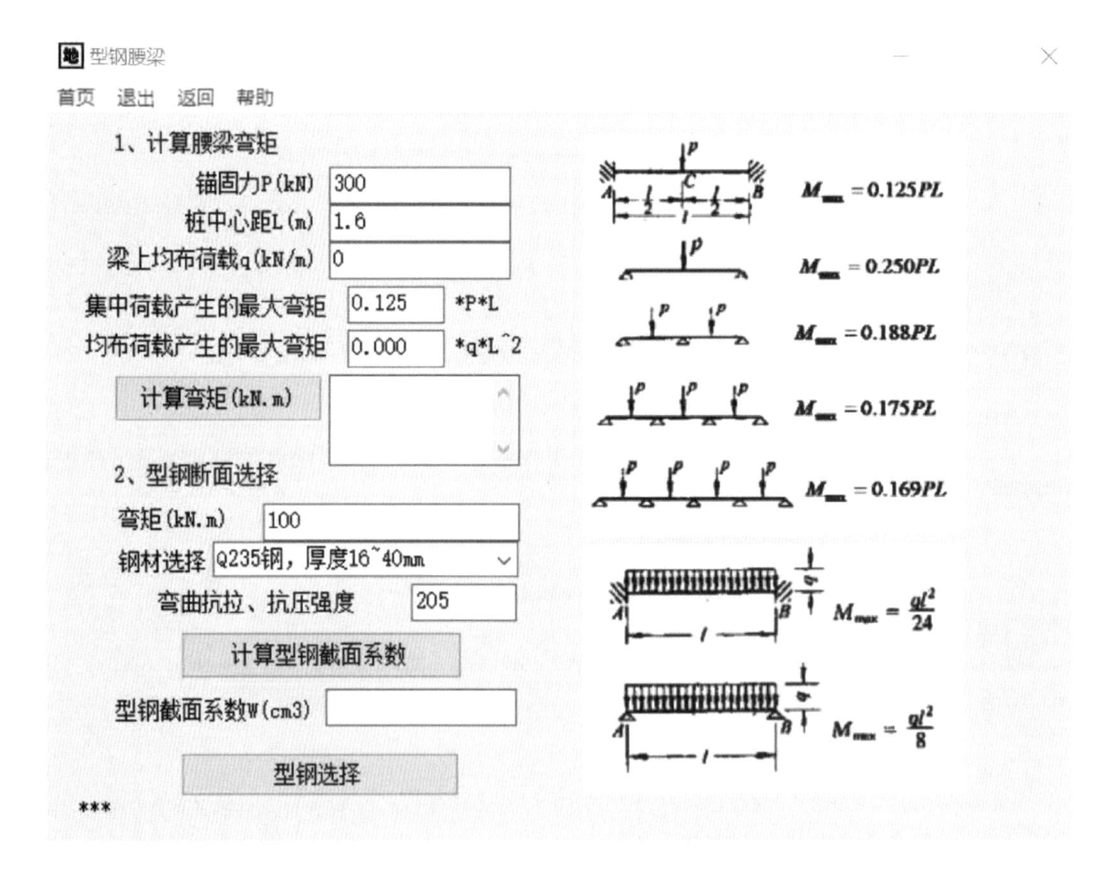

3. 计算原理

参见：《建筑结构静力计算实用手册（第二版）》（中国建筑工业出版社）。

4. 主要控件

TextBox2：锚固力 p（kN）

TextBox1：桩中心距 L（m）

TextBox9：梁上均布荷载 q（kN/m）

TextBox7：集中荷载产生的最大弯矩

TextBox8：均布荷载产生的最大弯矩

Button1：计算弯矩（kN·m）

TextBox3：弯矩计算结果

TextBox4：弯矩（kN·m）

ComboBox3：钢材选择，Q235 钢，厚度≤16mm、Q235 钢，厚度 16～40mm、Q235 钢，厚度 40～60mm、Q235 钢，厚度 60～100mm、Q345 钢，厚度≤16mm、Q345 钢，厚度 16～35mm、Q345 钢，厚度 35～50mm、Q345 钢，厚度 50～100mm、Q390 钢，厚度≤16mm、Q390 钢，厚度 16～35mm、Q390 钢，厚度 35～50mm、Q390 钢，厚度 50～100mm、Q420 钢，厚度≤16mm、Q420 钢，厚度 16～35mm、Q420 钢，厚度 35～50mm、Q420 钢，厚度 50～100mm

TextBox5：弯曲抗拉、抗压强度（MPa）

Button2：计算型钢截面系数

TextBox6：型钢截面系数 W（cm^3）

Button3：型钢选择

5. 源程序

```
Public Class Form1
    Private Sub Button1_Click(ByVal sender As System.Object,ByVal e As System.EventArgs)Handles Button1.
Click
        On Error Resume Next
        Dim L,P,q As Double
        L = Val(TextBox1.Text)'桩中心距
        P = Val(TextBox2.Text)'锚固力
        q = Val(TextBox9.Text)'梁上均布荷载
        TextBox3.Text = Val(TextBox7.Text) * P * L + Val(TextBox8.Text) * q * L^2
        TextBox4.Text = Val(TextBox3.Text)
        TextBox4.Focus()
        TextBox4.SelectionLength = 0
    End Sub
    Private Sub ComboBox3_SelectedIndexChanged(ByVal sender As System.Object,ByVal e As System.EventArgs)
Handles ComboBox3.SelectedIndexChanged
        If ComboBox3.Text = "Q235 钢,厚度≤16mm" Then
            TextBox5.Text = 215
        ElseIf ComboBox3.Text = "Q235 钢,厚度 16～40mm" Then
```

```
            TextBox5.Text = 205
        ElseIf ComboBox3.Text = "Q235 钢,厚度 40～60mm" Then
            TextBox5.Text = 200
        ElseIf ComboBox3.Text = "Q235 钢,厚度 60～100mm" Then
            TextBox5.Text = 190
        ElseIf ComboBox3.Text = "Q345 钢,厚度≤16mm" Then
            TextBox5.Text = 310
        ElseIf ComboBox3.Text = "Q345 钢,厚度 16～35mm" Then
            TextBox5.Text = 295
        ElseIf ComboBox3.Text = "Q345 钢,厚度 35～50mm" Then
            TextBox5.Text = 265
        ElseIf ComboBox3.Text = "Q345 钢,厚度 50～100mm" Then
            TextBox5.Text = 250
        ElseIf ComboBox3.Text = "Q390 钢,厚度≤16mm" Then
            TextBox5.Text = 350
        ElseIf ComboBox3.Text = "Q390 钢,厚度 16～35mm" Then
            TextBox5.Text = 335
        ElseIf ComboBox3.Text = "Q390 钢,厚度 35～50mm" Then
            TextBox5.Text = 315
        ElseIf ComboBox3.Text = "Q390 钢,厚度 50～100mm" Then
            TextBox5.Text = 295
        ElseIf ComboBox3.Text = "Q420 钢,厚度≤16mm" Then
            TextBox5.Text = 380
        ElseIf ComboBox3.Text = "Q420 钢,厚度 16～35mm" Then
            TextBox5.Text = 360
        ElseIf ComboBox3.Text = "Q420 钢,厚度 35～50mm" Then
            TextBox5.Text = 340
        ElseIf ComboBox3.Text = "Q420 钢,厚度 50～100mm" Then
            TextBox5.Text = 325
        Else
            TextBox5.Text = ""
        End If
    End Sub
    Private Sub Button2_Click(ByVal sender As System.Object,ByVal e As System.EventArgs)Handles Button2.Click
        On Error Resume Next
        TextBox6.Text = Val(TextBox4.Text) * 1000 * 100/(Val(TextBox5.Text) * 100)
        TextBox6.Focus()
        TextBox6.ScrollToCaret()
        Button3.Focus()
    End Sub
    Private Sub TextBox3_TextChanged(ByVal sender As System.Object,ByVal e As System.EventArgs)Handles
TextBox3.TextChanged
        TextBox4.Text = Val(TextBox3.Text)
    End Sub
    Private Sub MenuItem1_Click(ByVal sender As System.Object,ByVal e As System.EventArgs)Handles Menu-
Item1.Click
```

```
        Me.Hide()
    End Sub

    Private Sub Button3_Click(ByVal sender As System.Object,ByVal e As System.EventArgs)Handles Button3.
Click
        Form5.Hide()
        Form5.Show()
        Form5.WindowState = FormWindowState.Normal
    End Sub
    Private Sub MenuItem2_Click(ByVal sender As System.Object,ByVal e As System.EventArgs)Handles Menu-
Item2.Click
        门户首页.Hide()
        门户首页.Show()
        门户首页.WindowState = FormWindowState.Maximized
        Me.Hide()
    End Sub
    Private Sub MenuItem3_Click_1(ByVal sender As System.Object,ByVal e As System.EventArgs)Handles Menu-
Item3.Click
        End
    End Sub
    Private Sub Form1_Load(ByVal sender As System.Object,ByVal e As System.EventArgs)Handles MyBase.Load
        ComboBox3.Text = "Q235 钢,厚度 16~40mm"
        Me.AutoScroll = True
        Me.MaximizeBox = False
    End Sub
End Class
```

型钢截面特性

1. 功能

计算显示型钢截面特性。

2. 界面

开发平台：Microsoft Visual Studio 2019。编程语言：VB. net。软件界面如下。

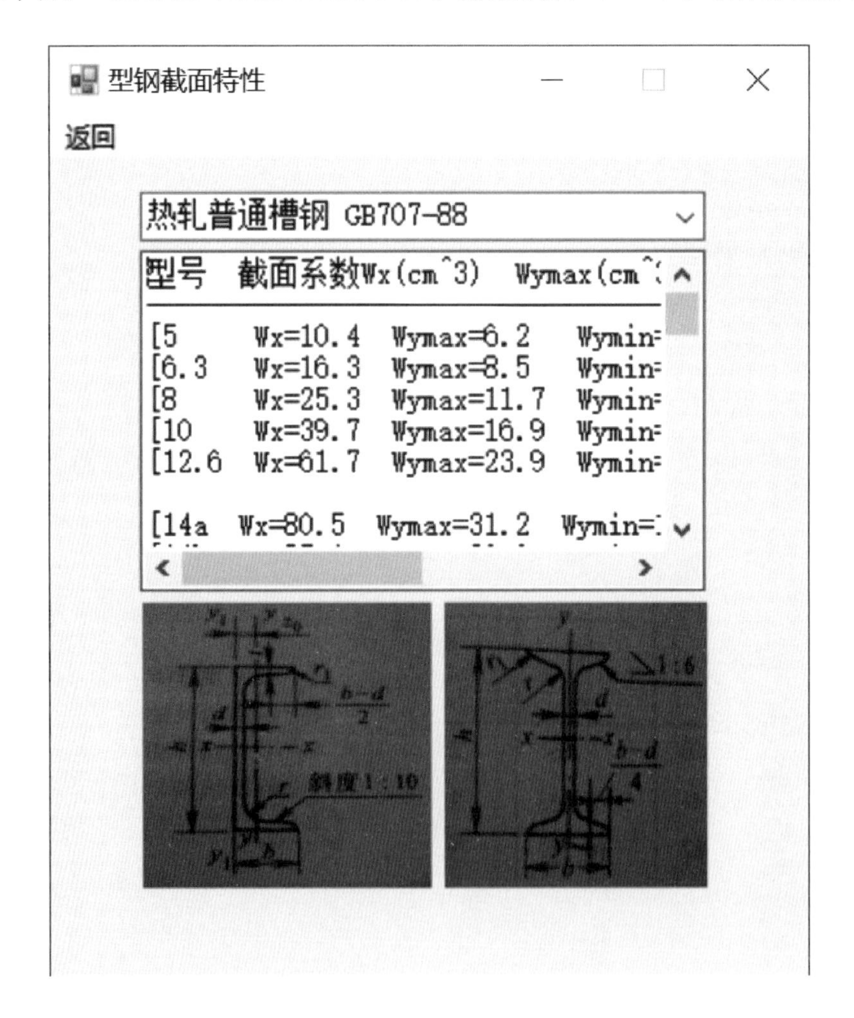

型钢截面特性
返回
钢管
钢管外径D(mm) 203
壁厚t(mm) 10
计算截面系数(抵抗矩)W
截面系数W(cm3)
计算公式：W=(π/64)*(D^4-d^4)/(D
D表示钢管外径，d表示钢管内径。对

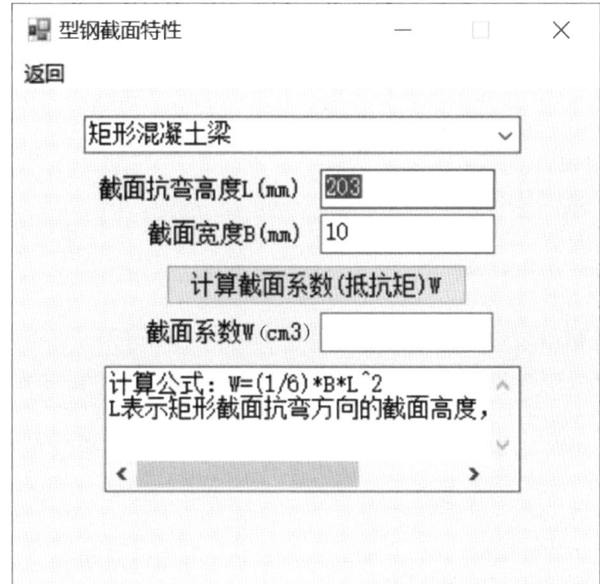

3. 计算原理

参见《建筑结构静力计算实用手册（第二版）》(中国建筑工业出版社)和钢结构教材。

4. 主要控件

ComboBox1：选型，《热轧普通槽钢》GB 707—88、《热轧工字钢尺寸、外形、重量及允许偏差》GB 706—88、钢管、钢管混凝土、矩形混凝土梁

TextBox2：钢管外径 D（mm）、截面抗弯高度 L（mm）

Label1：钢管外径 D（mm）、截面抗弯高度 L（mm）

Label2：壁厚 t（mm）、截面宽度 B（mm）

TextBox1：型钢截面系数显示

Button1：计算截面系数（抵抗矩）W（cm^3）

TextBox4：计算截面系数（抵抗矩）W 显示结果

TextBox5：计算公式显示栏

5. 源程序

```
Public Class Form5
    Private Sub ComboBox1_SelectedIndexChanged(ByVal sender As System.Object,ByVal e As System.EventArgs)
Handles ComboBox1.SelectedIndexChanged
        On Error Resume Next
        If ComboBox1.Text = "钢管" Then
            TextBox1.Text = ""
            TextBox1.Visible = False
            PictureBox1.Visible = False
            PictureBox2.Visible = False
            Label1.Visible = True
            Label1.Text = "钢管外径 D/mm"
            Label2.Visible = True
            Label2.Text = "壁厚 t/mm"
            Label3.Visible = True
            TextBox2.Visible = True
            TextBox3.Visible = True
            TextBox4.Visible = True
            TextBox5.Visible = True
            TextBox5.Text = "计算公式:W = (π/64) * (D^4 - d^4)/(D/2)" & vbCrLf
            TextBox5.Text += "D 表示钢管外径,d 表示钢管内径。对圆钢,可取 D = d" & vbCrLf
            Button1.Visible = True
            TextBox2.Focus()
        End If
        If ComboBox1.Text = "钢管混凝土" Then
            TextBox1.Text = ""
            TextBox1.Visible = False
            PictureBox1.Visible = False
            PictureBox2.Visible = False
            Label1.Visible = True
            Label1.Text = "钢管外径 D/mm"
            Label2.Visible = True
            Label2.Text = "壁厚 t/mm"
            Label3.Visible = True
            TextBox2.Visible = True
            TextBox3.Visible = True
            TextBox4.Visible = True
```

```
        TextBox5.Visible = True
        TextBox5.Text = "计算公式:W = {(π/64) * D^4/(D/2)" & vbCrLf
        TextBox5.Text += "D表示钢管外径,d表示钢管内径。对圆钢,可取D = d" & vbCrLf
        Button1.Visible = True
        TextBox2.Focus()
    End If
    If ComboBox1.Text = "矩形混凝土梁" Then
        TextBox1.Text = ""
        TextBox1.Visible = False
        PictureBox1.Visible = False
        PictureBox2.Visible = False
        Label1.Visible = True
        Label1.Text = "截面抗弯高度 L(mm)"
        Label2.Visible = True
        Label2.Text = "截面宽度 B(mm)"
        Label3.Visible = True
        TextBox2.Visible = True
        TextBox3.Visible = True
        TextBox4.Visible = True
        TextBox5.Visible = True
        TextBox5.Text = "计算公式:W = (1/6) * B * L^2" & vbCrLf
        TextBox5.Text += "L表示矩形截面抗弯方向的截面高度,B表示截面宽度" & vbCrLf
        Button1.Visible = True
        TextBox2.Focus()
    End If
    If ComboBox1.Text = "热轧普通工字钢 GB 706 - 88" Then
        TextBox1.Visible = True
        TextBox1.Focus()
        PictureBox1.Visible = True
        PictureBox2.Visible = True
        Label1.Visible = False
        Label2.Visible = False
        Label3.Visible = False
        TextBox2.Visible = False
        TextBox3.Visible = False
        TextBox4.Visible = False
        TextBox5.Visible = False
        Button1.Visible = False
        TextBox1.Text = "型号   截面系数 Wx(cm^3)   Wy(cm^3)   重量 G(kg/m)" & vbCrLf
        TextBox1.Text += "- - - - - - - - - - - - - - - -" & vbCrLf
        TextBox1.Text += "I10     Wx = 49.0     Wy = 9.6      G = 11.25" & vbCrLf
        TextBox1.Text += "I12.6   Wx = 77.4     Wy = 12.7     G = 14.21" & vbCrLf
        TextBox1.Text += "I14     Wx = 101.7    Wy = 16.1     G = 16.88" & vbCrLf
        TextBox1.Text += "I16     Wx = 140.9    Wy = 21.1     G = 20.50" & vbCrLf
        TextBox1.Text += "I18     Wx = 185.4    Wy = 26.2     G = 24.13" & vbCrLf
        TextBox1.Text += "" & vbCrLf
```

```
        TextBox1.Text += "I20a    Wx = 236.9    Wy = 31.6    G = 27.91" & vbCrLf
        TextBox1.Text += "I20b    Wx = 250.2    Wy = 33.1    G = 31.05" & vbCrLf
        TextBox1.Text += "" & vbCrLf
        TextBox1.Text += "I22a    Wx = 309.6    Wy = 41.1    G = 33.05" & vbCrLf
        TextBox1.Text += "I22b    Wx = 325.8    Wy = 42.9    G = 36.50" & vbCrLf
        TextBox1.Text += "" & vbCrLf
        TextBox1.Text += "I25a    Wx = 401.4    Wy = 48.4    G = 38.08" & vbCrLf
        TextBox1.Text += "I25b    Wx = 422.2    Wy = 50.4    G = 42.01" & vbCrLf
        TextBox1.Text += "" & vbCrLf
        TextBox1.Text += "I28a    Wx = 508.2    Wy = 56.4    G = 43.47" & vbCrLf
        TextBox1.Text += "I28b    Wx = 534.4    Wy = 58.7    G = 47.86" & vbCrLf
        TextBox1.Text += "" & vbCrLf
        TextBox1.Text += "I32a    Wx = 692.5    Wy = 70.6    G = 52.69" & vbCrLf
        TextBox1.Text += "I32b    Wx = 726.7    Wy = 73.3    G = 57.71" & vbCrLf
        TextBox1.Text += "I32c    Wx = 760.8    Wy = 76.1    G = 62.74" & vbCrLf
        TextBox1.Text += "" & vbCrLf
        TextBox1.Text += "I36a    Wx = 877.6    Wy = 81.6    G = 60.00" & vbCrLf
        TextBox1.Text += "I36b    Wx = 920.8    Wy = 84.6    G = 65.66" & vbCrLf
        TextBox1.Text += "I36c    Wx = 964.0    Wy = 87.7    G = 71.31" & vbCrLf
        TextBox1.Text += "" & vbCrLf
        TextBox1.Text += "I40a    Wx = 1085.7    Wy = 92.9    G = 67.56" & vbCrLf
        TextBox1.Text += "I40b    Wx = 1139.0    Wy = 96.2    G = 73.84" & vbCrLf
        TextBox1.Text += "I40c    Wx = 1192.4    Wy = 99.7    G = 80.12" & vbCrLf
        TextBox1.Text += "" & vbCrLf
        TextBox1.Text += "I45a    Wx = 1432.9    Wy = 114.0    G = 80.38" & vbCrLf
        TextBox1.Text += "I45b    Wx = 1500.4    Wy = 117.8    G = 87.45" & vbCrLf
        TextBox1.Text += "I45c    Wx = 1567.9    Wy = 121.8    G = 94.51" & vbCrLf
        TextBox1.Text += "" & vbCrLf
        TextBox1.Text += "I50a    Wx = 1858.9    Wy = 142.0    G = 93.61" & vbCrLf
        TextBox1.Text += "I50b    Wx = 1942.2    Wy = 146.4    G = 101.46" & vbCrLf
        TextBox1.Text += "I50c    Wx = 2025.6    Wy = 151.1    G = 109.31" & vbCrLf
        TextBox1.Text += "" & vbCrLf
        TextBox1.Text += "I56a    Wx = 2342.0    Wy = 164.6    G = 106.27" & vbCrLf
        TextBox1.Text += "I56b    Wx = 2446.5    Wy = 169.5    G = 115.06" & vbCrLf
        TextBox1.Text += "I56c    Wx = 2551.1    Wy = 174.7    G = 123.85" & vbCrLf
        TextBox1.Text += "" & vbCrLf
        TextBox1.Text += "I63a    Wx = 2984.3    Wy = 193.5    G = 121.36" & vbCrLf
        TextBox1.Text += "I63b    Wx = 3116.6    Wy = 199.0    G = 131.35" & vbCrLf
        TextBox1.Text += "I63c    Wx = 3248.9    Wy = 204.7    G = 141.14" & vbCrLf
        TextBox1.Text += "" & vbCrLf
    ElseIf ComboBox1.Text = "热轧普通槽钢 GB707 - 88" Then
        TextBox1.Visible = True
        TextBox1.Focus()
        PictureBox1.Visible = True
        PictureBox2.Visible = True
        Label1.Visible = False
```

```
Label2.Visible = False
Label3.Visible = False
TextBox2.Visible = False
TextBox3.Visible = False
TextBox4.Visible = False
TextBox5.Visible = False
Button1.Visible = False
TextBox1.Text = "型号  截面系数 Wx(cm^3)  Wymax(cm^3)  Wymin(cm^3)  重量 G(kg/m)" & vbCrLf
TextBox1.Text += "- - - - - - - - - - - - - - - - - - - -" & vbCrLf
TextBox1.Text += "[5     Wx = 10.4    Wymax = 6.2     Wymin = 3.5     G = 5.44" & vbCrLf
TextBox1.Text += "[6.3   Wx = 16.3    Wymax = 8.5     Wymin = 4.6     G = 6.63" & vbCrLf
TextBox1.Text += "[8     Wx = 25.3    Wymax = 11.7    Wymin = 5.8     G = 8.04" & vbCrLf
TextBox1.Text += "[10    Wx = 39.7    Wymax = 16.9    Wymin = 7.8     G = 10.00" & vbCrLf
TextBox1.Text += "[12.6  Wx = 61.7    Wymax = 23.9    Wymin = 10.3    G = 12.31" & vbCrLf
TextBox1.Text += "" & vbCrLf
TextBox1.Text += "[14a   Wx = 80.5    Wymax = 31.2    Wymin = 13.0    G = 14.53" & vbCrLf
TextBox1.Text += "[14b   Wx = 87.1    Wymax = 36.6    Wymin = 14.1    G = 16.73" & vbCrLf
TextBox1.Text += "" & vbCrLf
TextBox1.Text += "[16a   Wx = 108.3   Wymax = 40.9    Wymin = 16.3    G = 17.23" & vbCrLf
TextBox1.Text += "[16b   Wx = 116.8   Wymax = 47.6    Wymin = 17.6    G = 19.75" & vbCrLf
TextBox1.Text += "" & vbCrLf
TextBox1.Text += "[18a   Wx = 141.4   Wymax = 52.3    Wymin = 20.0    G = 20.17" & vbCrLf
TextBox1.Text += "[18b   Wx = 152.2   Wymax = 60.4    Wymin = 21.5    G = 22.99" & vbCrLf
TextBox1.Text += "" & vbCrLf
TextBox1.Text += "[20a   Wx = 178.0   Wymax = 63.8    Wymin = 24.2    G = 22.63" & vbCrLf
TextBox1.Text += "[20b   Wx = 191.4   Wymax = 73.7    Wymin = 25.9    G = 25.77" & vbCrLf
TextBox1.Text += "" & vbCrLf
TextBox1.Text += "[22a   Wx = 217.6   Wymax = 75.1    Wymin = 28.2    G = 24.99" & vbCrLf
TextBox1.Text += "[22b   Wx = 233.8   Wymax = 86.8    Wymin = 30.1    G = 28.45" & vbCrLf
TextBox1.Text += "" & vbCrLf
TextBox1.Text += "[25a   Wx = 268.7   Wymax = 85.1    Wymin = 30.7    G = 27.40" & vbCrLf
TextBox1.Text += "[25b   Wx = 289.6   Wymax = 98.5    Wymin = 32.7    G = 31.33" & vbCrLf
TextBox1.Text += "[25c   Wx = 310.4   Wymax = 110.1   Wymin = 34.6    G = 35.25" & vbCrLf
TextBox1.Text += "" & vbCrLf
TextBox1.Text += "[28a   Wx = 339.5   Wymax = 104.1   Wymin = 35.7    G = 31.42" & vbCrLf
TextBox1.Text += "[28b   Wx = 365.6   Wymax = 119.3   Wymin = 37.9    G = 35.81" & vbCrLf
TextBox1.Text += "[28c   Wx = 391.7   Wymax = 132.6   Wymin = 40.0    G = 40.21" & vbCrLf
TextBox1.Text += "" & vbCrLf
TextBox1.Text += "[32a   Wx = 469.4   Wymax = 136.2   Wymin = 46.4    G = 38.07" & vbCrLf
TextBox1.Text += "[32b   Wx = 503.5   Wymax = 155.0   Wymin = 49.1    G = 43.10" & vbCrLf
TextBox1.Text += "[32c   Wx = 537.7   Wymax = 171.5   Wymin = 51.6    G = 48.12" & vbCrLf
TextBox1.Text += "" & vbCrLf
TextBox1.Text += "[36a   Wx = 659.7   Wymax = 186.2   Wymin = 63.6    G = 47.80" & vbCrLf
TextBox1.Text += "[36b   Wx = 702.9   Wymax = 209.2   Wymin = 66.9    G = 53.45" & vbCrLf
TextBox1.Text += "[36c   Wx = 746.1   Wymax = 229.5   Wymin = 70.0    G = 59.10" & vbCrLf
TextBox1.Text += "" & vbCrLf
```

```
            TextBox1.Text += "[40a    Wx = 878.9    Wymax = 237.6   Wymin = 78.8    G = 58.91" & vbCrLf
            TextBox1.Text += "[40b    Wx = 932.2    Wymax = 262.4   Wymin = 82.6    G = 65.19" & vbCrLf
            TextBox1.Text += "[40c    Wx = 985.6    Wymax = 284.4   Wymin = 86.2    G = 71.47" & vbCrLf
            TextBox1.Text += "" & vbCrLf
            TextBox1.Text += "" & vbCrLf
        End If
    End Sub
    Private Sub Form5_Load(ByVal sender As System.Object,ByVal e As System.EventArgs)Handles MyBase.Load
        Me.MaximizeBox = False
        ComboBox1.Text = "热轧普通槽钢 GB 707 - 88"
    End Sub
    Private Sub MenuItem2_Click(ByVal sender As System.Object,ByVal e As System.EventArgs)Handles Menu-
Item2.Click
        Me.Hide()
    End Sub
    Private Sub Button1_Click(ByVal sender As System.Object,ByVal e As System.EventArgs)Handles Button1.
Click
        On Error Resume Next
        Dim t,D As Double
        D = Val(TextBox2.Text)/10
        t = Val(TextBox3.Text)/10
        If ComboBox1.Text = "钢管" Then
            TextBox4.Text = (Math.PI/64) * (D^4 - (D - 2 * t)^4)/(D/2)
        End If
        If ComboBox1.Text = "钢管混凝土" Then
            TextBox4.Text = (Math.PI/64) * D^4/(D/2)
        End If
        If ComboBox1.Text = "矩形混凝土梁" Then
            TextBox4.Text = (1/6) * t * D^2
        End If
        TextBox4.Focus()
    End Sub
End Class
```

钢 管 内 撑

1. 功能

计算钢管内撑的偏心受压稳定安全系数。

2. 界面

开发平台：Microsoft Visual Studio 2019。编程语言：VB. net。软件界面如下。

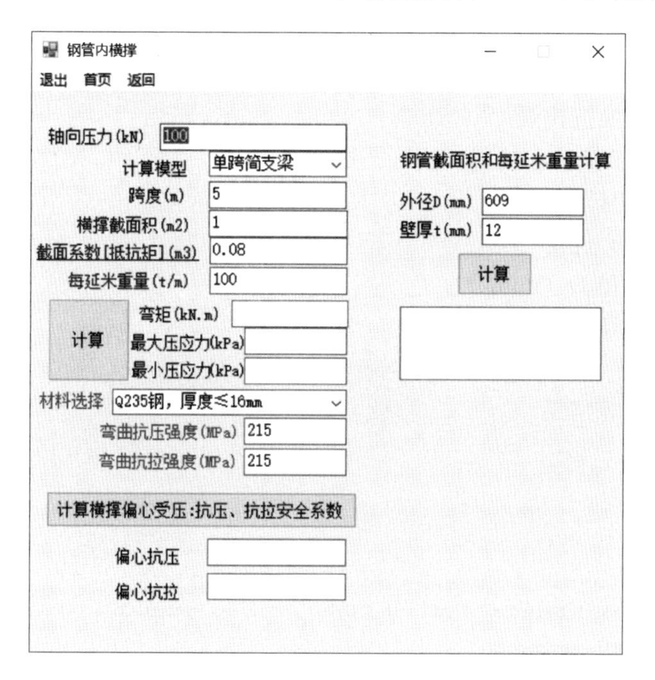

3. 计算原理

参见《建筑结构静力计算实用手册（第二版）》（中国建筑工业出版社）和钢结构教材。

4. 主要控件

TextBox1：轴向压力（kN）

ComboBox2：计算模型，单跨简支梁、两跨简支梁（等跨）、三跨简支梁（等跨）、四

跨简支梁（等跨）

TextBox2：跨度（m）

TextBox7：横撑截面积（m^2）

TextBox3：截面系数（抵抗矩）（m^3）

TextBox4：每延米重量（t/m）

Button3：计算

TextBox8：弯矩（kN·m）

TextBox9：最大压应力（kPa）

TextBox10：最小压应力（kPa）

ComboBox1：材料选择，Q235 钢，厚度≤16mm、Q235 钢，厚度 16～40mm、Q235 钢，厚度 40～60mm、Q235 钢，厚度 60～100mm、Q345 钢，厚度≤16mm、Q345 钢，厚度 16～35mm、Q345 钢，厚度 35～50mm、Q345 钢，厚度 50～100mm、Q390 钢，厚度≤16mm、Q390 钢，厚度 16～35mm、Q390 钢，厚度 35～50mm、Q390 钢，厚度 50～100mm、Q420 钢，厚度≤16mm、Q420 钢，厚度 16～35mm、Q420 钢，厚度 35～50mm、Q420 钢，厚度 50～100mm、混凝土

TextBox5：弯曲抗压强度（MPa）

TextBox11：弯曲抗拉强度（MPa）

Button1：计算横撑偏心受压：抗压、抗拉安全系数

TextBox6：偏心抗压

TextBox12：偏心抗拉

TextBox13：外径 *D*（mm）

TextBox14：内径 *t*（mm）

Button2：计算

TextBox15：计算结果

5. 源程序

```
Public Class Form44
    Private Sub ComboBox1_SelectedIndexChanged(ByVal sender As System.Object,ByVal e As System.EventArgs)
Handles ComboBox1.SelectedIndexChanged
        If ComboBox1.Text = "Q235 钢,厚度≤16mm" Then
            TextBox5.Text = 215
            TextBox11.Text = 215
        ElseIf ComboBox1.Text = "Q235 钢,厚度 16～40mm" Then
            TextBox5.Text = 205
            TextBox11.Text = 205
        ElseIf ComboBox1.Text = "Q235 钢,厚度 40～60mm" Then
            TextBox5.Text = 200
            TextBox11.Text = 200
        ElseIf ComboBox1.Text = "Q235 钢,厚度 60～100mm" Then
            TextBox5.Text = 190
```

```
        TextBox11.Text = 190
    ElseIf ComboBox1.Text = "Q345 钢,厚度≤16mm" Then
        TextBox5.Text = 310
        TextBox11.Text = 310
    ElseIf ComboBox1.Text = "Q345 钢,厚度 16～35mm" Then
        TextBox5.Text = 295
        TextBox11.Text = 295
    ElseIf ComboBox1.Text = "Q345 钢,厚度 35～50mm" Then
        TextBox5.Text = 265
        TextBox11.Text = 265
    ElseIf ComboBox1.Text = "Q345 钢,厚度 50～100mm" Then
        TextBox5.Text = 250
        TextBox11.Text = 250
    ElseIf ComboBox1.Text = "Q390 钢,厚度≤16mm" Then
        TextBox5.Text = 350
        TextBox11.Text = 350
    ElseIf ComboBox1.Text = "Q390 钢,厚度 16～35mm" Then
        TextBox5.Text = 335
        TextBox11.Text = 335
    ElseIf ComboBox1.Text = "Q390 钢,厚度 35～50mm" Then
        TextBox5.Text = 315
        TextBox11.Text = 315
    ElseIf ComboBox1.Text = "Q390 钢,厚度 50～100mm" Then
        TextBox5.Text = 295
        TextBox11.Text = 295
    ElseIf ComboBox1.Text = "Q420 钢,厚度≤16mm" Then
        TextBox5.Text = 380
        TextBox11.Text = 380
    ElseIf ComboBox1.Text = "Q420 钢,厚度 16～35mm" Then
        TextBox5.Text = 360
        TextBox11.Text = 360
    ElseIf ComboBox1.Text = "Q420 钢,厚度 35～50mm" Then
        TextBox5.Text = 340
        TextBox11.Text = 340
    ElseIf ComboBox1.Text = "Q420 钢,厚度 50～100mm" Then
        TextBox5.Text = 325
        TextBox11.Text = 325
    Else
        TextBox5.Text = ""
        TextBox11.Text = ""
    End If
End Sub
Private Sub Button1_Click(ByVal sender As System.Object,ByVal e As System.EventArgs)Handles Button1.
Click
    On Error Resume Next
    TextBox6.Text = Val(TextBox5.Text) * 1000/Val(TextBox9.Text)
```

```
        TextBox6.Focus()
        TextBox12.Text = -Val(TextBox11.Text) * 1000/Math.Min(Val(TextBox10.Text),0)
        TextBox6.Focus()
    End Sub
    Private Sub MenuItem3_Click(ByVal sender As System.Object,ByVal e As System.EventArgs)Handles Menu-
Item3.Click
        Me.Hide()
    End Sub
    Private Sub Form44_Load(ByVal sender As System.Object,ByVal e As System.EventArgs)Handles MyBase.Load
        Me.MaximizeBox = False
        ComboBox2.Text = "单跨简支梁"
        ComboBox1.Text = "Q235 钢,厚度≤16mm"
    End Sub

    Private Sub MenuItem1_Click(ByVal sender As System.Object,ByVal e As System.EventArgs)Handles Menu-
Item1.Click
        门户首页.Hide()
        门户首页.Show()
        门户首页.WindowState = FormWindowState.Maximized
    End Sub
    Private Sub MenuItem2_Click(ByVal sender As System.Object,ByVal e As System.EventArgs)Handles Menu-
Item2.Click
        End
    End Sub
    Private Sub Button3_Click(ByVal sender As System.Object,ByVal e As System.EventArgs)Handles Button3.
Click
        On Error Resume Next
        Dim N,L,A,Wi,q,f,M As Double
        N = Val(TextBox1.Text)
        L = Val(TextBox2.Text)
        A = Val(TextBox7.Text)
        Wi = Val(TextBox3.Text)
        q = Val(TextBox4.Text) * 9.8
        'f = Val(TextBox5.Text)
        If ComboBox2.Text = "单跨简支梁" Then
            M = 1/8 * q * L^2
        ElseIf ComboBox2.Text = "两端固定梁" Then
            M = 1/12 * q * L^2
        ElseIf ComboBox2.Text = "二跨连续梁(等跨)" Then
            M = 0.125 * q * L^2
        ElseIf ComboBox2.Text = "三跨连续梁(等跨)" Then
            M = 0.1 * q * L^2
        ElseIf ComboBox2.Text = "四跨连续梁(等跨)" Then
            M = 0.107 * q * L^2
        End If
        TextBox8.Text = M
```

```
            TextBox9.Text = (N/A + M/Wi)
            TextBox10.Text = (N/A - M/Wi)
            TextBox9.Focus()
        End Sub
        Private Sub LinkLabel1_LinkClicked(ByVal sender As System.Object,ByVal e As System.Windows.Forms.LinkLabelLinkClickedEventArgs)Handles LinkLabel1.LinkClicked
            Form5.Hide()
            Form5.Show()
        End Sub
        Private Sub Button2_Click(ByVal sender As System.Object,ByVal e As System.EventArgs)Handles Button2.Click
            Dim D,t,A As Double
            D = Val(TextBox13.Text)/1000
            t = Val(TextBox14.Text)/1000
            A = Math.PI * D^2/4 - Math.PI * (D - 2 * t)^2/4
            TextBox15.Text = "截面积(m2) = " & A & vbCrLf
            TextBox15.Text += "每延米重量(t) = " & A * 7.8 & vbCrLf
        End Sub
    End Class
```

钢板桩截面选择

1. 功能

计算型钢截面系数，选择型钢截面。

2. 界面

开发平台：Microsoft Visual Studio 2019。编程语言：VB. net。软件界面如下。

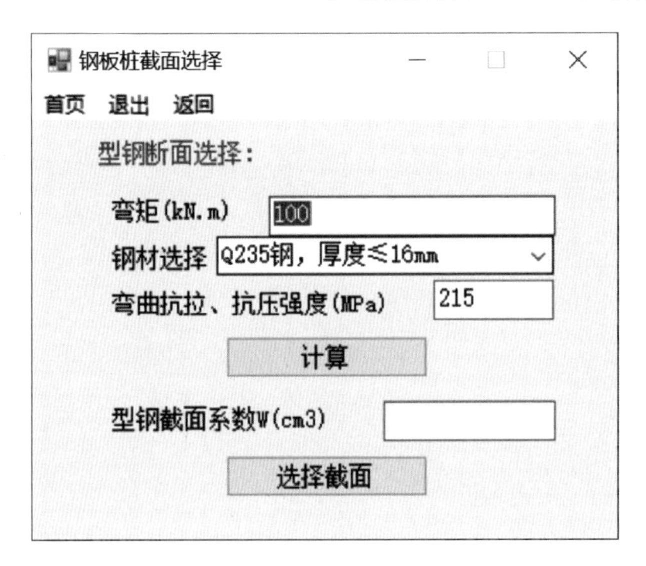

3. 计算原理

参见钢结构教材。

4. 主要控件

TextBox4：弯矩（kN·m）
ComboBox3：钢材选择
TextBox5：弯曲抗压、抗拉强度（MPa）
Button2：计算
TextBox6：型钢截面系数 W［抵抗矩］（cm^3）
Button1：选择截面

5. 源程序

```
    Public Class Form3
        Private Sub Button2_Click_1(ByVal sender As System.Object,ByVal e As System.EventArgs)Handles Button2.
Click
            On Error Resume Next
            TextBox6.Text = Val(TextBox4.Text) * 1000 * 100/(Val(TextBox5.Text) * 100)
            TextBox6.Focus()
        End Sub
        Private Sub ComboBox3_SelectedIndexChanged_1(ByVal sender As System.Object,ByVal e As System.EventArgs)
Handles ComboBox3.SelectedIndexChanged
            On Error Resume Next
            If ComboBox3.Text = "Q235 钢,厚度≤16mm" Then
                TextBox5.Text = 215
            ElseIf ComboBox3.Text = "Q235 钢,厚度 16～40mm" Then
                TextBox5.Text = 205
            ElseIf ComboBox3.Text = "Q235 钢,厚度 40～60mm" Then
                TextBox5.Text = 200
            ElseIf ComboBox3.Text = "Q235 钢,厚度 60～100mm" Then
                TextBox5.Text = 190
            ElseIf ComboBox3.Text = "Q345 钢,厚度≤16mm" Then
                TextBox5.Text = 310
            ElseIf ComboBox3.Text = "Q345 钢,厚度 16～35mm" Then
                TextBox5.Text = 295
            ElseIf ComboBox3.Text = "Q345 钢,厚度 35～50mm" Then
                TextBox5.Text = 265
            ElseIf ComboBox3.Text = "Q345 钢,厚度 50～100mm" Then
                TextBox5.Text = 250
            ElseIf ComboBox3.Text = "Q390 钢,厚度≤16mm" Then
                TextBox5.Text = 350
            ElseIf ComboBox3.Text = "Q390 钢,厚度 16～35mm" Then
                TextBox5.Text = 335
            ElseIf ComboBox3.Text = "Q390 钢,厚度 35～50mm" Then
                TextBox5.Text = 315
            ElseIf ComboBox3.Text = "Q390 钢,厚度 50～100mm" Then
                TextBox5.Text = 295
            ElseIf ComboBox3.Text = "Q420 钢,厚度≤16mm" Then
                TextBox5.Text = 380
            ElseIf ComboBox3.Text = "Q420 钢,厚度 16～35mm" Then
                TextBox5.Text = 360
            ElseIf ComboBox3.Text = "Q420 钢,厚度 35～50mm" Then
                TextBox5.Text = 340
            ElseIf ComboBox3.Text = "Q420 钢,厚度 50～100mm" Then
                TextBox5.Text = 325
            Else
```

```
            TextBox5.Text = ""
        End If
    End Sub
    Private Sub Form3_Load(ByVal sender As System.Object,ByVal e As System.EventArgs)Handles MyBase.Load
        Me.MaximizeBox = False
        ComboBox3.Text = "Q235 钢,厚度≤16mm"
    End Sub
    Private Sub MenuItem7_Click(ByVal sender As System.Object,ByVal e As System.EventArgs)Handles Menu-
Item7.Click
        Me.Hide()
    End Sub
    Private Sub Button1_Click(ByVal sender As System.Object,ByVal e As System.EventArgs)Handles Button1.
Click
        Form5.Hide()
        Form5.Show()
        Form5.WindowState = FormWindowState.Normal
    End Sub
    Private Sub MenuItem1_Click(ByVal sender As System.Object,ByVal e As System.EventArgs)Handles Menu-
Item1.Click
        门户首页.Hide()
        门户首页.Show()
        门户首页.WindowState = FormWindowState.Maximized
        Me.Hide()
    End Sub
    Private Sub MenuItem2_Click(ByVal sender As System.Object,ByVal e As System.EventArgs)Handles Menu-
Item2.Click
        End
    End Sub
End Class
```

降水浸润线

1. 功能

计算基坑降水的浸润线高度。

2. 界面

开发平台：Microsoft Visual Studio 2019。编程语言：VB. net。软件界面如下。

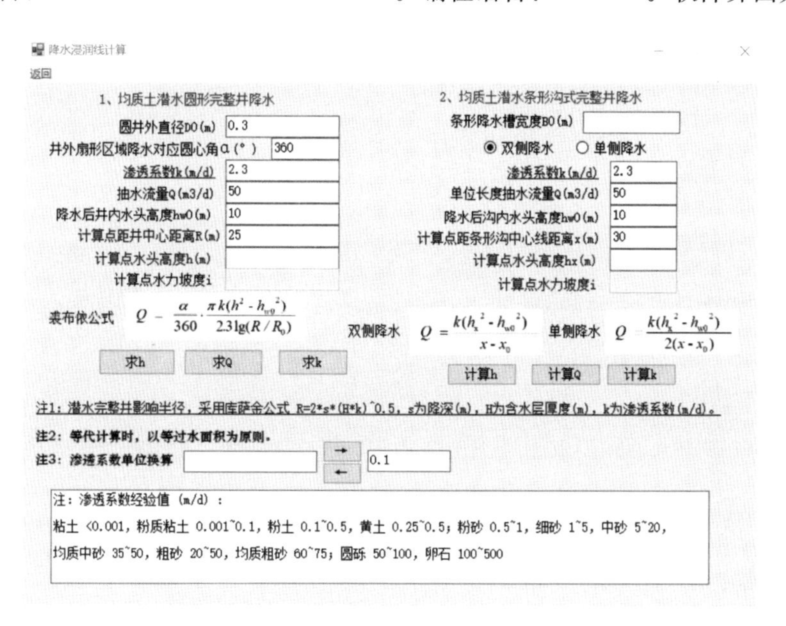

3. 计算原理

参见《水文地质手册》(地质出版社，2012)。

4. 主要控件

TextBox1：圆井外直径 D_0(m)
TextBox14：井外扇形区域降水对应圆心角 α(°)
TextBox2：渗透系数 k(m/d)

TextBox3：抽水流量 Q(m^3/d)
TextBox4：降水后井内水头高度 h_{w0}(m)
TextBox5：计算点距井中心距离 R(m)
TextBox6：计算点水头高度 h(m)
TextBox7：计算点水力坡度 i
Button1：求 h
Button3：求 Q
Button6：求 k
TextBox15：条形降水槽宽度 B_0(m)
RadioButton1：双侧降水
RadioButton2：单侧降水
TextBox8：渗透系数 k(m/d)
TextBox9：单位长度抽水流量 Q(m^3/d)
TextBox10：降水后沟内水头高度 h_{w0}(m)
TextBox11：计算点距条形沟中心线距离 x(m)
TextBox12：计算点水头高度 h_x(m)
TextBox13：计算点水力坡度 i
Button2：计算 h
Button7：计算 Q
Button8：计算 k

5. 源程序

```
Public Class Form47
    Private Sub Button1_Click(ByVal sender As System.Object, ByVal e As System.EventArgs) Handles Button1.Click
        On Error Resume Next
        Dim Dw,k,Q,hw0,h,R,R0,a,wi As Double
        R0 = Val(TextBox1.Text)/2 '井半径
        k = Val(TextBox2.Text)
        Q = Val(TextBox3.Text)
        hw0 = Val(TextBox4.Text) '降水后井内水头高度
        R = Val(TextBox5.Text) '计算点距离井中心半径
        a = Val(TextBox14.Text)
        h = Math.Sqrt(Q/(Math.PI * k) * 360/a * 2.3 * Math.Log10(R/R0) + hw0 ^ 2)
        wi = Q/(2 * Math.PI * R * h * k) * 360/a
        TextBox6.Text = h
        TextBox7.Text = wi
        TextBox6.Focus()
        TextBox6.SelectAll()
    End Sub
    Private Sub Button2_Click(ByVal sender As System.Object, ByVal e As System.EventArgs) Handles But-
```

```
ton2.Click
        On Error Resume Next
        Dim bw,k,Q,hw0,x,x0,hx,wi As Double
        k = Val(TextBox8.Text)
        Q = Val(TextBox9.Text)
        hw0 = Val(TextBox10.Text)
        x = Val(TextBox11.Text)
        x0 = 1/2 * Val(TextBox15.Text)
        If RadioButton1.Checked Then
            hx = Math.Sqrt(hw0 ^ 2 + Q/k * (x - x0))
            TextBox12.Text = hx
            wi = Q/(k * 2 * hx)
            TextBox13.Text = wi
            TextBox12.Focus()
        End If
        If RadioButton2.Checked Then
            hx = Math.Sqrt(hw0 ^ 2 + 2 * Q/k * (x - x0))
            TextBox12.Text = hx
            wi = Q/(k * hx)
            TextBox13.Text = wi
            TextBox12.Focus()
        End If
    End Sub
    Private Sub MenuItem3_Click(ByVal sender As System.Object,ByVal e As System.EventArgs) Handles Menu-
Item3.Click
        Me.Hide()
    End Sub
    Private Sub Form47_Load(ByVal sender As System.Object,ByVal e As System.EventArgs) Handles MyBase.Load
        Me.MaximizeBox = False
    End Sub
    Private Sub Button3_Click_1(sender As Object,e As EventArgs) Handles Button3.Click
        On Error Resume Next
        Dim Dw,k,Q,hw0,h,R,R0,a,wi As Double
        R0 = Val(TextBox1.Text)/2 '井半径
        k = Val(TextBox2.Text)
        h = Val(TextBox6.Text)
        hw0 = Val(TextBox4.Text) '降水后井内水头高度
        R = Val(TextBox5.Text) '计算点距离井中心半径
        a = Val(TextBox14.Text)
        Q = (h ^ 2 - hw0 ^ 2) * (Math.PI * k) * (a/360)/(2.3 * Math.Log10(R/R0))
        wi = Q/(2 * Math.PI * R * h * k) * 360/a
        TextBox3.Text = Q
        TextBox7.Text = wi
        TextBox3.Focus()
        TextBox3.SelectAll()
    End Sub
```

```
Private Sub Button5_Click(sender As Object,e As EventArgs) Handles Button5.Click
    Dim kcm,km As Double
    kcm = Val(TextBox17.Text)
    km = kcm/100 * (24 * 60 * 60)
    TextBox16.Text = km
End Sub
Private Sub Button4_Click(sender As Object,e As EventArgs) Handles Button4.Click
    Dim kcm,km As Double
    km = Val(TextBox16.Text)
    kcm = km * 100/(24 * 60 * 60)
    TextBox17.Text = kcm
End Sub
Private Sub LinkLabel1_LinkClicked(sender As Object,e As LinkLabelLinkClickedEventArgs) Handles LinkLa-
bel1.LinkClicked
    Form126.Hide()
    Form126.Show()
End Sub
Private Sub LinkLabel3_LinkClicked(sender As Object,e As LinkLabelLinkClickedEventArgs) Handles LinkLa-
bel3.LinkClicked
    Form129.Hide()
    Form129.Show()
End Sub
Private Sub LinkLabel2_LinkClicked(sender As Object,e As LinkLabelLinkClickedEventArgs) Handles LinkLa-
bel2.LinkClicked
    Form126.Hide()
    Form126.Show()
End Sub
Private Sub Button6_Click(sender As Object,e As EventArgs) Handles Button6.Click
    On Error Resume Next
    Dim Dw,k,Q,hw0,h,R,R0,a,wi As Double
    R0 = Val(TextBox1.Text)/2 '井半径
    Q = Val(TextBox3.Text)
    h = Val(TextBox6.Text)
    hw0 = Val(TextBox4.Text) '降水后井内水头高度
    R = Val(TextBox5.Text) '计算点距离井中心半径
    a = Val(TextBox14.Text)
    k = Q * (2.3 * Math.Log10(R/R0))/(h ^ 2 - hw0 ^ 2)/(a/360)/Math.PI
    wi = Q/(2 * Math.PI * R * h * k) * 360/a
    TextBox2.Text = k
    TextBox7.Text = wi
    TextBox2.Focus()
    TextBox3.SelectAll()
End Sub
Private Sub Button7_Click(sender As Object,e As EventArgs) Handles Button7.Click
    On Error Resume Next
    Dim bw,k,Q,hw0,x,x0,hx,wi As Double
```

```
        k = Val(TextBox8.Text)
        hw0 = Val(TextBox10.Text)
        x = Val(TextBox11.Text)
        x0 = 1/2 * Val(TextBox15.Text)
        hx = Val(TextBox12.Text)
        If RadioButton1.Checked Then
            Q = (hx ^ 2 - hw0 ^ 2) * k/(x - x0)
            TextBox9.Text = Q
            wi = Q/(k * 2 * hx)
            TextBox13.Text = wi
            TextBox9.Focus()
        End If
        If RadioButton2.Checked Then
            Q = (hx ^ 2 - hw0 ^ 2) * k/2/(x - x0)
            TextBox9.Text = Q
            wi = Q/(k * hx)
            TextBox13.Text = wi
            TextBox9.Focus()
        End If
    End Sub
    Private Sub Button8_Click(sender As Object,e As EventArgs) Handles Button8.Click
        On Error Resume Next
        Dim bw,k,Q,hw0,x,x0,hx,wi As Double
        Q = Val(TextBox9.Text)
        hw0 = Val(TextBox10.Text)
        x = Val(TextBox11.Text)
        x0 = 1/2 * Val(TextBox15.Text)
        hx = Val(TextBox12.Text)
        If RadioButton1.Checked Then
            k = Q/(hx ^ 2 - hw0 ^ 2) * (x - x0)
            TextBox8.Text = k
            wi = Q/(k * 2 * hx)
            TextBox13.Text = wi
            TextBox8.Focus()
        End If
        If RadioButton2.Checked Then
            k = 2 * Q/(hx ^ 2 - hw0 ^ 2) * (x - x0)
            TextBox8.Text = k
            wi = Q/(k * hx)
            TextBox13.Text = wi
            TextBox8.Focus()
        End If
    End Sub
End Class
```

边坡稳定计算（瑞典圆弧法）

1. 功能

运用瑞典圆弧法，计算边坡稳定最小安全系数。

2. 界面

开发平台：Microsoft Visual Studio 2019。编程语言：VB. net。软件界面如下。

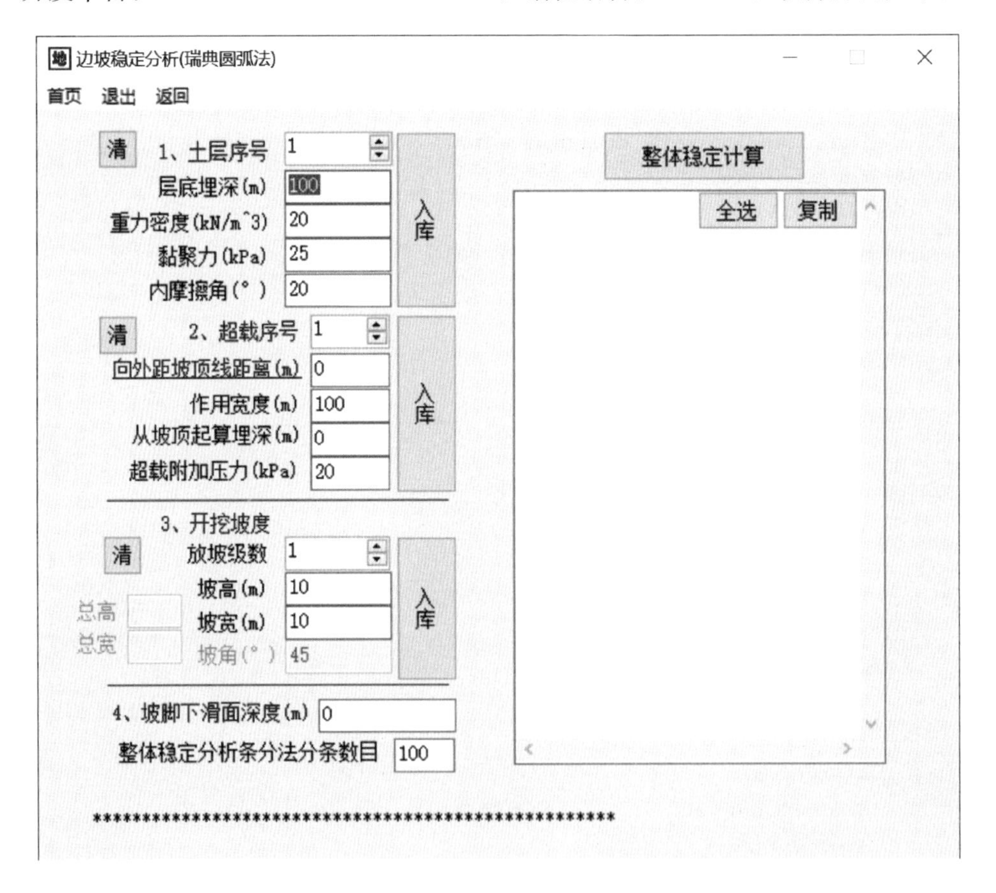

3. 计算原理

瑞典圆弧法参见土力学教科书和相关规范，寻找最小安全系数采用“瞎子探山”原理。

4. 主要控件

NumericUpDown1：土层序号
TextBox1：层底埋深（m）
TextBox2：重力密度（kN/m^3）
TextBox3：黏聚力（kPa）
TextBox4：内摩擦角（°）
Button1：土层入库
Button7：清零
NumericUpDown2：超载序号
TextBox8：向外距坡顶线距离（m）
TextBox7：作用宽度（m）
TextBox6：从坡顶起算埋深（m）
TextBox17：超载附加压力（kPa）
Button3：超载入库
Button2：清零
NumericUpDown3：放坡级数
TextBox5：坡高（m）
TextBox9：坡宽（m）
TextBox10：坡角（°）
TextBox19：总高
TextBox20：总宽
Button4：放坡入库
Button5：清零
TextBox11：坡脚下滑面深度（m）
TextBox23：整体稳定分析条分法分条数目
Button19：整体稳定计算
Button18：全选
Button17：复制
TextBox15：计算结果显示

5. 源程序

```
Public Class 放坡
    Private Ns0,Nq0,Np As Integer
    Private h00(100),g0(100),c0(100),f0(100)As Double '地层参数
    Private dq0(100),bq0(100),Lq0(100),q0(100),aq0(100)As Double '超载参数
    Private ap(100),bp(100),hp(100)As Double '放坡参数
```

```
    Private Sub MenuItem2_Click(ByVal sender As System.Object,ByVal e As System.EventArgs)Handles Menu-
Item2.Click
        Me.Hide()
    End Sub
    Private Sub Button1_Click_1(ByVal sender As System.Object,ByVal e As System.EventArgs)Handles Button1.
Click
        On Error Resume Next
        Dim i As Integer
        h00(0) = 0 '地面埋深为 0
        If NumericUpDown1.Value< = Ns0 + 1 And IsNumeric(TextBox1.Text) = True And IsNumeric(TextBox2.Text)
= True And IsNumeric(TextBox3.Text) = True And IsNumeric(TextBox4.Text) = True Then
            i = NumericUpDown1.Value
            h00(i) = Val(TextBox1.Text)'i 层土的层底埋深
            g0(i) = Val(TextBox2.Text)'γ
            c0(i) = Val(TextBox3.Text)'c
            f0(i) = Val(TextBox4.Text)'ϕ
            If i> = Ns0 Then
                Ns0 = i
                NumericUpDown1.Value = NumericUpDown1.Value + 1
                TextBox1.Text = ""
                TextBox1.Focus()
                GoTo 100
            Else
                NumericUpDown1.Value = NumericUpDown1.Value + 1
                i = NumericUpDown1.Value
                TextBox1.Text = h00(i)
                TextBox2.Text = g0(i)
                TextBox3.Text = c0(i)
                TextBox4.Text = f0(i)
                TextBox1.Focus()
            End If
        Else
            MsgBox("按序号输入。")
            NumericUpDown1.Value = Ns0 + 1
        End If
100:
        TextBox1.Focus()
    End Sub
    Private Sub NumericUpDown1_ValueChanged_1(ByVal sender As System.Object,ByVal e As System.EventArgs)
Handles NumericUpDown1.ValueChanged
        On Error Resume Next
        Dim i As Integer
        i = NumericUpDown1.Value
        If i< = Ns0 Then
            TextBox1.Text = h00(i)
            TextBox2.Text = g0(i)
```

```
            TextBox3.Text = c0(i)
            TextBox4.Text = f0(i)
        Else
            NumericUpDown1.Value = Ns0 + 1
            TextBox1.Text = ""
        End If
        TextBox1.Focus()
    End Sub
    Private Sub Button7_Click_1(ByVal sender As System.Object,ByVal e As System.EventArgs)Handles Button7.
Click
        On Error Resume Next
        Ns0 = 0
        NumericUpDown1.Value = 1
        TextBox1.Text = ""
        TextBox2.Text = ""
        TextBox3.Text = ""
        TextBox4.Text = ""
        TextBox1.Focus()
    End Sub
    Private Sub Button3_Click_1(ByVal sender As System.Object,ByVal e As System.EventArgs)Handles Button3.
Click
        On Error Resume Next
        Dim i As Integer
        If NumericUpDown2.Value< = Nq0 + 1 And IsNumeric(TextBox6.Text) = True And IsNumeric(TextBox7.Text)
 = True And IsNumeric(TextBox8.Text) = True And IsNumeric(TextBox17.Text) = True Then
            i = NumericUpDown2.Value
            dq0(i) = Val(TextBox6.Text)'超载埋深
            Lq0(i) = Val(TextBox8.Text)'至坑边距离
            If Lq0(i)> = 0 Then
                bq0(i) = Val(TextBox7.Text)'超载宽度
            Else
                bq0(i) = - Val(TextBox7.Text)'超载宽度
            End If
            q0(i) = Val(TextBox17.Text)'超载大小
            'aq0(i) = Val(TextBox18.Text)'超载大小
            If i> = Nq0 Then
                Nq0 = i
                NumericUpDown2.Value = NumericUpDown2.Value + 1
                TextBox6.Text = ""
                TextBox7.Text = ""
                TextBox8.Text = ""
                TextBox17.Text = ""
                TextBox8.Focus()
                GoTo 100
            Else
                NumericUpDown2.Value = NumericUpDown2.Value + 1
```

```
                i = NumericUpDown2.Value
                TextBox6.Text = dq0(i)
                TextBox8.Text = Lq0(i)
                TextBox7.Text = Math.Abs(bq0(i))
                TextBox17.Text = q0(i)
                'TextBox18.Text = aq0(i)
                TextBox8.Focus()
            End If
        Else
            MsgBox("按序号输入。")
            NumericUpDown2.Value = Nq0 + 1
        End If
100:
        TextBox8.Focus()
    End Sub
    Private Sub NumericUpDown2_ValueChanged_1(ByVal sender As System.Object,ByVal e As System.EventArgs)
Handles NumericUpDown2.ValueChanged
        On Error Resume Next
        'If Nq0<>0 Then
        Dim i As Integer
        i = NumericUpDown2.Value
        If i< = Nq0 Then
            TextBox6.Text = dq0(i)
            TextBox7.Text = Math.Abs(bq0(i))
            TextBox8.Text = Lq0(i)
            TextBox17.Text = q0(i)
        Else
            NumericUpDown2.Value = Nq0 + 1
            TextBox6.Text = ""
            TextBox7.Text = ""
            TextBox8.Text = ""
            TextBox17.Text = ""
        End If
        TextBox8.Focus()
        'End If
    End Sub
    Private Sub Button2_Click_1(ByVal sender As System.Object,ByVal e As System.EventArgs)Handles Button2.
Click
        On Error Resume Next
        Nq0 = 0
        NumericUpDown2.Value = 1
        TextBox6.Text = ""
        TextBox7.Text = ""
        TextBox8.Text = ""
        TextBox17.Text = ""
        TextBox8.Focus()
```

```
    End Sub
    Private Sub Button19_Click_1(ByVal sender As System.Object, ByVal e As System.EventArgs)Handles But-
ton19.Click
        On Error Resume Next
        If Ns0 = 0 Then
            MsgBox("请全部输入地层参数")
            GoTo 100
        End If
        If Np = 0 Then
            MsgBox("请全部输入边坡开挖参数")
            GoTo 100
        End If
        Dim i,j,k As Integer
        TextBox15.Text = ""
        Dim h(100),g(100),c(100),f(100),Ns As Double
        Ns = Ns0
        For i = 0 To Ns
            h(i) = h00(i)
            g(i) = g0(i)
            c(i) = c0(i)
            f(i) = f0(i)
        Next
        '1、进行地层排序
        Dim h1(100),g1(100),c1(100),f1(100),lh,lg,lc,lf As Double  '排序数据
        For i = 1 To Ns
            h1(i) = h(i)
            g1(i) = g(i)
            c1(i) = c(i)
            f1(i) = f(i)
        Next
        For i = 1 To Ns
            For j = i + 1 To Ns
                If h1(j)<h1(i)Then
                    lh = h1(i)
                    lg = g1(i)
                    lc = c1(i)
                    lf = f1(i)
                    h1(i) = h1(j)
                    g1(i) = g1(j)
                    c1(i) = c1(j)
                    f1(i) = f1(j)
                    h1(j) = lh
                    g1(j) = lg
                    c1(j) = lc
                    f1(j) = lf
                End If
```

```
        Next
    Next
    For i = 1 To Ns
        h(i) = h1(i)
        g(i) = g1(i)
        c(i) = c1(i)
        f(i) = f1(i)
    Next
    'NumericUpDown1.Value = Ns + 1
    Dim H0(100),L0(100)As Double '分级放坡的坡底深度、坡底距第1级坡顶角的水平距离
    H0(0) = 0
    L0(0) = 0
    For i = 1 To Np
        H0(i) = H0(i - 1) + hp(i)
        L0(i) = L0(i - 1) + bp(i)
    Next
    Dim zt As Double
    zt = Val(TextBox11.Text)'坡脚向下滑动面深度(m)
    If h(Ns)<H0(Np) + zt Then
        MsgBox("地层厚度不够。")
        GoTo 100
    End If
    If zt<0 Then '当坡脚下滑裂面深度 zt 小于 0 时
        For i = 1 To Np
            If H0(Np) + zt>H0(i - 1)And H0(Np) + zt< = H0(i)Then
                GoTo 1
            End If
        Next
1:
        H0(i) = Math.Min(H0(i),H0(Np) + zt)
        L0(i) = Math.Min(L0(i),L0(i - 1) + (H0(Np) + zt - H0(i - 1))/Math.Tan(ap(i)/180 * Math.PI))
        Np = i
        zt = 0
    End If
    TextBox15.Focus()
    TextBox15.ScrollToCaret()
    TextBox15.Text = "" & vbCrLf
    TextBox15.Text + = "" & vbCrLf
    TextBox15.Text + = "以坡顶角为坐标原点,水平向基坑内为 x 正,向上为 y 正。假定滑动面通过坡脚。计算方法采用瑞典圆弧法。" & vbCrLf
    '开始用条分法进行稳定计算
    Dim x0,y0,x,y As Double '以最高坡顶角为坐标原点,横向向基坑内方向为 x 正,向上为 y 正
    x0 = 0
    y0 = 0
    Dim Mr,Ms,KK(8),xx,yy,RR,MMs,MMr As Double
444:
```

```
Dim R As Double '圆弧半径
Dim isss As Integer
Dim R0 As Double '瞎子探山半径
R0 = H0(Np)/100 '瞎子探山半径取基坑总深度的 1/100
For isss = 0 To 8 '瞎子探山,寻找最小安全系数
    If isss = 0 Then
        x = x0
        y = y0
    Else
        x = x0 + R0 * Math.Sin(isss * Math.PI/4)'瞎子探山半径取 R0
        y = y0 + R0 * Math.Cos(isss * Math.PI/4)
        'x = x0 + R0 * Math.Cos(isss * Math.PI/4)'瞎子探山半径取 R0
        'y = y0 + R0 * Math.Sin(isss * Math.PI/4)
    End If
    R = ((x - L0(Np))^2 + (y + H0(Np) + zt)^2)^0.5 '圆弧半径
    Mr = 0
    Ms = 0
    Dim b As Double '土条宽度
    Dim NNN As Integer
    NNN = Val(TextBox23.Text)'土条数目
    If zt = 0 And x>L0(Np)Then '当坡脚下滑裂面深度 zt 等于 0 时
        b = ((R^2 - y^2)^0.5  - (x - L0(Np)))/NNN '分为 50 份,以此作为土条宽度
        If y< = 0 Then
            b = ((R^2 - 0^2)^0.5  - (x - L0(Np)))/NNN '分为 50 份,以此作为土条宽度
        End If
    Else
        b = ((R^2 - y^2)^0.5 + (R^2  - (y + H0(Np))^2)^0.5)/NNN '分为 50 份,以此作为土条宽度
        If y< = 0 Then
            b = ((R^2 - 0^2)^0.5 + (R^2  - (y + H0(Np))^2)^0.5)/NNN '分为 50 份,以此作为土条宽度
        End If
    End If
    'b = ((R^2  - (y + H0(Np))^2)^0.5 + (R^2 - y^2)^0.5)/50 '分为 50 份,以此作为土条宽度
    For i = 1 To NNN '计算土条的稳定性
        Dim xbi As Double '第 i 条中点的横坐标(以圆心为 0 坐标)
        xbi = - (R^2 - y^2)^0.5 + (i - 0.5) * b
        If y< = 0 Then
            xbi = - (R^2 - 0^2)^0.5 + (i - 0.5) * b
        End If
        Dim hi As Double '第 i 条中点高度
        Dim hi1 As Double '第 i 条土条顶面埋深,从最高坡顶算起
        If xbi< = - x Then
            hi1 = 0
            hi = (R^2 - xbi^2)^0.5 - y - hi1
            GoTo 123
        End If
        If xbi> = L0(Np) - x Then
```

```
            hi1 = H0(Np)
            hi = (R^2 - xbi^2)^0.5 - y - hi1
            GoTo 123
        End If
        For j = 1 To Np
            If xbi>L0(j - 1) - x And xbi<L0(j) - x Then
                hi1 = H0(j - 1) + (xbi  - (L0(j - 1) - x)) * Math.Tan(ap(j)/180 * Math.PI)
                hi = (R^2 - xbi^2)^0.5 - y - hi1
                GoTo 123
            End If
        Next
123:
        Dim alfa As Double '第 i 条的下滑倾角
        alfa = Math.Asin( - xbi/R)'注意这是弧度
        Dim itop As Integer '条顶所在土层号
        For j = 1 To Ns
            If hi1> = h(j - 1)And hi1<h(j)Then
                itop = j '条顶所在土层号
                GoTo 14
            End If
        Next
        MsgBox("地层厚度不够。")
        GoTo 100
14:
        Dim ibottom As Integer '条底所在土层号
        For j = 1 To Ns
            If hi + hi1> = h(j - 1)And hi + hi1<h(j)Then
                ibottom = j '条底所在土层号
                GoTo 15
            End If
        Next
        MsgBox("地层厚度不够。")
        GoTo 100
15:
        Dim Ws As Double '土条重量
        Ws = 0
        For k = itop To ibottom
            Ws = Ws + g(k) * (Math.Min(h(k),hi + hi1) - Math.Max(hi1,h(k - 1))) * b '土条重量
        Next
        Dim iq0 As Integer '开始计算超载引起的重量
        For iq0 = 1 To Nq0
            If dq0(iq0)< = hi + hi1 Then
                Ws = Ws + Math.Max(0,q0(iq0) * (Math.Min( - xbi + 0.5 * b - x,Lq0(iq0) + bq0(iq0)) - 
Math.Max( - xbi - 0.5 * b - x,Lq0(iq0))))
            End If
        Next
```

```
            Ms = Ms + Ws * Math.Sin(alfa) * R
            Mr = Mr + R * (c(ibottom) * b/Math.Cos(alfa) + Ws * Math.Cos(alfa) * Math.Tan(f(ibottom)/180
* Math.PI))
        Next
        KK(isss) = Mr/Ms
        If isss = 0 Then
            xx = x
            yy = y
            RR = R
            MMs = Ms
            MMr = Mr
            TextBox15.Text += "x = " & x & vbCrLf
            TextBox15.Text += "y = " & y & vbCrLf
            TextBox15.Text += "R = " & R & vbCrLf
            TextBox15.Text += "K = " & KK(isss)& vbCrLf
            TextBox15.Text += " - - - - " & vbCrLf
        End If
    Next
    Dim KKmin As Double '开始寻找最小安全系数值
    KKmin = KK(0)
    For isss = 1 To 8
        If KK(isss)<KKmin Then
            KKmin = KK(isss)
        End If
    Next
    For isss = 0 To 8
        If KKmin = KK(isss)Then
            If isss = 0 Then
                GoTo 500
            End If
            x0 = x0 + R0 * Math.Sin(isss * Math.PI/4)'瞎子探山半径取 R0
            y0 = y0 + R0 * Math.Cos(isss * Math.PI/4)'瞎子探山半径取 R0
            GoTo 444
        End If
    Next
500:
    TextBox15.Text += " - - - - " & vbCrLf
    TextBox15.Text += "最危险圆弧滑动面圆心坐标 x(m),y(m),圆弧半径 R(m):" & vbCrLf
    TextBox15.Text += "     总坡高 H(m) = " & H0(Np)& vbCrLf
    TextBox15.Text += "     x(m) = " & xx & vbCrLf
    TextBox15.Text += "     y(m) = " & yy & vbCrLf
    TextBox15.Text += "     R(m) = " & RR & vbCrLf
    TextBox15.Text += "滑动力矩 Ms(kN.m) = " & MMs & vbCrLf
    TextBox15.Text += "抗滑力矩 Mr(kN.m) = " & MMr & vbCrLf
    TextBox15.Text += " - - - - " & vbCrLf
    TextBox15.Text += "整体稳定安全系数 Kmin = " & KK(0)& vbCrLf
```

```
            TextBox15.Text += "" & vbCrLf
            TextBox15.Focus()
            TextBox15.ScrollToCaret()
    100:
        End Sub
        Private Sub Button18_Click_1(ByVal sender As System.Object,ByVal e As System.EventArgs)Handles Button18.Click
            On Error Resume Next
            TextBox15.Focus()
            TextBox15.SelectAll()
        End Sub
        Private Sub Button17_Click(ByVal sender As System.Object,ByVal e As System.EventArgs)Handles Button17.Click
            On Error Resume Next
            '复制
            word = TextBox15.SelectedText
            Clipboard.SetDataObject(word)
            TextBox15.Focus()
            TextBox15.SelectAll()
        End Sub
        Private Sub Form97_Load(ByVal sender As System.Object,ByVal e As System.EventArgs)Handles MyBase.Load
            Me.MaximizeBox = False
        End Sub
        Private Sub Button4_Click(ByVal sender As System.Object,ByVal e As System.EventArgs)Handles Button4.Click
            On Error Resume Next
            Dim i As Integer
            If NumericUpDown3.Value <= Np + 1 And IsNumeric(TextBox10.Text) = True And IsNumeric(TextBox5.Text) = True And IsNumeric(TextBox9.Text) = True Then
                i = NumericUpDown3.Value
                hp(i) = Val(TextBox5.Text)'i 级坡高
                bp(i) = Val(TextBox9.Text)'i 级坡宽
                If hp(i) = 0 Then
                    ap(i) = Val(0)'i 级坡宽
                ElseIf bp(i) = 0 Then
                    ap(i) = Val(90)'i 级坡高
                Else
                    ap(i) = Math.Atan(hp(i)/bp(i))/Math.PI * 180
                End If
                If i >= Np Then
                    Np = i
                    NumericUpDown3.Value = NumericUpDown3.Value + 1
                    TextBox10.Text = ""
                    TextBox5.Text = ""
                    TextBox9.Text = ""
                    TextBox10.Focus()
```

```
            Else
                NumericUpDown3.Value = NumericUpDown3.Value + 1
                i = NumericUpDown3.Value
                TextBox10.Text = ap(i)
                TextBox5.Text = hp(i)
                TextBox9.Text = bp(i)
                TextBox10.Focus()
            End If
            Dim j As Integer
            Dim HHH,BBB As Double '边坡总高度、总宽度
            HHH = 0
            BBB = 0
            For j = 1 To Np
                HHH = HHH + hp(j)
                BBB = BBB + bp(j)
            Next
            TextBox19.Text = HHH
            TextBox20.Text = BBB
        Else
            MsgBox("检查输入数据。")
            NumericUpDown3.Value = Np + 1
        End If
100:
        TextBox10.Focus()
    End Sub
    Private Sub TextBox5_TextChanged(ByVal sender As System.Object,ByVal e As System.EventArgs)Handles
TextBox5.TextChanged
        On Error Resume Next
        If Val(TextBox5.Text) = 0 Then
            TextBox10.Text = Val(0)'i 级坡宽
        ElseIf Val(TextBox9.Text) = 0 Then
            TextBox10.Text = Val(90)'i 级坡高
        Else
            TextBox10.Text = Math.Atan(Val(TextBox5.Text)/Val(TextBox9.Text))/Math.PI * 180
        End If
    End Sub
    Private Sub Button5_Click(ByVal sender As System.Object,ByVal e As System.EventArgs)Handles Button5.
Click
        On Error Resume Next
        Np = 0
        NumericUpDown3.Value = 1
        TextBox10.Text = ""
        TextBox5.Text = ""
        TextBox9.Text = ""
        TextBox10.Focus()
    End Sub
```

```
Private Sub LinkLabel1_Click(ByVal sender As System.Object,ByVal e As System.EventArgs)Handles LinkLabel1.Click
    On Error Resume Next
    MsgBox("坡顶角向坑外为正,向坑里为负")
End Sub
Private Sub NumericUpDown3_ValueChanged(ByVal sender As System.Object,ByVal e As System.EventArgs)Handles NumericUpDown3.ValueChanged
    On Error Resume Next
    Dim i As Integer
    i = NumericUpDown3.Value
    If i<= Np Then
        TextBox10.Text = ap(i)
        TextBox5.Text = hp(i)
        TextBox9.Text = bp(i)
    Else
        NumericUpDown3.Value = Np + 1
        TextBox10.Text = ""
        TextBox5.Text = ""
        TextBox9.Text = ""
    End If
    TextBox5.Focus()
End Sub
Private Sub TextBox9_TextChanged(ByVal sender As System.Object,ByVal e As System.EventArgs)Handles TextBox9.TextChanged
    On Error Resume Next
    If Val(TextBox5.Text) = 0 Then
        TextBox10.Text = Val(0)'i 级坡宽
    ElseIf Val(TextBox9.Text) = 0 Then
        TextBox10.Text = Val(90)'i 级坡高
    Else
        TextBox10.Text = Math.Atan(Val(TextBox5.Text)/Val(TextBox9.Text))/Math.PI * 180
    End If
End Sub
Private Sub MenuItem1_Click(ByVal sender As System.Object,ByVal e As System.EventArgs)Handles MenuItem1.Click
    门户首页.Hide()
    门户首页.Show()
    门户首页.WindowState = FormWindowState.Maximized
End Sub
Private Sub MenuItem3_Click(ByVal sender As System.Object,ByVal e As System.EventArgs)Handles MenuItem3.Click
    End
End Sub
End Class
```

滑坡稳定计算（剩余下滑力法）

1. 功能

计算天然和锚固两种情况下的折线型滑坡稳定安全系数及剩余下滑力。

2. 界面

开发平台：Microsoft Visual Studio 2019。编程语言：VB. net。软件界面如下。

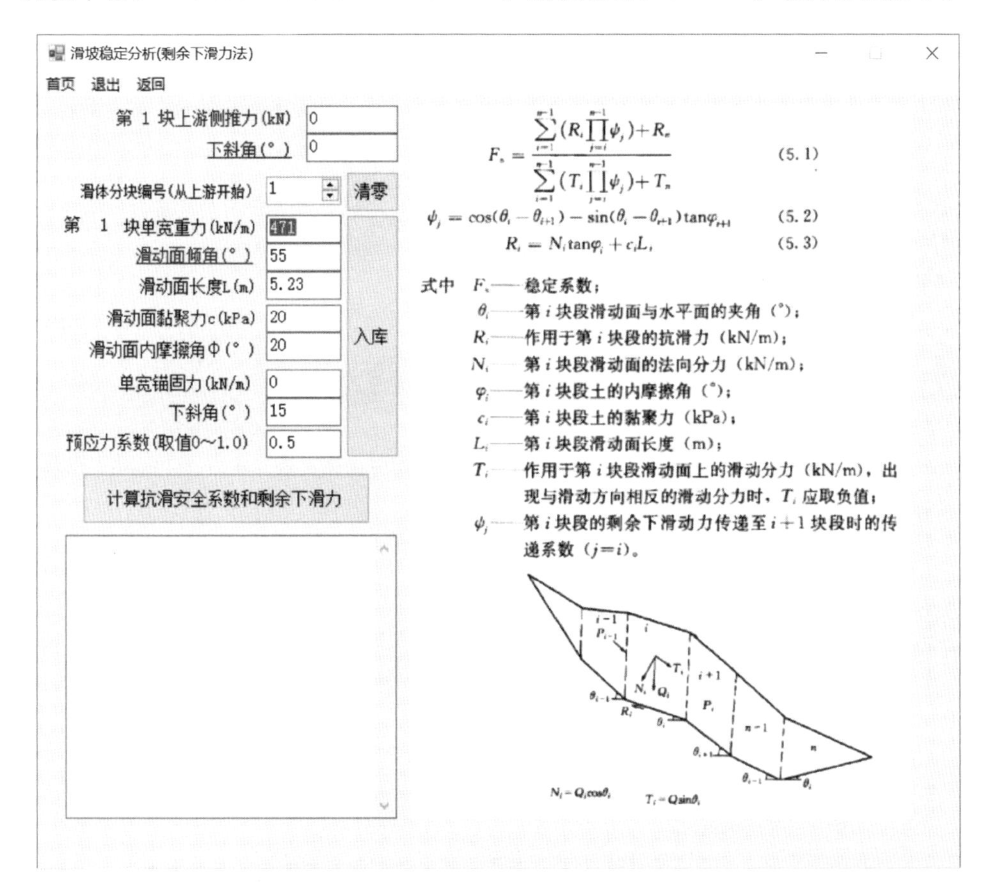

3. 计算原理

参见《岩土工程勘察规范》GB 50021—2001（2009 年版）。

4. 主要控件

TextBox1：第 1 块上游侧推力（kN）
TextBox2：下斜角（°）
NumericUpDown1：序号
Button2：清零
TextBox3：第 1 块单宽重力（kN/m）
TextBox4：滑动面倾角（°）
LinkLabel2：滑动面倾角说明
TextBox8：滑动面长度 L（m）
TextBox5：滑动面黏聚力 c（kPa）
TextBox6：滑动面内摩擦角 φ（°）
TextBox11：单宽锚固力（kN/m）
TextBox12：下斜角（°）
TextBox13：预应力系数（取值 0～1.0）
Button1：入库
Button3：计算抗滑安全系数和剩余下滑力
TextBox7：计算结果

5. 源程序

```
Public Class Form82
    Private W(100),a(1000),c(1000),f(1000),L(1000),TT(1000),bata(1000),alfa(1000)As Double
    Private N As Integer
    Private Sub Form82_Load(ByVal sender As System.Object,ByVal e As System.EventArgs)Handles MyBase.Load
        Me.MaximizeBox = False
        N = 0
        TextBox3.Focus()
    End Sub
    Private Sub Button1_Click(ByVal sender As System.Object,ByVal e As System.EventArgs)Handles Button1.
Click
        On Error Resume Next
        If TextBox3.Text = "" Or TextBox4.Text = "" Or TextBox5.Text = "" Or TextBox6.Text = "" Or TextBox8.
Text = "" Or TextBox11.Text = "" Or TextBox12.Text = "" Or TextBox13.Text = "" Then
            MsgBox("本块数据不全。")
            GoTo 100
        End If
        Dim i As Integer
        i = NumericUpDown1.Value
        W(i) = Val(TextBox3.Text)'滑块重力
        a(i) = Val(TextBox4.Text)/180 * Math.PI '滑裂面倾角
```

```
            c(i) = Val(TextBox5.Text)
            f(i) = Val(TextBox6.Text)/180 * Math.PI
            L(i) = Val(TextBox8.Text)
            TT(i) = Val(TextBox11.Text)'单宽锚固力
            bata(i) = Val(TextBox12.Text)/180 * Math.PI '锚杆下斜角
            alfa(i) = Val(TextBox13.Text)  '预应力系数
            If N< = i Then
                N = i '滑块数量
            End If
            NumericUpDown1.Value = 1 + NumericUpDown1.Value
    100:
        End Sub
        Private Sub NumericUpDown1_ValueChanged_1(ByVal sender As System.Object,ByVal e As System.EventArgs)
Handles NumericUpDown1.ValueChanged
            On Error Resume Next
            Dim i As Integer
            i = NumericUpDown1.Value
            Label9.Text = i
            If i< = N Then
                TextBox3.Text = W(i)
                TextBox4.Text = a(i)/Math.PI * 180 '滑裂面倾角
                TextBox5.Text = c(i)
                TextBox6.Text = f(i)/Math.PI * 180 '内摩擦角
                TextBox8.Text = L(i)
                TextBox11.Text = TT(i)'单宽锚固力
                TextBox12.Text = bata(i) * 180/Math.PI '锚杆下斜角
                TextBox13.Text = alfa(i) '预应力系数
            Else
                NumericUpDown1.Value = N + 1
                TextBox3.Text = ""
                TextBox11.Text = "0"
            End If
            TextBox3.Focus()
        End Sub
        Private Sub Button2_Click(ByVal sender As System.Object,ByVal e As System.EventArgs)Handles Button2.
Click
            N = 0
            NumericUpDown1.Value = 1
        End Sub
        Private Sub Button3_Click(ByVal sender As System.Object,ByVal e As System.EventArgs)Handles Button3.
Click
            On Error Resume Next
            TextBox7.Text = "1、输入参数" & vbCrLf
            Dim i,j,N1 As Integer
            For i = 1 To N
                TextBox7.Text += "第" & i & "块" & vbCrLf
```

```
            TextBox7.Text += "重力(kN/m) = " & W(i)& vbCrLf
            TextBox7.Text += "滑裂面坡角 = " & a(i)/Math.PI * 180 & vbCrLf
            TextBox7.Text += "黏聚力(kPa) = " & c(i)& vbCrLf
            TextBox7.Text += "内摩擦角(°) = " & f(i)/Math.PI * 180 & vbCrLf
            TextBox7.Text += "滑面长度(m) = " & L(i)& vbCrLf
            TextBox7.Text += "单宽锚固力(kN/m) = " & TT(i)& vbCrLf
            TextBox7.Text += "锚杆下斜角(°) = " & bata(i) * 180/Math.PI & vbCrLf
            'TextBox7.Text += "预应力系数 = " & alfa(i) * 180/Math.PI & vbCrLf
            TextBox7.Text += "预应力系数 = " & alfa(i)& vbCrLf
            TextBox7.Text += "- - - - - - - -" & vbCrLf
        Next
        TextBox7.Text += "2、计算结果" & vbCrLf
        If N = 0 Then
            MsgBox("没有输入数据。")
            GoTo 10
        End If
        For N1 = 1 To N   '顺向计算各块的剩余下滑力和抗滑安全系数,N1 表示循环变量
            Dim psi,psi1,Fs,R,T As Double
            Dim E0,a0 As Double '计算第一块上游侧面的推力传递给第 N1 块的抗滑力 R 和下滑力 T
            E0 = Val(TextBox1.Text)
            a0 = Val(TextBox2.Text)/180 * Math.PI
            psi = (Math.Cos(a0 - a(1)) - Math.Sin(a0 - a(1)) * Math.Tan(f(1)))
            For j = 1 To N1 - 1
                psi = psi * (Math.Cos(a(j) - a(j + 1)) - Math.Sin(a(j) - a(j + 1)) * Math.Tan(f(j + 1)))'传递
系数
            Next
            R = 0
            T = psi * E0  '第一块上游侧面的推力传递给第 N1 块的下滑力 T
            For i = 1 To N1 - 1 '顺滑坡向计算第 1 块到 N1 - 1 块的传递
                psi = 1
                For j = i To N1 - 1
                    psi = psi * (Math.Cos(a(j) - a(j + 1)) - Math.Sin(a(j) - a(j + 1)) * Math.Tan(f(j + 1)))
                Next
                Dim RWi,Rbari As Double 'Rwi 表示 i 块重力传递给 N1 块的抗滑力,Rbari 表示 i 块锚杆传递给 N1
块的抗滑力
                RWi = psi * (W(i) * Math.Cos(a(i)) * Math.Tan(f(i)) + c(i) * L(i))
                Rbari = psi * (TT(i) * Math.Cos(a(i) + bata(i)) + alfa(i) * TT(i) * Math.Sin(a(i) + bata(i))
* Math.Tan(f(i)))
                R = R + RWi + Rbari 'R 表示 i 块及以上各块传给 N1 块的剩余抗滑力
                T = T + psi * W(i) * Math.Sin(a(i))'T 表示 i 块及以上各块传给 N1 块的剩余下滑力
            Next
            Dim RTN1 As Double 'N1 块的锚杆产生的抗滑力
            RTN1 = TT(N1) * Math.Cos(a(N1) + bata(N1)) + alfa(N1) * TT(N1) * Math.Sin(a(N1) + bata(N1)) *
Math.Tan(f(N1))
            Dim RWN1 As Double '第 N1 块重力产生的抗滑力
            RWN1 = W(N1) * Math.Cos(a(N1)) * Math.Tan(f(N1)) + c(N1) * L(N1)
```

```
            Dim TWN1 As Double '第 N1 块重力产生的下滑力
            TWN1 = W(N1) * Math.Sin(a(N1))
            Fs = (R + RTN1 + RWN1)/(T + TWN1)
            TextBox7.Text += "第" & N1 & "块抗滑安全系数 Fs = " & Fs & vbCrLf
            TextBox7.Text += "下滑力(kN/m) = " &(T + TWN1)& vbCrLf
            TextBox7.Text += "抗滑力(kN/m) = " &(R + RTN1 + RWN1)& vbCrLf
            TextBox7.Text += "剩余下滑力(kN/m) = " &(T + TWN1) - (R + RTN1 + RWN1)& vbCrLf
            TextBox7.Text += "- - - - - - -" & vbCrLf
            TextBox7.Focus()
        Next
10:
    End Sub
    Private Sub MenuItem2_Click(ByVal sender As System.Object,ByVal e As System.EventArgs)Handles Menu-
Item2.Click
        Me.Hide()
    End Sub
    Private Sub LinkLabel1_Click(ByVal sender As System.Object,ByVal e As System.EventArgs)Handles LinkLa-
bel1.Click
        On Error Resume Next
        MsgBox("推力下斜为正,上仰为负。")
    End Sub
    Private Sub LinkLabel2_Click(ByVal sender As System.Object,ByVal e As System.EventArgs)Handles LinkLa-
bel2.Click
        On Error Resume Next
        MsgBox("滑动方向下斜为正,上仰为负。")
    End Sub
    Private Sub MenuItem1_Click(ByVal sender As System.Object,ByVal e As System.EventArgs)Handles Menu-
Item1.Click
        End
    End Sub
    Private Sub MenuItem3_Click(ByVal sender As System.Object,ByVal e As System.EventArgs)Handles Menu-
Item3.Click
        门户首页.Hide()
        门户首页.Show()
        门户首页.WindowState = FormWindowState.Maximized
    End Sub
End Class
```

第5篇
岩土地震工程

等效剪切波速计算

1. 功能

计算土层的等效剪切波速值。

2. 界面

开发平台：Microsoft Visual Studio 2019。编程语言：VB. net。软件界面如下：

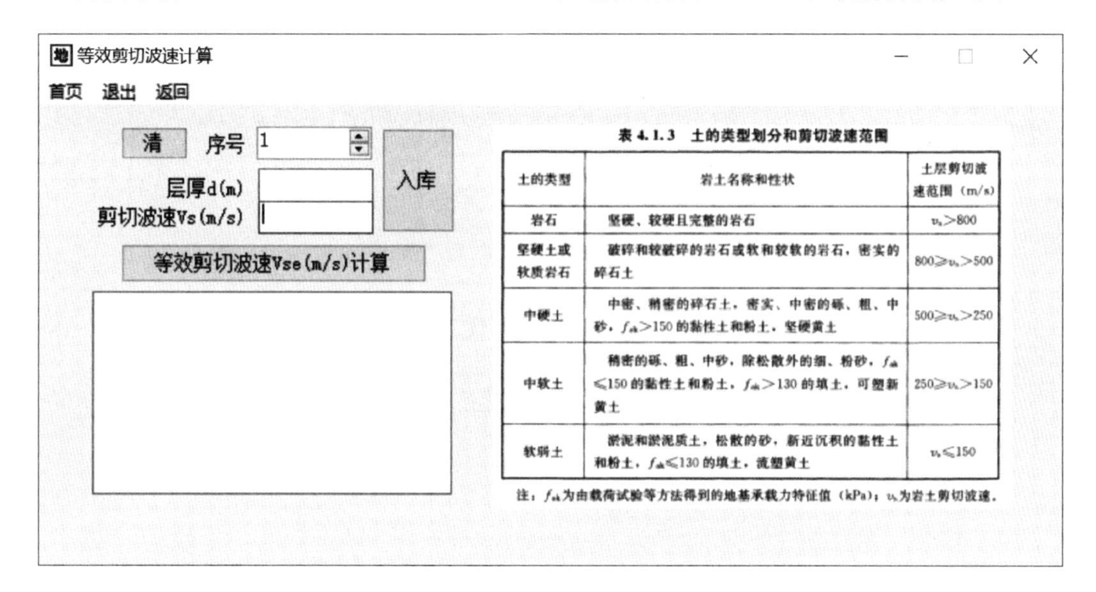

表 4.1.3 土的类型划分和剪切波速范围

土的类型	岩土名称和性状	土层剪切波速范围（m/s）
岩石	坚硬、较硬且完整的岩石	$v_s>800$
坚硬土或软质岩石	破碎和较破碎的岩石或软和较软的岩石，密实的碎石土	$800\geq v_s>500$
中硬土	中密、稍密的碎石土，密实、中密的砾、粗、中砂，$f_{ak}>150$ 的黏性土和粉土，坚硬黄土	$500\geq v_s>250$
中软土	稍密的砾、粗、中砂，除松散外的细、粉砂，$f_{ak}\leq150$ 的黏性土和粉土，$f_{ak}>130$ 的填土，可塑新黄土	$250\geq v_s>150$
软弱土	淤泥和淤泥质土，松散的砂，新近沉积的黏性土和粉土，$f_{ak}\leq130$ 的填土，流塑黄土	$v_s\leq150$

注：f_{ak}为由载荷试验等方法得到的地基承载力特征值（kPa）；v_s为岩土剪切波速。

3. 计算原理

参见《建筑抗震设计规范》GB 50011—2010。

4. 主要控件

NumericUpDown1：序号
TextBox8：层厚 d（m）
TextBox6：剪切波速 V_s（m/s）
Button2：入库

Button4：清零

Button3：等效剪切波速 V_{se}（m/s）计算

TextBox1：显示结果

5. 源程序

```
Public Class Form89
    Public d(100)As Double
    Public Vs(100)As Double
    Public N,N1 As Integer '样品个数
    Private Sub MenuItem2_Click(ByVal sender As System.Object,ByVal e As System.EventArgs)Handles Menu-
Item2.Click
        Me.Hide()
    End Sub
    Private Sub Button2_Click_1(ByVal sender As System.Object,ByVal e As System.EventArgs)Handles Button2.
Click
        On Error Resume Next
        Dim i As Integer
        If IsNumeric(TextBox6.Text) = True And IsNumeric(TextBox8.Text) = True Then
            i = NumericUpDown1.Value
            Vs(i) = TextBox6.Text '变量
            d(i) = TextBox8.Text '权重
            If i> = N1 Then
                N1 = i
                NumericUpDown1.Value = NumericUpDown1.Value + 1
                TextBox8.Text = ""
                TextBox6.Text = ""
                TextBox8.Focus()
                GoTo 100
            Else
                NumericUpDown1.Value = NumericUpDown1.Value + 1
                i = NumericUpDown1.Value
                TextBox6.Text = Vs(i)
                TextBox8.Text = d(i)
                TextBox8.Focus()
            End If
        Else
        End If
        TextBox6.Focus()
100:
    End Sub
    Private Sub Button4_Click_1(ByVal sender As System.Object,ByVal e As System.EventArgs)Handles Button4.
Click
        On Error Resume Next
        TextBox8.Text = ""
```

```
        TextBox6.Text = ""
        N1 = 0
        NumericUpDown1.Value = 1
        TextBox6.Text = ""
        TextBox6.Focus()
    End Sub
    Private Sub Form89_Load(ByVal sender As System.Object,ByVal e As System.EventArgs)Handles MyBase.Load
        Me.MaximizeBox = False
        N1 = 0
        NumericUpDown1.Value = 1
        TextBox6.Focus()
    End Sub
    Private Sub Button3_Click_1(ByVal sender As System.Object,ByVal e As System.EventArgs)Handles Button3.
Click
        On Error Resume Next
        Dim i As Integer
        Dim t,d0 As Double
        t = 0
        d0 = 0
        For i = 1 To N1
            t = t + d(i)/Vs(i)
            d0 = d0 + d(i)
        Next
        TextBox1.Text = "等效剪切波速 Vse = " & d0/t & vbCrLf
        TextBox1.Text += "计算深度 d0 = " & d0
    End Sub
    Private Sub NumericUpDown1_ValueChanged(ByVal sender As System.Object,ByVal e As System.EventArgs)Han-
dles NumericUpDown1.ValueChanged
        On Error Resume Next
        If N1<>0 Then
            Dim i As Integer
            i = NumericUpDown1.Value
            If i<= N1 Then
                TextBox6.Text = Vs(i)
                TextBox8.Text = d(i)
            Else
                NumericUpDown1.Value = N1 + 1
                TextBox6.Text = ""
            End If
            TextBox6.Focus()
        End If
    End Sub
    Private Sub MenuItem1_Click(ByVal sender As System.Object,ByVal e As System.EventArgs)Handles Menu-
Item1.Click
        门户首页.Hide()
        门户首页.Show()
```

```
        门户首页.WindowState = FormWindowState.Maximized
    End Sub
    Private Sub MenuItem3_Click(ByVal sender As System.Object,ByVal e As System.EventArgs)Handles Menu-
Item3.Click
        End
    End Sub
End Class
```

液 化 初 判

1. 功能

按照《建筑抗震设计规范》GB 50011—2010 进行液化初判。

2. 界面

开发平台：Microsoft Visual Studio 2019。编程语言：VB. net。软件界面如下。

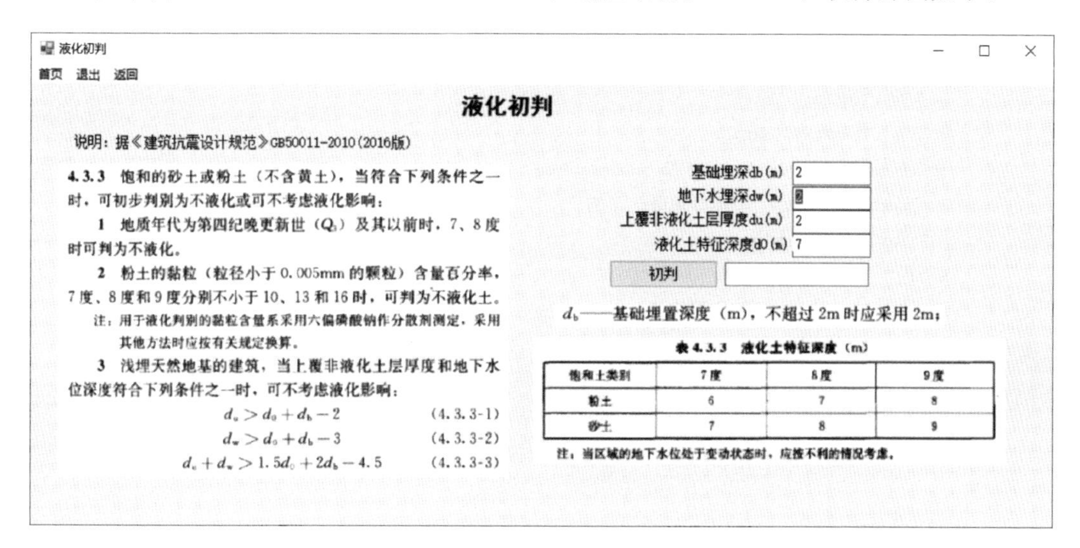

3. 计算原理

参见《建筑抗震设计规范》GB 50011—2010（2016 版）。

4. 主要控件

TextBox1：基础埋深 d_b（m）
TextBox2：地下水埋深 d_w（m）
TextBox3：上覆非液化土层厚度 d_u（m）
TextBox4：液化土特征深度 d_0（m）
Button1：初判

TextBox5：显示结果

5. 源程序

```
Public Class Form95
    Private Sub MenuItem2_Click(ByVal sender As System.Object,ByVal e As System.EventArgs)Handles Menu-
Item2.Click
        Me.Hide()
    End Sub
    Private Sub Form95_Load(ByVal sender As System.Object,ByVal e As System.EventArgs)Handles MyBase.Load
        TextBox1.Focus()
    End Sub
    Private Sub Button1_Click(ByVal sender As System.Object,ByVal e As System.EventArgs)Handles Button1.
Click
        On Error Resume Next
        Dim db,dw,du,d0 As Double
        db = Val(TextBox1.Text)
        dw = Val(TextBox2.Text)
        du = Val(TextBox3.Text)
        d0 = Val(TextBox4.Text)
        If du>d0 + db - 2 Or dw>d0 + db - 3 Or du + dw>1.5 * d0 + 2 * db - 4.5 Then
            TextBox5.Text = "可不考虑液化影响。"
            TextBox5.Focus()
        Else
            TextBox5.Text = "初判液化。"
            TextBox5.Focus()
        End If
    End Sub
    Private Sub MenuItem1_Click(ByVal sender As System.Object,ByVal e As System.EventArgs)Handles Menu-
Item1.Click
        门户首页.Hide()
        门户首页.Show()
        门户首页.WindowState = FormWindowState.Maximized
    End Sub
    Private Sub MenuItem3_Click(ByVal sender As System.Object,ByVal e As System.EventArgs)Handles Menu-
Item3.Click
        End
    End Sub
End Class
```

标准贯入试验锤击数换算

1. 功能

根据《水利水电工程地质勘察规范》GB 50487—2008，对场地标高、地下水位标高发生变化后标贯击数进行修正。

2. 界面

开发平台：Microsoft Visual Studio 2019。编程语言：VB. net。软件界面如下。

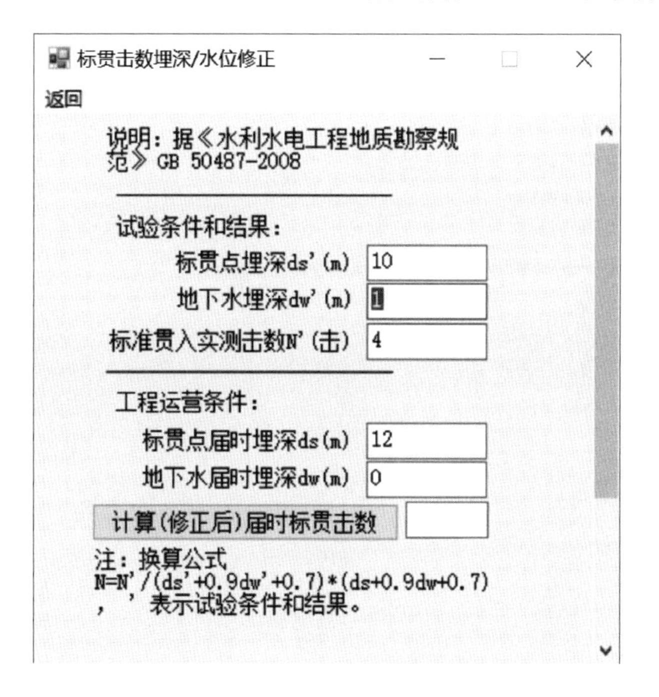

3. 计算原理

参见《水利水电工程地质勘察规范》GB 50487—2008。

4. 主要控件

TextBox1：标贯点埋深 d_s'（m）

TextBox2：地下水埋深 d'_w（m）

TextBox3：标准贯入实测击数 N'（击）

TextBox4：标贯点届时埋深 d_s（m）

TextBox5：地下水届时埋深 d_w（m）

TextBox6：计算结果

Button1：计算（修正后）届时标贯击数

5. 源程序

```
Public Class Form94
    Private Sub MenuItem2_Click(ByVal sender As System.Object,ByVal e As System.EventArgs)Handles Menu-
Item2.Click
        Me.Hide()
    End Sub
    Private Sub Button1_Click(ByVal sender As System.Object,ByVal e As System.EventArgs)Handles Button1.
Click
        On Error Resume Next
        Dim ds,dsp,dw,dwp,Np As Double
        dsp = Val(TextBox1.Text)
        dwp = Val(TextBox2.Text)
        Np = Val(TextBox3.Text)
        ds = Val(TextBox4.Text)
        dw = Val(TextBox5.Text)
        TextBox6.Text = Np/(dsp + 0.9 * dwp + 0.7) * (ds + 0.9 * dw + 0.7)
        TextBox6.Focus()
    End Sub
    Private Sub Form94_Load(ByVal sender As System.Object,ByVal e As System.EventArgs)Handles MyBase.Load
        Me.MaximizeBox = False
    End Sub
End Class
```

标准贯入试验锤击数临界值 N_{cr}

1. 功能

按照《建筑抗震设计规范》GB 50011—2010 计算标贯击数临界值 N_{cr}。

2. 界面

开发平台：Microsoft Visual Studio 2019。编程语言：VB. net。软件界面如下。

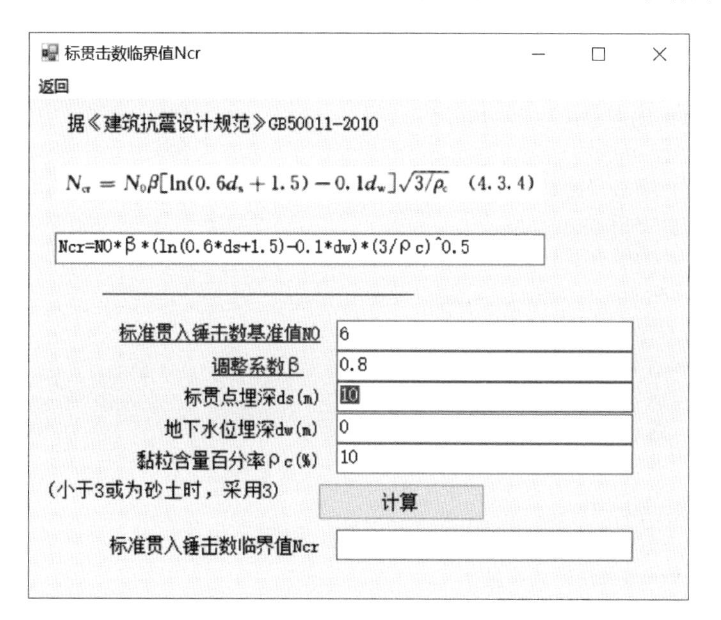

3. 计算原理

参见《建筑抗震设计规范》GB 50011—2010。

4. 主要控件

TextBox4：标准贯入锤击数基准值 N_0

TextBox6：调整系数 β

TextBox2：标贯点埋深 d_s（m）

TextBox1：地下水位埋深 d_w（m）

TextBox3：黏粒含量百分率 ρ_c（%）

Button1：计算

TextBox5：标准贯入锤击数临界值 N_{cr}

5. 源程序

```
Public Class Form90
    Private Sub MenuItem2_Click(ByVal sender As System.Object,ByVal e As System.EventArgs)Handles Menu-
Item2.Click
        Me.Hide()
        门户首页.Hide()
        门户首页.Show()
        门户首页.WindowState = FormWindowState.Maximized
    End Sub
    Private Sub Button1_Click(ByVal sender As System.Object,ByVal e As System.EventArgs)Handles Button1.
Click
        On Error Resume Next
        Dim B,ds,dw,Pc,N0,Ncr As Double
        B = Val(TextBox6.Text)
        dw = Val(TextBox1.Text)
        ds = Val(TextBox2.Text)
        Pc = Val(TextBox3.Text)
        If Pc<3 Then
            MsgBox("黏粒含量百分率ρc(%)最小取值为3")
            TextBox3.Focus()
            TextBox3.SelectAll()
            GoTo 100
        End If
        N0 = Val(TextBox4.Text)
        Ncr = N0 * B * (Math.Log(0.6 * ds + 1.5) - 0.1 * dw) * (3/Pc)^0.5
        TextBox5.Text = Ncr
        TextBox5.Focus()
100:
    End Sub

    Private Sub LinkLabel1_LinkClicked(ByVal sender As System.Object,ByVal e As System.Windows.Forms.Lin-
kLabelLinkClickedEventArgs)Handles LinkLabel1.LinkClicked
        Form100.Hide()
        Form100.Show()
        Form100.WindowState = FormWindowState.Normal
    End Sub
    Private Sub LinkLabel2_LinkClicked(ByVal sender As System.Object,ByVal e As System.Windows.Forms.LinkLa-
belLinkClickedEventArgs)Handles LinkLabel2.LinkClicked
        Form102.Hide()
```

```
        Form102.Show()
        Form102.WindowState = FormWindowState.Normal
    End Sub
    Private Sub TextBox7_TextChanged(sender As Object,e As EventArgs)Handles TextBox7.TextChanged
        TextBox7.Text = "Ncr = N0 * β * (ln(0.6 * ds + 1.5) - 0.1 * dw) * (3/ρc)^0.5"
    End Sub
End Class
```

液化指数计算

1. 功能

计算钻孔的液化指数计算。

2. 界面

开发平台：Microsoft Visual Studio 2019。编程语言：VB. net。软件界面如下。

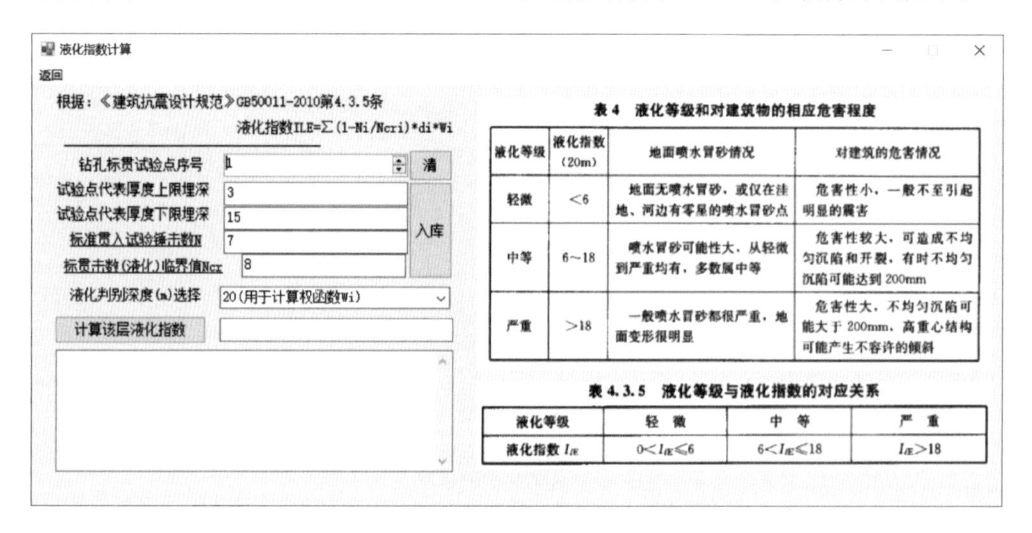

3. 计算原理

见软件界面。

4. 主要控件

NumericUpDown1：钻孔标贯试验点序号
TextBox7：试验点代表厚度上限埋深（m）
TextBox8：试验点代表厚度下限埋深（m）
TextBox3：标准贯入试验锤击数 N
TextBox4：标贯击数（液化）临界值 N_{cr}
ComboBox1：液化判别深度（m）选择，15（用于计算权函数 W_i）、20（用于计算权

函数 Wi)

TextBox5：该层液化指数

Button3：计算该层液化指数

TextBox6：显示结果

5. 源程序

```
Public Class Form92
    Private d01(100),d02(100),d0(100),di(100),Ni(100),Ncr(100)As Double
    Private N1 As Integer

    Private Sub MenuItem2_Click(ByVal sender As System.Object,ByVal e As System.EventArgs)Handles Menu-
Item2.Click
        Me.Hide()
        门户首页.Hide()
        门户首页.Show()
        门户首页.WindowState = FormWindowState.Maximized
    End Sub
    Private Sub Form92_Load(ByVal sender As System.Object,ByVal e As System.EventArgs)Handles MyBase.Load
        Me.MaximizeBox = False
        ComboBox1.Text = "20(用于计算权函数 Wi)"
    End Sub
    Private Sub LinkLabel1_Click(ByVal sender As System.Object,ByVal e As System.EventArgs)Handles LinkLa-
bel1.Click
    End Sub
    Private Sub TextBox5_TextChanged(sender As Object,e As EventArgs)Handles TextBox5.TextChanged
        Dim aIlE As Double
        aIlE = Val(TextBox5.Text)
        If ComboBox1.Text = "15(用于计算权函数 Wi)" Then
            If aIlE>0 And aIlE< = 6 Then
                TextBox6.Text = "液化等级:轻微(IlE = 0～6)"
            ElseIf aIlE>6 And aIlE< = 18 Then
                TextBox6.Text = "液化等级:中等(IlE = 6～18)"
            ElseIf aIlE>18 Then
                TextBox6.Text = "液化等级:严重(IlE = >18)"
            End If
        Else
            If aIlE>0 And aIlE< = 6 Then
                TextBox6.Text = "液化等级:轻微(IlE = 0～6)"
            ElseIf aIlE>6 And aIlE< = 18 Then
                TextBox6.Text = "液化等级:中等(IlE = 6～18)"
            ElseIf aIlE>18 Then
                TextBox6.Text = "液化等级:严重(IlE = >18)"
            End If
        End If
```

```
            TextBox6.Focus()
        End Sub
        Private Sub LinkLabel1_LinkClicked(sender As Object,e As LinkLabelLinkClickedEventArgs)Handles LinkLa-
bel1.LinkClicked
            Form90.Hide()
            Form90.Show()
            Form90.WindowState = FormWindowState.Normal
        End Sub
        Private Sub LinkLabel2_LinkClicked(sender As Object,e As LinkLabelLinkClickedEventArgs)Handles LinkLa-
bel2.LinkClicked
            Form94.Hide()
            Form94.Show()
            Form94.WindowState = FormWindowState.Normal
        End Sub
        Private Sub Button1_Click(ByVal sender As System.Object,ByVal e As System.EventArgs)Handles Button1.Click
            On Error Resume Next
            If Val(TextBox8.Text)<Val(TextBox7.Text)Then
                MsgBox("上、下限埋深数值矛盾。")
                GoTo 100
            End If
            If Val(TextBox8.Text)>Val(ComboBox1.Text)Then
                MsgBox("下限埋深超限。")
                GoTo 100
            End If
            Dim i As Integer
            If IsNumeric(TextBox7.Text) = True And IsNumeric(TextBox8.Text) = True And IsNumeric(TextBox3.Text) = True
And IsNumeric(TextBox4.Text) = True Then
                i = NumericUpDown1.Value
                d01(i) = Val(TextBox7.Text)'厚度上限
                d02(i) = Val(TextBox8.Text)'厚度下限
                d0(i) = (d01(i) + d02(i))/2 '厚度中点
                di(i) = d02(i) - d01(i)'代表厚度
                Ni(i) = Val(TextBox3.Text)'标贯实测值
                Ncr(i) = Val(TextBox4.Text)'标贯临界值
                If i> = N1 Then
                    N1 = i
                    NumericUpDown1.Value = NumericUpDown1.Value + 1
                    TextBox7.Text = ""
                    TextBox8.Text = ""
                    TextBox3.Text = ""
                    TextBox4.Text = ""
                    TextBox3.Focus()
                    GoTo 100
                Else
                    NumericUpDown1.Value = NumericUpDown1.Value + 1
                    i = NumericUpDown1.Value
```

```
                TextBox7.Text = d01(i)
                TextBox8.Text = d02(i)
                TextBox3.Text = Ni(i)
                TextBox4.Text = Ncr(i)
                TextBox7.Focus()
            End If
        Else
        End If
100:
        TextBox7.Focus()
    End Sub
    Private Sub NumericUpDown1_ValueChanged(ByVal sender As System.Object,ByVal e As System.EventArgs)Han-
dles NumericUpDown1.ValueChanged
        On Error Resume Next
        If N1<>0 Then
            Dim i As Integer
            i = NumericUpDown1.Value
            If i< = N1 Then
                TextBox7.Text = d01(i)
                TextBox8.Text = d02(i)
                TextBox3.Text = Ni(i)
                TextBox4.Text = Ncr(i)
            Else
                NumericUpDown1.Value = N1 + 1
                TextBox7.Text = ""
                TextBox8.Text = ""
                TextBox3.Text = ""
                TextBox4.Text = ""
            End If
            TextBox7.Focus()
        End If
    End Sub
    Private Sub Button2_Click(ByVal sender As System.Object,ByVal e As System.EventArgs)Handles Button2.Click
        On Error Resume Next
        N1 = 0
        NumericUpDown1.Value = 1
        TextBox7.Text = ""
        TextBox8.Text = ""
        TextBox3.Text = ""
        TextBox4.Text = ""
        TextBox7.Focus()
    End Sub
    Private Sub Button3_Click(ByVal sender As System.Object,ByVal e As System.EventArgs)Handles Button3.Click
        On Error Resume Next
        Dim ILE,Wi(100)As Double
        Dim i As Integer
```

```
        IlE = 0
        For i = 1 To N1
            If ComboBox1.Text = "15(用于计算权函数 Wi)" Then
                If d0(i)< = 5 Then
                    Wi(i) = 10
                ElseIf d0(i) = 15 Then
                    Wi(i) = 0
                Else
                    Wi(i) = 10 + (d0(i) - 5)/(15 - 5) * (0 - 10)
                End If
            ElseIf ComboBox1.Text = "20(用于计算权函数 Wi)" Then
                If d0(i)< = 5 Then
                    Wi(i) = 10
                ElseIf d0(i) = 20 Then
                    Wi(i) = 0
                Else
                    Wi(i) = 10 + (d0(i) - 5)/(20 - 5) * (0 - 10)
                End If
            Else
                MsgBox("判别深度请选择 15 或 20。")
                GoTo 100
            End If
            IlE = IlE + Math.Max(0,(1 - Ni(i)/Ncr(i)) * di(i) * Wi(i))
        Next
        TextBox5.Text = ILE
        If ComboBox1.Text = "15(用于计算权函数 Wi)" Then
            If ILE>0 And ILE< = 6 Then
                TextBox6.Text = "液化等级:轻微(IlE = 0～6)"
            ElseIf ILE>6 And ILE< = 18 Then
                TextBox6.Text = "液化等级:中等(IlE = 6～18)"
            ElseIf ILE>18 Then
                TextBox6.Text = "液化等级:严重(IlE = >18)"
            End If
        Else
            If IlE>0 And IlE< = 6 Then
                TextBox6.Text = "液化等级:轻微(IlE = 0～6)"
            ElseIf IlE>6 And IlE< = 18 Then
                TextBox6.Text = "液化等级:中等(IlE = 6～18)"
            ElseIf IlE>18 Then
                TextBox6.Text = "液化等级:严重(IlE = >18)"
            End If
        End If
        TextBox6.Focus()
100:
    End Sub
End Class
```

附录：著作和论文清单

1. 出版的著作

［1］林宗元. 国内外岩土工程实例和实录选编［M］. 沈阳：辽宁科学技术出版社，1992.（作者为第一常务编委兼秘书）

［2］林宗元. 岩土工程治理手册［M］. 沈阳：辽宁科学技术出版社，1993.（作者为第一常务编委兼秘书）

［3］林宗元. 岩土工程试验监测手册［M］. 沈阳：辽宁科学技术出版社，1994.（作者为第一常务编委兼秘书）

［4］林宗元. 岩土工程勘察设计手册［M］. 沈阳：辽宁科学技术出版社，1996.（作者为第三副主编兼秘书）

［5］林宗元. 岩土工程监理手册［M］. 沈阳：辽宁科学技术出版社，1997.（作者为第四副主编兼秘书）

［6］林宗元. 简明岩土工程勘察设计手册［M］. 北京：中国建筑工业出版社，2003.（作者为第一常务副主编）

［7］林宗元. 简明岩土工程监理手册［M］. 北京：中国建筑工业出版社，2003.（作者为第一常务副主编）

［8］编写组. 建筑工程勘察设计常见质量问题分析与解决措施［M］. 石家庄：河北科学技术出版社，2003.（作者为岩土专业编写人）

［9］林宗元. 岩土工程治理手册［M］. 北京：中国建筑工业出版社，2005.（作者为第一常务副主编）

［10］林宗元. 岩土工程试验监测手册［M］. 北京：中国建筑工业出版社，2005.（作者为第一常务副主编）

［11］武威，王长科，杨素春，王平. 全国注册岩土工程师专业考试试题解答及分析（2011—2013）［M］. 北京：中国建筑工业出版社，2014.

［12］王长科. 工程建设中的土力学及岩土工程问题——王长科论文选集［M］. 北京：中国建筑工业出版社，2018.

［13］黎光大，劳道邦. 岗南水库扩建加固工程技术［M］. 石家庄：河北科学技术出版社，2020.（作者编写 6.6 节）

［14］王长科. 老子道德经新解［M］. 石家庄：花山文艺出版社，2020.

［15］王长科. 岩土工程热点问题解析——王长科论文选集（二）［M］. 北京：中国建筑工业出版社，2021.

［16］王长科. 孔子论语新解［M］. 石家庄：花山文艺出版社，2022.

2. 发表的论文

[1] 王长科. 预钻式旁压仪试验应力分析初探 [C]//中国建筑学会工程勘察学术委员会. 第二次全国旁压（横压）测试应用技术专题学术讨论会论文集. 溧阳，1986

[2] 王长科，王正宏. 旁压仪试验机理研究 [C]//中国土木工程学会. 第五届土力学及基础工程学术会议论文选集。北京：中国建筑工业出版社，1990

[3] 骆筱菊，刘力，王长科，陈伟. 保定地区某建筑物地基土的应力-应变归一化性状 [J]. 河北农业大学学报，1987，(3)：74-81

[4] 黎光大，劳道邦，董翠芸，王长科. 岗南水库新增溢洪道高边坡施工开挖的监测与分析 [C]//全国滑坡监测技术讨论会论文汇编. 1988

[5] 王长科，骆筱菊. 用旁压试验推求土体强度指标的方法探讨 [J]. 勘察科学技术，1989，(1)：1-3

[6] 王长科. 边坡开挖设计的简化弹塑性法 [J]. 现代勘察，1989，(3)

[7] 王长科. 用旁压试验确定土体模量的研究 [J]. 北方勘察，1990，(1)

[8] 王长科. 旁压试验 p_0 值物理含义及其求法的研究 [J]. 工程勘察，1990，(3)

[9] 何广智，戴志祥，王长科. 挤密桩法加固软弱地基及其效果的现状与展望 [Z]. 国防机械工业勘察科技情报网第1届综合情报交流会，1990

[10] 王长科. 用旁压试验确定浅基础地基承载力初步研究 [J]. 现代勘察，1991，(1)

[11] 王长科，林宗元. 土钉技术的发展与展望 [J]. 中国兵工学会基本建设专业委员会学术交流会，1992

[12] 王长科，林宗元. 土钉技术的发展及其在我国工程建设中的应用 [C]//中国地质学会第4届工程地质大会论文选集. 北京：海洋出版社，1992

[13] 王长科. 应力路径法在旁压试验分析中的应用 [J]. 军工勘察，1992 (2)

[14] 王长科，章家驹. 旁压试验孔壁剪应力的通解 [J]. 工程勘察，1992 (3)：11-13

[15] 王长科. 旁压模量物理含义及其计算方法的研究 [J]. 军工勘察，1992 (4)

[16] 王长科. 用旁压试验原位测定土的强度参数 [J]. 勘察科学技术，1992 (6)：25-27

[17] 何广智，王长科. 悬臂式钻孔灌注桩护坡实践中的若干问题 [J]. 军工勘察，1993 (2)

[18] 王长科. 正交各向异性介质中孔穴扩张的弹塑性理论解 [J]. 军工勘察，1993 (3)

[19] 贾文华，王长科. 快速法载荷试验沉降量外推计算程序 [J]. 军工勘察，1993 (4)

[20] 王长科. 饱和黏性土旁压固结试验 [J]. 工程勘察，1994 (1)：20-22

[21] 王长科. 散体材料桩复合地基承载力计算 [J]. 军工勘察，1994 (2)

[22] 王长科. 散体材料桩临界桩长计算 [J]. 军工勘察，1994 (3)

[23] 王长科，汤福南. 土的压缩模量计算探讨 [J]. 军工勘察，1994 (3)

[24] 王长科，王正宏. 浅基础地基承载力计算新方法//中国土木工程学会第7届土力学及基础工程学术会议论文集. 北京：中国建筑工业出版社，1994

[25] 郭新海，王长科. 独立柱基础与半刚性桩复合地基共同作用分析及设计计算

[J]. 工业建筑，1995（11）：34-39

[26] 王长科，郭新海. 基础-垫层-复合地基共同作用原理 [J]. 土木工程学报，1996（5）：30-35

[27] 王长科，魏弋锋. 基坑底载荷试验实测承载力的深度修正 [J]. 岩土工程师，1997（2）：26-28

[28] 王长科，戴志祥. 夯实水泥土桩复合地基设计 [J]. 岩土钻凿工程，1997（4）：30-33

[29] 王长科. 载荷试验与基础沉降计算 [J]. 岩土工程与勘察，1997（1）

[30] 王长科，戴志祥. 夯实水泥土桩复合地基设计计算 [J]. 河北勘察，1998（1）

[31] 王长科. 非自重湿陷性黄土实体桩复合地基设计原理 [J]. 岩土工程与勘察，1999（1）

[32] 王长科，戴志祥，孙会哲. 实散组合桩承载原理及应用 [J]. 工程地质学报，1999，7（4）：327-331

[33] 王长科，贾文华. 用载荷试验检测桩土复合地基承载力中的承载力换算问题//中国土木工程学会 99’岩土工程土工测试技术学术交流会论文集. 1999.

[34] 朱明温，文日海，王长科. 巨型圆筒式瓦斯罐倾斜纠偏 [J]. 岩土工程技术，1999（3）：45-48

[35] 王长科，孙会哲，王永正，陆洪根. 实体桩复合地基承载原理 [J]. 岩土工程界，2000（2）：22-25

[36] 王长科，汤福南. 地基变形计算参数勘察评价试验研究//第六届学术交流会论文选集编选委员会. 中国建筑学会工程勘察分会第六届学术交流会论文选集. 北京：地质出版社，2000

[37] 王长科，段宗智，王立俊，史德忠. 关于夯实水泥土桩承载力的两个问题. 岩土工程界，2001（2）：38-39

[38] 陈小峰，曾微河，王长科. 通过深井载荷试验测定单桩极限端阻力标准值 [J]. 岩土工程界，2001（6）：31-33

[39] 王长科，王立俊，段宗智，李彦忠，苗现国. 地基承载力特征值计算研究 [J]. 岩土工程界，2001（12）：56-58，62

[40] 王长科，王立俊，段宗智，苗现国. 黄土状土地基承载力特征值计算研究//罗宇生，汪国烈主编. 湿陷性黄土研究与工程. 北京：中国建筑工业出版社，2001：156-162

[41] 王长科，王立俊. 复合地基承载力深宽修正分析 [J]. 岩土工程界，2002（10）：26-27

[42] 王长科，陈小峰，苗现国. 石家庄土钉支护设计分析 [J]. 岩土工程学报，2002（1）：64-68

[43] 陈追田，贾文华，王长科，李寨华. 石家庄市新近堆积黄土状土载荷试验特征//顾晓鲁，张振拴，郑刚，吴永红，刘春原. 岩土工程技术及进展. 北京：中国建筑工业出版社，2002：88-91

[44] 王长科，贾文华，王永正，陈追田. 天然地基及复合地基的基床系数测评//顾晓鲁，张振拴，郑刚，吴永红，刘春原. 岩土工程技术及进展. 北京：中国建筑工业出

版社，2002：124-128

[45] 王长科，梁金国. 地基承载力修正系数的理论分析与实测反算//中国建筑学会工程勘察分会. 全国岩土与工程学术大会论文集. 北京：人民交通出版社，2003

[46] 田军岭，丁红强，王长科，韩秋林. 石家庄南三条深基坑土钉支护工程实录分析 [C]//第六届全国岩土工程实录交流会岩土工程实录集. 北京：兵器工业出版社，2004

[47] 王长科，马旭东，赵国强. 对旁压仪试验基本理论和工程应用的再认识 [J]. 岩土工程界，2004（6）：43-45，50

[48] 王长科. 土钉支护技术的发展 [C]//第七届河北省地基基础学术会议论文集. 河北工业大学学报，2004，33（增刊）

[49] 王长科，高吉中. 路基沉降控制设计中的几个问题 [C]//河北省土木建筑学会工程抗震、地基基础、质量控制与检测技术学术委员会 2005 年学术年会论文集. 华北地震科学，2005 年第 23 卷增刊

[50] 王长科. 人工挖孔扩底桩分析研究 [J]. 工程建设与设计，2006（11）：24-27

[51] 梁金国，王长科，贾文华. 《河北省建筑地基承载力技术规程》编制情况介绍 [J]. 工程勘察，2007（1）：7-11，17

[52] 王长科. 沉降计算的现状和思考//梁金国，聂庆科. 岩土工程新技术与工程实践. 石家庄：河北科学技术出版社，2007

[53] 王长科，贾文华，梁金国. 地基第一拐点承载力 [J] 工程勘察，2009（S2）：7-12（2009 年河北省工程勘察学术交流会论文集，唐山）

[54] 王长科. 论压缩模量计算中的孔隙比精度 [J]. 河北勘察，2010（1）

[55] 王长科. 带地下车库超高层建筑物的嵌固稳定 [J]. 河北勘察，2010（2）

[56] 王长科. 护坡桩的抗剪计算 [J]. 河北勘察，2010（4）

[57] 江磊，苏波，王长科，杨树岭，刘兴杰，冯石柱. LBD 模拟月壤研究 [C]//中国宇航学会深空探测技术专业委员会第七届学术年会论文集，2010.

[58] 王长科. 浅议地下水勘察和地下室抗浮水位压力计算 [EB/OL]. 岩土工程学习与探索，2017-10-15

[59] 王长科. 基坑支护支撑点布置概念设计 [EB/OL]. 岩土工程学习与探索，2017-10-22

[60] 王长科.《岩土工程勘察报告》居然能有 15 个特性. [EB/OL]. 岩土工程学习与探索，2017-10-24

[61] 王长科. 你知道岩土工程的这些质量属性吗 [EB/OL]. 岩土工程学习与探索，2017-10-25

[62] 王长科. 关于地震液化深度的思考和建议 [EB/OL]. 岩土工程学习与探索，2017-10-26

[63] 王长科. 粗说素混凝土桩复合地基的抗震性能 [EB/OL]. 岩土工程学习与探索，2017-10-28

[64] 王长科. 关于素混凝土桩复合地基承载力检测的思考和建议 [EB/OL]. 岩土工程学习与探索，2017-10-30

[65] 王长科. 素混凝土桩复合地基承载力设计新思维 [EB/OL]. 岩土工程学习与探

索，2017-11-02

[66] 王长科.《岩土工程勘察报告》提供压缩模量 E_s 值要这样做 [EB/OL]. 岩土工程学习与探索，2017-11-07

[67] 王长科. 对复合地基刚柔组合褥垫层的原理分析 [EB/OL]. 岩土工程学习与探索，2017-11-13

[68] 王长科. 压实填土的最大干密度经验公式有了理论依据 [EB/OL]. 岩土工程学习与探索，2017-11-20

[69] 王长科. 土的桩侧摩阻力参数确定有窍门 [EB/OL]. 岩土工程学习与探索，2017-11-21

[70] 王长科. 岩土参数的确定是四维空间问题 [EB/OL]. 岩土工程学习与探索，2017-11-23

[71] 王长科. 裙楼设置抗浮措施，主楼地基承载力的深度修正要体现 [EB/OL]. 岩土工程学习与探索，2017-11-24

[72] 王长科. 地基承载力的“深度修正系数”改称“超载修正系数”会更好 [EB/OL]. 岩土工程学习与探索，2017-11-25

[73] 王长科. 地基承载力理论计算公式简明汇总 [EB/OL]. 岩土工程学习与探索，2017-11-27

[74] 王长科. 复合地基变形计算深度的学问有深度 [EB/OL]. 岩土工程学习与探索，2017-11-30

[75] 王长科. 地基承载力理论研究发展简史 [EB/OL]. 岩土工程学习与探索，2017-12-02

[76] 王长科. 抗震设计中的场地类别划分有学问 [EB/OL]. 岩土工程学习与探索，2017-12-04

[77] 王长科. 从俞孔坚“大脚革命”看岩土工程 [EB/OL]. 岩土工程学习与探索，2017-12-06

[78] 王长科. 压缩模量 E_s 并不是土的基本参数 [EB/OL]. 岩土工程学习与探索，2017-12-07

[79] 王长科. 对“工程咨询”和“岩土工程咨询”的理解和思考 [EB/OL]. 岩土工程学习与探索，2017-12-11

[80] 王长科. 复合地基设计将进入 3.0 时代 [EB/OL]. 岩土工程学习与探索，2017-12-13

[81] 王长科. 粉土的特殊性要给予特别关注 [EB/OL]. 岩土工程学习与探索，2017-12-17

[82] 王长科. 基坑边坡的临界坡角有了简易计算公式 [EB/OL]. 岩土工程学习与探索，2017-12-19

[83] 王长科. 朗肯土压力理论和基坑开挖支护的不适应性分析 [EB/OL]. 岩土工程学习与探索，2017-12-23

[84] 王长科. 基坑开挖坑壁直立高度的三种算法 [EB/OL]. 岩土工程学习与探索，2017-12-25

[85] 王长科. 总工程师的定位及其在企业发展中的作用 [EB/OL]. 岩土工程学习与探索，2017-12-27

[86] 王长科. 三轴试验固结排水条件模拟工程实际的不适应性分析与改进建议 [EB/OL]. 岩土工程学习与探索，2017-12-28

[87] 王长科. 百年老店内在机制研究 [EB/OL]. 岩土工程学习与探索，2018-1-2

[88] 王长科. 土的成因代码和地质时代代码汇总 [EB/OL]. 岩土工程学习与探索，2018-1-3

[89] 王长科. 地下水水头计算公式 [EB/OL]. 岩土工程学习与探索，2018-1-4

[90] 王长科. 基坑支护设计荷载组合分析与建议 [EB/OL]. 岩土工程学习与探索，2018-1-5

[91] 王长科. 走近岩土工程和岩土工程师 [EB/OL]. 岩土工程学习与探索，2018-1-16

[92] 王长科. 基床系数的特殊性分析与设计使用换算方法建议 [EB/OL]. 岩土工程学习与探索，2018-1-17

[93] 王长科. 混凝土冲切和剪切的区别与联系 [EB/OL]. 岩土工程学习与探索，2018-03-26

[94] 王长科. 小应变测桩长要综合确定 [EB/OL]. 岩土工程学习与探索，2018-03-28

[95] 王长科. 多桩型复合地基承载力计算简洁法 [EB/OL]. 岩土工程学习与探索，2018-03-29

[96] 王长科. 复合地基复合土层压缩模量计算取值中的问题 [EB/OL]. 岩土工程学习与探索，2018-04-21

[97] 王长科. 土壤污染与修复 [EB/OL]. 岩土工程学习与探索，2018-04-22

[98] 王长科. 地基变形计算中粗粒土压缩模量的确定 [EB/OL]. 岩土工程学习与探索，2018-05-25

[99] 王瑞华，王长科. 深井载荷试验测定井底土的变形模量//王长科主编. 工程建设中的土力学及岩土工程问题——王长科论文选集. 北京：中国建筑工业出版社，2018

[100] 王长科.《工程建设中的土力学及岩土工程问题——王长科论文选集》出版发行 [EB/OL]. 岩土工程学习与探索，2018-07-03

[101] 王长科. 坡顶复合地基超载的土压力计算建议 [EB/OL]. 岩土工程学习与探索，2018-07-12

[102] 王长科. 建筑抗震不利地段的判别思考和建议 [EB/OL]. 岩土工程学习与探索，2018-07-13

[103] 王长科. 地基承载力深宽修正系数需要岩土工程勘察综合确定 [EB/OL]. 岩土工程学习与探索，2018-07-14

[104] 王长科. 超限高层建筑岩土工程勘察需要重视的几个问题 [EB/OL]. 岩土工程学习与探索，2018-07-15

[105] 王长科. 重温我国《工程勘察设计行业发展“十三五”规划》[EB/OL]. 岩土工程学习与探索，2018-07-16

[106] 王长科. 基坑外侧为有限空间土体情况的基坑土压力计算简洁法 [EB/OL]. 岩土工程学习与探索，2018-07-18

［107］王长科. 危险性较大基坑工程安全论证需要重视的几个问题［EB/OL］. 岩土工程学习与探索，2018-07-20

［108］王长科. 既有建筑的地基承载力增长猜想和计算建议［EB/OL］. 岩土工程学习与探索，2018-07-23

［109］王长科. 岩土波速一定要测准［EB/OL］. 岩土工程学习与探索，2018-07-26

［110］王长科. 赵州桥的工程分析和启示［EB/OL］. 岩土工程学习与探索，2018-08-08

［111］王长科. 地基土水平反力系数的比例系数 m 值的室内固结试验测定法［EB/OL］. 岩土工程学习与探索，2018-08-08

［112］王长科. 从名词术语看岩土地震工程的研究内容［EB/OL］. 岩土工程学习与探索，2018-08-22

［113］王长科. “嵌固深度“中”嵌“字的读音［EB/OL］. 岩土工程学习与探索，2018-08-23

［114］王长科. 基坑支护设计稳定计算新思维［EB/OL］. 岩土工程学习与探索，2018-08-24

［115］王长科. 桩侧阻力不宜选用特征值［EB/OL］. 岩土工程学习与探索，2018-09-06

［116］王长科. 关于岩土工程和岩土环境工程［EB/OL］. 岩土工程学习与探索，2018-09-07

［117］王长科. 复合地基载荷沉降曲线的推演［EB/OL］. 岩土工程学习与探索，2018-09-10

［118］王长科. 复合地基褥垫层铺设厚度的设计计算［EB/OL］. 岩土工程学习与探索，2018-09-11

［119］王长科. 浅谈雄安新区规划建设［EB/OL］. 岩土工程学习与探索，2018-09-12

［120］王长科. 桩竖向静载荷沉降曲线的推演［EB/OL］. 岩土工程学习与探索，2018-09-19

［121］王长科. 邯郸弘济桥的工程简析及其与赵州桥的对比［EB/OL］. 岩土工程学习与探索，2018-09-23

［122］王长科. 中秋月圆话说中国传统文化［EB/OL］. 岩土工程学习与探索，2018-09-24

［123］王长科. 浅议基质吸力［EB/OL］. 岩土工程学习与探索，2018-10-01

［124］王长科. m 值的经验值选用［EB/OL］. 岩土工程学习与探索，2018-10-05

［125］王长科. 地基承载力特征值的综合确定［EB/OL］. 岩土工程学习与探索，2018-10-06

［126］王长科. Mindlin 解答及其在岩土工程中的应用问题［EB/OL］. 岩土工程学习与探索，2018-10-28

［127］王长科. 做好岩土工程需德位相配［EB/OL］. 岩土工程学习与探索，2018-10-05

［128］王长科. 非饱和土的三轴剪切试验问题［EB/OL］. 岩土工程学习与探索，

2018-11-06
[129] 王长科. 谈勘察结论与建议的编写 [EB/OL]. 岩土工程学习与探索，2018-11-24
[130] 王长科. 关于岩土参数抽样统计的代表性 [EB/OL]. 岩土工程学习与探索，2018-12-05
[131] 王长科. 支护桩（墙）弹性法挠度曲线方程的通用表达式 [EB/OL]. 岩土工程学习与探索，2018-12-08
[132] 王长科. 应力路径法三轴试验 [EB/OL]. 岩土工程学习与探索，2018-12-08
[133] 王长科. 岩土参数标准值的本质 [EB/OL]. 岩土工程学习与探索，2019-01-01
[134] 王长科. 地基承载力经验表使用中的两个问题 [EB/OL]. 岩土工程学习与探索，2019-01-06
[135] 王长科. 复合土钉墙中土钉和锚杆的共同作用及其简易设计 [EB/OL]. 岩土工程学习与探索，2019-10-04
[136] 王长科. 关于地下水位抗浮设防中的几个岩土问题 [EB/OL]. 岩土工程学习与探索，2019-10-12
[137] 王长科. 孔隙比的几个概念应予以重视 [EB/OL]. 岩土工程学习与探索，2019-10-15
[138] 王长科. 自然界边坡失稳的三维合理性分析和设计建议 [EB/OL]. 岩土工程学习与探索，2019-10-24
[139] 王长科. 湿陷系数随压力而变的思考和建议 [EB/OL]. 岩土工程学习与探索，2019-10-31
[140] 王长科. 符合规范的危险工程 [EB/OL]. 岩土工程学习与探索，2019-11-04
[141] 王长科. 岩土环境工程概念辨析 [EB/OL]. 岩土工程学习与探索，2019-11-07
[142] 王长科. 浅议岩土参数和岩土性质 [EB/OL]. 岩土工程学习与探索，2019-11-08
[143] 王长科. 土的小应变特性应给予重视 [EB/OL]. 岩土工程学习与探索，2019-11-26
[144] 王长科. 话说岩土工程 [EB/OL]. 岩土工程学习与探索，2020-01-28
[145] 王长科. 地下空间工程中的岩土问题 [EB/OL]. 岩土工程学习与探索，2020-02-05
[146] 王长科. 岩土分析中的平面应力和平面应变辨析 [EB/OL]. 岩土工程学习与探索，2020-02-07
[147] 王长科. 复合地基桩身强度和褥垫层材料强度的思考与建议 [EB/OL]. 岩土工程学习与探索，2020-03-04
[148] 王长科. 岩土工程勘察报告使用须知 [EB/OL]. 岩土工程学习与探索，2020-04-06
[149] 王长科. 地基承载力的设防 [EB/OL]. 岩土工程学习与探索，2020-08-14
[150] 王长科. 岩土参数的六个值 [EB/OL]. 岩土工程学习与探索，2020-08-16
[151] 王长科. 多种水平饱和土层总体水平渗透系数的计算 [EB/OL]. 岩土工程学

习与探索，2020-08-23

[152] 王长科. 多层水平饱和土层总体垂直渗透系数的计算 [EB/OL]. 岩土工程学习与探索，2020-08-23

[153] 王长科. 岩土参数的加权统计 [EB/OL]. 岩土工程学习与探索，2020-08-24

[154] 王长科. 工程选址、设防与建造智慧探讨 [EB/OL]. 岩土工程学习与探索，2020-09-01

[155] 王长科. 岩土工程设防 [EB/OL]. 岩土工程学习与探索，2020-09-10

[156] 王长科. 软弱下卧层强度验算的内涵 [EB/OL]. 岩土工程学习与探索，2020-10-08

[157] 王长科. 老子道德经的时代价值 [EB/OL]. 岩土工程学习与探索，2020-10-21

[158] 王长科. 岩土工程师应重视传统文化学习 [EB/OL]. 岩土工程学习与探索，2020-10-24

[159] 王长科. 地下室抗浮设防的实质和构造建议 [EB/OL]. 岩土工程学习与探索，2020-10-25

[160] 王长科. 地下水抗浮设防水位的确定 [EB/OL]. 岩土工程学习与探索，2021-01-13